中国科学院宁波工业技术研究院（筹）科技协同创新丛书

材料科学与制造技术

《材料科学与制造技术》编委会

科学出版社

北 京

内 容 简 介

本书包括非晶合金材料、陶瓷材料、高分子材料、纳米材料、能源材料、电子材料、磁性材料和碳材料等内容。本书将材料科学、材料制造技术和材料应用技术相结合，探讨材料科学基本原理，发现获取某些特质新材料的知识和方法，实现能保留这些特质的规模化制造技术，以及最能发挥这些材料特质的典型应用技术。

本书涉及的材料类型多、材料应用广，可以给读者提供广泛的知识交叉和技术交叉信息，启发和促进各自专业知识和技术的学习和研发。

本书可供材料科学的研究人员、材料生产的工程师和材料应用领域的相关专业人员选用。

图书在版编目（CIP）数据

材料科学与制造技术/《材料科学与制造技术》编委会编. —北京：科学出版社，2014

（中国科学院宁波工业技术研究院（筹）科技协同创新丛书）

ISBN　978-7-03-042103-6

Ⅰ. 材… Ⅱ. ①材… Ⅲ. ①材料科学 Ⅳ. ①TB3

中国版本图书馆 CIP 数据核字（2014）第 228049 号

责任编辑：余　丁　王晓丽/责任校对：陈玉凤
责任印制：徐晓晨/封面设计：蓝　正

科学出版社 出版
北京东黄城根北街 16 号
邮政编码：100717
http://www.sciencep.com

北京厚诚则铭印刷科技有限公司 印刷
科学出版社发行　各地新华书店经销

＊

2014 年 10 月第　一　版　　开本：720×1000 1/16
2018 年 4 月第四次印刷　　印张：20 1/2
字数：394 000

定价：158.00 元

（如有印装质量问题，我社负责调换）

中国科学院宁波工业技术研究院（筹）
科技协同创新丛书

主　　编：崔　平

执行主编：何天白

本书主编：王新敏　蒋　俊　郑文革　万　青
　　　　　汪爱英　刘　平　黎　军

本书编委：门　贺　王安定　左国坤　边宝茹
　　　　　刘　宁　刘立东　刘国强　孙丽丽
　　　　　杜　娟　李晓伟　肖昱琨　肖哲鹏
　　　　　吴　飞　应华根　张　健　张志峰
　　　　　张贤惠　陆　彤　陈进华　陈建华
　　　　　陈珍莲　陈晓波　周菊枚　孟　辉
　　　　　柯培玲　夏卫星　徐佳琳　徐静涛
　　　　　郭　鹏　谈小建　常春涛　廖有用

序　言

此刻，我很欣慰该书将要付印出版。

2004 年，我和严庆同志受中国科学院委派，到宁波筹建中国科学院宁波材料技术与工程研究所。这是一个由中国科学院、浙江省和宁波市三方以"院地合作"方式共建的划时代的新型科研机构。"料要成材，材要成器，器要好用"是时任中科院院长路甬祥院士对宁波材料所发展的谆谆寄语，"把科技转化为生产力，为经济发展服务"是地方政府对我们的殷切希望。由此，在建所伊始，我们便确定"顶天立地，服务经济"的发展思路，坚持前沿和前瞻性顶天的研究，打通从科学发现、技术发明到科技成果产业化落地的通道。然而，很多朋友善意提醒，顶天和立地不可兼得。其实，我也深知其中的难度，从基础研究到产业化阶段的研究风险大，不易出成果，因此才在全球都称为"死亡之谷"。而这个问题在我国尤为突出。正是因为困难，才需要有人去努力，去坚持。为此，我们愿意努力，愿意尝试，愿意接受挑战。

建立创新链，打通产业链是我们的重要尝试之一。科技成果产业化是指将科学发现或技术发明转化为产品，被消费者接受，形成规模经济的全过程，也就是我们通常所称的技术创新链。显然，新材料研究成果要实现产业化，必须要将创新链向上下游拓展，上游是材料规模化生产装备工艺技术的研究，下游是材料在先进制造、新能源和生命健康等领域的应用研究。2009 年，中国科学院、浙江省和宁波市又高瞻远瞩，一致同意把宁波材料所建设成为中国科学院宁波工业技术研究院，布局新材料，新能源，先进制造和医疗器械与医学工程 4 大领域，设置以原创性、前瞻性研究、掌握竞争前技术为目标的创新平台，以重要产品与成套技术研发为目标的工程化平台，以检测、咨询、培训、技术标准制定为目标的支撑服务平台和以协同、高效为目标的管理服务平台，构建有利于新材料成果转化的创新架构。十年来，在打通从材料研究原始思想到技术、工艺、装备或器件、工程应用的创新链中，在科学研究到产业化的价值链的努力中，我们走出了一条自己的路。

建立跨学科跨领域的大团队协同科研机制是我们的又一重要尝试。材料的价值不仅源自材料知识的创新，还依赖于材料规模制造技术能再现实验室制备出的材料的特质，以及在材料应用的产品（制品、器件、设备、系统）制造和使役过程中能充分保留和发挥材料的性能。因此，新材料产业化是一项复杂的系统工程，依靠单个主体的散兵作战或浅层次的合作很难有突破性的进展。只有突破原有创新个体间的壁垒,把不同创新个体进行深度融合,Hybrid Thinking,Hybrid Action,方有可能产生 1+1>2 的聚合效果。协同创新能有效整合创新要素,实现创新资源在彼此间无障碍流动;协同创新能加快创新链环节之间的融合与扩散,促进科技与经济的结合,加速科研创新和成果产业化的进程。我一直和我的同事一起探索协同创新模式,发挥协同创新效益,收获协同创新成果。

今年是中科院宁波材料所建所十周年。我的同事忽然创意来潮,提出以宁波工业技术研究院协同创新丛书的形式,记录我们在科研工作中,将材料科学、材料制造技术和材料应用技术相结合,组织跨领域大团队协同创新,探讨材料科学基本原理发现获取特质新材料的知识和方法,实现能保留这些特质的材料规模制造技术,最能发挥这些材料特质的典型应用技术,实践着"料要成材、材要成器、器要好用"的理念,以及我们在追求和实践协同创新中的酸甜苦辣、喜怒哀乐;并以此作为十周年献礼,出版与大家分享。

此刻,我很感慨。十年弹指一挥间,十年磨一剑。这本书见证了材料所/工研院人十年的努力和尝试。创新,探索,我们在路上。下一个十年,我们努力为社会奉献更多的成果和经验。

崔平

中国科学院宁波材料技术与工程研究所　所长
宁波工业技术研究院　院长
2014 年 6 月

前　言

材料是人类社会赖以生存的物质基础。自然界存在的原材料经过各种成熟的制备工艺和工业化制造技术，成为具有特定使役性能的人工合成材料。材料的应用体现了材料的使能（enable）价值。材料的价值不仅源自需求牵引的材料科学原理创新，发现能满足特定需求特质新材料的相关知识、方法和理论，还依赖材料规模制造技术能复制实验室里展现的材料特质，以及应用材料的产品（制品、器件、设备、系统）制造中能充分保留和发挥材料的这些特质。

本书将材料科学、材料制造技术和材料应用技术结合起来，探讨材料科学基本原理，发现获取某些特质新材料的知识和方法，实现能保留这些特质的材料规模制造技术，以及最能发挥这些材料特质的典型应用技术。本书包括非晶合金材料、陶瓷材料、高分子材料、纳米材料、能源材料、电子材料、磁性材料和碳材料等内容。共分为七章，分别由王新敏、蒋俊、郑文革、万青、汪爱英、刘平和黎军等组织编写。

感谢各级各类人才政策的支持：中央组织部"千人计划"和"青年拔尖人才"、浙江省"千人计划"、宁波市 3315 国际高端创新团队计划、中国科学院"百人计划"、宁波材料所"人才引进行动"计划等。感谢各级各类科研计划的支持：国家科技部支撑计划、863 计划、973 计划、国际合作专项等，国家自然科学基金，浙江省/宁波市科技创新团队计划，中国科学院知识创新工程和宁波材料所所长基金等。

作为中国科学院宁波材料技术与工程研究所（宁波工业技术研究院）科技协同创新工作的一部分，感谢国内外各地各类产学研机构及同行的交流和支持。

没有余丁和杨向萍两位编辑的辛勤付出，本书肯定难以呈现于此。

希望在宁波材料研究所（宁波工业技术研究院）颇具特色的科研和人文环境中，结集出版的本书对读者能有所裨益。

目　　录

第1章　非晶和纳米晶软磁合金及电机应用

非晶合金是集制造和应用节能于一体的"双绿色"新材料，被誉为材料科技的一次革命。作为一种新型软磁材料，非晶软磁合金具有高饱和磁感应强度、高磁导率、低矫顽力、低损耗等优异磁特性，具有广阔的应用前景。将非晶合金材料应用于电机铁心有望促进电机向高效化、节能化、小型化、高速化和高稳定性方向发展[1-3]。

电机是工业生产和人民生活中极为重要的动力设备，其耗电量在所有电气设备中位居首位。据统计，电机消耗的电量占全球总用电量的 50%以上，占工业用电量的 70%左右。与普通电机相比，高效节能电机采用新型电机设计、新材料和新工艺，通过降低电磁能、热能和机械能的损耗，显著提高输出效率，达到节能效果。在能源紧缺和环境问题日趋严重的今天，降低电机损耗、提高电机效率不仅在节约能源、降低环境污染等方面具有重大意义，而且势在必行。

自 1831 年法拉第利用电磁感应原理发明第一台真正意义上的发电机至今，电机的发展经历了以下几个阶段，如图 1-1 所示，每一个阶段都伴随着新材料的开发和应用。因此，开发并推广应用电机专用新型非晶软磁合金材料和生产技术，以及电机磁芯设计加工技术，具有重要的经济和社会效益。

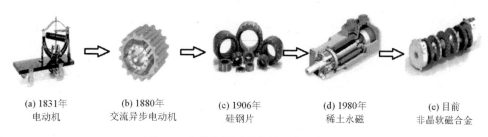

(a) 1831年　　　(b) 1880年　　　(c) 1906年　　　(d) 1980年　　　(e) 目前
电动机　　　交流异步电动机　　硅钢片　　　稀土永磁　　　非晶软磁合金

图 1-1　电机发展历程中的几次重大节点

1.1　非晶和纳米晶软磁合金

1.1.1　软磁材料的分类与发展

磁性材料具有能量转换、存储或改变能量状态的功能，是重要的功能材料。如图 1-2 所示，根据其矫顽力的大小，可以将磁性材料分为软磁材料、半磁材料和硬磁材料[4, 5]。这种分类标准并没有明确的界定，通常将矫顽力小于 10^3A/m 的归为软磁材料，矫顽力大于 10^4A/m 的归为硬磁材料，介于两者之间的为半磁材料。由于新型磁性材料的不断出现，磁性能的不断提高，人们又进一步进行了细分，将矫顽力低于 10A/m 的称为超软磁材料，矫顽力高于 10^5A/m 的归为永磁材料。

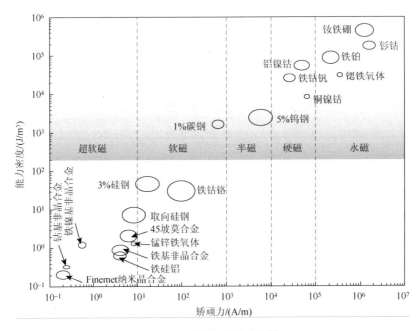

图 1-2　磁性材料的分类[6]

软磁材料主要应用于发电机、电动机、变压器、电感器、电磁铁、继电器和镇流器的铁心；磁记录的磁头与磁介质；磁屏蔽；极头与极靴；磁路的磁导体等。使用软磁材料制造的设备与器件大多数是在交变磁场条件下工作，要求其体积小、重量轻、功率大、灵敏度高、发热量少、稳定性好、寿命长，因此，软磁材料本身需要具备以下几个基本条件：饱和磁感应强度高、磁导率高、矫顽力低、居里温度高和损耗低等。

软磁材料在工业中的应用始于19世纪末[4]。随着电力和电信技术的兴起，开始使用低碳钢制造电机和变压器，在电话线路中的电感线圈的磁芯中使用了细小的铁粉、氧化铁、细铁丝等。到20世纪初，研制出了硅钢片代替低碳钢，提高了变压器的效率，降低了损耗。直至现在，硅钢片在电力工业用软磁材料中仍居首位。到20年代，无线电技术的兴起，促进了高导磁材料的发展，出现了坡莫合金和坡莫合金磁粉芯等。从40年代到60年代，是科学技术飞速发展的时期，雷达、电视广播、集成电路的发明等，对软磁材料的要求也更高，生产出了软磁合金薄带和软磁铁氧体材料。进入70年代，随着电信、自动控制、计算机等行业的发展，研制出了磁头用软磁合金，除了传统的晶态软磁合金外，又兴起了另一类材料——非晶态软磁合金。90年代，人们又在非晶态合金的基础上，开发出了纳米晶软磁合金。

软磁材料的种类很多，分类方式也很多[6]。根据材料的成分，可大致分为金属软磁材料和软磁铁氧体；金属软磁材料又可分为电工纯铁、FeSi 合金、Ni-Fe 合金、Fe-Al 合金（包括铁硅铝合金）和 Fe-Co 合金等。按照材料的磁特性，又可分为高饱和磁感应强度材料、高磁导率材料、高矩形比材料、恒导磁材料、温度补偿材料等。按微观结构，又可分为晶态软磁材料和非晶态软磁材料。按制品形态可分为磁粉和带材两类。

磁粉芯通常是用磁粉和绝缘介质混合压制而成的。由于磁粉颗粒很小，且被非磁性电绝缘膜物质隔开，一方面整体电阻率提高，涡流减小，基本上不发生趋肤现象，磁导率随频率的变化也就较为稳定，适用于较高频率；另一方面颗粒之间的间隙效应，导致材料具有低导磁率和恒导磁特性。磁粉芯的磁电性能主要取决于粉粒材料的导磁率、粉粒的大小和形状、它们的填充系数、绝缘介质的含量、成型压力和热处理工艺等。磁粉芯的种类很多，常用的有铁粉芯、铁硅铝粉芯、高磁通量粉芯、坡莫合金粉芯、铁氧体磁芯和非晶合金粉芯等。

带材铁心包括硅钢片、坡莫合金、非晶和纳米晶合金磁芯等。由于饱和磁感应强度高，硅钢片是目前电机用量最大的软磁材料，非晶和纳米晶软磁带材有望成为应用于高效节能电机上的新型软磁材料。

（1）硅钢片是在纯铁中加入少量的硅形成的铁硅系合金[7]。由于具有饱和磁感应强度高、磁电性能较好、易于大批生产、韧性好、加工工艺成熟、价格便宜、机械应力影响小等优点，在电力电子行业中获得极为广泛的应用，特别是在低频、大功率下的电力变压器、电机等电力传输和能量转化领域，是目前用量最大的软磁材料。由于电阻率低，高频损耗急剧增加，硅钢的使用频率一般不超过1kHz，大多低于400Hz。

（2）坡莫合金的突出优势是较高的弱磁场磁导率。另外，通过适当的工艺，可以有效地控制磁性能，获得高磁导率、低矫顽力、接近 1 或接近 0 的矩形系数。然而，由于存在生产过程比较复杂、磁性能对生产过程和外应力敏感、价格高等缺点，坡莫合金的更大规模应用受到限制。

（3）非晶软磁合金不同于硅钢和坡莫合金等晶态材料，非晶合金材料的原子在三维空间无规则排列，没有周期性的点阵结构，不存在着晶粒、晶界、位错等缺陷，从磁性物理学上来说，非晶态结构对获得优异软磁性能是十分理想的[8]。

非晶合金具有许多独特的性能,如优异的磁性、耐蚀性和耐磨性、高强度、硬度和韧性、高电阻率和机电耦合性能等。由于非晶合金的微观结构特殊、性能优异、工艺简单,自 1967 年首次制备以来,就成为国内外材料科学界的研究热点[9]。常用的非晶合金软磁合金有铁基、铁镍基和钴基非晶合金。

①铁基非晶合金。铁基非晶合金由 80%的 Fe 和 20%的 Si、B 等类金属元素所构成,它们的特点是磁性强(饱和磁感应强度可达 1.4~1.7T)、软磁性能优于硅钢片,价格便宜,损耗低,最适合替代硅钢片,用于中低频变压器和电感器铁心,一般在 10kHz 以下。

②铁镍基非晶合金。铁镍基非晶合金由约 40%的 Fe、40%的 Ni 和 20%的类金属元素所构成,它具有中等饱和磁感应强度(0.8T)、较高的初始磁导率和很高的最大磁导率,以及高的机械强度和优良的韧性。在中、低频率下具有低的铁损。空气中热处理不易发生氧化,经磁场退火后可得到很好的矩形回线,常用于高要求的中低频变压器铁心,一般小于 20kHz。

③钴基非晶合金。由钴和硅、硼等组成,通常为了获得某些特殊的性能还添加其他元素。由于含钴,它们价格很贵,磁性较弱(饱和磁感应强度一般在 1T 以下),但导磁率高,一般用在要求严格的军工电源中的变压器、电感器等,一般小于 100kHz。

(4)纳米晶软磁合金。目前用的纳米晶软磁材料主要是由非晶晶化法制备而成的,它们首先被制成非晶带材,然后经过适当退火,形成纳米晶和非晶的复合组织[10]。由于是在非晶带材的基础上制备的,带材的生产设备和工艺流程也与非晶软磁合金带材相同,纳米晶软磁合金常被认为是非晶软磁合金的新发展[11, 12]。

①铁基纳米晶合金。铁基纳米晶合金是以铁元素为主,加入少量的 Cu、Nb、B 和 Si 等元素所构成的合金[10]。这种合金磁性能极好,兼具了铁基非晶合金材料的高饱和磁感应强度和高效节能的生产工艺,软磁性能更加优异,磁导率几乎能够和钴基非晶合金相媲美,同时克服了铁基非晶合金的高磁致伸缩系数的缺点,是高频变压器、互感器、电感器的理想材料,也是坡莫合金和铁氧体的换代产品。

②铁钴基纳米晶合金。铁钴基纳米晶合金是由钴替换了 50%左右的 Fe 制备而成的,其突出优点是居里温度高、饱和磁感应强度高、高温稳定性好、特别适合在航空航天等高温环境应用[13]。

1.1.2 非晶和纳米晶软磁合金的性能及应用

自1967年美国Duwez用快淬工艺制备非晶态合金以来[14],一直受到材料科学工作者和产业界的特别关注。在过去的40年中,随着非晶态材料的基础研究、制备工艺和应用产品开发的不断进步，各类非晶态材料已经逐步走向实用化，特别是作为软磁材料的非晶合金带材已经实现了产业化。1988年Yoshizawa用非晶晶化法制备了纳米晶软磁合金[10]，该合金兼备了非晶合金的高饱和磁感应强度和低矫顽力，还大幅提高了磁导率，降低了磁致伸缩系数。非晶和纳米晶软磁合金以其独特的组织结构、高效的制备工艺、优异的材料性能和广阔的应用前景，成为促进产品向高效节能、小型轻量化方向发展的关键材料，在电力电子领域取得了广泛的应用。

非晶合金既具有金属的优异特性，又具有非晶的无缺陷结构等特点。正是由于非晶合金具有不同于常规的晶态材料的特殊结构，非晶态合金具有很多晶态材料所不具备的力、热、光、电、磁等物理性能和很多独特的化学性能，陈国良等已做了详细介绍[15]，本书重点介绍非晶和纳米晶软磁合金材料。

表 1-1　非晶和纳米晶软磁材料的典型性能和主要应用领域

材料 （牌号）	铁基非晶 （1K101）	铁镍基非晶 （1K501）	钴基非晶 （1K201）	铁基纳米晶 （1K107）	高 B_s	3.5%硅钢
饱和磁感/T	1.56	0.77	0.6～0.8	1.25	>1.8	2.0
矫顽力/（A/m）	<4	<2	<1	<1	<7	<30
B_r/B_s	—	—	>0.96	0.94	—	—
最大磁导率	$45×10^4$	$>20×10^4$	$200×10^4$	$>20×10^4$	—	$4×10^4$
铁损/（W/kg）	$P_{50,1.3}<0.2$	$P_{20k,0.5}<90$	$P_{20k,0.5}<30$	$P_{20k,0.5}<30$	$P_{50,1.6}<0.26$	$P_{50,1.7}≈1.2$
磁致伸缩系数	$27×10^{-6}$	$15×10^{-6}$	$<1×10^{-6}$	$<2×10^{-6}$	$<12×10^{-6}$	$<3×10^{-6}$
居里温度/℃	415	360	>300	560	728	746
电阻率/（μΩ·cm）	130	130	130	80	80	45
维氏硬度			800～1000			180
厚度/μm			20～30			200～300

表 1-1 是目前已经或有望规模化生产和应用的非晶和纳米晶软磁合金与传统硅钢、坡莫合金和铁氧体等传统材料的性能比较。非晶合金材料的优点总结如下。

（1）铁损低。由于非晶软磁材料比传统晶态金属软磁材料电阻率高、软磁性能好，非晶磁芯的铁损极低，仅为普通硅钢片铁心的1/5～1/3。采用非晶合金作为铁心材料的配电变压器，其空载损耗可比同容量的硅钢铁心变压器低80%[16, 17]。

（2）磁性能优异。由于非晶材料原子排列无序，没有晶体的各向异性，所以非晶合金具有高磁导率、低矫顽力等优异软磁性能。铁基非晶合金的饱和磁感应强度可达 1.4～1.7T[16]，新型高饱和磁感应强度纳米晶软磁合金可达 1.9T[18]，接近硅钢。

（3）处理工艺灵活。和其他磁性材料相比，非晶合金具有很宽的化学成分范围，而且即使同一种材料，通过不同的后续处理也能够获得所需要的磁性能，这为电力电子元器件的选材提供了方便[19]。

（4）频率适应范围宽。非晶合金的一个突出优点是磁性能的频率特性好，高频有效磁导率等参数明显优于其他材料。另外，由于电阻率高、高频铁损低、温升小，非晶合金的高频工作磁感强度甚至可以高于硅钢[20]。

（5）温度稳定性高。铁基非晶合金的居里温度大于 400℃，虽然性能随温度的变化较大，但值得注意的是，其高频损耗随使用温度的升高而降低。考虑到变压器铁心的实际工作温度总是高于室温，这种变化实际上是有利的，铁基非晶合金完全可以胜任使用温度在 130℃ 以下的变压器铁心。另外，不同的非晶合金具有不同的居里点，钴基非晶合金和铁钴基纳米晶合金具有高居里温度优势，可满足高温环境的要求[13]。美国自 20 世纪 80 年代使用的非晶变压器一直运转正常，国内也未见因为铁心性能恶化导致变压器失效的例子。

1.1.3　非晶和纳米晶软磁合金的制备

冯娟等回顾了非晶发展的历史[21]，对制备方法进行了概括分类，目前制备非晶软磁合金的方法有快速凝固法、铜模铸造法、熔体水淬法、抑制形核法、粉末冶金法、自蔓延反应合成法、定向凝固铸造法等，并对比了这些方法的优缺点，指出了各自的应用范围。快速凝固法是目前产业化的非晶软磁材料生产工艺。

铜辊快淬法制备非晶软磁合金始于 20 世纪 60 年代，它采用超急冷技术将处于熔融状态的高温液态金属喷射到高速旋转的冷却辊上，熔融合金以每秒百万度的速度迅速冷却，仅用 1‰秒的时间就将 1300℃的钢液降到 200℃以下，形成厚度为 18～40μm 的金属薄带，如图 1-3 所示。

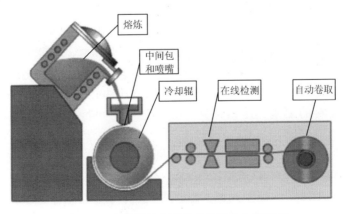

图 1-3　钢辊快淬法制备非晶软磁合金的工艺

非晶软磁合金带材生产工艺简单、节能、环保。一般来说，传统晶态软磁合金（如硅钢）的生产工艺通常包括熔炼、铸造、热轧、冷轧、加工、退火等十余道工序。而非晶合金采用喷带一次成型，相比于传统晶态软磁合金具有流程短、工艺简单、节约能耗的特点。同时，减少了"三废"的排放，使得非晶软磁材料的生产周期短、更节能、更环保。因此，快速凝固工艺的发明被誉为冶金工艺的一次革命。

同时，由于非晶软磁合金的生产工艺简单、生产周期短，钢液经过喷嘴细缝到达铜辊表面冷却即形成最终的成品，所以生产设备精度要求高、控制难度大。要想生产高质量、性能稳定的产品，必须尽量减少工艺参数波动。日立金属的制带设备已实现在线监测和实时调控，因此产品性能稳定。国内除安泰科技公司等少数公司的设备水平也较高外，其他大部分企业的生产设备简单，只能实现离线检测和人工控制，人为因素影响大、带材质量差、产量也明显较低、生产成本高。

1.1.4　非晶和纳米晶软磁合金的磁学机理

软磁材料的矫顽力和磁导率由磁化过程决定，受磁核、磁距转动和磁畴壁移动的影响。磁矩转动和畴壁移动与各向异性、应力、交换相互作用、退磁效应，以及结构和表面的不均匀性有关。与晶体软磁材料不同，非晶态软磁合金处于亚稳态，通过适当的处理可发生形核和晶核长大的晶化过程。一方面，晶化可能使一些非晶材料失去原有的优良性能，所以在热处理和使用过程中需要尽量避免晶化过程的发生；另一方面，结晶也能促使非晶态发生部分晶化形成纳米晶复合结构，使纳米晶合金材料的性能明显提高。非晶软磁材料、纳米晶软磁材料和多晶体晶态软磁材料的磁性能都源于其独特的微观结构。本节通过介绍这两种材料的磁学机理，探讨其发展方向。

1. 非晶软磁合金的自由体积模型

理想情况下，由于原子长程无序排列，非晶态材料不存在各向异性。然而，实验表明，非晶态合金中存在明显的局域各向异性。通常认为，这种磁各向异性主要源自制备过程中的原子尺度的有序化或成分不均匀性有关的静磁效应。研究表明，非晶的矫顽力受热处理过程的影响很大，且其最低矫顽力值（$0.1\sim10$A/m）也比用内在不均匀性模型（$\leqslant3\times10^{-5}$）或者短程有序模型计算（$\leqslant1\times10^{-4}$）的数值大得多。因此，目前认为非晶合金的软磁性能主要受制备过程中形成的自由体积、晶化硬磁相和应力的影响[22]。

Kronmuller 等[23, 24]认为，非晶合金中的自由体积分散分布，但是三维自由体积是不稳定的，自由体积在原子结构弛豫过程中塌陷形成准位错偶极子，如图 1-4

所示。准位错偶极子产生一个短程应力场，对畴壁起钉扎的作用。通过统计势能理论计算，非晶合金的矫顽力与主要影响因素间的关系为

$$H_c \propto \Delta V \sqrt{\rho_d} \frac{\lambda_s}{J_s} \qquad (1\text{-}1)$$

式中，ΔV 为非晶合金的自由体积总量；ρ_d 为准位错偶极子密度；λ_s 为饱和磁致伸缩系数；J_s 为磁极化强度。

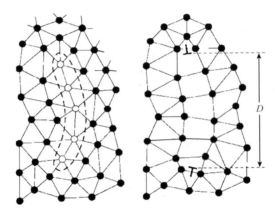

图 1-4　非晶结构中空位型点缺陷团聚形成准位错偶极过程的示意图[23]

根据非晶形成的密堆积理论[25]，非晶形成能力强的合金的原子更加密堆积、自由体积数少、热处理过程中应力释放彻底、影响矫顽力的磁偶极子数少。另外，非晶形成能力强的合金抗晶化能力强，样品在快速冷却形成和后续热处理过程中不易析出晶化硬磁相，因此更容易获得优异的软磁性能。同时，也不难理解，热处理对于提高非晶软磁合金的磁性能的明显效果。

2. 纳米晶合金的随机各向异性模型

随机各向异性模型最早是由 Alben 等[26]在研究非晶合金时提出的，如果非晶体中交换相互作用强于局域各向异性的作用，则原子磁矩不再沿局域各向异性的易磁化轴取向，而是在空间围绕一宏观的有效各向异性方向连续地改变。根据此模型，在非晶合金中，始终有一个由统计涨落决定的最易磁化方向存在。由于模型中参数的不确定性，该模型并未得到验证。

在晶粒复合软磁材料中，当晶粒尺寸大于单畴临界尺寸时，颗粒中的磁化矢量将指向易磁化方向且会出现磁畴。每个磁畴中原子或者离子的磁矩将由于交换相互作用而平行排列，此时颗粒集合体的磁化过程主要由晶粒磁晶各向异性和应力各向异性决定。当晶粒尺寸小于单畴临界尺寸时，晶粒处于单畴状态，颗粒内

所有的磁矩平行取向。如果此时晶粒集合体中晶粒间距也变小，则单畴晶粒之间的铁磁交换作用将更加明显。为了降低交换能，不同晶粒之间的交换作用将迫使晶粒的磁矩趋向于平行排列。因此，各晶粒的磁化矢量将不再沿自己的易磁化方向取向，决定磁性不再是各晶粒的磁晶各向异性（K_1），而是平均后的总体的有效各向异性（K）。晶粒复合软磁材料的磁性强烈地依赖局域各向异性能和铁磁交换能两者的竞争。

以 Finemet 合金为模型材料，Herzer 通过研究将非晶的随机各向异性模型进一步推广[12]，提出纳米晶交换耦合模型，建立了关于纳米晶合金的随机各向异性模型。对于纳米晶软磁合金，晶粒尺寸（D）远小于交换相关长度（L_0），如图 1-5 所示，各晶粒内的磁化矢量沿着自己的易磁化方向取向，在耦合体积内，影响磁化过程的有效各向异性常数为

$$<K>\approx<K>_1=K_1\left(\frac{D}{L_{ex}}\right)^{\frac{3}{2}}=K_1^4\frac{D^6}{A^3} \tag{1-2}$$

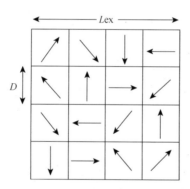

图 1-5　随机各向异性示意图[27]

箭头表示随机分布的磁晶各向异性

在纳米晶合金中，晶粒呈单畴，不存在畴壁，可简单地认为磁化过程是通过磁矩的一致转动实现的，按照 Herzer 模型中有效磁晶各向异性常数<K>随晶粒尺寸变化关系可得

$$H_c=p_c\frac{K_1^4}{\mu_0 M_s A^3}D^6 \tag{1-3}$$

$$\mu_i=p_u\frac{\mu_0 M_s A^3}{K_1^4}D^{-6} \tag{1-4}$$

图 1-6 为不同软磁合金矫顽力随晶粒尺寸变化关系曲线。对于传统的硅钢、坡莫合金等材料，其磁化过程由晶界处的畴壁钉扎决定，矫顽力与晶粒尺寸成反

比。对于纳米晶软磁合金材料，其矫顽力与晶粒尺寸的六次方成正比，因此，控制晶化过程，形成高密度、晶粒尺寸小、均匀分布的纳米晶结构，是获得优异磁性能的最佳手段。

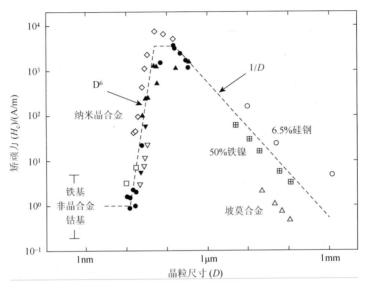

图 1-6　不同合金矫顽力随晶粒尺寸变化曲线[12]

1.1.5　电机用非晶软磁合金

高性能电机对软磁材料的性能要求包括高工作点磁感应强度、高磁导率、低铁心损耗、低磁致伸缩系数、优异的频率特性、温度特性和加工性等。其中，工作磁感应强度和磁导率分别直接与电机的磁芯的体积和线圈大小有关，铁心损耗直接影响电机的效率，铁心材料磁性能的频率特性和温度特性直接决定电机的使用转速和工作温度范围。根据这些要求，高饱和磁感应强度非晶软磁合金、高饱和磁感应强度纳米晶软磁合金和高居里温度纳米晶软磁合金最有希望在电机上应用。本节将分别介绍这三种材料的性能和发展。

1. 高饱和磁感应强度非晶软磁合金

目前对铁基非晶合金电机的研究，大都是采用商业化了的FeSiB非晶合金带材，该合金是Metglas公司20世纪90年代开发的，商业牌号为Metglas2605SA1（国内牌号为1K101），典型成分为$Fe_{80}Si_9B_{11}$。经过多年的发展，现在带材生产、铁心加工、热处理工艺、配电变压器磁芯设计和加工技术都已较为成熟。用非晶软磁合金带材做磁芯的变压器空载损耗仅为同功率硅钢变压器的1/4，节能减排优势非常明显。然而，它与取向硅钢相比有两个显著的不足[28, 29]：一是它的损耗虽低（仅为取向硅钢的1/3~1/4），但饱和磁感应强度低（B_s＜1.6T），因此最大工作磁通密度（B_m）仅为1.4T，而硅钢的工作磁感应强度可达1.7T；二是它的饱和磁致伸缩系数（λ_s）高，为27×10^{-6}，而硅钢的λ_s值仅为（1~3）×10^{-6}，因此非晶铁心配电变压器比取向硅钢铁心变压器的体积和噪声都大。

　　因此，要想减小非晶电机定转子的大小，还需开发更高饱和磁感应强度非晶软磁合金。另外，研究发现，在提高饱和磁感应强度的同时，提高合金的矩形比，能使达到工作点磁感应强度所需的磁场下降，从而减小磁性器件的励磁电流和功率，还能使 B_m 处的磁化为畴壁移动过程（非畴转过程），这样可有效降低噪声，如图 1-7 所示。

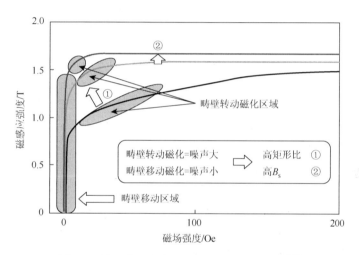

图 1-7　铁基非晶合金的矩形比对噪声的影响[29]

　　对饱和磁感应强度起贡献的主要是铁磁性元素，目前证明能够有效提高非晶合金的饱和磁感应强度的方法有两种[16, 29]：一是适量添加钴元素，利用其与铁原子间的强交换耦合作用提高饱和磁感应强度，然而，添加 Co 元素，将极大地提高合金的成本，阻碍了合金的大规模推广应用；二是提高铁元素含量，降低非铁磁性非晶形成元素含量。

　　提高非晶软磁合金中 Fe 的含量，通常会使合金的非晶形成能力降低，居里温度下降，如图 1-8 所示。当铁含量超过临界值后，很难在快淬薄带中得到单一均匀的非晶相。高饱和磁感应强度和强非晶形成能力之间近乎呈矛盾关系，极大增加了高饱和磁感应强度非晶软磁合金开发的难度[29]。只能通过微合金化和合金成分优化，使非晶形成元素的作用发挥更加充分，在保证非晶合金带材制备所需的非晶形成能力的同时，尽量提高铁含量。下面将通过对比介绍高饱和磁感应强度非晶软磁合金的开发对非晶变压器和电机等电力传输和能源转换领域发展的重要意义。

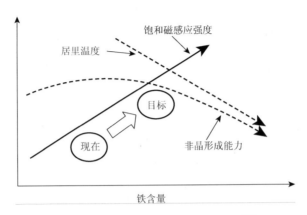

图 1-8　高 B_s 非晶合金开发的概念图[29]

日美科技人员于2005年研发出了磁性更好的新型FeSiBC非晶合金，并于2006年实现了产业化，商业牌号为Metglas 2605HB1[20, 30]。表1-2列出了该合金性能与现用合金2605SA1和高取向硅钢的对比。由表1-2可知，新合金的性能特点是B_s高、H_c低、矩形比B_r/B_s高、铁损小。工作点B_m可达1.5T，这些都优于现有铁基非晶合金2605SA1。

表 1-2　新合金 HB1 和现有合金 SA1 的生产水平磁性能比较[29]

材料	带厚/mm	B_s/T	H_c/（A·m^{-1}）	B_r/B_s	60Hz 下铁损/（W·kg^{-1}）			
					B_m=1.35T	1.4T	1.45T	1.5T
2605HB1*	0.025	1.64	2.4	0.82	0.24	0.29	0.33	0.38
2605SA1**	0.025	1.56	3.4	0.79	0.27	0.32	0.35	—

*热处理工艺：H=1.6KA/m，320℃×1h；**热处理工艺：H=2.4KA/m，350℃×2h

图 1-9 是新型 HB1 非合金的励磁功率和损耗曲线与传统非晶合金和硅钢的比较，显然，新型高饱和磁感应强度非晶合金的励磁功率更低、损耗也更低。另外，由于饱和磁感应强度的升高，其工作点比 FeSiB 合金提高近 0.1T，相应的铁心重量降低 10%以上。

2014年，中国科学院宁波材料所软磁组成功开发出了新型FeSiBPC系高饱和磁感应强度非晶软磁合金，该合金的饱和磁感应强度达到1.67T，同时还具有优异的软磁性能和强非晶形成能力。新合金的矫顽力更低、最佳退火温度范围（300～340℃）更宽。另外，该合金的最佳热处理温度比现有常用合金低50℃左右，这极大地有利于提高热处理后带材的韧性[31]。

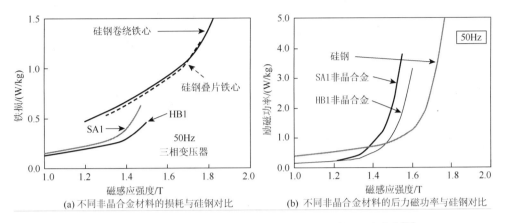

(a) 不同非晶合金材料的损耗与硅钢对比　　　　(b) 不同非晶合金材料的后力磁功率与硅钢对比

图 1-9　不同非晶合金材料的损耗和励磁功率与硅钢对比曲线[16]

2. 高饱和磁感应强度纳米晶软磁合金

由于非晶形成能力要求，通过提高铁含量开发高饱和磁感应强度非晶合金的难度越来越大。另外，由于微观结构单一，非晶软磁合金的 λ_s 始终难以大幅度降低。因此，工作点磁感应强度接近硅钢（1.75T）和低 λ_s 的非晶软磁合金的开发工作始终难以取得突破性的进展[28, 32]。

纳米晶软磁合金的出现证明，经过适当的热处理，在非晶基体上析出高密度、均匀分布且尺寸小于磁交换作用长度的 α-Fe 晶粒，实现晶粒—非晶—晶粒之间的良好耦合，交换耦合作用使合金的平均磁晶各向异性显著减小，同时 α-Fe 晶粒负的 λ_s 与晶间残余非晶正的 λ_s 相抵消使合金的整体 λ_s 降低，是获得优异的磁性能的软磁合金的有效手段[12]。

经过多年的深入研究，目前纳米晶软磁已经形成四个主要的合金体系[12]，包括 Fe-Si-B-M-Cu（M=Nb、Mo、W、Ta等）系 FINEMET 合金、Fe-*M*-B（*M*=Zr、Hf、Nb等）系 NANOPERM 合金、（Fe，Co）-*M*-B（M=Zr、Hf、Nb等）系 HITPERM 合金和近几年出现的 FeSiB（P，C）Cu 系高饱和磁感应强度合金。其中，NANOPERM 合金的综合软磁性能不及 FINEMET 合金，同时由于含有大量易氧化的贵金属元素如 Zr，成本高昂且制备工艺复杂，所以没有大范围推广应用；而在 NANOPERM 的基础上发明的 HITPERM 合金系，具有居里温度和饱和磁感应强度高的优点，适合在军工等高温特殊环境应用，但该合金添加了元素 Co 导致综合软磁性能下降、成本大幅增高，不适合大范围商业应用。相比而言，FINEMET 合金和高饱和磁感应强度 FeSiB（P，C）Cu 系列合金的综合性能最好，且磁特性相对突出，FINEMET 合金的突出优势是磁导率高，FeSiB（P，C）Cu 系列合金的突出优势是 B_s 高（＞1.8T）。由于 Fe 含量低，FINEMET 合金（代表性成分 $Fe_{73.5}Cu_1Nb_3Si_{13.5}B_9$）的 B_s 仅为 1.24T，限制了其在工频和中低频能源传输和转换领域的应用[10]。高铁含量 FeSiB（P，C）

Cu系列合金的B_s超过1.8T[18, 32-36]，使其磁芯工作点磁感应强度可达到1.7T，接近硅钢，且其λ_s低（＜5×10^{-6}），用其制作的铁心有利于实现低噪声。图1-10是高饱和磁感应强度纳米晶合金的损耗特性及与硅钢和非晶合金的比较。

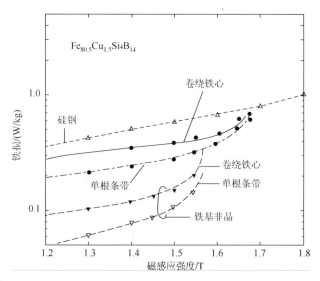

图 1-10　高饱和磁感应强度纳米晶合金的损耗特性及与硅钢和非晶合金的比较[33]

高 Fe 含量 FeSiB（P，C）Cu 系列纳米晶合金发明的时间不长，但其广泛的应用前景迅速吸引了全世界的关注和研究。2007 年，日立金属的 Ohta 等首次报道了高 Fe 含量 FeSiBCu 系纳米晶合金[32, 34, 37]，其典型成分 Fe$_{82.65}$Cu$_{1.35}$Si$_2$B$_{14}$ 的 B_s 达到 1.84T。2009 年 Makino 等报道了 FeSiBPCu 系纳米晶合金[18, 35, 36]，据报道 B_s 可达 1.9T，他们后续都在进行深入系统的研究。国内外很多课题组先后加入了此项研究，并在此基础上开发了 FeSiBPCCu 系[38]和 FeSiBCCu 系[39]等纳米晶软磁合金。表 1-3 汇总了报道的典型高饱和磁感应强度纳米晶合金的磁性能，并与硅钢和非晶合金的比较。FeSiB（P，C）Cu 系纳米晶合金的磁导率、矫顽力、磁性能频率特性和高工作点损耗等也优于 Fe 基非晶软磁合金，与硅钢相比具有明显优势。

表 1-3　高饱和磁感应强度纳米晶合金的磁性能及与硅钢和非晶合金的比较[33, 36]

Material	B_s/T	H_c/（A·m^{-1}）	$P_{15/50}$ /（W·kg^{-1}）	$P_{10/400}$ /（W·kg^{-1}）	$P_{10/1k}$ /（W·kg^{-1}）
Fe$_{80.5}$Cu$_{1.5}$Si$_5$B$_{13}$	1.80	5.7	0.26	1.6	5.7
Fe$_{85}$Si$_2$B$_8$P$_4$Cu$_1$	1.82	5.8	0.25	—	—
6.5 硅钢	1.85	45	$P_{10/50}$=0.51	5.7	18.7
3%取向硅钢	0.82	8	0.59	7.8	27.1
HB1非晶合金	1.64	1.5	0.08	1.3	4.4

系统研究FeSiB（P）Cu合金的热处理工艺、微观结构、磁性能和晶化机制后
发现[18, 28]，高Fe含量FeSiB（P，C）Cu系列纳米晶合金的晶化机制与传统铁基非
晶合金、FINEMET、NANOPERM和HITPERM不同，其主要区别在于淬态带材的
微观结构、形核点、晶粒细化机制。如图1-11所示，对FINEME合金，在第一晶化
峰温度和第二晶化峰温度之间热处理过程中，Cu团簇首先析出，然后作为形核点
激发α-Fe（Si）形核，bcc结构的α-Fe（Si）依附于Cu形核并长大，Nb和B在晶粒
周围的非晶相中富集，其晶粒细化机制是大原子半径的Nb元素对原子扩散的抑制
作用。由于Fe含量提高，且体系中不含Nb、Mo等大原子半径元素，高Fe含量FeSiB
（P，C）Cu系合金的非晶形成能力明显降低，淬态合金带材中即易析出大量尺寸
细小的α-Fe初晶相或Cu团簇，这些初晶相或团簇作为纳米晶化的形核点。在淬态
合金中形成高密度的形核点，并在升温过程中使晶粒间形成竞争和相互抑制，是
在高Fe含量FeSiB（P，C）Cu系合金中获得晶化体积分数高，且晶粒尺寸小、分
布均匀的微观结构和优异软磁性能的关键[37, 40]。

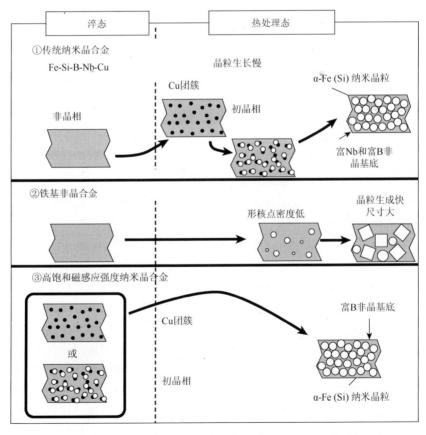

图1-11　三种典型非晶纳米晶合金的晶化机制对比[28, 33]

目前,高饱和磁感应强度纳米晶软磁合金的规模化生产还存在两个问题:一是合金的非晶形成能力低,现有非晶合金带材生产工艺和设备难以实现宽带制备,淬态带材中的α-Fe初晶相或Cu团簇的密度和分布难以控制;二是由于缺乏抑制原子扩散的大原子半径元素,热处理过程中晶粒长大速度较快,热处理过程中的升温速率对磁性能影响极大,高升温速度短时间热处理获得的样品的性能明显优于常规热处理工艺,如图1-12所示[28, 37]。然而,由于纳米晶软磁合金热处理后的脆性和敏感性,必须先制成磁芯,然后进行热处理,快速升温热处理工艺难以满足大体积磁芯热处理的升温速度和均匀性要求。

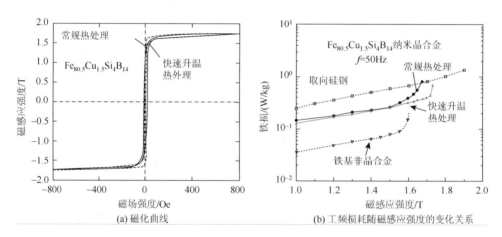

(a) 磁化曲线　　　　　　　　　(b) 工频损耗随磁感应强度的变化关系

图 1-12　不同热处理工艺对 $Fe_{80.5}Cu_{1.5}Si_4B_{14}$ 纳米晶合金磁性能的影响

常规热处理:420℃保温3600s,400℃时升温速度为0.3℃/s;快速升温热处理:450℃保温300s,
400℃时升温速度为3℃/s[28, 40]

综上所述,高饱和磁感应强度FeSiB(P,C)Cu系纳米晶合金是替代硅钢在工作点磁感应强度要求高的变压器、电抗器和电机等器件上应用的理想材料,实现其产业化,并在软磁材料需求量最大的能源传输和转换领域应用具有重要意义。

3. 高居里温度纳米晶软磁合金

随着航空、航天等高技术领域对软磁材料器件小型化、轻量化、节能化、高频化、耐高温等要求的日益提高,发展综合性能优异的新型软磁材料已经成为磁性材料发展的重要目标之一,尤其高温应用软磁材料的开发和应用备受重视。高性能的高温应用软磁材料不仅要求材料具有低的矫顽力以降低损耗,高的电阻率以降低高频使用下的涡流损耗,以及高的饱和磁感应强度以满足材料更广的使用范围,而且必须具有良好的软磁性能以及长期高温工作条件下的良好稳定性。为了获得更加优异的综合性能，FeCo合金作为软磁材料从合金微观组织形态上经历了从晶态组织到非晶纳米晶组织的发展过程[41, 43]。

已开发应用的传统高温软磁材料有FeSi系和FeCo系晶态合金，以及通过沉淀硬化、弥散硬化、纤维强化原理制备的以Fe、Co或FeNiCo为基的高温转子结构材料。其中，传统的FeCo系晶态合金工作温度最高。但这些软磁材料普遍存在其高温软磁性能和力学性能随温度升高而降低的不足。

20世纪90年代末，Willard用Co部分替代FeZrBCu非晶合金（商品牌号为NANOPERM）中的Fe得到了纳米晶非晶共存的FeCoZrBCu合金（商品牌号为HITPERM）。由于该合金中非晶相和纳米晶相居里温度的提高，材料的高温性能明显得到改善[13]。此后，FeCo基纳米晶合金得到了快速发展和应用[42]。目前HITPERM合金已经得到了应用，并成为最具代表的一种FeCo纳米晶软磁材料。HITPERM合金的典型成分是$Fe_{44}Co_{44}Zr_7B_4Cu_1$，如图1-13所示，相比以$\alpha$-Fe（Si）为磁性相的FINEMET纳米晶合金和以α-Fe为磁性相的NANOPERM合金，HITPERM型合金由于α-FeCo相的存在，使之展现出比前两种合金更优异的高温软磁性能，其饱和磁感应强度可达2.0T，居里温度约为960℃[13]。因而该软磁材料可以在600℃以下使用，是目前使用温度最高的一种纳米晶软磁材料。与纯Fe、FeSi系合金相比，FeCo合金具有更高的居里温度（＞940℃）、更高的饱和磁通密度B_s（＞2.0T）、更高的电阻率，以及更优异的高温软磁性能。

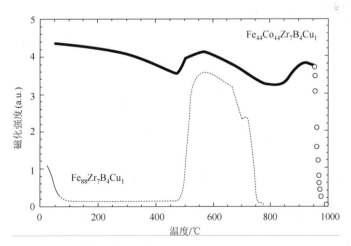

图1-13　铁钴基高居里温度纳米晶合金与铁基纳米晶合金的热磁曲线比较[36]

为了满足更高温度下的使用要求，近年来随着非晶纳米晶形成理论的不断完善和材料制备技术的提高，国外已经研制出了居里温度T_c约为980℃的FeCo基HITPERM非晶纳米晶软磁新型合金材料[44]。

HITPERM 由于高的居里温度，可在高温下长时间稳定工作，它的出现不仅拓展了纳米晶软磁合金的应用范围，而且为制备新型高温软磁材料指明了方向。目前，铁钴基合金软磁材料已在航空、航天、航海、军事和民用等领域得到了广泛应用，尤其 HITPERM 纳米晶软磁材料的优异综合性能已经在新型航空、航天多电力飞行器（MEA）中得到了验证[13, 41, 42, 44]。

1.2   非晶软磁合金铁心加工技术

在过去的 50 多年中，随着非晶材料基础研究、制备工艺和应用产品开发的不断进步，各类非晶合金材料已经逐步走向实用化，特别是作为软磁材料的非晶合金带材已经实现产业化，并在配电变压器、电子产品等领域获得了广泛应用。随着对非晶合金材料和非晶电机的认识不断深入，各种针对非晶合金材料在电机上应用的技术不断开发和成熟，电机有望成为非晶合金的新的重要应用领域。

受非晶电机性能优势和应用前景吸引，20 世纪 70 年代许多大公司开始进行相关研究。到目前为止，包括美国、日本、中国等国家都已经开展了非晶合金电机方面的研究工作，并已取得一定的成绩[45, 54]。国际上最具代表性的是美国的 LE 公司和日本的日立公司，前者主要侧重双定子和一个转子结构的轴向电机，并已经产品化。后者主要研究双转子和一个定子结构的轴向电机，已有几代样机推出。国外还有研究者将铁基非晶合金应用于开关磁阻电机和轴向永磁无刷电机，从试验的结果来看，在提高电机效率方面有显著的成效。国内对于非晶合金电机的研究主要还是传统的径向结构电机，且偏向于高速电机。从目前研究进展来看，国内的研究水平与国际水平相比还有一定差距，大都处于理论研究和小批量试制阶段，需要投入更多研发。

1.1 节已经介绍非晶合金带材在厚度、应力敏感性、硬度和磁性能等方面都与传统电机用硅钢有很大差别，因此非晶软磁合金铁心的加工工艺也有较大差异，需要进行多方面改进，本节通过总结，分析非晶软磁合金铁心的加工工艺。

1.2.1   非晶软磁合金铁心的叠装工艺

早在 20 世纪 70 年代，美国通用电气（GE）公司就开始研发非晶合金变压器，并开始着手研究非晶电机。于 1978 年在专利中最早提出了制造非晶合金电机定子铁心的方案，非晶带材一边开槽一边卷绕成圆柱形铁心[55]，如图 1-14 所示。

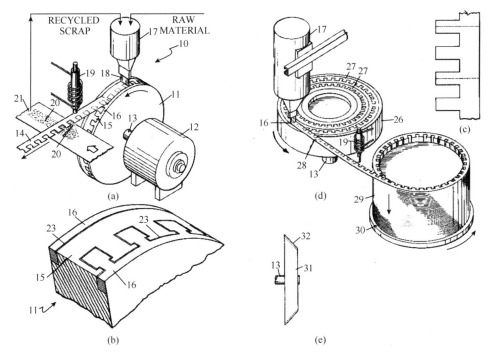

图 1-14　GE 公司径向磁通非晶合金电机定子铁心制作工艺[55]

　　在尝试了非晶合金材料在径向磁通电机中的应用后，GE 公司又于 1984 年在原来径向磁通非晶合金电机定子铁心的基础上做了改进，提出了非晶合金定子、永磁转子的轴向磁通电机的结构和定子铁心的加工工艺。该定子铁心加工工艺简述如下[56]：首先在非晶带材上通过计算在一定的距离加工矩形开口槽，然后将带材沿着半径方向由内向外卷绕，形成带有齿槽的盘式定子铁心。其加工工艺和制作完成的铁心如图 1-15 所示。

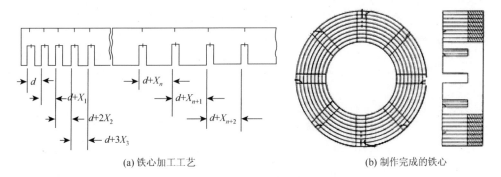

(a) 铁心加工工艺　　　　　　　　　(b) 制作完成的铁心

图 1-15　GE 公司盘式铁心加工示意图[56]

1999 年底 Honeywell 公司提出了一种定子齿和轭拼接形成定子铁心的加工方法，该方法包括浸漆固化→切割模块→拼接成型等多道工序，如图 1-16 所示。

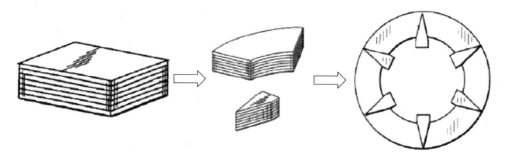

图 1-16　Honeywell 公司提出的非晶合金电机铁心加工方法[57]

美国莱特公司（Light Engineering Ine，LE）是目前世界上最成功的非晶电机研发和生产企业，LE公司生产的非晶电机均为轴向永磁电机，并且已经实现了小规模生产。经过长期探索，找到了较为合理的用于电机中非晶合金的加工方法，该方法流程如下：先将非晶带材卷绕成环形铁心，经退火、浸漆和固化处理后再铣削成定子铁心，铁心的加工过程如图1-17所示[58]。该方法的优势是加工效率和带材利用率高，且电机功率基本不受带材宽度限制。LE公司以定子加工技术为核心，还在轴向非晶电机的设计和性能优化方面申请了相应的专利群，如轴向气隙电气设备中的定子的选择性调准、在不降低电机效率的基础上如何增大电机转矩，以及线圈装置设计等。LE公司通过提高非晶电机极数和频率以及优化控制等手段，使其生产的非晶电机具有高效率、高转矩和高功率密度、低转矩脉动和可利用变频高精度调速等优势[59]。

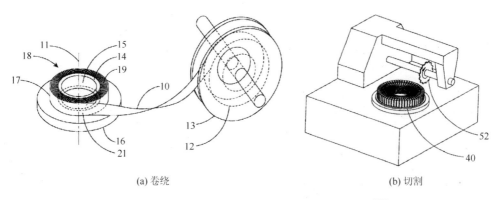

(a) 卷绕　　　　　　　　　　(b) 切割

图 1-17　LE 公司非晶电机定子铁心加工流程示意图[58]

　　2003年日立公司收购Metglas，从而一举跃居当今世界上最大的非晶合金材料制造商。日立公司运用自己在非晶变压器开发过程中所积累的技术，初步解决了由于非晶带材薄、脆且硬，而难以加工的难题，并且制备出了定子铁心采用非晶合金材料的新型电机。Metglas公司在其2000年申请的专利中，提出三种制作径向磁通非晶电机定子铁心的方法，如图1-18所示。第一种方法是首先卷绕成环形非晶铁心作为电机的轭部，然后在环形铁心内部黏结齿模块，该方法制作的非晶铁心磁路中包含多个气隙，磁阻增大，同时也存在轭部涡流损耗增大、结构稳定性较差等问题；第二种方法是将铁心齿部和相应齿联轭叠成预定形状，用环氧树脂或金属带进行固定、形成单个铁心模块，再进行拼接。该制作方法与第一种方法类似，也存在附加气隙、轭部铁心涡流损耗较大和稳定性差等问题；第三种方法是使用不同长度的非晶带材进行冲压，制成弓形的拼接模块，树脂铸型后拼接成非晶定子铁心，该方法制备的非晶铁心结构稳定性好，但是轭部磁路会出现横穿非晶带材的情况，局部磁阻过高，影响非晶定子铁心性能。

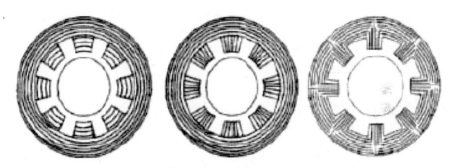

图 1-18　Metglas 公司提出的三种非晶铁心的制作方法[60]

　　尽管子公司 Metglas 早在 2000 年就申请了上述径向磁通结构电机的专利，但是日立公司并没有从该专利出发来着手研制非晶合金样机。2005 年日立公司发表文章，将传统的径向磁通电机定子结构进行了改造[61]，使定子齿和轭分离，定子齿通过鸽尾槽镶嵌在定子轭上。通过将定子齿换成非晶合金材料、定子轭仍采用硅钢片材料，形成了日立公司第一代非晶合金电机。日立公司 2010 年报道了一台 200W、2000r/min 的轴向磁通非晶合金永磁电机，电机的叠压系数约为 0.9，设定的应用场合为小型家用电器或工业驱动行业[48]。该电机的定子铁心由若干个铁心模块拼接而成，每个铁心模块采用非晶带材卷绕的方式制成，并且在树脂中进行真空压力浸漆，以使得非晶层间良好绝缘；然后在铁心模块外围套入预先绕制好的线圈；最后将沿圆周方向排布好的铁心模块通过环氧树脂固定成一个整体。为了进一步减小铁心模块中的涡流损耗，在铁心模块的一个侧面切出一道狭缝，以切断涡流路径。该电机的具体结构如图 1-19 所示。该结构可以看成日立公司第二代非晶合金电机。

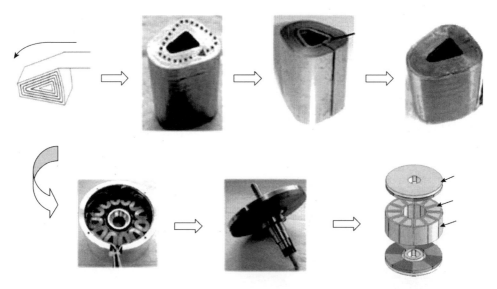

图 1-19　日立公司第二代非晶合金卷绕铁心轴向磁通电机示意图[54]

　　卷绕工艺制造的铁心模块为了保证形状，需要采用中空结构，这样就增大了铁心模块所占据的空间，导致电机的体积增大、转矩密度降低。为了进一步减小电机体积，同时考虑抑制定子铁心中的涡流损耗，日立公司于2011年提出了一种新的轴向磁通电机定子铁心模块结构[46]。该铁心加工工艺简述如下：先将非晶合金带材卷绕成环形铁心；再切割形成所要求数量和尺寸的定子铁心模块；最后将绕制好的线圈套于铁心模块上。具体流程如图1-20所示。与卷绕铁心相比，切割成型铁心的涡流路径被切断，因而涡流损耗大大减小。利用上述工艺，该公司开发了一台150W、2000r/min的样机，效率达到了90%，有效材料转矩密度为2.35N·m/L；而采用卷绕齿模块工艺制造的200W、2000r/min样机的效率只有85%，有效材料转矩密度为1.36N·m/L，可见性能大幅度提升。该结构可以看成日立公司开发的第三代非晶合金电机。日立公司于2012年采用该铁心结构开发了一台功率等级相对较大的11kW轴向磁通非晶合金电机，如图1-21所示。

图 1-20　日立公司开发的第三代非晶合金轴向磁通电机示意图[52]

图 1-21　日立公司于 2012 年开发的 11kW 非晶合金电机示意图[62]

　　1992 年，美国威斯康辛大学麦迪逊分校的 Lipo 等发表了一篇关于采用卷绕非晶合金铁心设计制造无刷直流电机的文章[63]。文中提出一种双转子单定子的轴向磁通电机结构。定子铁心用非晶带材卷绕而成，不需要后续加工，因此可以降低加工成本，缩短生产周期。转子上放置铁氧体永磁材料。这种方法为解决非晶定子铁心加工难题提供了一种方案，且使定子尺寸不再受带材尺寸限制。由于损耗与计算值偏差过大，电机性能不够理想，所以又开发了第二轮样机，该样机在原来的基础上，重新优化了铜耗、更新机壳，最终样机的效率大于 90%，而相似的异步电机效率只有 75%～80%。日立公司于 2011 年报道了一种定子铁心不开槽的 400W、15000r/min 小型高速轴向磁通永磁电机，如图 1-22 所示[64]。电机的定子铁心直接由非晶带材卷绕成环形而不进行开槽，为了方便嵌线，将定子铁心圆环分成两部分，分别套入线圈，再用树脂将两部分黏在一起。这种铁心结构工艺简单、生产效率高，但是气隙增大导致转矩密度较低。该结构可以看成日立公司第三代非晶合金电机的另外一种探索和尝试。

图 1-22　日立公司无齿槽轴向磁通非晶合金电机实物图[64]

　　安泰科技在非晶合金铁心加工工艺方面开展了大量的研究工作，工艺流程如图 1-23 所示。利用这些加工工艺，安泰科技制造出一系列非晶合金径向磁通电机铁心，并研究了电机的性能。

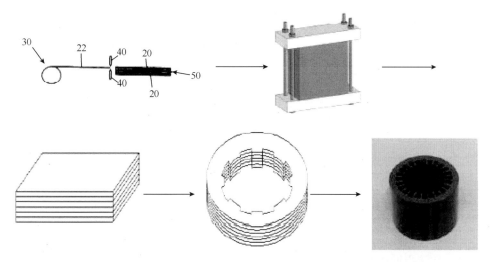

图 1-23　安泰科技开发的非晶合金定子铁心加工工艺流程示意图[65]

1.2.2　非晶和纳米晶软磁合金铁心的热处理工艺

非晶和纳米晶软磁合金磁性能除自身合金成分的影响因素外，热处理工艺也是一个关键因素[66, 68]。一般而言，通过退火处理可以消除非晶磁性材料的应力，降低矫顽力，提高磁导率，还可以制备纳米晶或非晶—纳米晶复合结构等高性能软磁合金。关于非晶材料普通退火工艺的特点已有系统总结[68]，从退火目的上可分为去应力退火和晶化退火两种。

由于受非晶合金材料物理性能的影响，经过浸漆、固化、冲压或切割等工艺成型的铁心内在应力非常大，磁性能严重恶化，必须通过热处理退火才能消除这些应力。所以，退火工艺是非晶合金铁心整个制作过程中最关键也是最难控制的工序之一，涉及的工艺要素也最多，包括退火温度、升温速度、降温速度、保温时间、保护气氛、磁场大小和方向等。张卫国等对热处理各个工艺参数对非晶合金铁心性能的影响做了总结[69]，影响磁性能的参数有如下几个。

（1）退火温度。适宜的铁心退火温度，不仅要保证消除铁心的内在应力，恢复其磁特性，而且要能够尽量降低非晶合金带材的脆性，减少在铁心后续操作中形成碎片的风险。

（2）保温时间。铁心达到最佳退火温度后，适当的保温时间对于调整铁心磁性能，尤其是改善铁心的磁化性能起关键作用。根据目前对非晶合金铁心退火工艺的研究，在整个退火过程中，经过最佳退火温度后，铁心的单位空载损耗随着退火温度的提高和退火保温时间的延长而增大，但单位激磁功率仍随着退火温度的提高和退火保温时间的延长而降低。而且，铁心带材的脆性，也随着退火保温时间的增加、退火温度的提高而增大。因此，需要根据铁心性能的要求，选择最佳的退火温度和最适宜的保温时间。

（3）升温和降温速度。非晶合金铁心的升温速度和降温速度，对铁心性能也有着重要影响。由于铁心在批量生产时都是多个装载、批次性热处理，所以，合理升温和降温速度，不仅影响非晶合金铁心的性能，而且也影响生产效率和生产成本。升温速度的快慢，会影响同炉次非晶合金铁心的温度离散性，也会影响铁心性能的离散性，升温速度越快，离散性越大。降温速度的快慢，也直接影响铁心的内在性能。试验证明，降温速度快，对于降低铁心的空载损耗是有益的，但同时会增大铁心的激磁功率。因此，非晶合金铁心的最佳降温速度，需根据热处理设备的特点、铁心最终所要达到的性能指标来选择。

（4）保护气氛。铁心在高温热处理退火时很容易受温度和湿度的影响而被氧化。铁心表面被氧化后，除了表面有锈迹，更主要的是表面氧化层会导致铁心的空载损耗明显增大。因此，铁心在整个热处理退火过程中必须采用气氛保护，减少和防止铁心表面被氧化。

（5）磁场。成型后的非晶合金铁心，在退火时可加磁场来改善其磁特性。其原理是将非晶合金铁心放在磁场中，引起非晶合金带材的磁畴取向。场强的大小和方向是改善非晶合金铁心磁特性的关键。

除磁性能外，非晶合金的退火脆性是另一个需要特别注意的问题，它直接影响后续铁心的加工性和使用稳定性。退火脆性的原因是材料内部原子短程扩散导致的结构弛豫，结构弛豫一方面松弛了应力，改善了磁性能，但另一方面又使带材变脆。在目前技术条件下，退火脆化还不能完全避免，但可以改善，方法有以下几种：①调整材料成分，降低合金的最佳退火温度；②优化带材生产工艺，降低带材内部冷却应力；③适当增大带厚，提高带材的强度；④改善表面质量，减少容易断裂的薄弱点等。

不同的非晶合金都有其不同的最佳退火方式和机制，开发和完善适合电机磁芯的非晶、纳米晶合金的热处理工艺，具有重要的意义。

1.2.3　铁心切削加工工艺

虽然非晶合金材料具有优异的电磁特性，但是非晶合金材料对应力非常敏感，并且其薄、脆、硬的物理性能导致非晶合金材料冲压加工困难、冲模磨损快、工艺成本增加。因此，优异性能的非晶合金铁心对其加工工艺提出了非常严格的要求。只有开发技术成熟、对非晶合金铁心损耗影响小、生产成本低、效率高的非晶合金电机铁心加工工艺，在成本允许的情况下降低非晶合金电机铁心损耗，才能充分发挥非晶合金电机的性能优势[1]。

在现有技术条件下，非晶合金电机铁心的加工工艺主要包括线切割、高速铣削、激光切割、光刻腐蚀法等[55-57, 60-65, 70]。通过查阅不同加工工艺的特点，考虑电机特性影响等特殊情况，现将不同非晶合金铁心加工工艺的优缺点进行归纳，如表 1-4 所示。通过对不同工艺进行对比总结、结合非晶材料特性进行改进，进而开发出适应性强的专业加工工艺体系，为产业化奠定基础。

难点在于根据所应用领域和电机的结构特点，通过大量对比研究，选择对非晶合金电机铁心损耗影响小、适合于产业化的非晶合金电机铁心的加工制造和装配工艺，包括制定完整的工艺流程，并制作相应加工和装配的工装模具。

非晶合金电机的机械化生产工艺开发，以及非晶合金电机的机械化生产工艺的完善与成熟有利于非晶合金电机成本的降低，是非晶合金电机实现产业化的关键技术，因此在非晶合金电机的研究领域一定要重视非晶合金电机的机械化生产工艺。

表 1-4 不同加工方法的效果比较

加工工艺	优点	缺点	是否适合量产
铣削	传统铣削加工、制造成本低、加工周期短	非晶合金带材硬度和脆性大，刀具磨损速度快，也不利于径向磁场铁心加工	是
线切割	加工方法简单、便于操作、精度高，线切割的切割效率一般为 20～60mm²/min，最高可达 300mm²/min；常规加工精度为 ±（0.01～0.02）mm，最高可达±0.004mm；表面粗糙度一般为 Ra2.5～Ra1.25μm，最高可达 Ra0.63μm；切割厚度一般为 40～60mm，最厚可达 600mm	不利于大规模加工、容易引起材料性能恶化、加工速度慢；尤其是经过浸漆后的非晶合金铁心导电性能变差，加工过程中容易出现破损或较大毛刺	否
冲压	生产效率高、工件精度一致性高、常规工艺设备投入相对较小、便于在大批量生产中实现机械化或自动化，不需加热、无氧化皮、表面质量好，操作方便，费用较低	应力增加，对损耗影响大。非晶合金薄且硬，导致模具加快磨损；由于材料厚度有较大差异，会降低质量和精度，而且模具容易被破坏；模具和制造成本的增加使铁心的生产成本高	是
激光切割	精度高（常见的数控激光切割机定位精度为 0.05mm，重复定位精度为 0.02mm）、稳定性好、加工速度快（切割速度可达 10m/min，最大定位速度可达 70m/min，比线切割的速度快很多）、表面粗糙度好	激光切割设备费用高，一次性投资大，激光切割由于受激光器功率和设备体积的限制，只能切割中、小厚度的板材和管材，而且随着工件厚度的增加，切割速度明显下降，激光切割更加适合单件加工或小批量生产	否
光刻腐蚀	易于选择或改变叠片的尺寸和形状，易于实现复杂的形状	加工周期长、大规模加工困难、辅助设计的软件工具复杂、制造成本高	否
射流切割	切割表面平整、对材料性能影响较小	水射流切割所需压力较高，对部件、设备和密封的要求比较严格，所以，在使用上受到限制；加工误差大、运行成本高	是

1.2.4 铁心胶装固化工艺

使用非晶定子铁心，可以提高电机的效率和功率密度、转矩密度，实现电机的高效节能化。但是由于其加工特性，使其在电机上的应用受到制约。采用环氧树脂及其固化剂进行黏结后线切割可以有效解决非晶材料薄而脆硬导致难以加工的缺点。但是黏结后材料的软磁性能大幅降低，且大部分环氧树脂体系耐热性较差，因此需要开发并选取合适的环氧树脂和固化剂[71]。

环氧树脂及其固化剂种类繁多、性能各异，传统的热固化应用普遍，技术手段也较为完备，近年来的研究主要采取提高其韧性、耐热性和阻燃性等方法开发新型固化技术和新型固化剂达到实现固化产物高性能化的目标，目前关于其增韧性和耐热性的研究已取得很大进展。选取合适的环氧树脂及其固化剂，采用准确的分析测试方法，完善试剂配比和固化工艺，从而满足非晶电机定子铁心的性能要求，是实现非晶电机应用化的关键因素之一。

采用黏结工艺，不论是用玻璃态的无机黏结剂，还是用树脂类的有机黏结剂，通常都会对材料磁性能产生影响。这一点对非晶态磁性材料，特别是铁基非晶态磁性材料，显得特别重要。因为铁基非晶态磁性材料的磁致伸缩系数大，对应力的敏感性又特别高，只要黏结剂层使非晶薄带受到外应力或者因为对材料磁致伸缩产生限制而使材料产生内应力，哪怕产生的应力很小，都会使材料的磁性能大大降低。因此采用黏结工艺制造非晶薄带叠层片，首先需要解决的是黏结与应力的矛盾。既要黏结牢固，又要使材料受到的应力尽可能小。但是传统的黏结工艺，不论是无机还是有机黏结剂，黏结剂层在工作状态下通常是一种刚性体，几乎没有伸缩性。用这种刚性的黏结剂制造的叠层片在铁心运行时，非晶薄带产生本征的磁致伸缩，而黏结剂层却使之固定，不能伸缩，结果在薄带内部产生很大的应力，铁心磁性能大大降低。

尤其是高频电机工作时，会产生很大的损耗，造成电机温度上升。因此所选用的环氧树脂体系应当具有较高的稳定性，保证在高温工作时的机电性能。对于外冷却式的电子电气设备，热量须先通过绝缘层才能向外散发，如果能提高黏结材料的导热系数，电气设备的散热问题将得到很大的改善，同时还可以降低制造成本。可见，提高黏结材料的热传导性能对于提高电子电气设备的制造水平具有重要意义，也是黏结材料的重要发展方向之一。

体积收缩率是评价环氧树脂性能的重要指标。高收缩率会造成残余应力，内应力的存在不论对外力起削弱作用还是叠加作用，都将影响所制得的材料的真实力学性能，尤其是铁基非晶材料对应力的敏感性高，所以降低环氧树脂基体的内应力是一个很重要的问题。要减小内应力可从两方面着手：一是尽量减少内应力的产生；二是使已产生的内应力尽量释放。这些可以通过材料和工艺设计来实现。

因此选取的环氧树脂及其固化剂应重点考虑其体系的力学性能和热性能，既不引入过高的应力，又保证体系的黏结强度，具有优良的热稳定性和导热系数，并且其线胀系数接近非晶带材，从而满足非晶定子铁心的性能要求，实现非晶电机的广泛应用[71]。

1.2.5　铁心装配工艺

非晶软磁合金在配电变压器领域的应用表明，非晶合金带材的磁滞伸缩系数是硅钢片的几倍，而且非晶合金材料的性能对应力敏感，要想保证磁性能，就不能采用传统硅钢电机的装配方式，压紧力不宜过大，因此，非晶合金铁心叠压系数低，相对比较松散。另外，对于加工成型的非晶态合金铁心，即使采用了各种消除内应力的措施后，产品的总装配所造成的应力，也难免会使铁心损耗上升。生产装配中的绑扎支撑，转运过程中和事故中的振动受力，都会使铁心损耗发生变化，都需要加以注意。

工艺流程中，浸漆、固化等加工工序将在非晶合金铁心中引入应力，导致铁心磁化性能和损耗性能显著降低。为此，国内最大的非晶软磁合金带材生产企业——安泰科技公司也在尝试一些新的工艺，包括不进行浸漆和固化，而是用机械固定取代浸漆工艺，以解决层间黏结导致层间易断裂、黏结应力无法消除导致铁心性能下降等问题。两种工艺流程对比情况如表 1-5 所示。

表 1-5　非晶合金电机磁心加工工艺对比[3]

装配方式	工艺流程	对比
层间黏结	叠片→退火→层间黏结→固化→切割	层间黏结和固化引入应力，铁心性能降低，但层间绝缘性变好
机械固定	叠片→机械固定→退火→切割	应力释放更完全，磁性能更好

1.3　非晶软磁电机

1.3.1　非晶软磁电机现状和前景

非晶合金材料优异的软磁性能使其在电机铁心领域具有巨大的应用潜能，可以说自非晶合金诞生之日起人们对其在电机领域应用的探索就从未终止。非晶合金带材薄、脆、硬，而且磁性能对应力非常敏感，发明一种高效廉价的非晶铁心的加工方法或者设计出免切割的非晶合金铁心是目前非晶电机研究领域需要解决的一个重大课题。下面简单介绍非晶电机现状和前景。

1982 年，美国 GE 公司首次将铁基非晶合金应用于电机定子铁心，非晶材料选用的铁基非晶合金（牌号为 Metglas2605SC），转子仍为硅钢片[63]。当时非晶合金样机的外径为 96mm，铁心长度为 76mm，输出功率为 250W。受非晶带材宽度限制，定子叠片采用拼接方式。测试结果与同尺寸硅钢冲片样机作比较，得出铁基非晶合金样机效率只提高 1%左右，但定子铁心损耗却降低了 80%。这很好地诠释了铁基非晶合金用于电机能显著降低铁心的损耗，但直接将铁基非晶合金取代硅钢的电机设计不能充分发挥该种材料的优势。随后，GE 公司在电机用非晶金属叠层方法、非晶磁滞电机的制备、激光或者电子束法切割非晶金属、非晶金属定子同步盘式电动机等方面取得了多项专利[3]。1992 年，美国威斯康星大学的 Lipo 等针对铁基非晶合金电机中铁心加工成本高、周期长的问题提出一种轴向磁场电机，该种电机有一个定子、两个转子，定子铁心直接用非晶带材卷绕而成，不需要任何后续加工手段。经过最优化设计后的样机与类似尺寸的传统电机对比，发现可以在保持成本不急剧增加的前提下通过优化电机设计来获得更高的效率。这项研究工作通过优化电机结构设计，解决了非晶定子的加工难题，且使定子外径不再受带材尺寸限制，还有效地缩短了生产周期，为制造大型非晶合金电机奠定了基础[63]。

美国LE公司自1996年开始研究采用非晶合金制作电机定子，至今已申请美国专利20余项，2003年解决了轴向永磁非晶合金电机定子铁心加工难题，从而实现了轴向永磁同步电机的小批量生产。它是目前为止全球唯一一家实现铁基非晶合金电机产业化生产的企业[49]。图1-24是LE公司在2010年第2届中国国际新能源展会中展出的非晶电机样品。

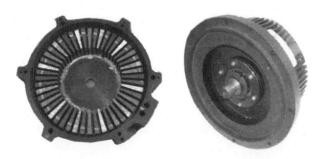

图 1-24　LE 公司在 2010 年第 2 届中国国际新能源展会中展出的非晶电机样品图

2003年日立公司收购Metglas，从而一举跃居当今世界上最大的非晶合金材料制造商。日立公司运用自己在非晶变压器开发过程中所积累的技术逐步涉及电机用非晶铁心合金加工和应用领域，先后开发了3代样机，但日立公司目前还没有非晶电机产品进入市场，表明日立公司的非晶电机产品尚未成熟。

在国内，安泰科将铁基非晶合金应用到高速电机定子铁心中，使用带材切片、轴向叠压、整体退火、浸漆固化、切割成型的工艺路线已经成功制备出了各种形状复杂的径向磁场非晶定子铁心，并且该定子铁心应用于高速电机展示出了良好的性能。湘电莱特电气有限公司通过引进国外技术，开发设计了盘式永磁非晶合金电机，并与传统径向硅钢片电机作了比较，得出采用铁基非晶合金的电机效率有了明显的提升。

目前，铁基非晶合金已经成功应用于传统电力工业、现代电子工业、军事装备、运动器材、微型机械器件等领域。尤其是在传统电力工业，铁基非晶合金取代传统硅钢片制造的非晶变压器，将配电变压器的空载损耗降低了70%以上。而铁基非晶合金取代硅钢应用于电机定子铁心，能够在很大程度上提高电机的效率和功率密度等性能，使电机的应用领域更加广泛。因此，新一代高效、节能电机一旦投入将广泛应用于以下领域[72]。

（1）航空和军事领域。

非晶合金电机工作效率高、体积小、重量轻，因此用其代替传统电机应用于航空和军事领域，不但可以节约空间，还能提高电机功率密度，使整个动力系统更加轻便。

（2）电动汽车等交通领域。

近年来，随着新能源汽车的普及，对汽车用电机的要求和相应的技术指标也越来越高，尤其是对高速、高效率和高功率密度的要求，将非晶电机应用于电动汽车领域，可以使交通工具更加轻便，节约能源。

（3）电子设备。

计算机、网络和通信技术的飞速发展，对驱动器电机的需求越来越广，要求也越来越苛刻，小型高效非晶合金电机体积小、重量轻、效率高、噪声低，正好满足需求，其逐步取代永磁直流电机用于电子设备和计算机已成为趋势。

（4）风力和水力发电机。

人们对风力和水力发电机产生的电能有一种常识性的错觉，认为它们是免费的，实际上制造这些能量的花费是由所使用的发电机的效率决定的。非晶合金风力和水力发电机能取得比较高的效率，从而降低成本。

（5）其他领域。

电机作为第一大能耗设备，其用电量占总用电量的 1/2 以上，尤其是感应电机用电量所占比例较高，提高感应电机效率刻不容缓，尤其是现在国家大力提倡节能减排，而通过优化设计比常规感应电机容易达到 IE3 标准，因此其将代替传统的感应电机和其他电机应用于家庭、工业等领域，将大有可为。

1.3.2　非晶电机的关键技术

非晶合金在电工领域的应用主要是在非晶合金变压器中，并且已经产业化，取得了很大的经济效益。近年来，清华大学、浙江大学、北京航空航天大学、沈阳工业大学、山东大学等高校已经开始了高速软磁材料电机的研究，多数研究也是集中在性能分析上。浙江大学的陈永校 2004 年撰文综述了非晶合金电机及其发展前景[72]。2009 年，北京钢铁研究总院也进行了非晶合金定子铁心的损耗特性研究。并指出，当频率为 50Hz、磁通密度为 1.0T 时，非晶定子铁心的损耗为 0.4W/kg,比硅钢定子铁心降低了 71.4%;当频率为 1kHz、磁通密度为 1.0T 时,非晶定子铁心的损耗为 42W/kg,比硅钢定子铁心降低了 58.8%。2011 年,天津理工大学用仿真计算分析对比了非晶电机与传统电机的损耗[74],结果显示稳态运行时,非晶电机的铁损只是传统电机的 1/7~1/5。因此,若将非晶定子铁心替代硅钢定子铁心应用于高速电机中,可显著降低定子铁心损耗。

　　尽管非晶合金作为当今世界上一种高新技术导磁材料,以其具有的高磁导率和非常低的电导率特点,在电磁材料的应用中已经做出很多效率非常高的器件和电子产品。但是由于其加工特性,在电机方面的发展和应用受到一定限制。一方面是国内、国际上非晶合金材料的生产能力有限,价格偏高,而下游需求旺盛,进口的非晶材料主要用于生产非晶合金变压器。另一方面,非晶合金电机铁心的设计和制造难度较大。为了避免冲压和切割非晶合金材料而采用特殊工艺技术,使用带绕铁基合金带材制造出一个简单的环形定子非晶合金铁心,这种制造方法仅适用于轴向磁场电机。非晶电机需突破的关键技术包括以下两个方面。

　　(1)设计技术。电机技术是跨越电磁、机械、热和控制等领域的一项综合技术,尤其采用非晶材料的高速电机,需要考虑高速转子强度设计与安全运行、基本电气损耗外的高频附加损耗,如风磨损耗与轴承损耗、电机损耗的温升预测与有效冷却、可靠的支撑技术和与之匹配的控制技术。如何从设计上充分利用当前的材料特性和制造工艺技术,是推进非晶电机应用的关键。

　　(2)制造技术。制造工艺技术涉及非晶合金的黏结叠压、成型磨削、内应力释放,黏结剂的热传导特性、装配过程附加应力对磁性能的影响等,都对非晶电机产业化推广有深刻影响。研究非晶合金电机和传统硅钢电机在设计中的差别,提出非晶合金电机的制造工艺和参数设计指标,为制造提供可行的方案至关重要。

1.3.3　高速非晶电机

　　高速非晶电机设计与试验面向数控 PCB 加工设备用电主轴,依照市场上广泛使用的电机结构和制造工艺,利用非晶合金材料制作电机的定子,转子仍采用硅钢铁心,支撑与冷却系统采用原结构。通过理论分析、仿真分析和实物实验,进行非晶合金电机的制造工艺的探索和相关性能分析,并研究其在高频高速工业生产中的应用。利用专用软件对非晶合金电机的气隙磁场进行分析,根据传统理论分析完成设计非晶电机方案,优化非晶合金电机的设计参数,研究用非晶合金(脆性材料)制造新型电机的制造工艺。利用 Ansoft 和 ANSYS 软件平台对非晶合金电机的气隙磁场进行建模分析,与传统硅钢电机对比,验证非晶合金代替硅钢制造电机的优越性;针对非晶合金材料不可忽视的硬度过高且极其脆、不容易加工和切割、厚度仅为 0.025mm、对机械应力非常敏感等特点,研究新型电机的制造工艺,主要是定子转子冲片结构和加工方法;参照传统硅钢电机结构参数,研究非晶电机的参数设计以及在设计制造加工中的注意事项。

1. 主要尺寸设计

旋转非晶电机主要尺寸与常规硅钢片旋转电机一样，为铁心有效长度 l_{ef} 和电枢直径 D。并且电机的电枢直径，电枢轴向长度以及电机的电负荷 A、磁负荷 B_δ 满足关系为[73]

$$\frac{D^2 l_{ef} n}{p'} = \frac{6.1}{\alpha_i' K_{nm} K_{dp} B_\delta A} \tag{1-5}$$

式中，D 为电枢直径；l_{ef} 为电枢的计算长度；p' 为电机计算功率；α_i' 为计算极弧系数；K_{nm} 为气隙磁密的波形系数，当气隙磁场为正弦分布时，其值为 1.11；K_{dp} 为电枢的绕组系数，计算时，通常取其基波绕组系数 K_{dp1}。

电机外形大小 $D^2 l_{ef}$ 主要是受线负荷 A 和磁负荷 B_δ 的影响，线负荷 A 和磁负荷 B_δ 的选定有相关的经验可以遵循。

电机常数[73]为

$$C_A = \frac{D^2 l_{ef} n}{p'} = \frac{6.1}{\alpha_p' K_{nm} K_{dp} A B_\delta} \tag{1-6}$$

在一定功率范围内，电机 B_δ、A 变动不大，α_p'、K_{nm}、K_{dp} 变化范围更小，因此 C_A 基本为常数；$D^2 l_{ef}$ 近似地表示转子有效部分的体积，定子有效部分的体积也和它有关；C_A 反映产生单位计算转矩所耗用的有效材料（铜、铝或电工钢）的体积，并在一定程度上反映了结构材料的耗用量。

因此得出以下结论：①电机的主要尺寸决定于计算功率 P' 与转速 n 之比或计算转矩 T，且可以看出在其他条件相同时，计算转矩相近的电机所消耗的有效材料相近，如功率大、转速高与功率小、转速低的电机其 P'/n 相近，则电机体积是接近。二者可采用相同的电枢直径与某些其他尺寸；②当 A、B_δ 不变时，相同功率的电机，转速越高，尺寸越小；尺寸相同的电机，转速越高，功率较大；③转速一定，若直径不变而采用不同长度，可得到不同功率的电机。

2. 电磁负荷的选择

根据式（1-6）可知在正常的电机中，α_p'、K_{nm}、K_{dp} 实际上变化不大，因此在计算功率和转速一定时，主要尺寸 $D^2 l_{ef}$ 就取决于电磁负荷 A、B_δ。而 A、B_δ 越大，$D^2 l_{ef}$ 越小，质量越轻，成本越低。因此希望 A、B_δ 高一点好。但是 A、B_δ 的选择与许多因素有关，它将影响电机的其他性能，它不但影响有效材料的耗用量，也会影响电机的参数、启动和运行。

（1）电负荷 A 选择。

A 为沿电枢圆周单位长度上的总电流为

$$A = \frac{2mNI}{\pi D} \tag{1-7}$$

当 A 选择较大时，有以下结论。①电机的尺寸和体积将减小，可节省钢铁材料；②B_δ 一定时，由于铁心质量减小，铁耗减小；③绕组用铜（铝）量将增加；④增大了电枢单位表面上的铜（铝）耗，使绕组温升增大；⑤改变了电机参数和电机特性，尤其是电机电抗值。

（2）气隙磁密 B_δ 选择。

选取较高的 B_δ 值时，有以下结论。

①电机的尺寸和体积较小，可节省钢铁材料；②使电枢基本铁耗增大，导致温升增大；③气隙磁位降和磁路饱和程度将增加；④改变了电机参数和电机特性。

（3）电负荷 A 和气隙磁密 B_δ 的选择。

A、B_δ 的选择需要根据具体情况选取合适的值，选取原则如下。

①A、B_δ 不应选择过高；②A、B_δ 的比值要适当，这比值影响电机的参数和特性；影响铜、铁的分配，即影响电机效率曲线上出现最高效率的位置；③A、B_δ 的选择要考虑冷却的条件；④A、B_δ 的选择要考虑所用材料和绝缘结构的等级；⑤A、B_δ 的选择要考虑 p' 和 n 的大小。

总之，电磁负荷的选择要考虑的因素很多，很难从理论上来确定。通常主要参考电机工业长期积累的经验数据，并分析对比设计电机与已有电机之间在使用材料、结构、技术条件、要求等方面的异同后进行选取。

3. 定子电磁参数选择

非晶合金的单位损耗和励磁特性大大低于硅钢片，主要特点为：①非晶合金没有晶格和晶界存在，因此，其磁化功率小，并具有良好的温度稳定性。由于非晶合金为无取向材料，故可采用直接缝，且可不分级，使制造铁心的工艺比较简单。②非晶合金带材的厚度为 0.02～0.03mm，是硅钢片的 1/20 左右，因此，其涡流损耗很小。③非晶合金的硬度是硅钢片的 5 倍，加工剪切比较困难，因此，在产品设计时应考虑尽量减少切割量。其表面不很平整，电阻率较高。④非晶合金对机械应力非常敏感，无论是拉应力还是弯曲应力都会影响其磁性能。⑤非晶合金的磁致伸缩度比硅钢片高约 10%。⑥非晶合金退火后的韧性和脆性（易碎）。由非晶合金上述的特点可知，采用非晶合金取代硅钢片来制造电机，虽然工艺略复杂，但可使空载损耗和空载电流大幅下降。⑦铁心填充系数 K_{Fe} 为 0.84～0.86。

定子槽形的选择和绕组线规的选择可类似于普通感应电机的设计，定子槽可采用半闭口槽，但采用较宽的槽口，以减小槽漏抗，提高运行特性的硬度和过载能力。

　　为提高电机的效率、减小损耗，应选择较低的气隙磁密，一般设计为 0.4～0.6T，而一般普通中小型感应电机的气隙磁密大都为 0.6～0.7T，这样可以充分利用非晶电机的优势。定子齿磁密为 1.1～1.4T，轭磁密为 1.0～1.4T，设计计算中确定定子齿磁密和轭磁密 B 时，选用较小的值，这样可以大大降低电机的铁损耗。定子电密可达 16A/mm^2（普通感应电机是 6～11A/mm^2）。

　　在设计中，当齿磁密超过 1.5T 时，齿部磁路比较饱和，铁的导磁率下降，此时齿部磁阻与槽的磁阻相差不大，磁通大部分将由齿通过，小部分则经过槽部进入轭部，不但使得电机铁耗增加，而且影响其运行性能。

　　4. 转子电磁参数选择

　　一般高速感应电机转子的鼠笼被设计成闭口槽，以防止由于电机高速旋转产生的离心力将导条抛出，发生危险。为了减小转子的热损耗，提高电机的效率，导条要选用铜甚至银材料，这样电流密度可做大。转子导条电流密度可比定子电流密度低 5%～10%，这样定子选择较高的电流密度可以有效利用槽面积，提高电机的功率。另外，如果转子槽闭口，转子的圆柱表面可以制作得比较光滑，可以减小电机的风阻损耗等附加损耗。转子端环采用整体铜环并经银焊与导条牢固地焊在一起，可以进一步减小转子电阻，降低转子电损耗。

　　转子导条的截面积比定子导线截面积大得多，且在额定转差率下，转子的滑差频率较高（例如，同步转速为 30000r/min，2 对极，当转差为 0.1 时，转子的工作频率为 100Hz），因此转子导条的集肤效应就不能忽略了，集肤效应使转子电阻增大。

1.3.4　定子铁心设计

　　1. 铁心的有效长度和定子极距设计

　　非晶电机的铁心长度计算和常规硅钢片电机一样，无通风道的非晶电机计算公式为

$$l_{ef} = l_t + 2\delta \qquad (1-8)$$

式中，l_t 为电机结构长度；δ 为气隙长度。

　　定子极距定义为电机内径，得

$$\tau = \frac{\pi D_{i1}}{2P} \qquad (1-9)$$

　　定子齿距为

$$t_1 = \frac{\pi D_{i1}}{Z_1} \qquad (1-10)$$

铁心的有效长度和定子极距比为主要尺寸比，得

$$\lambda = \frac{l_{\text{ef}}}{\tau} \qquad (1\text{-}11)$$

其值的大小对电机的技术经济性能有明显的影响。对于有效部分体积保持不变的电机，主要尺寸比值较大的电机细，反之，电机较粗短。当主要尺寸比选择较大时，有以下结论。

（1）电机将较细长，即 l_{ef} 较大而 D_{i1} 较小。这样，绕组端部变得较短，端部的用铜（铝）量相应减少，当 λ 仍在正常范围内时，可提高绕组铜（铝）的利用率。端盖、轴承等结构部件的尺寸较小，重量较轻。因此，单位功率的材料消耗较少，成本较低。

（2）电机的体积未变，因此铁的重量不变，在同一磁密下基本铁耗也不变。但附加铁耗有所降低，机械损耗则因直径变小而减小。再考虑到电流密度一定时，端部铜（铝）耗将减小，因此，电机中总损耗下降，效率提高。

（3）由于绕组端部较短，所以，端部漏抗减小。一般情况下，这将使总漏抗减小。

（4）由于电机细长，在采用气体作为冷却介质时，风路加长、冷却条件变差，从而轴向温度分布不均匀度增大。因此必须采取措施来加强冷却，例如，采用较复杂的通风系统。但在主要依靠机座表面散热的封闭式电机中，热量主要通过定子铁心与机座向外发散，这时电机适当做得细长些，可使铁心与机座的接触面积增大，对散热有利（对于无径向通风道的开启式或防护式电机，为了充分发挥绕组端部的散热效果，往往将 λ 取得较小）。

（5）由于电机细长，线圈数目常比粗短的电机少，所以使线圈的制造工时和绝缘材料的消耗减少。但电机冲片数目增多，冲片冲剪和铁心叠压的工时增加，冲模磨损加剧，同时机座加工工时增加，并因铁心直径较小，下线难度稍大，而可能使下线工时增多。此外，为了保证转子有足够的刚度，必须采用较粗的转轴。

（6）由于电机细长，转子的转动惯量和圆周速度较小，这对于转速较高或要求机电时间常数较小的电机是有利的。

一般情况下，为了提高电机的响应速度，选取较小的转动惯量，高速电机一般设计为细长型，一般 λ 可达 3～5。

2. 定子槽数的选择

在极数、相数一定的情况下，定子的槽数取决于每极每相槽数 q_1。q_1 值的大小对电机的参数、附加损耗、温升和绝缘材料消耗量等都有影响。当采用较大的 q_1 值时，有以下结论。

（1）由于定子谐波磁场减小，使附加损耗降低、谐波漏抗减小。

（2）一方面每槽导体数减少，使槽漏抗减小；另一方面槽数增多，槽高与槽宽的比值相应增大，使槽漏抗增大，但这方面影响较小。

（3）槽中线圈边的总散热面积增加，有利于散热。

（4）绝缘材料用量和加工工时增加，槽利用率降低。

因此，在选槽时要综合考虑各方面的因素，对于一般感应电机，q_1 可在 2～6 选取，而且尽量选取整数，因分数槽容易引起振动和噪声。对极数少、功率大的电机，q_1 可取得大些；对于极数多的电机，则 q_1 需取得小些。

3. 定子绕组形式和节距的选择

（1）单层绕组。

单层绕组的优点是：①槽内无层间绝缘，槽的利用率高；②同一槽内的导线都属于同一相，在槽内不会发生相间击穿；③线圈总数比双层的少一半，嵌线比较方便。其主要缺点是：①在一般情况下不易做成短距，因而其磁势波形比双层绕组的差；②电机导线较粗时，绕组的嵌放和端部的整形都比较困难。因此，一般只用在功率较小的电机中。

单层同心式、链式和交叉式绕组仅端接部分形状、线圈节距和线圈之间的连接顺序不相同。这三种绕组各有不同的使用范围和优缺点：①同心式绕组的线圈两边可以同时嵌入槽内，嵌线容易，便于实现机械化。一般适用于 q_1 为 4、6、8 的二极电机中。其缺点是端部用铜较多，一极相组中各线圈尺寸不同，制作稍复杂。②单层链式绕组，各线圈大小相同，但嵌线较困难，一般用于 q_1 为 2 的 4、6、8 极电机中。③单层交叉式绕组可以节省端部接线，主要用于 q_1 为奇数的电机中（q_1 为偶数的电机绕组也能做成交叉式，但比同心式或链式并没有优越性，故很少采用）。

（2）双层叠绕组。

双层叠绕组通常用于功率较大的电机中，其主要优点是：①可以选择有利的节距以改善磁势与电势波形，使电机的电气性能较好；②端部排列方便；③线圈尺寸相同，便于制造。其缺点是多用了绝缘材料，嵌线也较为麻烦。

4. 定子槽形的确定

非晶电机的定子槽形最常用的有四种：梨形槽、梯形槽、半开口槽和开口槽。

梨形槽和梯形槽是半闭口槽，槽的底部比顶部宽，使齿部基本上平行，这两种槽形一般用于100kW以下，电压为500V以下的电机中，因为这些电机通常采用圆导线组成的散嵌绕组。采用半闭口槽可以减少铁心表面损耗和齿内脉振损耗，并使有效气隙长度 δ_{ef} 减小，功率因数得到改善。梨形槽与梯形槽相比，前者的槽面积利用率较高，而且槽绝缘的弯曲程度较小，不易损伤，所以应用较为广泛。

低压中型电机常采用半开口槽，这时绕组应为分开的成型绕组。中型高压电机则采用开口槽，这是因为线圈的主绝缘需要在下线以前包扎好并进行浸烘处理。这两种槽形的槽壁都是平行的，因此称为平行槽。开口槽增大了气隙磁场中的磁导齿谐波分量，为了避免引起较大的空载附加损耗，可采用磁性槽楔，但此时槽漏抗将增大。

图 1-25 为同尺寸下非晶电机与硅钢电机的铁损和空载损耗有限元计算结果，明显看出非晶电机的损耗比硅钢电机小得多，为硅钢电机的 1/6～1/11。

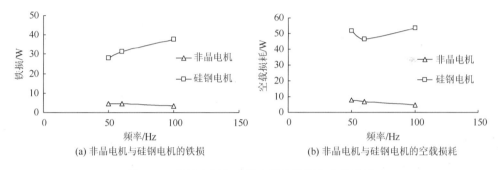

(a) 非晶电机与硅钢电机的铁损　　　　(b) 非晶电机与硅钢电机的空载损耗

图 1-25　非晶电机与硅钢电机的铁损和空载损耗

1.3.5　非晶软磁电机性能检测和评价

图 1-26 为中国科学院宁波工业技术研究院研制的铁基非晶合金电机的定子铁心和 60000r/min 高速非晶电机电主轴，通过电机的空载温升、负载温升、调试负载特性等几个方面评价电机特性。测试项目包括：①电主轴空载温升试验；②电主轴负载温升试验；③电主轴调速负载特性试验；④电主轴回转精度的测量；⑤电主轴精度保持性试验；⑥电主轴静态特性试验；⑦电主轴轴承预紧状态测量试验。

(a) 定转子铁心　　　　　　　　　(b) 电主轴电机

图 1-26　铁基非晶合金定转子铁心和电机电主轴实物图

与软磁高速电机相关的测试项为前三项，且测试方法类似、测试设备一致，所以以第一项测试为例，详细介绍测试步骤。

（1）使用数字电桥测量主轴三相线电阻，确保其平衡在 1.5%以内，使用耐压仪测试主轴绝缘性能，以上两项通过后，方可进行之后的测试；

（2）将主轴安装在专用的测试平台上；

（3）通冷却水≥1.6L/min、水压为 0.2MPa，确保无漏水；

（4）接上变频器，同时保证所有导电体都可靠接地，采用 V/F 控制模式，将电机控制参数逐项进行设置完毕；

（5）转子温度测量。在主轴各频率段运行至热稳定后，停机将测温探头伸入轴芯内电机转子中间部位实测得出；

（6）定子绕组温度测试。由埋藏在绕组内的热敏电阻实时记录；

（7）主轴转速用激光测速仪实时监测。

在做完以上准备工作以后，就可以进行空载测试，其结果如表 1-6 所示。

表 1-6 空载测试结果

频率/Hz/（电压/V）	转速/（r/min）	电流/A	绕组温度/℃	转子温度/℃
1000/200	59900	1.12	48	60
900/180	53850	1.12	46	57.8
800/160	47885	1.1	44.5	55.7
700/140	41870	1.1	43	53
600/120	35915	1.06	41	50.2
500/100	29920	1.06	39	48
400/80	23935	1.06	37	45.5

由试验结果可以看出，在压频比一定的情况下，电机的电流随着转速的上升而略有上升，绕组温度和转子温度也随之上升较明显，绕组的温度始终低于转子温度，但是都在可以接受的范围内。电主轴负载温升试验和电主轴调速负载特性试验与空载测试方法类似，所以这里就不再详细介绍。

综合以上数据可以得出，非晶电机的效率提高，不能只进行简单的材料更换，还需要根据非晶合金的特性优化铁心的设计，控制铁心成型加工时产生的高温晶化，减少铁心叠压时胶黏剂的影响，消除组装时产生的内部的残留应力，以及散热结构设计等方面进行研究开发，才能得到全方位的性能突破。

目前，英国Westwind已经批量生产20000r/min以上超高速电主轴供应国内市场，370000r/min也已投产。瑞士Machatronic也批量生产20000～60000r/min高速电主轴，国内广州昊志机电年产3万只高速电主轴，随着非晶合金制造技术不断突破和设计技术的不断成熟，采用非晶铁心的高速电机大有可为。

参 考 文 献

[1] 王立军，张广强，李山红，等. 铁基非晶合金应用于电机铁芯的优势及前景[J]. 金属功能材料，2010，5：58-62.

[2] 黄永杰. 非晶态磁性物理与材料[M]. 成都：电子科技大学出版社：1991.

[3] 张广强，周少雄，王立军，等. 非晶电机的优势及其研究进展[J]. 微特电机，2011，3：73-75+78.

[4] 严密. 磁学基础及磁性材料[M]. 杭州：浙江大学出版社，2006.

[5] Gutfleisch O，Willard M A，Bruck E，et al. Magnetic Materials and Devices for the 21st Century：Stronger，Lighter，and More Energy Efficient[J]. Advanced Materials，2011，23：821-842.

[6] Urata A，Matsumoto H，Sato S，et al. High B_s nanocrystalline alloys with high amorphous-forming ability[J]. Journal of Applied Physics，2009，105：07A324.

[7] 毛卫民，杨平. 电工钢的材料学原理[M]. 北京：高等教育业出版社，2013.

[8] Herzer G. Amorphous and nanocrystalline soft magnets，in: G.C. Hadjipanayis（Ed.）Magnetic Hysteresis in Novel Magnetic Materials[J]. Kluwer Academic Publ，Dordrecht，1997：711-730.

[9] Chen H S. Metallic Glasses[J]. Chinese Journal of Physics，1990，28：407-425.

[10] Yoshizawa Y，Oguma S，Yamauchi K. New Fe-based soft magnetic alloys composed of ultrafine grain structure[J]. Journal of Applied Physics，1988，64：6044-6046.

[11] Herzer G. Soft-magnetic nanocrystalline materials[J]. Scripta Metallurgica Et Materialia，1995，33：1741-1756.

[12] Herzer G. Modern soft magnets: Amorphous and nanocrystalline materials[J]. Acta Materialia，2013，61：718-734.

[13] Willard M A，Laughlin D E，McHenry M E，et al. Structure and magnetic properties of（Fe$_{0.5}$Co$_{0.5}$）$_{88}$Zr$_7$B$_4$Cu$_1$ nanocrystalline alloys[J]. Journal of Applied Physics，1998，84：6773-6777.

[14] Duwez P，Lin S C H. Amorphous ferromagnetic phase in iron-carbon-phosphorus alloys[J]. Journal of Applied Physics，1967，38：4096-4097.

[15] 惠希东，陈国良. 块体非晶合金[M]. 北京：化学工业出版社，2007.

[16] Ogawa Y，Naoe M，Yoshizawa Y，et al. Magnetic properties of high Bs Fe-based amorphous material[J]. Journal of Magnetism and Magnetic Materials，2006，304：675-677.

[17] Hsu C-H，Chang Y-H. Effect of the Annealing Temperature on Magnetic property for Transformer with Amorphous Core[J]. Proceedings of the 9th WSEAS International Conference on Power Systems，2009.

[18] Makino A，Men H，Kubota T，et al. New Fe-metalloids based nanocrystalline alloys with high B_s of 1.9 T and excellent magnetic softness[J]. Journal of Applied Physics，2009，105：07A308.

[19] Suzuki K，Ito N，Saranu S，et al. Magnetic domains and annealing-induced magnetic anisotropy in nanocrystalline soft magnetic materials[J]. Journal of Applied Physics，2008，103：07E730.

[20] Azuma D，Hasegawa R. Audible Noise From Amorphous Metal and Silicon Steel-Based Transformer Core[J]. IEEE Transactions on Magnetics，2008，44：4104-4106.

[21] 冯娟，刘俊成. 非晶合金的制备方法[J]. 铸造技术，2009，30：486-488.

[22] Bitoh T，Makino A，Inoue A. Origin of low coercivity of Fe-（Al，Ga）-（P，C，B，Si，Ge）bulk glassy alloys[J]. Materials Transactions，2003，44：2020-2024.

[23] Kronmuller H. Micromagnetism and microstructure of amorphous-alloys[J]. Journal of Applied Physics，1981，52：1859-1864.

[24]　Kronmuller H，Fahnle M，Domann M，et al. Magnetic-properties of amorphous ferromagnetic-alloys[J]. Journal of Magnetism and Magnetic Materials，1979，13：53-70.

[25]　Miracle D B，Sanders W S，Senkov O N. The influence of efficient atomic packing on the constitution of metallic glasses[J]. Philosophical Magazine，2003，83：2409-2428.

[26]　Alben R，Becker J J，Chi M C. Random anisotropy in amorphous ferromagnets[J]. Journal of Applied Physics，1978，49：1653-1658.

[27]　Herzer G. grainsize dependence of coercivity and permeability in nanocrystalline ferromagnets[J]. Ieee Transactions on Magnetics，1990，26：1397-1402.

[28]　张淑兰，王建，陈非非，等. 高饱和磁感应强度铁基非晶、纳米晶研究进展[J]. 金属功能材料，2010，6：73-77.

[29]　陈国钧，牛永吉，彭伟峰，等. 高饱和磁通密度 Fe 基非晶软磁合金研究进展[J]. 磁性材料及器件，2011，5：4-8.

[30]　Hasegawa R，Azuma D. Impacts of amorphous metal-based transformers on energy efficiency and environment[J]. Journal of Magnetism and Magnetic Materials，2008，320：2451-2456.

[31]　中科院宁波材料技术与工程研究所. 具有高饱和磁感应强度和强非晶形成能力的铁基非晶合金：中国，201410197139.X[P].2014.

[32]　Ohta M，Yoshizawa Y. Magnetic properties of nanocrystalline $Fe_{82.65}Cu_{1.35}Si_xB_{16-x}$alloys（x=0--7）[J]. Applied Physics Letters，2007，91：062517-062513.

[33]　Ohta M，Yoshizawa Y. Recent progress in high B_s Fe-based nanocrystalline soft magnetic alloys[J]. Journal of Physics D-Applied Physics，2011：44.

[34]　Ohta M，Yoshizawa Y. Magnetic properties of high B_s FeCuSiB nanocrystalline soft magnetic alloys[J]. Journal of Magnetism and Magnetic Materials，2008，320：750-753.

[35]　Makino A，Kubota T，Yubuta K，et al. Low core losses and magnetic properties of $Fe_{85-86}Si_{1-2}B_8P_4Cu_1$ nanocrystalline alloys with high B for power applications[J]. Journal of Applied Physics，2011，109：07A302.

[36]　Makino A. Nanocrystalline Soft Magnetic FeSi-B-P-Cu Alloys With High B of 1.8-1.9T Contributable to Energy Saving[J]. Ieee Transactions on Magnetics，2012，48：1331-1335.

[37]　Ohta M，Yoshizawa Y. Effect of Heating Rate on Soft Magnetic Properties in Nanocrystalline $Fe_{80.5}Cu_{1.5}Si_4B_{14}$ and $Fe_{82}Cu_1Nb_1Si_4B_{12}$ Alloys[J]. Applied Physics Express，2009，2：23005-23005.

[38]　Zhang M，Wang A，Yang W，et al. Effect of Fe to P concentration ratio on structures，crystallization behavior，and magnetic properties in $(Fe_{0.79+x}P_{0.1-x}C_{0.04}B_{0.04}Si_{0.03})_{99}Cu_1$alloys[J]. Journal of Applied Physics，2013，113：17A337-333.

[39]　Fan X D，Men H，Ma A B，et al. The influence of Si substitution on soft magnetic properties and crystallization behavior in $Fe_{83}B_{10}C_{6-x}Si_xCu_1$ alloy system[J]. Science China-Technological Sciences，2012，55：2416-2419.

[40]　Ohta M，Yoshizawa Y，Takezawa M，et al. Effect of Surface Microstructure on Magnetization Process in $Fe_{80.5}Cu_{1.5}Si_4B_{14}$ Nanocrystalline Alloys[J]. IEEE Transactions on Magnetics，2010，46：203-206.

[41]　董哲，陈国钧，彭伟锋. 高温应用软磁材料[J]. 金属功能材料，2005，1：35-41.

[42]　McHenry M E，Willard M A，Iwanabe H，et al. Nanocrystalline materials for high temperature soft magnetic applications：A current prospectus[J]. Bulletin of Materials Science，1999，22：495-501.

[43]　Willard M A，Daniil M，Kniping K E. Nanocrystalline soft magnetic materials at high temperatures：A perspective[J]. Scripta Materialia，2012，67：554-559.

[44] 穆丹宁，杨长林，魏晓伟，等. FeCo 基合金软磁材料研究进展[J]. 稀有金属材料与工程，2013，6：1316-1320.

[45] Kalokiris G，Kladas A，Tegopoulos J. Advanced materials for high speed motor drives[J]. Springer Dordrecht，2006.

[46] Wang Z，Enomoto Y，Ito M，et al. Development of an Axial Gap motor with Amorphous Metal Cores[J]. IEEE，New York，2009.

[47] Ning S R，Gao J，Wang Y G. Review on Applications of Low Loss Amorphous Metals in Motors[C]//Yi X. Mi L. Materials and Manufacturing Technology，Pts 1 and 2，Trans Tech Publications Ltd，Stafa-Zurich，2010，1366-1371.

[48] Wang Z N，Enomoto Y，Ito M，et al. Development of a Permanent Magnet Motor Utilizing Amorphous Wound Cores[J]. IEEE Transactions on Magnetics，2010，46：570-573.

[49] Wang L J，Li J Q，Li S H，et al. Application of amorphous alloy in the new energy-efficient electrical motor[C]//Hou Z X. Measuring Technology and Mechatronics Automation，Pts 1 and 2，Trans Tech Publications Ltd，Stafa-Zurich，2011，246-248.

[50] Tarimer I，Arslan S，Guven M E. Investigation for Losses of M19 and Amorphous Core Materials Asynchronous Motor by Finite Elements Methods[J]. Elektron Elektrotech，2012：15-18.

[51] Hong D K，Joo D，Woo B C，et al. Performance Verification of a High Speed Motor-Generator for a Microturbine Generator[J]，Int J Precis Eng Manuf，2013，14：1237-1244.

[52] Hong D K，Joo D，Woo B C，et al. Investigations on a Super High Speed Motor-Generator for Microturbine Applications Using Amorphous Core[J]. IEEE Trans Magn，2013，49：4072-4075.

[53] Dems M，Komeza K. Performance Characteristics of a High speed Energys aving Induction Motor With an Amorphous Stator Core[J]. IEEE Trans Ind Electron，2014，61：3046-3055.

[54] Fan T，Li Q，Wen X H. Development of a High Power Density Motor Made of Amorphous Alloy Cores[J]. IEEE Trans Ind Electron，2014，61：4510-4518.

[55] Na J H，Park E S，Kim Y C，et al. Poisson's ratio and fragility of bulk metallic glasses[J]. Journal of Materials Research，2008，23：523-528.

[56] Wu W F，Li Y，Schuh C A. Strength，plasticity and brittleness of bulk metallic glasses under compression：statistical and geometric effects[J]. Philosophical Magazine，2008，88：71-89.

[57] Duan G，DeBlauwe K，Lind M L，et al. Compositional dependence of thermal，elastic，and mechanical properties in Cu-Zr-Ag bulk metallic glasses[J]. Scripta Materialia，2008，58：159-162.

[58] Thomas J. Berwald，Kendall Scott Page. Soft-metal electromechanical component and method making same[P]：United states，Invention Patent，US20040250940A1，2004.

[59] 徐卫东，邓群，杨振河，等. 非晶材料在高效电机上的应用[C]. 2012 第十二届中国电工钢学术年会，中国海南海口，2012：7.

[60] Sharma P，Yubuta K，Kimura H，et al. Brittle metallic glass deforms plastically at room temperature in glassy multilayers[J]. Physical Review B，2009，80：024106.

[61] Enomoto Y，Ito M，Koharagi H，et al. Evaluation of experimental permanent-magnet brushless motor utilizing new magnetic material for stator core teeth[J]. IEEE Trans Magn，2005，41：4304-4308.

[62] Greer A L. Metallic glasses on the threshold[J]. Materials Today，2009，12：14-22.

[63] Jensen C C，Profumo F，Lipo T A. A Low-Loss Permanent-Magnet Brushless dc Motor Utilizing Tape Wound Amorphous Iron[J]. IEEE Trans Ind Appl，1992，28：646-651.

[64]　Greer A L，Ma E. Bulk metallic glasses：At the cutting edge of metals research[J]. Mrs Bulletin，2007，32：611-615.

[65]　Xie S，George E P. Size-dependent plasticity and fracture of a metallic glass in compression[J]. Intermetallics，2008，16：485-489.

[66]　Mondal S P，Maria K H，Sikder S S，et al. Influence of Annealing Conditions on Nanocrystalline and Ultra-soft Magnetic Properties of $Fe_{75.5}Cu_1Nb_1Si_{13.5}B_9$ Alloy[J]. Journal of Materials Science & Technology，2012，28：21-26.

[67]　黄书林，李山红，余军，等. 不同用途的非晶、纳米晶软磁材料热处理工艺研究进展[J]. 金属功能材料，2011，2：64-69.

[68]　Duhaj P，Svec P，Matko I，et al. Formation of a nanocrystalline phase in Ni-P-Nb amorphous alloys[J]. Nanostructured Materials，1995，6：501-504.

[69]　张卫国. 国产非晶合金带材变压器铁心制造技术[J]. 新材料产业，2012，11（6）：7-12.

[70]　Thomas J. Berwald，Kendall Scott Page. Soft-metal electromechanical component and method making same[P]：United states，Invention Patent，US458944，2003.

[71]　黄书林，李山红，余军，等. 适用于非晶电机定子铁心的环氧树脂及其固化剂[J]. 工程塑料应用，2011，1：104-106.

[72]　袁丽卿，钟德刚，陈永校. 非晶合金电机及其发展前景[J]. 微特电机，2004，4：34-36.

[73]　陈世坤. 电机设计[M]. 北京：机械工业出版社，1990.

[74]　冷建伟，刘婷，李俊芳. 传统电机与新型非晶电机性能的仿真对比[J]. 化工自动化及仪表，2011，06：729-732.

第2章 热电材料和器件应用

热电材料是一种利用半导体材料的 Seebeck 效应或 Peltier 效应，实现热能和电能直接相互转换的功能材料，包括热电发电和热电制冷两种应用形式。利用热电材料所制作的热电器件具有结构紧凑、无运动部件、无噪声、无污染、寿命长等优点，其应用范围涉及民用、军事和航空航天等。例如，热电制冷可以冷却带通滤波器、红外传感器、探测器、前视红外跟踪系统和温度恒定的光学系统等，从而使得系统的使用性能大大提高；热电发电早期主要为空间探测器的无线电信号发射仪、计算机等设施提供电源，现在被认为是一种绿色能量转换形式被大家所关注，可用于各种形式的余热废热发电，有望为提高能源利用率、缓解能源危机和环境污染提供一条有效途径。

2.1 热电材料简介

2.1.1 热电材料的发展历史

1. 热电现象的发现

热电现象的发现源于19世纪。1823年德国物理学家Seebeck报道，当两种不同金属形成的回路两端有温差时，可以使磁针偏向[1]。Seebeck起初认为这是因为温差产生了热磁场而导致磁针的偏向，但人们很快认识到这是因为"热电力"产生了电流，在安培定则的作用下使磁针偏向。这种由于温度差别产生电势（电压）进而可以在闭合回路中形成电流的现象称为Seebeck效应（图2-1），产生的电势差与温度差比值即Seebeck系数。

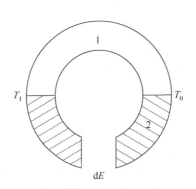

图 2-1　Seebeck 效应原理图

1834 年法国物理学家 Peltier 发现，当电流流过两个不同金属组成的连接时，其中一个接点会放热而另一个接点则会吸热[1]。1838 年 Lenz 发现，根据电流的方向，热量可以被从连接处抽出，使水结成冰；反向的电流，可以使连接处加热，将冰融化。连接处吸收或者产生的热量大小与电流大小成正比。这种现象被称为 Peltier 效应（图 2-2），热量与电流大小比的系数称为 Peltier 系数。

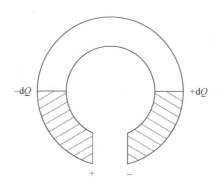

图 2-2　Peltier 效应原理图

1851 年 Thomson 发现，将 Seebeck 效应与 Peltier 效应联系起来，即当电流通过存在温度梯度的均一导体时，导体中除产生与电阻有关的焦耳热之外，还要吸收或放出热量[1]。这部分吸收或放出的热量称为 Thomson 热量，该效应称为 Thomson 效应。单位时间单位体积内吸收或放出的热量与电流密度和温度梯度成正比，比例系数为 Thomson 系数。当电流从高温流向低温，对于 Thomson 系数为正的导体，将有放热现象；反之，Thomson 系数为负的导体将有吸热现象。

在 1909~1911 年，德国科学家 Altenkirsch 在前人工作基础上，发现材料的热电性能与 Seebeck 系数 α、电导率 σ 和热导率 κ 密切相关，总结出了较完整的热电发电和热电制冷理论[1]。Altenkirsch 指出良好的热电材料需要产生较大的 Seebeck 系数，很低的热导率以保持器件两端的温差，还需要非常低的电阻率来减少自身发热。这些性质可以概括成单位为 K^{-1} 的 $Z=\alpha^2\sigma/\kappa$，其中电学部分 $\alpha^2\sigma$ 称为功率因子。在给定的热力学温度 T 下，Z 值的大小随 T 变化，因此常用无量纲的指数—热电优值 $ZT=\alpha^2\sigma T/\kappa$ 来描述材料的热电性能。

2. 热电材料的发展

在 Seebeck 效应发现以后，Seebeck 随即研究了各种材料（包括各种金属、合金以及硫族、磷族矿等矿物材料）产生这种效应的能力，并对它们的这种效应（$\alpha\sigma$）进行了定性排序，其中 α 是 Seebeck 系数，σ 是电导率[2]。Seebeck 所做的排序，与现在的热电序列十分相似。他将序列中排在最前面和最后面的材料组成热电结，并利用热电结将热能直接转化为电能,获得了约 3%的转换效率,这与当时蒸汽机的最高效率相当。

热电现象发现以后的几十年中,热电材料的发展十分缓慢。由于固体理论的缺乏,热电材料的研究主要集中在金属和合金材料方面。这受限于 Wiedemann-Franz 定律,这些材料的热导率和电导率的比值为定值,不可能在抑制热导率的同时提升电导率。同时,绝大多数金属的 Seebeck 系数只能达到 10μV/K 或者更小,能量转换效率仅达到 1%,既不适用于热电发电,也不足以用于热电制冷。

直到 1910 年,在 Becquerel 对锑化锌和锑化镉的研究基础上,Haken 对一系列单质、合金和化合物等的 Seebeck 系数和电导率进行了定量测试。根据测试结果来看,碲化铋(Bi_2Te_3)、碲化锑(Sb_2Te_3)、铋锑合金($Bi_{0.9}Sb_{0.1}$)、碲化锡($SnTe$)和铜镍合金($Cu_{1-x}Ni_x$)等材料是性能较好的热电材料。

从 20 世纪 30 年代开始,一批合成半导体的 Seebeck 系数超过 100μV/K,重新燃起了人们对热电的研究兴趣。但是半导体的电导率较低且热导率与电导率的比值高于金属,所以半导体并没有显示出比导体更加优异的热电性能。1956 年 Ioffe 及其合作者证明,通过固溶体合金化可以将材料热导率与电导率的比值降低,从而获得较高的热电性能。60 年代,全球石油危机的爆发使得更多的研究者关注热电材料等新能源材料。然而在很长的时间内热电材料的性能都没有得到提升,热电优值 ZT 一直徘徊在 1.0 左右,热电器件的转换效率较低,无法满足大规模商业应用的要求,实用仅限于军方产品。

从 20 世纪 90 年代开始,物理理论的发展为协同优化热电材料的电声输运性质提供了可行性思路。Dresselhaus 与其合作者提出低维量子化的概念,指出材料在低维时能带结构发生变化,能够实现 Seebeck 系数的显著增加以提升材料的热电性能[3]。其后,Harman 等在 $PbSe_{0.98}Te_{0.02}$/PbTe 量子点超晶格中发现了高达 3.6 的 ZT 值,引发了块体纳米热电材料的研发热潮[4]。Slack 提出"声子玻璃–电子晶体"(Phonon glass electron crystal,PGEC)的概念,指出好的热电材料需要具有玻璃一样的低热导率和晶体一样的高电导率,引起人们对孔洞结构热电材料的关注,如填充方钴矿材料和笼状物材料等[5]。

近 20 年以来,伴随着"低维化、纳米化"、"声子玻璃–电子晶体"等新概念的提出,热电材料的研究取得了飞速的发展,如图 2-3 所示[6, 7]。2006 年,Saramat 等采用提拉法制备出 $Ba_8Ga_{16}Ge_{30}$ 笼状化合物的大尺寸单晶,其最高 ZT 值在 900K 下达到 1.35。2008 年,Poudel 等采用球磨法降低样品的热导率,然后通过热压制备出 p 型的 BiSbTe 固溶体的纳米晶样品,在 100℃下获得了高达 1.4 的 ZT 值。2011 年,史迅等制备出 Ba、La、Yb 多填充的 $CoSb_3$ 样品,将方钴矿材料的最高 ZT 值在 850K 提高至 1.7。2012 年,唐新峰等通过组分调节实现了 $Mg_2Si_{1-x}Sn_x$ 固溶体中轻、重导带的简并,将这一类材料的 ZT 值提高到 700K 附近的 1.3。同年,

Kanatzidis 等报道在 PbTe 中掺杂 SrTe，可以使体系的 *ZT* 值达到 2.2。2008～2012
年，Heremans、Snyder 和裴艳中等陆续报道了通过能带工程的方法调控 PbTe 基
热电材料的价带结构实现了热电性能的显著提高，材料的最高 *ZT* 值在 850K 可达
1.8[7-9]。Biswas 等结合分层次的结构设计来增加多尺度的声子散射，将 PbTe 的最
高 *ZT* 值提高到 915K 下的 2.2[10]。2014 年，Kanatzidis 等报道了单晶 SnSe 在 *b* 方
向上表现出高达 2.6 的 *ZT* 值，刷新了块体材料 *ZT* 值的纪录[11]。

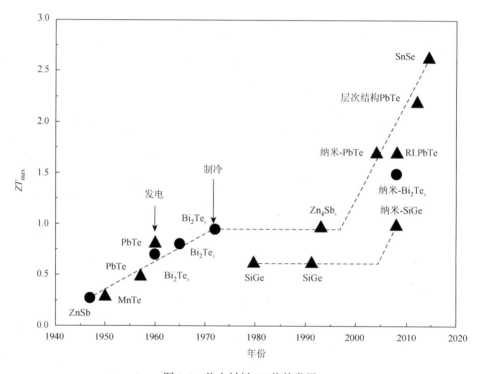

图 2-3　热电材料 *ZT* 值的发展

2.1.2　热电材料的性能表征

　　热电优值的表达式为 $ZT=\alpha^2\sigma T/\kappa$，准确测量每一个输运系数，是正确表征材料热电性能的前提。在测试中，Seebeck 系数 α、电导率 σ 和热导率 κ 的测量误差一般应控制在 5%以内。

1. 热电材料的电学性能表征

　　电导率的测量采用的是标准四端子法即样品为长条形样品、上下两端通电流、侧面两个电极测量两点间的电势差。与两根电压线连在样品两端的两端子法相比，这种方法消除了电极与样品间接触电阻的影响。此外，为了消除热电势对电压测

量的影响，实际测试过程中采用通正向和反向电流的方法。由于热电势与温差的方向相关，但与电流的方向不相关，所以上述电压的平均值即电压的真实值。电导率的测量公式为

$$\sigma = \frac{I\Delta x}{A\Delta V} \tag{2-1}$$

式中，$\Delta V/\Delta x$ 为沿着样品的电势梯度；A 为样品的横截面积；I 是流经样品的电流大小。

Seebeck 系数是一定温度下，两种不同材料连接时每变化单位温度差 ΔT 所产生的电压大小 V_0。其中温度差可以由两个热电偶来测量。对应于热电偶之间的平均温度，样品的平均 Seebeck 系数为

$$\alpha = \frac{V_0}{\Delta T} \tag{2-2}$$

图 2-4 所示为同时测量电导率和 Seebeck 系数的示意图。

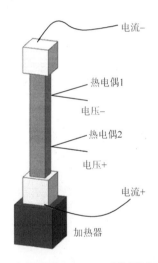

图 2-4 电导率和 Seebeck 系数测试示意图

Hall 实验中决定 Hall 系数的基本公式为

$$R_H = \frac{V_H t}{IB} \tag{2-3}$$

式中，V_H 为 Hall 电极之间的电势差；t 为样品厚度；B 为所加磁场强度。载流子浓度 n 与载流子迁移率 μ 可以由以下关系给出，得

$$n = \frac{\lambda_H}{eR_H} \tag{2-4}$$

$$\sigma = ne\mu \tag{2-5}$$

式中，λ_H 为 Hall 因子，其大小由散射因子 r 和简并度决定。例如，对于简并声学声子散射，$\lambda_H=1$；对于非简并声学声子散射，$\lambda_H=3\pi/8$。

2. 热电材料的热学性能表征

热学性能包括材料的热膨胀系数、比热、热扩散系数和热导率。在热电材料中，热导率受到了最多的关注。在测量热导率时，体系必须达到一个稳定的状态，所以其测量不仅困难，而且非常耗时。由于电子科技的发展，在过去三十年中，热导率的测量方法也由传统耗时的绝对轴向热流法转为较为快速准确的激光脉冲法。

（1）绝对轴向热流法。

绝对轴向热流法如图 2-5 所示，外界施加给热源的所有热量由棒状样品传导，若样品的横截面积为 A，热电偶之间的距离为 L，则在均匀样品的任意点上有

$$\kappa(T)=\frac{Q}{A}\frac{\partial L}{\partial T} \tag{2-6}$$

两点间的平均热导率为

$$\kappa(T)=\frac{QL}{A\Delta T} \tag{2-7}$$

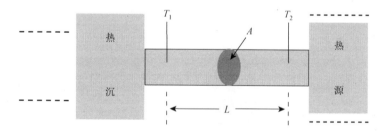

图 2-5　绝对轴向热流法示意图

其中 $\Delta T = T_2 - T_1$，这种方法的前提是温度在样品的径向均一分布，且由剩余气体和两个热电偶导致的热量损失可以忽略不计。

绝对轴向热流法在很多论文中称为"标准技术"。在室温以下，由于热辐射产生的热量损失较少，热损耗对测试影响不大，该方法仍然广泛应用于室温以下的热导率测量。然而在室温以上，热损耗随着温度的升高逐渐明显且难以定量，绝对轴向热流法不能胜任较高温度下的热导率测量。

（2）激光脉冲发。

从室温到中高温范围内，材料的热导率可根据公式（2-8）来测量：

$$\kappa=\lambda\rho C \tag{2-8}$$

式中，λ为热扩散系数；ρ为密度；C为比热容。材料的实际密度ρ一般采用阿基米德排水法测量得到；比热容C一般由差示扫描量热法测量；热扩散系数λ的测量是该方法的关键。1961 年 Parker 等提出脉冲激光法测试材料的热扩散系数，这种测量热导率的方法称为激光脉冲法。

在该方法中，片状样品的一面受到激光或者电子束的脉冲加热（加热时间短于 1ms），根据样品另一面上温度随时间的变化关系，可以计算出样品的热扩散系数。假设初始时样品中各点温度均一为$T(x,0)$，在激光脉冲后的任意时间t任意位置x样品的温度$T(x,t)$为

$$T(x,t)=\frac{1}{L}\int_0^L T(x,0)+\frac{2}{L}\sum_{n=1}^{\infty}\exp(\frac{-n^2\pi^2\lambda't}{L^2})x\cos\frac{n\pi x}{L}T(x,0)\cos\frac{n\pi x}{L} \tag{2-9}$$

如果脉冲的能量Q均匀并迅速的被表面（$x=0$）一个深度为g的薄层所吸收，则初始瞬间的温度分布为

$$T(x,0)=\frac{Q}{DCg}，\qquad 0<x<g \tag{2-10}$$

$$T(x,0)=0，\qquad g<x<L \tag{2-11}$$

根据这个初始条件，公式（2-9）可以改写为

$$T(x,t)=\frac{Q}{DCL}\left[1+2\sum_{n=1}^{\infty}\cos\frac{n\pi x}{L}\frac{\sin(n\pi g/l)}{n\pi g/l}\exp(\frac{-n^2\pi^2\lambda't}{L^2})\right] \tag{2-12}$$

对于不透明的材料，g非常小，$\sin(n\pi g/L)$可近似为$n\pi g/L$，则背面（即$x=L$处）的温度为

$$T(x,t)=\frac{Q}{DCL}\left[1+2\sum_{n=1}^{\infty}(-1)^n\exp(\frac{-n^2\pi^2\lambda't}{L^2})\right] \tag{2-13}$$

定义两个无量纲参数V和ω为

$$V(L,t)=\frac{T(L,t)}{T_m}$$

$$\omega=\frac{\pi^2\lambda't}{L^2}$$

式中，T_m为背面所达到的最高温度，因此

$$V(L,t)=1+2\sum_{n=1}^{\infty}(-1)^n\exp(-n^2\omega) \tag{2-14}$$

式中V的变化为 0～1。理论上温度上升后的任意一点均可计算热扩散系数，实际中大多数研究者使用半高时间（$V=0.5$）。当$V=0.5$时，$\omega=1.37$，则有

$$\lambda' = \frac{1.37L^2}{\pi^2 t_{1/2}}$$

(2-15)

式中，$t_{1/2}$ 是背面到达最高温度的一半的时间。

2.1.3 热电材料分类和应用

热电材料可以从其载流子类型、形状、结构组成和工作温度等各方面进行分类。从载流子类型来看，根据其内部主要载流子的类型分为电子型和空穴型，即n 型热电材料和 p 型热电材料，两种类型的材料共同组成一个基本的热电元件；按热电材料的材料形状来分，可以分为块体热电材料和柔性薄膜热电材料，前者用于常规器件，后者用于一些需要弯曲的环境中；按照热电材料成分、结构的复杂程度可以分为传统热电材料和新型热电材料，其中传统热电材料成分和结构较简单（如 Bi_2Te_3、$PbTe$、Mg_2Si 和 SiGe 合金等），新型热电材料一般具有复杂的组成成分和晶胞结构（如方钴矿、笼状化合物、Zintl 相和半 Heusler 化合物等）；由于材料本身的物理性能，热电材料的性能往往只在一定的温度范围内达到最佳状态，不同热电材料的最佳工作温度不尽相同，如图 2-6 所示[11, 12]，因此热电材料可以分为室温以下热电材料、室温附近热电材料（300～500K）、中温区热电材料（500～800K）和高温区热电材料（800～1300K）。下面按照工作温度区间介绍几种典型热电材料的基本性质。

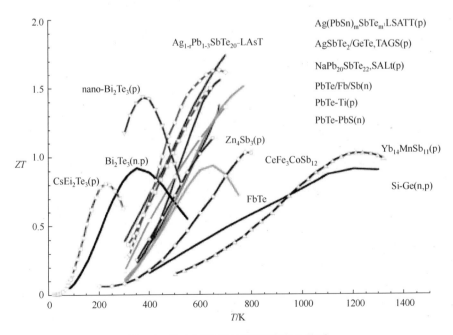

图 2-6　热电材料 ZT 值随温度变化关系

1. 室温以下热电材料

这个温度区间内使用最多的材料是 BiSb 合金材料,其适用温度为 50～150K,主要用于极端条件下的制冷。Bi 和 Sb 同为第五主族元素,且在元素周期表中为近邻,二者有相同的晶体结构和价电子特征,在整个成分范围内能够无限固溶。BiSb 合金的电子结构和输运性质强烈依赖于 Sb 的含量。当 Sb 含量为 12%时,合金的禁带宽度最大,为 0.014eV,所以 BiSb 合金不适合室温以上应用。BiSb 合金在低温下具有大的 Seebeck 系数、高的电导率和低的晶格热导率,被认为低温 80K 左右最好的热电制冷材料。有趣的是,当 Sb 组分低时,BiSb 合金为 n 型半导体,而当 Sb 含量超过 75%时,则转变为 p 型半导体。

2. 室温附近热电材料

Bi_2Te_3 是研究最早、目前发展最成熟的热电材料之一,也是室温附近最具应用前景的热电材料。以 Bi_2Te_3 为基体的 p 型和 n 型热电材料都具有较高的 ZT 值,长期以来稳定在 1.0 附近,被大量应用于室温附近的温差致冷,小功率的温差发电器(如心脏起搏器)和级联温差发电机的低温段。Bi_2Te_3 具有六边形的对称性层状结构,以 Te-Bi-Te-Bi-Te 的 5 层循环排列,层间靠范德华力连接,如图 2-7(a)所示,因此 Bi_2Te_3 的热电输运性质表现出明显的各向异性。Bi_2Te_3 的能带结构中导带和价带都有 6 个等价的能谷,使其具有较高的 Seebeck 系数。例如,n 型掺杂获得的最高 Seebeck 系数约为 270μV/K,p 型掺杂获得的最高 Seebeck 系数约为 260μV/K。为了提高 Bi_2Te_3 的热电性能,实验上主要采用两种方法来实现,一种是与具有相同晶体结构的 Sb_2Te_3 形成合金来降低热导率(合金材料热导率约 1W/(m·K));另一种是采用低维化的方式提高功率因子并降低热导率。实验报道的 Bi_2Te_3/Sb_2Te_3 超晶格具有很高的热电性能,最高 ZT 值达到 2.4。

3. 中温区热电材料

中温区热电材料工作温度的上限由材料的化学稳定性决定,可用于热电制冷、温差发电机和级联温差发电机的中温段。中温区热电材料包括 PbTe 基材料、Mg_2Si 基材料、Zn_4Sb_3 和方钴矿等。下面主要介绍 PbTe 材料和方钴矿。

PbTe 为 IV-VI 族化合物,是一类发展较早的中温热电材料。因其晶格结构简单(面心立方的 NaCl 结构)、晶格热导率较低(2.2W/(m·K))、禁带宽度理想(0.32eV)、熔点较高(1095K)、热电性能优异且具有完全的各向同性,而受到广泛关注。根据掺杂种类和浓度不同,PbTe 通常被用作 300～900K 的温差发电材料,Seebeck 系数的最大值为 600～800μV/K,电导率和热导率在 700K 时达到极值。近年来提高 PbTe 热电性能的研究热点主要集中在两个方面,一方面是调控纳米微观结构降低晶格热导率；另一方面是通过能带结构的研究提高功率因子。例如，Heremans 等在 PbTe 中掺入 2%的 Tl 在费米能级附近形成共振能级，大幅度提高 Seebeck 系数，获得的最大 ZT 值为 1.5；裴艳中等从能带工程的角度，调节 $PbTe_{1-x}Se_x$ 固溶体中轻、重价带的相对位置提高简并度，将最优 ZT 值提高到 1.8；Biswas 等在 p 型掺杂的 PbTe 中采用包括掺杂、第二相和晶界散射的多尺度声子散射作用最大程度地降低体系的晶格热导率，将 PbTe 材料的最优化 ZT 值提高到 2.2。

方钴矿材料可以用通式 AB_3（其中 A 是金属元素 Ir、Co、Rh、Fe 等，B 是 V族元素 As、Sb、P 等）来表示。方钴矿材料为 Im-3 点群，如图 2-7（b）所示，每个原胞包括 8 个 AB 分子，A 原子位于周围 6 个 B 原子组成的八面体中心，原胞中心有一个较大的间隙位。二元方钴矿化合物是窄带隙半导体，具有高的载流子迁移率、中等的 Seebeck 系数，但是其热导率比传统热电材料热导率高，所以降低方钴矿热导率是提高其热电性能的有效途径。实验研究发现在间隙位置上填充外来原子，形成声子散射源增强声子散射可以降低晶格热导率而不改变电输运性能。Sales 等通过中子衍射和 X 射线衍射结果证实了 Ca、La 填充到 $CoSb_3$ 的间隙位置中，使得材料的 ZT 值提高到 1.4。此外，美国橡树岭国家实验室、武汉理工大学和中国科学院上海硅酸盐研究所等科研机构在方钴矿材料上也做了一系列研究工作，获得的 p 型和 n 型最高 ZT 值分别为 1.25（900K，$Ba_yCo_{4-x}Ni_xSb_{12}$）和 1.4（1000K，$Ce_yCo_{4-x}Fe_xSb_{12}$）。

4. 高温区热电材料

高温区热电材料主要用于太空航天器。这个温区内Si-Ge合金具有最久的历史，近期在氧化物材料和Zintl相材料中也发现在该温区内热电性能优异的材料。

Si-Ge 合金是目前用于太空探测器 RTG 电源的主要材料。在室温到 1200K 的较宽温度范围内，Si-Ge 合金的平均热电优值可达 $8.5×10^{-3}$/K，1200K 时 ZT 值达到 1，对应的热电转换效率在 10%左右。除此之外，Si-Ge 合金还具有很多优点，其 p 型和 n 型合金的热学、电学性质非常匹配，这一点有利于热电器件的设计；高温下 Si-Ge 合金的化学稳定性和机械强度好，应用于空气和真空中效率变化不大。目前实验上通过成分调控和改进制备方法，可以提高 Si-Ge 合金的热电性能。例如，细化晶粒增强晶界对声子的散射作用可以降低热导率，最优化 n 型 ZT 值为 1200K 下的 1.3，最优化 p 型 ZT 值为 1200K 下的 0.95；在合金中掺入少量 III-V族化合物（如 GaP、GaAs 和 BN 等）形成多元合金，不仅可以引入额外的声子散射，还可以增加掺杂元素的固溶度，调制载流子浓度。

氧化物热稳定性好，但一般电导率低而热导率高，不适合应用为热电材料。赵立东等最新研究发现 BiCuSeO 氧化物具有较好的热电性能。BiCuSeO 属于

P4/nmm 点群，其结构如图 2-7（c）所示，由绝缘层$[Bi_2O_2]^{2+}$和导电层$[Cu_2Se_2]^{2-}$间隔堆垛而成，带隙为 0.82eV，价带中轻、重能带的共存有利于其热电性能的增强。这种氧化物材料热导率非常低（923K 下仅为 0.4W/（m·K）），其天然的超晶格堆垛结构的量子限域效应使得 Seebeck 较高。然而 BiCuSeO 较低的载流子迁移率和功率因子限制了其热电性能的提高。实验上通过碱金属/碱土金属掺杂、Cu缺失自掺杂和细化晶粒等方法可以显著提高载流子浓度和功率因子。Ba 重掺杂的BiCuSeO 在 923K 下的 ZT 值最优达到 1.1，通过结构组织化可以显现 BiCuSeO 输运性质的各向异性，923K 下层内最优化 ZT 值可达 1.4[13]。

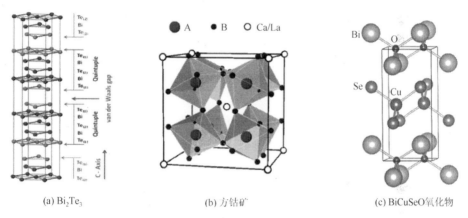

(a) Bi_2Te_3 (b) 方钴矿 (c) BiCuSeO氧化物

图 2-7 三种热电材料的晶体结构图

2.2 热电材料计算与设计

2.2.1 热电材料中的基本物理问题

基于第一性原理方法的电子能带结构计算是当今材料科学研究中一种强有力的工具，这种方法在热电领域也取得令人瞩目的成绩，本节将从能带理论的角度对热电材料中的基本物理问题进行描述，并讨论如何对其进行定量计算。

能带理论是目前研究固体中电子和晶格运动的主要微观理论基础。固体中存在着大量的电子与离子，要精确求解这样的多体系统是不可能的。能带理论的基本思想是采用单电子近似，将电子的运动看成一个等效势场中的独立粒子行为，而将离子实看成提供周期性势场的背景。在具体的计算中，密度泛函理论是应用比较广泛的一种方法。密度泛函理论在 20 世纪 60 年代由 Kohn 等提出，它的核心思想是多体系统的基态可以被电子密度函数唯一确定，因而电子能带结构的计算可以转化为电子密度的计算[14, 15]。目前这种方法已经在很多商用和开源软件中被实现。

近年来，密度泛函理论在物理、化学、材料等研究领域获得了巨大的成功，这一理论的主要提出者 Kohn 在 1998 年被授予了诺贝尔化学奖。下面就从能带理论的基础上，结合具体计算方案，对热电材料导电、导热等基本现象进行讨论。

热电材料的性能可以用无量纲热电优值 ZT 表示：$ZT=\alpha^2\sigma T/\kappa$，这里 α 是 Seebeck 系数，σ 是电导率，T 是温度，κ 是热导率。

1. 电导率

由电导率的定义 $\sigma = E/j$ 可知，计算电导率即求解电流密度 j 与外电场 E 之间的依赖关系。在能带理论中，波数 $\boldsymbol{k}$ 是标记能量本征态量子数，$\hbar k$ 表示粒子动量，因此将在动量空间中讨论电导率的表示。动量空间中的电子数可以表示为 $2f(\boldsymbol{k})\mathrm{d}\boldsymbol{k}/(2\pi)^3$，这里 $f(\boldsymbol{k})$ 为电子分布函数，不存在外场时即费米-狄拉克分布。由电子数即可得到电流密度为

$$j = -q\int 2fv(\boldsymbol{k})\mathrm{d}(\boldsymbol{k})/(2\pi)^3 \tag{2-16}$$

式中，$v(\boldsymbol{k})$ 表示电子速度。如果分布函数被确定，电流密度就可以被直接计算。

如图 2-8 所示为电子结构计算的基本研究领域。

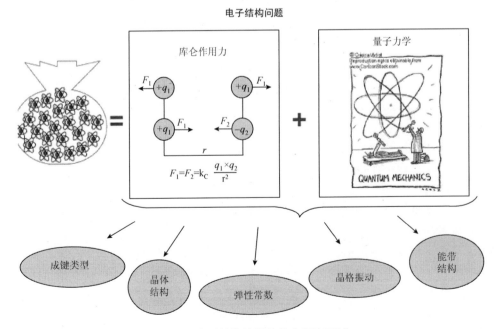

图 2-8　电子结构计算的基本研究领域

分布函数 $f(\boldsymbol{k})$ 可以看做电子流体密度，$\mathrm{d}\boldsymbol{k}/\mathrm{d}t$ 则可看做流体速度。为简单起见，这里仅讨论外电场下的情况，此时有 $\mathrm{d}\boldsymbol{k}/\mathrm{d}t = -q\boldsymbol{E}/\hbar$。根据流体力学的连续性方程 $\partial\rho/\partial t + \nabla\rho v = 0$，可得

$$\frac{\partial f(\boldsymbol{k},t)}{\partial t} = -\frac{\mathrm{d}\boldsymbol{k}}{\mathrm{d}t}\nabla_k f(\boldsymbol{k},t) = \frac{q\boldsymbol{E}}{\hbar}\nabla_k f(\boldsymbol{k},t) \tag{2-17}$$

公式（2-17）表示的是定态下分布函数的运动方程，通常称为玻尔兹曼方程[16]。在实际问题里，由于晶格原子的热运动或者杂质的存在，电子会不断的从一个本征态（$\boldsymbol{k}$）被散射到另一个本征态（$\boldsymbol{k}'$），分布函数也随之改变。散射问题的严格处理超越了单电子近似，这里仅从唯象理论角度对其分析。散射导致的分布函数变化，可以简单近似为系统在弛豫时间内对平衡态分布的偏离，表示为 $-(f-f_0)/\tau$，因此分布函数运动方程变为

$$\frac{\partial f(\boldsymbol{k},t)}{\partial t} = \frac{q\boldsymbol{E}}{\hbar}\nabla_k f(\boldsymbol{k},t) - \frac{f-f_0}{\tau} \tag{2-18}$$

这里 f_0 是平衡态分布函数。在恒定电场下，电流分布是一个常量，不随时间变化，亦即 $\partial f/\partial t = 0$，方程变为

$$\frac{q\boldsymbol{E}}{\hbar}\nabla_k f(\boldsymbol{k},t) = \frac{f-f_0}{\tau} \tag{2-19}$$

方程（2-19）可以采用级数解法，将分布函数 f 对电场 E 作泰勒展开，得

$$f=f_0+f_1+f_2+\cdots$$

运动方程可写为

$$\frac{q\boldsymbol{E}}{\hbar}\nabla_k f_0 + \frac{q\boldsymbol{E}}{\hbar}\nabla_k f_1 + \cdots = \frac{f_1}{\tau} + \frac{f_2}{\tau} + \cdots \tag{2-20}$$

方程两边电场 E 的同次幂应相等，得

$$f_1 = \frac{\tau q\boldsymbol{E}}{\hbar}\nabla_k f_0$$

注意 f_0 只是能量 E 的函数，不直接依赖于 $\boldsymbol{k}$，因此有

$$f_1 = \frac{\tau q\boldsymbol{E}}{\hbar}\nabla_k E(\boldsymbol{k})\frac{\partial f_0}{\partial E} = \tau q\boldsymbol{E}\cdot v(\boldsymbol{k})\frac{\partial f_0}{\partial E} \tag{2-21}$$

式中，$v(\boldsymbol{k}) = \nabla_k E(\boldsymbol{k})/\hbar$ 表示能带电子速度。在弱场条件下，仅需考虑展开到一阶项，电流密度可以写为

$$j = -q\int(f_1+f_0)\frac{2v(\boldsymbol{k})\mathrm{d}\boldsymbol{k}}{(2\pi)^3} \tag{2-22}$$

在平衡态下净电流为 0，因此只有 f_1 对电流密度有贡献，将 f_1 的表达式写入电流密度公式中可得

$$j = -2q^2 \int \tau v(\boldsymbol{k}) \left[\boldsymbol{E} \cdot v(\boldsymbol{k}) \right] \frac{\partial f_0}{\partial E} \frac{\mathrm{d}\boldsymbol{k}}{(2\pi)^3} \tag{2-23}$$

依据电导率定义 $\sigma = E / j$，可得

$$\sigma_{\alpha\beta} = -2q^2 \int \tau(\boldsymbol{k}) v_\alpha(\boldsymbol{k}) v_\beta(\boldsymbol{k}) \frac{\partial f_0}{\partial E} \frac{\mathrm{d}\boldsymbol{k}}{(2\pi)^3} \tag{2-24}$$

式（2-24）即电导率的计算公式。

在电导率公式中除弛豫时间 τ 以外，其他的量均可直接由第一性原理方法计算。弛豫时间的准确计算需要考虑电声相互作用，超出了单电子近似的范围，计算较为复杂，在实际应用一般采用拟合实验数据的方法得到弛豫时间。

下面由电导率公式定性讨论影响电导的因素。平衡态分布函数即费米-狄拉克分布为

$$f_0(E) = \frac{1}{\mathrm{e}^{(E-\mu)/k_B T} + 1} \tag{2-25}$$

式中，μ 为化学势，在金属体系里等于费米能级。分布函数对能量的偏导数为

$$\frac{\partial f_0}{\partial E} = \frac{1}{\left(\mathrm{e}^{(E-\mu)/k_B T} + 1\right)\left(\mathrm{e}^{-(E-\mu)/k_B T} + 1\right)} \cdot \left(-\frac{1}{k_B T}\right) \tag{2-26}$$

此函数具有特别的性质，即在能量 E 偏离费米能级几 $k_B T$ 时，此函数值很快下降到接近于 0，与 δ 函数的行为非常相似。因此电导率主要由费米能级附近的电子性质决定。更进一步的分析可以证明弛豫时间与能态密度成反比，此处不再给出详细推导。考虑到分布函数的特点，可以知道，材料的电导率与费米能级处的能态密度密切相关，好的导电材料要求费米能级处具有低的能态密度。

2. Seebeck 系数

Seebeck 系数被定义为 $\alpha = -\Delta V / \Delta T$，亦即电势对温度的导数。因为能带理论直接计算的是能量在动量空间的分布，所以计算 Seebeck 系数即在能量-动量空间求解电势对温度的变化率。在固体材料的能带理论中，$-qV$ 看做化学势 μ，也就是费米能级 E_F，费米能级为

$$N = \int_0^\infty f_0(E) N(E) \mathrm{d}E \tag{2-27}$$

式中，$f_0(E)$ 即（2-25）给出得费米分布函数，N 为电子数目，$N(E)$ 为态密度函数。将此式进行分步积分可得

$$N = f_0(E) Q(E) \big|_0^\infty - \int_0^\infty Q(E) \frac{\partial f_0}{\partial E} \mathrm{d}E \tag{2-28}$$

其中 $Q(E) = \int_0^E N(E) \mathrm{d}E$，根据 $\dfrac{\partial f_0}{\partial E}$ 的 δ 函数特性，可以得出级数解为

$$N = Q(E_{\mathrm{F}}^0) + Q(E_{\mathrm{F}}^0)(E_{\mathrm{F}} - E_{\mathrm{F}}^0) + \frac{\pi^2}{6} Q(E_{\mathrm{F}}^0)(k_{\mathrm{B}}T)^2 \qquad (2\text{-}29)$$

利用 $N = Q(E_{\mathrm{F}}^0)$，可以得出费米能级的表达式为

$$E_{\mathrm{F}} = E_{\mathrm{F}}^0 \left\{ 1 - \frac{\pi^2}{6E_{\mathrm{F}}^0} \left[\frac{\mathrm{d}\ln N(E)}{\mathrm{d}E} \right]_{E_{\mathrm{F}}^0} (k_{\mathrm{B}}T)^2 \right\} \qquad (2\text{-}30)$$

将式（2-30）对温度求导即得到 Seebeck 系数的表达式，为

$$\alpha = -\frac{\pi^2 k_{\mathrm{B}}^2 T}{3q} \left[\frac{\mathrm{d}\ln N(E)}{\mathrm{d}E} \right]_{E_{\mathrm{F}}^0} \qquad (2\text{-}31)$$

公式（2-31）可以用来计算金属材料的 Seebeck 系数，然而对于半导体或绝缘体材料，能态密度 $N(E)$ 在费米能级处为 0，式（2-31）会遇到无穷大困难。这里的困难源于式（2-31）仅考虑了费米能级附近几 $k_{\mathrm{B}}T$ 内分布函数的变化，这种近似对于金属材料是合理的，但不适用于半导体材料。由于半导体材料中带隙的存在，温度引起的电子激发可以达到几十毫电子伏以上，约等于几百 $k_{\mathrm{B}}T$，因此来自于级数解的式（2-31）就不再适用了。

利用线性响应理论，Mott 给出了 Seebeck 系数与电导率的关系式[17]为

$$\alpha \sigma_{\alpha\beta} = -\frac{k_{\mathrm{B}}q}{3} \int \tau v^2 \frac{E - E_{\mathrm{F}}^0}{k_{\mathrm{B}}T} \frac{\partial f_0}{\partial E} N(E) \mathrm{d}E \qquad (2\text{-}32)$$

由此可以推导出适用于半导体材料的 Seebeck 系数公式为

$$\alpha = -\frac{k_{\mathrm{B}}}{q} \left(\frac{E_x - E_{\mathrm{F}}^0}{k_{\mathrm{B}}T} + \frac{1 + 2k_{\mathrm{B}}T \dfrac{\mathrm{d}\ln\sigma}{\mathrm{d}E}}{1 + k_{\mathrm{B}}T \dfrac{\mathrm{d}\ln\sigma}{\mathrm{d}E}} \right) \qquad (2\text{-}33)$$

式中，E_x 代表价带能量的极大值或导带能量的极小值。

由 Seebeck 系数公式可以看出，Seebeck 系数近似地与带隙大小成正比，提升 Seebeck 系数要求增大带隙，但另一方面，增加带隙必然会导致电导率的下降。图 2-9 给出了 Seebeck 系数、电导率与载流子浓度关系的示意关系[18]，可以看出，Seebeck 系数随电导率的提升而降低，一般而言 $\alpha^2\sigma$ 的极大值出现在半导体中。因此性能优异的热电材料一般都是半导体。如何在 α 与 σ 这一对相互矛盾的参数中寻找合适的平衡点，是热电材料研究与设计面临的主要困难之一。针对此问题，实验多利用掺杂等手段调控能带结构，以获得最优的 $\alpha^2\sigma$ 值，这种方法称为能带工程。例如，在 Mg_2Si 中掺入适量 Sn 可以明显提高热电优值[19]，由于 Sn 与 Si 属于同族元素，这种掺杂不改变载流子浓度，只对能带结构进行调节。

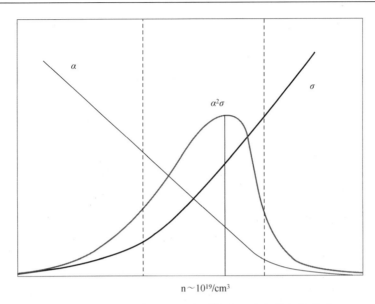

$$n \sim 10^{19}/cm^3$$

图 2-9　Seebeck 系数和电导率随载流子浓度的变化关系

3. 晶格热导率

热量在固体中可以通过电子或晶格传导。半导体材料中电子载流子浓度很低，因此热能主要通过晶格振动来传导。由于固体中周期性结构的存在，晶格振动会表现出整体行为，一般称这种晶格集体振动为声子，晶格热导率也称为声子热导率。

在薛定谔方程中，离子与电子处于平等位置，但是在能带理论中，电子处在更基本的位置，声子性质的计算是基于电子结构计算之上的。此外，电子是真实粒子，满足粒子守恒定律并符合费米-狄拉克分布；声子是准粒子，不满足粒子守恒定律，符合玻色-爱因斯坦分布。从计算的角度而言，声子的计算更为复杂。目前声子输运性质的研究也落后于电子输运性质的研究。

在晶体中，体系的势能在平衡位置可作泰勒展开，得

$$V = V_0 + \sum \frac{\partial V}{\partial \mu_i}\mu_i + \frac{1}{2}\sum \frac{\partial^2 V}{\partial \mu_i \mu_j}\mu_i\mu_j + \cdots \qquad (2\text{-}34)$$

式中，μ_i 表示第 i 个原子的位移。平衡位置可选择 $V_0=0$，并有 $(\partial V/\partial \mu_i)_0 = 0$，因此势能函数保留至二阶近似，仅有二阶导数项不为 0，这种近似即简谐近似。体系的动能函数可写为

$$T = \frac{1}{2}\sum m_i \mu_i^2 \qquad (2\text{-}35)$$

由动能和势能函数得到系统的振动哈密顿量 $H=T+V$。在晶体中，格波具有布

洛赫波的形式，采用经典力学中正则方程方法可以得到动力学本征方程为

$$\sum_\beta \boldsymbol{D}_{\alpha\beta}(q)e_q^\beta = \omega^2 e_q^\beta \qquad (2\text{-}36)$$

$\boldsymbol{D}$ 表示动力学矩阵，为

$$\boldsymbol{D}_{\alpha\beta}(q) = \frac{1}{\sqrt{m_i m_j}}\sum \frac{\partial^2 V}{\partial \mu_i^\alpha \partial \mu_j^\beta} e^{iq(r_i-r_j)}q \qquad (2\text{-}37)$$

由本征方程得到的 e_q^α 即声子本征矢，ω 为声子频率。

类似于电子结构不能给出电导率，声子谱也不能直接给出晶格热导率。这是因为在简谐近似下，各声子支的寿命为无穷大，将导致无穷大的热导率。考虑到非谐效应以后，这一困难可以得到解决。将声子近似看做经典气体，仿照气体导热的机理，可以得到晶格热导率为

$$\kappa_{ph} = \frac{1}{3}c_V \lambda \overline{\nu} \qquad (2\text{-}38)$$

式（2-38）描述了高温声子在平均自由程内将热量传递给低温声子的过程，其中 c_V 是定容热容，λ 为声子平均自由程，$\overline{\nu}$ 表示声子平均速度。热容与声子速度可以直接根据声子谱计算得到，所以求解热导率的困难在于如何计算声子平均自由程。声子平均自由程的计算需要计入势函数的高阶项，涉及多声子过程，因此其计算较为复杂，本书将在声子输运计算中详细讨论。

声子的分布满足玻色-爱因斯坦分布，为

$$n(q) = \frac{1}{e^{\hbar\omega_q/k_B T} - 1} \qquad (2\text{-}39)$$

在高温条件 $\varTheta_D \ll T$ 下（$\varTheta_D$ 表示德拜温度），$n \propto T$ 表示德拜温度，可以认为声子碰撞概率与声子数成正比，与声子平均自由程成反比，同时根据统计力学定律可知热容在高温下为常数，因此高温条件下声子热导率与温度成反比。在低温条件 $\varTheta_D \gg T$ 下，$\lambda \propto e^{\varTheta_D/\alpha T}$，$\alpha$ 为 2～3 的常数。在低温下，根据德拜模型，热容与温度的三次方成正比，在热导率变化中起决定作用，因此低温下声子热导率随温度升高而升高。

由以上讨论可以看出，在决定热电优值 ZT 的三个因素中，电导率和 Seebeck 系数互相制约，但它们与热导率关系不太密切。因此保持材料较高的电学性能，设法降低热导率是提升热电材料性能的一种常用手段，具有这种特性的材料也被形象地称为"声子玻璃-电子晶体"。

2.2.2　电子输运计算与调控

研究电输运性能包括计算材料的 Seebeck 系数、电导率和电子热导率等。下面将介绍两种研究电输运性能的方法，即 Boltzmann 输运理论和非平衡格林函数

（nonequilibrium Green's function）。

1. Boltzmann 输运理论

在第一性原理方法计算的电子能带结构基础上，半经典的 Boltzmann 输运理论可以求出电输运系数随着掺杂浓度的变化关系。Boltzmann 输运方法没有求解电子的弛豫时间，而将其作为常数近似处理。该方法计算的 Seebeck 系数可以直接与实验测量值比较；通过拟合等方式得到弛豫时间后，电导率、电子热导率和功率因子等也可以与实验测量值比较。

在电场 E、磁场 B 和温度梯度 ∇T 等环境下，体系中电流 j 可以由电导率 σ 的张量求得

$$j_i = \sigma_{ij} E_j + \sigma_{ijk} E_j B_k + v_{ij} \nabla_j T + \cdots \tag{2-40}$$

电导率二阶张量 $\sigma_{\alpha\beta}$ 可以表示为

$$\sigma_{\alpha\beta}(i, \boldsymbol{k}) = e^2 \tau_{i,\boldsymbol{k}} v_\alpha(i, \boldsymbol{k}) v_\beta(i, \boldsymbol{k}) \tag{2-41}$$

借助 Levi-Civita 符号 $\xi_{\gamma u v}$，电导率三阶张量 $\sigma_{\alpha\beta\gamma}$ 可以简洁的表示为[20, 21]

$$\sigma_{\alpha\beta\gamma}(i, \boldsymbol{k}) = \xi_{\gamma u v} e^3 \tau_{i,\boldsymbol{k}}^2 v_\alpha(i, \boldsymbol{k}) v_v(i, \boldsymbol{k}) M_{\beta u}^{-1} \tag{2-42}$$

式（2-41）和式（2-42）中，$\tau_{i,\boldsymbol{k}}$ 代表弛豫时间，原则上 τ 依赖于能带指数和 $\boldsymbol{k}$ 矢量的方向性，但是研究表明弛豫时间可以近似认为与方向无关[22]；$v(i, \boldsymbol{k})$ 代表群速度，$M_{\beta u}$ 代表有效质量张量，它们可以由体系的能带计算得到

$$v_\alpha(i, \boldsymbol{k}) = \frac{1}{\hbar} \frac{\partial \varepsilon_{i,\boldsymbol{k}}}{\partial \boldsymbol{k}_\alpha} \tag{2-43}$$

$$M_{\beta u}^{-1}(i, \boldsymbol{k}) = \frac{1}{\hbar^2} \frac{\partial^2 \varepsilon_{i,\boldsymbol{k}}}{\partial \boldsymbol{k}_\beta \partial \boldsymbol{k}_u} \tag{2-44}$$

式中，$\varepsilon_{i,\boldsymbol{k}}$ 为倒空间 $\boldsymbol{k}$ 点上第 i 条能带的能量本征值，$\boldsymbol{k}$ 点的脚标 α 表示沿着 α 方向。

对于掺杂浓度不太高的体系，通常采用刚性能带模型（rigid-band picture）[23] 模拟掺杂浓度的变化。该模型认为，较低浓度的掺杂仅引起费米面位置的上下移动而保持能带的形状基本不变。也就是说，掺杂只改变载流子浓度，不改变体系中电输运系数（迁移率、Seebeck 系数和电导率等）随载流子浓度的变化关系。在 p 型掺杂时，费米面位置向价带移动，载流子类型为空穴；在 n 型掺杂时，费米面位置向导带移动，载流子类型为电子。在刚性能带模型下，电导率张量随能量的变化关系由式（2-41）求和得

$$\sigma_{\alpha\beta}(\varepsilon) = \frac{1}{N} \sum_{i,\boldsymbol{k}} \sigma_{\alpha\beta}(i, \boldsymbol{k}) \frac{\delta(\varepsilon - \varepsilon_{i,\boldsymbol{k}})}{\mathrm{d}\varepsilon} \tag{2-45}$$

式（2-45）即输运分布函数，其中 N 表示求和历经的倒空间 $\boldsymbol{k}$ 点数目。对输

运分布函数积分，可以得到电输运系数随温度 T 和化学势 μ 的变化关系为

$$\sigma_{\alpha\beta}(T,\mu) = \frac{1}{\Omega}\int \sigma_{\alpha\beta}(\varepsilon)\left[-\frac{\partial f_\mu(T,\varepsilon)}{\partial \varepsilon}\right]d\varepsilon \tag{2-46}$$

$$v_{\alpha\beta}(T,\mu) = \frac{1}{eT\Omega}\int \sigma_{\alpha\beta}(\varepsilon)(\varepsilon-\mu)\left[-\frac{\partial f_\mu(T,\varepsilon)}{\partial \varepsilon}\right]d\varepsilon \tag{2-47}$$

$$\kappa_{e,\alpha\beta}(T,\mu) = \frac{1}{e^2T\Omega}\int \sigma_{\alpha\beta}(\varepsilon)(\varepsilon-\mu)^2\left[-\frac{\partial f_\mu(T,\varepsilon)}{\partial \varepsilon}\right]d\varepsilon \tag{2-48}$$

$$\sigma_{\alpha\beta\gamma}(T,\mu) = \frac{1}{\Omega}\int \sigma_{\alpha\beta\gamma}(\varepsilon)\left[-\frac{\partial f_\mu(T,\varepsilon)}{\partial \varepsilon}\right]d\varepsilon \tag{2-49}$$

式中，Ω 为计算体系的体积，$f_\mu(T,\varepsilon)$ 为费米-狄拉克分布，κ_e 为电子对热导率的贡献。由式（2-46）～式（2-49）可以求得 Seebeck 系数 α 和霍尔系数 R_H 为

$$\alpha_{ij} = E_i(\nabla_j T)^{-1} = (\sigma^{-1})_{\alpha i} v_{\alpha j} \tag{2-50}$$

$$R_{ijk} = E_j / j_i B_k = (\sigma^{-1})_{\alpha j} \sigma_{\alpha\beta\gamma}(\sigma^{-1})_{i\beta} \tag{2-51}$$

值得注意的是，在弛豫时间近似下，根据 Boltzmann 输运理论计算得到的 Seebeck 系数 α 和霍尔系数 R_H 与弛豫时间无关，但电导率 σ 和电子热导率 κ_e 包含弛豫时间 τ，实际得到的是电导率 σ/τ 和电子热导率 κ_e/τ。化学势 μ 代表着掺杂水平，$\mu<0$ 表示对体系进行 p 型掺杂，$\mu>0$ 表示对体系进行 n 型掺杂。

以上 Boltzmann 输运理论的方法已集成在 Madsen 和 Singh 开发的开源程序 BoltzTraP 中[24]。该程序可以看成 Wien2K 软件的后处理程序，通过对能带光滑地傅里叶积分来实现，在计算过程中通过使用波矢星函数来保持空间群的对称性。具体来说，BoltzTraP 首先使用波矢星函数拟合 Wien2K 算得的能带色散关系作为输入参数，通过插值得到全倒空间 k 点上的能量本征值，然后进行有限差分求出电子群速度，代入 Boltzmann 输运方程求解出半导体材料的 Seebeck 系数、电导率、电子热导率和霍尔系数等电输运系数。编写合适的接口程序，BoltzTraP 也可以读入其他第一性原理软件（如 VASP，SIESTA 等）计算的能量本征值完成计算。

图 2-10 给出了热电材料 Bi_2Te_3 室温下的电输运系数随化学势（掺杂水平）的变化关系。片层状 Bi_2Te_3 的电输运性质具有明显的各向异性。在掺杂浓度不太高的范围内，层内（xx）的电导率高于层间（zz）而 Seebeck 系数低于层间分量；合适地掺杂使得费米面移动到带隙边缘时，Bi_2Te_3 可以优化得到较高的功率因子层内分量。将输运系数层内和层间分量加权平均即可得到无序取向的宏观材料的输运系数。比较计算得到的电导率和电子热导率，可以发现二者很好地符合 Wiedemann-Franz 定律（$L=2.45\times10^{-8}V^2/K^2$）。由霍尔实验可知，霍尔系数的符号可以判断载流子类型，而其数值可以决定载流子浓度。比较计算得到的霍尔系数倒数和载流子

浓度，可以发现二者在轻掺杂范围内符合得较好。

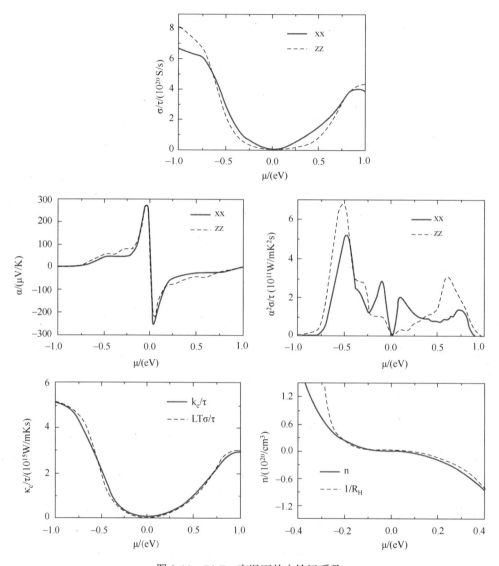

图 2-10　Bi$_2$Te$_3$ 室温下的电输运系数

2. 非平衡格林函数方法

第一性原理方法要求体系具有周期性且处于平衡状态，非平衡格林函数方法可以处理无限非周期性体系，在研究纳米尺度分子结等结构中应用广泛。将格林函数引入多体物理问题中，采用一些比较标准的近似方法，可以方便地处理复杂体系。格林函数既是多粒子运动方程的解，也是系统的平均值，所以使用格林函数方法可以研究系统在有限温度下的电流、电导等输运性质。非平衡格林函数方法的计算基础可以是密度泛函理论，也可以是半经验的原子杂化轨道或者经典的相互作用势。

在非平衡格林函数方法的具体应用中，将充分优化后的结构构建如图 2-11 所示的双电极模型[25, 26]。该开放体系被分为三部分：左电极（L）、中心区域（C）和右电极（R）。左、右电极区域是具有周期性边界条件的平衡体系，中心区域在左右电极之间，中心区域中和左、右两电极具有相同原子排布的部分称为左、右两电极的扩展（left/right electrode extension）。中心区域必须包含足够多的电极扩展部分以屏蔽掉中心区域的扰动，从而保证中心区域的最外层部分具有和电极部分相似的块体势。在非平衡格林函数方法中，假设左、右电极可以用周期性的块体来替代，即当流过体系的电流足够小时，电极部分可以用平衡态的电子分布来描述，计算的关键在于中心区域的非平衡态电子分布。

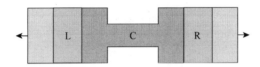

图 2-11　双电极结构模型

对于图 2-11 的 L-C-R 双电极模型有限区域，其格林函数矩阵可以从"有限"哈密顿量矩阵转置得

$$
\begin{pmatrix}
\mathbf{H}_L + \mathbf{\Sigma}_L & \mathbf{V}_L & 0 \\
\mathbf{V}_L^\dagger & \mathbf{H}_C & \mathbf{V}_R \\
0 & \mathbf{V}_R^\dagger & \mathbf{H}_R + \mathbf{\Sigma}_R
\end{pmatrix}
\tag{2-52}
$$

式中，$\mathbf{H}_L$、$\mathbf{H}_C$ 和 $\mathbf{H}_R$ 分别是左电极 L、中间区域 C 和右电极 R 的哈密顿量矩阵，$\mathbf{V}_L$ 和 $\mathbf{V}_R$ 代表半无限电极对中间区域的相互作用，而左、右电极和相邻半无限系统的耦合作用分别通过自能 $\mathbf{\Sigma}_L$ 和 $\mathbf{\Sigma}_R$ 的概念来描述电极与中间区域的耦合作用，将研究对象从无限体系转变成中心有限区域。对于金属电极，只要 L-C-R 部分足够大以保证屏蔽作用，那么对于 $\mathbf{V}_L$、$\mathbf{V}_C$ 和 $\mathbf{V}_R$ 的求解不需要考虑双电极以外的精确密度矩阵；哈密顿矩阵的左、右上角 $\mathbf{H}_{L\,(R)} + \mathbf{\Sigma}_{L\,(R)}$ 可以通过左、右电极的块体结构计算得到；自能的确定是通过把电极分为两个半无限部分来进行的[27, 28]。

据此，中心区域 C 的延迟格林函数可写为

$$
G^r(E) = \left[E\mathbf{I} - \mathbf{H}_C - \Sigma_L^r(E) - \Sigma_R^r(E) \right]^{-1}
\tag{2-53}
$$

式中，E 是输运电子的能量，$\mathbf{I}$ 是单位矩阵，$\Sigma_L^r(E)$ 和 $\Sigma_R^r(E)$ 分别是左、右电极自能的延迟格林函数。

求解出中心区域的格林函数，根据 Caroli 公式可得电子透射系数 T（E）为

$$
\mathscr{T}(E) = Tr\left[\mathbf{\Gamma}_L(E) \mathbf{G}^r(E) \mathbf{\Gamma}_R(E) \mathbf{G}^a(E) \right]
\tag{2-54}
$$

式中，提前格林函数 G^a 为延迟格林函数 G^r 的厄米共轭，即 $G^r = (G^a)^\dagger$；$\Gamma_{L(R)}$ 的具体表达式为

$$\Gamma_{L(R)}(E) = i\left[\Sigma_{L(R)}^r(E) - \Sigma_{L(R)}^a(E)\right] \tag{2-55}$$

在电子透射系数 $\mathscr{T}(E)$ 的基础上，根据 Landauer 公式可以将电流 I 和电子热流 I_Q 分别表达为

$$I = \frac{2e}{h}\int_{-\infty}^{\infty} dE\,\mathscr{T}(E)\left[f(E,\mu_L) - f(E,\mu_R)\right] \tag{2-56}$$

$$I_Q = \frac{2}{h}\int_{-\infty}^{\infty} dET(E)\left[f(E,\mu_L) - f(E,\mu_R)\right](E-\mu) \tag{2-57}$$

式中，系数 2 代表电子的自旋向上和自旋向下两种态；h 是普朗克常数；$f(E,\mu_{L,R})$ 是费米-狄拉克分布。在线性响应范围内，对电流 I 和电子热流 I_Q 关于电压或温度微分可以得到电输运系数（电导 G、Seebeck 系数 α 和电子热导 λ_e）[29]，为

$$G(\mu,T) = -\frac{I}{\Delta V}\bigg|_{\Delta T=0} = e^2 L_0(\mu) \tag{2-58}$$

$$\alpha(\mu,T) = -\frac{\Delta V}{\Delta T}\bigg|_{I=0} = \frac{1}{eT}\frac{L_1(\mu)}{L_0(\mu)} \tag{2-59}$$

$$\lambda_e(\mu,T) = -\frac{I_Q}{\Delta T}\bigg|_{I=0} = \frac{1}{T}\left\{L_2(\mu) - \frac{[L_1(\mu)]^2}{L_0(\mu)}\right\} \tag{2-60}$$

其中，$L_m(\mu)$ 的表达式为

$$L_m(\mu) = \frac{2}{h}\int_{-\infty}^{\infty} dET(E)(E-\mu)^m\left(-\frac{\partial f(E,\mu)}{\partial E}\right) \tag{2-61}$$

在刚性能带模型近似下，化学势 μ 代表着掺杂水平，$\mu < 0$ 表示对体系进行 p 型掺杂，$\mu > 0$ 表示对体系进行 n 型掺杂。

非平衡格林函数方法研究电输运性质的关键在于求解电子透射系数 $T(E)$。商业程序包 AtomistixTooKit（ATK）[30]集成了该方法，可以方便地计算零偏压或有限偏压下中心区域的电子透射系数。ATK 程序包中非平衡格林函数方法的计算是分两步完成的：①首先对左右电极进行自洽计算，得到电极与中心区域耦合作用的自能项；②将自能项代入有限中心区域的格林函数，计算相应的密度矩阵和电荷密度，由新的电荷密度写出新的哈密顿矩阵元，利用这些矩阵元又可得到中间散射区的格林函数，这样的由电荷密度到格林函数的过程经过反复自洽迭代直至收敛。

图 2-12 所示的是（4，2）单壁碳纳米管（SWNT）组成的双电极模型和零偏压下的电子透射系数[31]。费米面附近呈现一段宽约 0.2eV 的 $\mathscr{T}(E) = 0$ 的区域，对应着半导体性（4，2）碳管的带隙，台阶状的电子透射系数表明了相应能量下的电子通道数目。根据式（2-58）～式（2-61），图 2-12 给出了（4，2）碳管功率因

子 $\alpha^2 G$ 和电子热导 λ_e 随温度 T 和化学势 μ 的变化关系。通过合适的掺杂，在室温附近（4，2）碳管可以优化得到较高的功率因子和较低的电子热导。

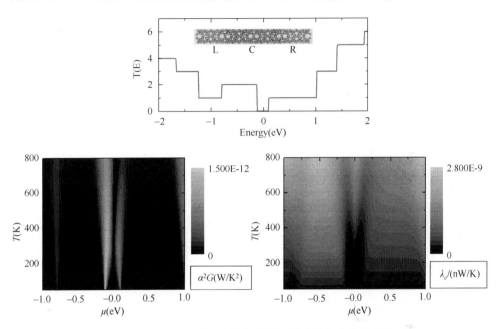

图 2-12　（4，2）碳纳米管的电子透射系数和电输运系数

总体来说，Boltzmann 输运理论和非平衡格林函数方法可以在第一性原理计算的基础上分别求解块体或者低维纳米结构的电输运性质，建立了从材料结构到Seebeck 系数和电导率的联系，揭示热电系数优化的规律，为设计高性能热电材料提供理论指导。然而这两种方法仍然存在需要改进的地方，Boltzmann 输运理论并没有真正求解电子的弛豫时间，非平衡格林函数方法的"弹道输运"没有考虑电子间以及电子-声子等相互作用。这些存在问题的解决需要理论研究上的突破和高性能计算机的进一步发展。

2.2.3　声子输运计算与调控

声子输运性质的计算主要分为两部分，包括声子谱的计算和声子热导率的计算。从基础物理的角度来看，声子与电子处于对等地位，然而在实际计算中，声子输运性质的计算远比电子输运复杂，这是因为密度泛函理论是基于电子结构的理论，声子输运的计算需要通过对电子结构的计算来实现。

1. 声子谱的计算

从原理上讲，声子谱的计算只需计算出势函数对原子位移的二阶导数，即二阶力常数，便可构造动力学矩阵，求解矩阵就可以得到声子频率与波矢，然而在实际计算时，声子谱的计算是比较复杂的。

采用第一性原理计算声子谱有两种方案。第一种是直接方法，移动原子计算原子受力的变化，通过数值微分计算二阶力常数。这种方法的优点是原理简单、易于操作，但是计算结果非常依赖于原胞的大小。严格计算二阶力常数理论上需要在无穷大的原胞中进行，实际计算时则需要尽可能的增大原胞，以抵消周期性结构带来的误差，这样就大大增加了计算量。

第二种计算方法是密度泛函微扰理论，也称为线性响应理论。在密度泛函理论框架下，多粒子系统的基态由势场唯一确定，通过对势场施加微扰，计算能量对此微扰的响应，可以间接求出声子谱，以及能量对原子位移的二阶导数。这种方法的优点是不需要构造超原胞，不需要计算出所有力常数，可以对某个动量 q 独立进行计算。这种方法的缺点是不能直接得到整个声子谱，需要反推得到二阶力常数，然后构造动力学矩阵计算声子谱。

实验上对声子谱的测量可以利用拉曼光谱和红外吸收光谱，声子谱的信息可以反映材料的结构与振动特性，由此可以定性地了解材料的热输运性质。声子谱的计算一方面可以与实验进行比较，另一方面可以帮助实验确定振动模式。下面以类金刚石材料 Cu_2GeSe_3 为例，说明声子谱的计算与分析。

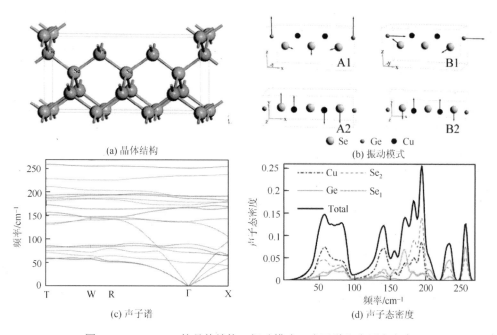

(a) 晶体结构　　　　　　　　　　(b) 振动模式

(c) 声子谱　　　　　　　　　　(d) 声子态密度

图 2-13　Cu_2GeSe_3 的晶体结构、振动模式、声子谱和声子态密度

铜基材料 Cu₂GeSe₃ 具有与半导体 Ge 相似的晶体结构，如图 2-13（a）所示，然而其热导率却远低于单晶 Ge。室温下，Ge 单晶的热导率为 60W/（m·K），而 Cu₂GeSe₃ 仅为 2.4W/（m·K）。低热导率使得 Cu₂GeSe₃ 成为一类较好的热电材料，同时其低热导率的根源也是理论计算需要回答的问题。图 2-13 中（c）和（d）是采用直接计算二阶力常数的方法得到的 Cu₂GeSe₃ 的声子谱和声子态密度。布里渊区中心的声子频率与振动模式可以由拉曼光谱测量得到，表 2-1 列出了实验测量[32]和理论计算的结果对比。可以看出，计算得到的声子频率与实验测量值吻合得很好。实验上有些振动模式无法完全分辨，利用声子计算则可以解决这个困难。例如，拉曼光谱无法确定频率 135cm⁻¹ 的振动模式为 A1 还是 B1，通过计算发现，在 135cm⁻¹ 附近有两支接近简并的声子，其振动模式分别为 A1 和 B1。图 2-13（b）给出了这 4 种具体的振动模式。从这个例子可以看出，声子计算可以更好地解释材料的振动特性。

表 2-1　Cu₂GeSe₃ 声子频率和振动模式

拉曼光谱		理论计算	
频率/cm⁻¹	振动模式	频率/cm⁻¹	振动模式
135	A1 或 B1	136	B1
		138	A1
189	A2	193	A2
212	B2	191	B2
235	A1 或 B1	236	A1
254	A1 或 B1	252	B1

下面利用声子谱的计算结果讨论 Cu₂GeSe₃ 低热导率的来源。由声子态密度可以得到材料的热容与温度的函数关系为

$$c_V = \sum \hbar\omega_{qs} \frac{\partial n_0(\hbar\omega_{qs})}{\partial T} \tag{2-62}$$

式中，n_0 为玻色-爱因斯坦分布函数。由德拜模型可知，低温下材料的热容与 T/Θ_D 三次方成正比，这里 Θ_D 为德拜温度。通过拟合热容-温度曲线，就可以计算出德拜温度。对于 Cu₂GeSe₃，计算得到的德拜温度为 168K，与此对比，单晶 Ge 的德拜温度为 374K。从热导率的唯象理论可知，热导率与德拜温度的三次方成正比，由此可以看出，Cu₂GeSe₃ 的低热导率主要源自其较低的德拜温度。

2. 声子热导率的计算

声子热导率的计算比声子谱的计算更为复杂，以往的理论研究中热导率的计

算主要通过分子动力学模拟来实现。经典分子动力学方法的主要缺点是其势函数中含有可调参数，计算结果非常依赖于参数的选取，如何得到合理的势参数是该方法一大困难。同时分子动力学是一种统计方法，在进行结果分析时，没有解析方法更为直接。美国麻省理工学院的陈刚及其合作者在 2011 年提出了一种基于第一性原理方法的计算方案[33]，这种方法的计算量相比较之前同类方法大为减少，同时计算精度比较高。陈刚等已经将此方法应用到了一系列热电材料中，计算结果与实验测量值吻合得非常好。本节着重介绍这种基于第一性原理的计算方案。

公式（2-34）是势场的泰勒展开式，对其进行标准二次量子化，其二阶导数项对应声子数算符，求解二阶截断哈密顿量即得到声子谱。展开式的高阶导数项包含了多个声子产生消灭算符，对应多声子散射过程。在温度不太高时，高阶散射的概率比较低，三阶截断是个足够好的近似，所以在室温区附近，仅需考虑三声子过程。包含三声子过程的哈密顿量无法严格对角化，通常采用微扰方法求解，其具体做法是严格求解二阶截断哈密顿量，得到本征波矢与本征频率，将三阶导数项视为微扰，利用费米黄金规则计算声子散射概率。具体公式推导比较复杂，这里仅给出最终的散射概率公式，为

$$\Gamma_{qs} = \frac{\pi\hbar}{16N}\sum q's'\sum q''s'' \frac{\left|A(qs,q's',q''s'')\right|^2}{\omega_{qs}\omega_{q's'}\omega_{q''s''}}\left(n_{q's'}+n_{q''s''}+1\right)\delta\left(\omega_{qs}-\omega_{q's'}-\omega_{q''s''}\right)$$
$$+\left(n_{q's'}-n_{q''s''}\right)\left\{\delta\left(\omega_{qs}+\omega_{q's'}-\omega_{q''s''}\right)-\delta\left(\omega_{qs}-\omega_{q's'}+\omega_{q''s''}\right)\right\} \tag{2-63}$$

其中三声子矩阵元 $A(qs,q's',q''s'')$ 的具体表达式为

$$A(qs,q's',q''s'') = \sum_{\eta 0}\sum_{\eta'l'}\sum_{\eta''l''}\Psi_{\eta 0,\eta'l',\eta''l''}^{\alpha\beta\gamma}\frac{e_{\alpha\eta}(qs)e_{\beta\eta'}(q's')e_{\gamma\eta''}(q''s'')}{\sqrt{M_\eta M_{\eta'}M_{\eta''}}}$$
$$\exp\left(iq'r_{l'}+iq''r_{l''}\right)\delta_{q+q'+q'',G} \tag{2-64}$$

式中，N 为布里渊区里 q 点取样数；$e_{\alpha\eta}(qs)$ 表示本征波矢；$\Psi_{\eta 0,\eta'l',\eta''l''}^{\alpha\beta\gamma}$ 表示三阶力常数。

一旦计算出散射概率，声子寿命可以由一个简单公式得到：$\tau_{qs}=1/(2\Gamma_{qs})$，同时也可计算出声子平均自由程 $\lambda_{qs}=\tau_{qs}v_{qs}$，利用式（2-38）便可计算出热导率。需要注意公式（2-63）和公式（2-64）包含了两种 δ 函数，分别对应声子碰撞时能量与动量守恒条件。由于准动量 q 是周期函数，所以动量守恒的条件为 $q+q'+q''=G$，这里 G 表示倒空间矢量。在进行分析时，往往区分 $G=0$ 和 $G\neq0$ 两种情况，$G=0$ 称为正规过程，$G\neq0$ 称为倒逆过程。倒逆过程表示碰撞前后的热流传输方向发生了改变，因此热阻主要源于倒逆过程。

在该方法的实际计算中，主要的困难来自于三阶力常数的计算。计算三阶力常数多采用数值微分方法，移动原子计算受力变化，计算一个三阶力常数最少需

要 4 次移动原子，由于计算中需要选取比较大的原胞以减小周期结构近似的影响，所以总的计算量非常大。为了减少计算量，需要利用晶体的对称操作对三阶力常数进行分类化简，这样仅需对独立三阶力常数进行计算[34]。对于对称性较高的晶体，这种方法可以大大地降低计算量。以金刚石结构硅为例，在第一近邻截断下，总的三阶力常数超过 3000 个，利用对称性后可将其化简到 4 个。对于对称性较低的结构，总的计算量仍然非常大，因此这种热导率计算方法目前仍主要应用于固体材料中，对于涉及表面、界面、低维结构等问题，这种方法处理起来还是比较困难的。

下面以金刚石结构硅为例，介绍第一性原理方法计算声子热导率的主要结果。图 2-14 是由公式（2-63）计算得到的声子寿命和声子频率的关系图。图中的声子寿命按照横波（T）与纵波（L）、声学模（A）与光学模（O）区分出来。整体而言，声子寿命随频率的增加而降低，声学支的寿命高于光学支。在频率 12THz 处，声子寿命有一个局域的极大值，表明这一频率段的声子有较低的散射概率。这一特性提供了一条减低热导率的可能途径，那就是针对这一频率段的声子引入特定杂质，提高其散射概率，降低其寿命。

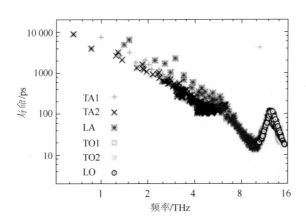

图 2-14　硅中声子频率和声子寿命关系

图 2-15 是计算得到的 Si 热导率与实验测量值的比较[33]。在 100～800K，理论计算与实验都吻合得相当好。在 100K 以下的低温区，实验与计算偏差较大，两个独立实验的结果也并不一致。这主要是由于低温区，长波输运起主要作用，所以实验测量结果非常依赖于样品的尺寸，如果样品不够大，测量值就会小于实际值。理论计算中选取的超原胞尺寸，在低温区也会给计算带来较大的影响，所以低温区实验与理论计算的一致性较差。在 800K 以上的高温区，理论值明显大于测量值，这是因为在高温区，高阶散射的概率增加，计算中只考虑三声子过程产生的误差就比较大。如果要修正理论结果，应该在计算中考虑四声子或更高阶

的散射过程。

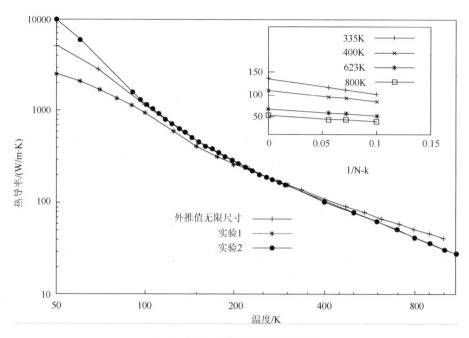

图 2-15　硅的热导率和温度关系

　　在之前的讨论中,注意到声子平均自由程是影响材料热导率的一个重要因素。近期陈刚研究组提出了一种直接测量声子平均自由程的实验方案[35],即利用 X 射线加热样品,通过控制加热区域的范围,测量热导率的变化。作为一个合理的近似,其认为只有平均自由程小于加热区域的声子参与导热,这样就可以得到平均自由程与热导率的积分关系。图 2-16 给出了他们的测量结果(空心标识)和理论计算值(实线)的对比。在误差范围内,理论与实验吻合比较好,既肯定了测量方案,同时也表明理论计算具有相当高的可靠性。

　　声子平均自由程的信息对于改善热电性能具有很重要的意义。材料纳米复合是提升热电性能的一个重要手段,其思想就是通过纳米化来降低晶格热导率,同时尽可能保留电学输运性质。在实际应用中,纳米化需要达到的尺寸是一个重要参数,通过理论计算可为实验工作提供指导。图 2-17 是几种热电材料的热导率与声子平均自由程关系[36],从中可以看出不同材料的曲线关系区别很大。对于 PbTe,平均自由程 10nm 以下的声子对热导率的贡献达到了 70%以上,而对于 GaAs,10nm 以下声子仅贡献了不足 5%。所以对 PbTe,要明显降低其热导率,其纳米化达到的尺寸应在 10nm 以下。通过这个例子,可以看出声子热导率的计算对于调控热电材料性能具有非常重要的意义。通过计算可以理解不同材料的热输运特性,从中可以寻找降低热导率的可能途径。

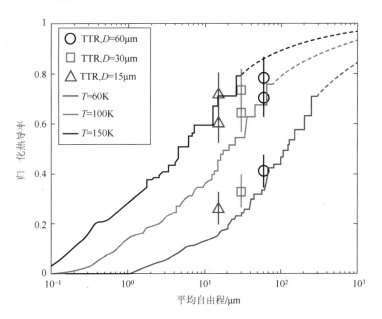

图 2-16 硅热导率与声子平均自由程的关系

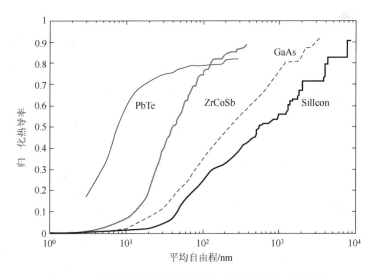

图 2-17 几种热电材料的热导率与声子平均自由程关系

2.3 热电材料的制备与性能

材料的热电性能由电学性质和热学性质共同决定。实际上，由于晶体结构往往显现出各向异性，材料只在某个方向上表现出较高的热电性能。因此，材料热电性能的好坏与其制备工艺密切相关。另一方面，随着近年来热电理论的发展，低维纳米化、纳米复合材料等概念的提出，为进一步提升材料的热电性能指出了新的方向。在本节中，将选取几个具有代表性的材料体系，着重介绍它们的制备与性能。

2.3.1　碲化铋基热电材料制备与性能

1. 碲化铋基热电材料的基本性质

碲化铋基热电材料是低温区（室温附近）性能最好的热电材料，也是目前在商业化制冷和温控技术中应用最广泛的热电材料[37]。碲化铋（Bi_2Te_3）是由 V-VI 族元素构成的化学稳定性较好的二元半导体化合物，其热力学数据和密度等见表 2-2[38]。碲化铋晶体结构属于 $R\bar{3}m$ 斜方晶系，层与层之间以 $-Te^{(1)}-Bi-Te^{(2)}-Bi-Te^{(1)}-$ 的顺序排列，$Te^{(1)}-Te^{(1)}$ 键之间通过范德华力结合，而 $Te^{(1)}-Bi$ 或 $Bi-Te^{(2)}$ 之间通过离子-共价键相结合[39]，其结构如图 2-17 所示。由于碲化铋的层状结构，其热电性能呈现出明显的各向异性，沿平行于基面（001）方向上，其电导率约为垂直该基面方向电导率的 4 倍，而热导率约为垂直方向的 2 倍[40]，因此在平行于基面（001）方向上体现出较好的热电性能，在后续表述中所提及的性能均为沿着平行于基面方向的热电性能。

表 2-2　Bi_2Te_3、Sb_2Te_3、Bi_2Se_3 的熔点 T_m、潜热 ΔH_m、德拜温度 Θ_D、密度 ρ 和比热 C_p

化合物	T_m /℃	ΔH_m / (kcal/mole)	Θ_D /K	ρ / (g/cm^3)	C_p / (cal deg^{-1}mol^{-1}), T<550℃
Bi_2Te_3	585	29.0	155	7.859	$36.0+1.3\times10^{-2}T$ $-3.11\times10^{-5}T^2$
Sb_2Te_3	618.5	23.6	—	—	
	621.6	—	—	6.57	
Bi_2Se_3	706	—	—	7.308	

从碲化铋相图上可以看出，在熔点附近化合物组分富 Bi，过剩的 Bi 占据 Te 原子位，形成材料的受主掺杂，因此，非掺杂碲化铋材料呈现出 p 型导电特性。除此之外，Pb、Cd、Sn 等杂质均可作为受主掺杂形成 p 型碲化铋材料，而 Br、I、Al、Se、Li 和过量的 Te 等元素以及卤化物 AgI、CuI、CuBr、BiI$_3$ 和 SbI$_3$ 等均可使碲化铋成为 n 型导电特性的材料[41-43]。经过大量实验和优化之后，目前性能较好的 p 型材料和 n 型材料配方分别为 $Bi_{0.5}Sb_{1.5}Te_3$ 和 $Bi_2Te_{2.85}Se_{0.15}$。

2. 碲化铋基热电材料的制备与性能

通过低维化和纳米化实现电、声输运特性的协同调控从而优化热电性能，是当前热电材料领域的一个重要研究方向[44]。通过外混、原位复合等方式引入的纳米颗粒能散射具有中长波波长的声子从而降低晶格热导率，同时纳米化有助于载流子在费米能级附近态密度的提高，纳米颗粒构成的界面所产生的界面势垒能有效过滤低能量载流子，从而增大 Seebeck 系数。纳米颗粒的含量、分散状态和颗粒本征性质是设计高性能纳米复合热电材料的关键。

（1）区域熔炼法制备与性能。

早期碲化铋材料的制备方法多为区域熔炼法和定向凝固法，这两类方法得到的一般为多晶材料，严格控制生长条件可以获得单晶体材料[39]。目前，商用碲化铋材料的生产仍沿用区域熔炼法，本节也着重讲述该方法的制备和材料性能。

图 2-18 为立式区域熔炼法示意图。在炉温达到设定温度后，使加热线圈缓慢地自下而上移动并通过整根棒料，获得具有取向性的大块多晶或者单晶。该区熔法的主要工艺如下。将按化学计量比称量的元素粉末均匀混合，经熔融合金化处理后，置于区熔炉中制成具有晶粒取向的晶体材料。在区熔过程中，工艺条件对晶体生长的质量影响较大，如温度梯度、生长速率、熔区宽度等。对于碲化铋区熔材料，虽然各个晶粒的取向不同，但由于材料生长时各晶粒的解理面总是趋向平行于生长方向，所以会表现出类似单晶材料的性质。

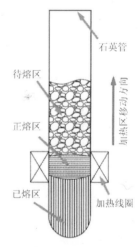

图 2-18　立式区域熔炼法示意图

由于商用碲化铋基合金具有较低的热电优值 ZT（约为 1.0），如图 2-19 所示，所以限制了该类材料的进一步应用。上面提到通过纳米复合可以有效提高材料的热电性能，即在基体材料中引入纳米尺度的第二相和大量晶界，增强声子散射来降低热导率；同时通过复合相自身特性来降低对电学性能的影响，从而达到提高热电性能的目的。蒋俊等采用具有一定化学活性的导电物质 Zn_4Sb_3 复合到碲化铋基体材料中，利用 Zn^{2+} 离子相对较强的化学活性（电负性）与阴离子结合，固溶析出尺寸约为几百纳米的 ZnSeTe 第二相，形成 BiSbTe/ZnSeTe 热电复合材料。在第二相与基体材料交界处，由于产生的反结构缺陷和 Zn^{2+} 离子与阴离子结合取代 Bi^{3+} 和 Sb^{3+} 过程产生的空穴，所以复合材料的电导率随着 Zn_4Sb_3 含量的增加而增大。同时，由于在基体材料中分散着不同尺度的散射中心，散射不同波段的声子，有效降低了材料的晶格热导率[45]。

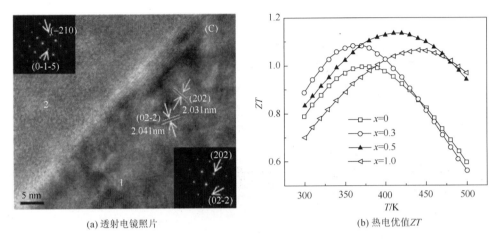

(a) 透射电镜照片　　　　　　　　　(b) 热电优值 ZT

图 2-19　Zn_4Sb_3/Bi_2Te_3 复合热电材料的透射电镜照片和热电优值 ZT

为了在基体材料中引入更多的缺陷以降低复合材料的热导率，同时保证材料的电学性能不发生较大的变化，蒋俊等引入具有正四价阳离子 W^{4+} 的 WSe_2。在反应过程中，Te^{2-} 向 W^{4+} 提供电子后，生成的单质 Te 以第二相的形式析出；同时得到的 W^{n+}（$n=3$，2）具有与 Sb^{3+} 相似的电负性和相近的离子半径（Sb^{3+}、W^{3+} 和 W^{2+} 离子半径分别为 0.76Å、0.75Å 和 0.80Å），进一步与 Sb^{3+} 置换，形成更多的缺陷影响材料的热电性能。从复合材料的高分辨透射电镜照片中观察到至少 4 种纳米析出物，如图 2-20 所示。其中纯 Te 相的析出意味着在相关区域存在更多的 Bi 或者 Sb 反位缺陷，从而增加载流子浓度。这些纳米析出物在调制电输运性能的同时，改善了复合材料在整个温区的热电性能[46]。

添加纳米第二相在降低材料热导率的同时，往往对载流子输运产生负面影响，限制了热电性能的进一步提升。蒋俊等提出了"纳米多元氧化物复合碲化铋"的理念。纳米多元氧化物为至少含有两种阳离子氧化物的纳米材料，其中一种阳离子具有活泼的化学特性，来调节载流子输运性质；另一种为不与基体材料反应的相对惰性的阳离子，该离子起到散射声子、降低晶格热导率的作用。分别选用 ZnAlO（掺 Al 的 ZnO 粉体）和 D-ATP（经脱水处理的凹凸棒石粉体）作为纳米多元氧化物，通过区域熔炼法与碲化铋基体材料进行复合，制备出了性能优异的碲化铋基热电复合材料，其热电优值 ZT 在 370K 时达到 1.33[47]。

（2）其他制备工艺与性能。

区域熔炼法制备的碲化铋基热电材料具有良好的热电性能，但由于相邻的层

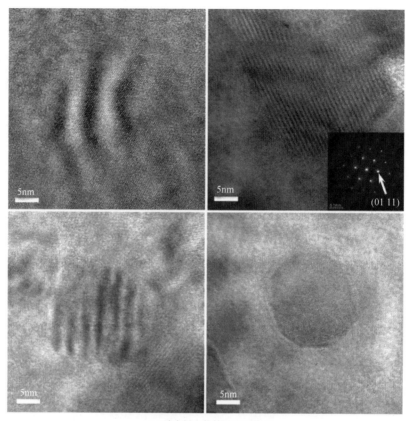

(a) 纳米折出物的TEM照片

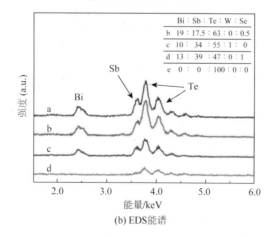

	Bi : Sb : Te : W : Se
b	19 : 17.5 : 63 : 0 : 0.5
c	10 : 34 : 55 : 1 : 0
d	13 : 39 : 47 : 0 : 1
e	0 : 0 : 100 : 0 : 0

(b) EDS能谱

图 2-20　WSe_2/Bi_2Te_3 复合热电材料中纳米析出物的 TEM 照片和 EDS 能谱

之间以较弱的范德华力结合，采用区域熔炼法制备的材料具有容易解理、强度低等缺点，造成该类材料加工困难、良品率低，影响了其实际应用。因此，新型制备工艺的探索对提高热电材料和热电转换系统的经济性以及开发微型热电制冷器件具有重要意义。截至目前，除了较为传统的区域熔炼法和定向凝固法外，碲化铋基热电材料的制备方法主要有粉末冶金法[48]、熔体旋甩法[49]和溶剂热合成法[50, 51]等。

粉末冶金法的制备主要有两种：一种是将元素粉料按化学配比混合，经过高温熔炼成铸锭后研磨成粉，最后压制烧结；另一种是利用机械合金化制备初始化学配比的原料粉料，再经压制和烧结制备。目前，应用较多的烧结方式主要有真空热压烧结、热等静压烧结、热挤压烧结、放电等离子烧结等。烧结后的块体材料为多晶材料，组分相对均匀，机械性能优于区熔材料。但是，对于 Bi_2Te_3 基热电材料来说，由于多晶材料的晶粒取向程度明显降低，晶界明显增多，其电学性能与区熔材料相比略有降低；另外，烧结过程中的温度过高、时间过长等，都将会导致低熔点元素的挥发，影响材料的热电性能。

在粉末冶金法中最具代表性的工作是美国波士顿学院任志峰等所做的研究[48]。该研究组采用球磨工艺获得纳米尺度的碲化铋材料粉体，之后采用热压设备将粉体烧结成块体材料。烧结后的块体材料中保留了大量晶界和缺陷，增加了声子散射，获得了较低的热导率，从而改善了材料的热电性能。该研究组采用这种工艺在373K获得了最大热电优值为1.4的块体碲化铋热电材料；同时，300K和523K时的热电优值也分别高达1.2和0.8，这一结果非常有益于碲化铋基材料的热电制冷和发电应用。该研究组进一步使用这类高性能碲化铋基材料，制备了最大温差为119K（热端温度423K）的热电制冷器件。

熔体旋甩法（MS）是一种快速凝固技术。该技术的工作原理是将合金在气氛保护下加热融化，然后通过气流将液态合金喷射到高速旋转的金属辊上，使液态合金快速凝固成薄带状产物。这种方法的特点是在非常短的时间内将液态合金中的热能释放出去，抑制晶核的形成和长大。同时，放电等离子体烧结技术（SPS）因其加热迅速、烧结时间短，可有效抑制晶粒长大和粗化，是制备纳米材料的有效手段。综上可以看出，MS 结合 SPS 工艺可以有效抑制晶核和晶粒长大，而这对降低块体材料的热导率有很大帮助。唐新峰等采用 MS 结合 SPS 的方法制备出了 p 型碲化铋基热电材料[49]。该技术首先采用 MS 法制备出具有精细纳米结构的碲化铋基薄带材料；之后使用 SPS 烧结获得多尺度纳米复合结构的块体材料。由于薄带材料中存在着尺度为 5～15nm 的纳米晶以及非晶态的 Te 单质，增强了声子散射，所以显著降低了块体材料的晶格热导率。在电学性能降低有限的情况下，采用该项技术制备的碲化铋基块体材料，其热电优值 ZT 达到了 1.2。该项技术的成功开发显著缩短了材料的制备周期、降低了能耗、节省了成本，并且有效提高了碲化铋基材料的热电性能。

溶剂热合成法是一种新型的制备 Bi_2Te_3 纳米粉体材料的方法。该方法主要是将元素单质和金属盐溶液混合放入密闭的反应釜中，通过加温加压的方式提高原料的溶解度和离子活度使其重结晶，制备出纳米粉末。该方法具有合成温度低、反应时间短、产物颗粒粒径小等优点，是目前备受瞩目的纳米热电材料的合成方法之一。赵新兵等对溶剂热化学法制备 Bi_2Te_3 纳米粉体做了大量的系统研究[50,51]，纳米线、纳米棒、纳米管等各类形貌的 Bi_2Te_3 纳米粉体相继被制备出来。但是，该方法也具有一些不可避免的缺点，如较难形成三元化合物、不易调节载流子浓度等。

2.3.2　笼状物热电材料制备与性能

20 世纪 90 年代 Slack 提出"声子玻璃电子晶体"概念后，寻找相对应的材料成为热电领域关注的重点。笼状物由于其特殊的结构，同时具有较低的晶格热导率与较高的载流子迁移率，符合"声子玻璃电子晶体"的概念，成为非常有潜力的热电材料，在热电领域受到广泛关注。在相关研究中，笼状物材料的晶体也表现出较高的热电性能。本节主要介绍笼状物材料的结构、制备和热电性能。

笼状物的英文"Clathrate"一词来源于拉丁文"clatratus"，意为装在笼内的（encaged）。指的是一些原子或者分子组成有孔洞的笼状晶体结构，在笼内可以包含另一种原子或者分子。由于孔洞间共用面的间隙非常小，不足以让笼内的原子或分子穿过，而使其被局限在孔洞内部。

1965 年，Kasper 等在钠-硅材料中首次发现了无机笼状物材料：I 型的 Na_8Si_{46} 和 II 型的 Na_xSi_{136}。[52]至今，无机笼状物材料已发现五种不同的晶体结构，其中 I 型和 VIII 型笼状物表现出较高的热电性能和丰富的物理特性，受到广泛关注。

I 型笼状物和 VIII 型笼状物的分子式都可以写为 R_8IV_{46}，即由 46 个 IV 原子（一般为 Si、Ge、Sn 等 IV 族原子）通过 sp^3 杂化组成不同的笼状框架结构，包围局限 8 个 R 原子（一般为碱金属原子或碱土金属原子），其晶体结构如图 2-21 所示。I 型笼状物属于立方结构空间群 $Pm\bar{3}m$（No. 223），其中 46 个 IV 原子分为三组等效位：6c、16i 和 24k。分别组成两个由 20 个原子组成的十二面体，以及六个由 24 个原子组成的十四面体。十二面体和十四面体内的 R 原子位置分别标记为 2a 和 6d。VIII 型笼状物属于立方结构空间群 $I4\bar{3}m$（No. 217），46 个框架原子 IV 分别占据 4 个位置：2a、8c、12d 和 24g，组成 8 个由 23 个原子组成笼状结构，每个笼内原子 R 的位置标记为 8d。这种 23 个原子的笼状结构，可以认为是 20 个原子的十二面体中打开三个 IV-IV 键，加入 3 个 IV 原子后，形成 9 个新的 IV-IV 键。

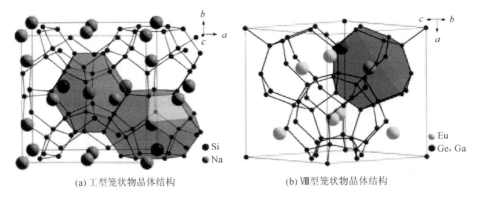

(a) I 型笼状物晶体结构　　　　　　　(b) Ⅷ型笼状物晶体结构

图 2-21　I 型和 VIII 型笼状物晶体结构[6]

　　由 sp^3 杂化所构成的框架笼状结构比较稳定，为电子传输提供了长程周期势场。而笼内原子与框架原子相互作用较弱，同时笼内原子具有较大自由度，形成明显的局部振动，一般又称笼内原子为振子（rattler）。各类结构分析的结果均表明，笼内原子的热振动因子要比框架结构中原子的大很多[53]。同时，其随温度变化可以看出这种笼内原子和框架原子振动模式的不同，如图 2-22 所示。拉曼散射和非弹性中子散射的实验结果也证明笼内原子具有较独立的低频振动模式[53]。

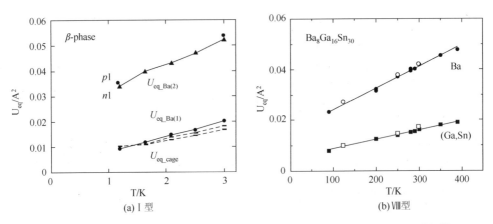

(a) I 型　　　　　　　　　　　　　(b) Ⅷ型

图 2-22　I 型和 VIII 型 $Ba_8Ga_{16}Sn_{30}$ 笼状物各位置温度因子随温度变化关系[54, 55]

　　X 射线衍射和中子衍射的结构研究结果还表明，在 I 型笼状物 $A_8III_{16}IV_{30}$ 中，6d 位置可以劈裂成 4 个等价的位置。在框架结构相同的 $A_8Ga_{16}Ge_{30}$ 的体系中，随着振子原子半径不断减小，从 Ba 到 Sr，再到 Eu，6d 位置的劈裂从无到有，并越来越偏离中心位置，如图 2-23 所示[56]。另一方面当笼内原子均为 Ba 的 $Ba_8Ga_{16}IV_{30}$ 材料中，笼子较小的 $Ba_8Ga_{16}Ge_{30}$ 中并没这种劈裂，而框

架笼子较大的 $Ba_8Ga_{16}Sn_{30}$ 中表现出强烈的偏离中心劈裂[57]。因此，一般认为
这种劈裂的产生与笼内的空间自由度相关。然而，Tanaka 等制备出与
$Ba_8Ga_{16}Sn_{30}$ 笼内自由度相当的 $K_8Ga_8Sn_{38}$，但并未发现中心偏离。[58] 目前这种
结构变化原因尚未有确定的解释。伴随着结构上中心劈裂的出现与变大，材料
的晶格热导率逐渐降低。晶格热导率在低温段呈现出从一般晶体行为到玻璃态
行为的转变，如图 2-23 所示。这一现象的原因与结构的变化密切相关，被认
为是从一般的简谐振动逐渐变化为一种特殊的非简谐四势阱振动模式，吸引了
众多物理学家进行深入研究。

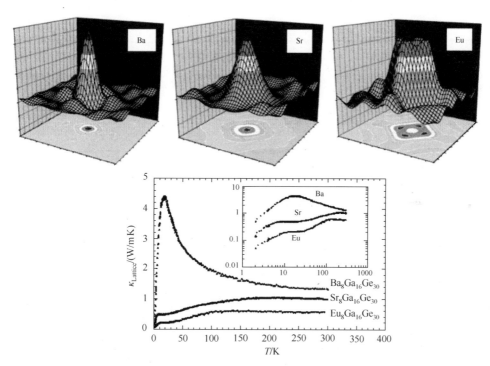

图 2-23　I 型笼状物 $A_8Ga_{16}Ge_{30}$（Ba、Sr@15K；Eu@40K）中 6d 位置的原子核密度图与晶格
热导率[56]

笼状物热电材料的制备分为多晶样品制备和单晶样品制备[53]。最初，笼状物
材料简单地由化学计量比的元素混合制备，例如，将 8Ba、16Ga、30Ge 混合在一
起制备 $Ba_8Ga_{16}Ge_{30}$。早期研究一般都采用这种方法制备粉末材料，用于进行结构
测定，以及进一步加压烧结成块体材料。后期研究表明，笼状物材料的性能与其
化学计量比有着密切的关系。然而在合成较大尺寸的样品时，Ba 的挥发性使合成
过程中的化学计量比控制难以实现，导致缺陷较多，影响热电性能。为了更好地

控制这一点，一般采取 Ba_6Ge_{25} 为前驱体，分两步合成笼状物材料的方式。在合成 Ba_6Ge_{25} 时，可以额外添加过量的 Ba。在合成完后，这些过量的 Ba 可以简单地被盐酸洗去。在后一步的固相合成中，Ba_6Ge_{25} 的使用降低了 I 型笼状物合成的反应温度，因此抑制了 Ba 的挥发。

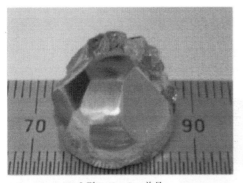

(a) I 型 $Ba_8Ga_{16}Sn_{30}$ 单晶

(b) VIII 型 $Ba_8Ga_{16}Sn_{30}$ 单晶

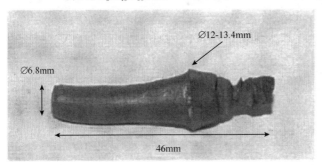

(c) 提拉法生长的 $Ba_8Ga_{16}Ge_{30}$ 单晶

(d) 布里奇曼法生长的 $Ba_8Ni_4Ge_{42}$ 单晶

图 2-24　笼状物材料晶体

　　笼状物材料单晶的常用生长方法有自助熔剂法、提拉法和布里奇曼法。自助熔剂法首先被应用于生长 $M_8Ga_{16}Ge_{30}$ 单晶，采用的助熔剂为过量的 Ga。随后，助熔剂发展到 Zn、Al、Sn 等，可以生长出 $M_8Zn_8Ge_{38}$、$M_8Al_{16}IV_{30}$、$Ba_8Ga_{16}Sn_{30}$ 等单晶笼状物材料。近期研究表明，还可以采用 In 或 Sn 作为异质助熔剂生长 Ba_8（TM、Ge）$_{46}$ 笼状物晶体，其中 TM 代表过渡族金属，如 Cu、Ag、Ni 等。作为经典的晶体生长方法，提拉法成功生长出 $Ba_8Ga_{16}Ge_{30}$、$Ba_8Ga_{16}Si_{30}$ 和 $Ba_8Al_{16}Ge_{30}$ 单晶。另外，还有关于使用布里奇曼法生长出 $Ba_8Ni_4Ge_{42}$ 和 $Ba_8Au_{5.3}Ge_{40.7}$ 笼状物单晶材料的报道。图 2-24 中分别给出自助熔剂法生长的 I 型 $Ba_8Ga_{16}Sn_{30}$（图 2-24（a））和 VIII 型 $Ba_8Ga_{16}Sn_{30}$ 单晶（图 2-24（b）），以及提拉法生长的 $Ba_8Ga_{16}Ge_{30}$ 单晶（图 2-24（c））和布里奇曼法生长的 $Ba_8Ni_4Ge_{42}$ 单晶（图

2-24（d））照片[54, 59, 60]。

区熔法在笼状物材料的制备过程中也有所应用，其目的主要是提纯。据报道，$Ba_8Ga_{16}Ge_{30}$ 多晶棒在进行区熔后，其中的杂质含量由顶部的 $250×10^{-6}$，降低至底部的 $17×10^{-6}$。

笼状物材料的特殊结构决定了其热电性能。能带计算的结果表明，I 型笼状物材料（包括 $Sr_8Ga_{16}Ge_{30}$、$Ba_8Ga_{16}Ge_{30}$、$Ba_8Ga_{16}Si_{30}$、$Ba_8In_{16}Sn_{30}$ 和 $Ba_8Al_{16}Ge_{30}$），在具有理想的 184 个价电子时，是窄带半导体，其带宽为 $0.2～0.6eV$，符合热电材料的基本要求。同时，笼状物的价带主要由框架原子的 sp^3 杂化轨道形成，笼内原子与框架原子的轨道杂化形成导带，笼内原子对笼状物的导带底影响显著而对价带的影响不明显，框架内的掺杂元素可以明显地改变笼状物价带顶的色散关系，但对导带底没有显著的影响。

由于笼内空间自由度较大，笼内原子的局部振动所对应的光学支声子能量较低，与框架结构的声学支声子能量相近。为了避免两支声子相交，导致声学支声子的传播速度比一般材料低，材料表现出很低的晶格热导率[61]。由此可推测，笼内自由度对笼状物材料晶格热导率的影响。Suekuni 等对不同 I 型笼状物的热导率进行了统计研究，证实笼状物晶格热导率的大小取决于笼内原子的自由度；当自由度较大时，晶格热导率越低，其结果如图 2-25 所示[54]。

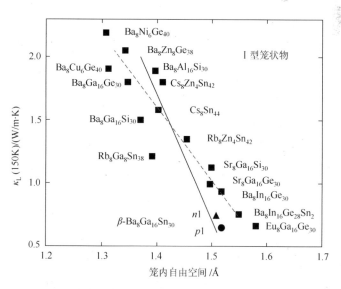

图 2-25 150K 时 I 型笼状物材料晶格热导率与其笼内原子自由空间的关系[54]

1998 年，Nolas 等率先对 I 型笼状物的热电性能进行研究，其制备的 $Sr_8Ga_{16}Ge_{30}$，在室温时，Seebeck 系数 α 为 $-320\mu V/K$、电阻 ρ 为 $10.5\Omega cm$、热导

率 κ 为 0.9W/（m·K）、ZT 值约为 0.25。虽然比最好的商用热电材料的 ZT 值要低，但实验发现，微调 Ga/Ge 比对 Seebeck 系数和电导率的影响显著。同时理论计算表明，在 700K 时，其热电优值可以大于 1.0，为以后的研究提供了指引。目前，I 型笼状物最高的 ZT 值发现于由提拉法生长的 $Ba_8Ga_{16}Ge_{30}$ 中，在 900K 时达到 1.35，并可以外推到 1100K 时达到 1.63[6, 62]。其他性能较好的材料还有 n 型 $Y_{0.5}Ba_{7.5}Ga_{16}Ge_{30}$，在 950K 时，$ZT$ 值达到 1.09；$Sr_8Ga_{15.5}In_{0.5}Ge_{30}$ 在 800K 时，ZT 值达到 0.72。相应的 p 型材料中 $Ba_8Au_{5.3}Ge_{40.7}$ 单晶材料在 680K 时 ZT 值达到 0.9；$Ba_8Ga_{16}Al_3Ge_{27}$ 在 760K 时，ZT 值达到 0.61[6, 62]。图 2-26 中给出这几种性能较好的 I 型笼状物材料的 ZT 值随温度变化关系。

这些高性能的 I 型笼状物材料表现出不同的塞贝克系数，例如，在室温下，$Y_{0.5}Ba_{7.5}Ga_{16}Ge_{30}$ 的 Seebeck 系数是 $-60\mu V/K$，$Ba_8Ga_{16}Ge_{30}$ 单晶的 Seebeck 系数是 $-40\mu V/K$，$Sr_8Ga_{15.5}In_{0.5}Ge_{30}$ 多晶的 Seebeck 系数是 $-80\mu V/K$，而 $Ba_8Au_{5.3}Ge_{40.7}$ 单晶的 Seebeck 系数是 $+110\mu V/K$，$Ba_8Ga_{16}Al_3Ge_{27}$ 的 Seebeck 系数则达到了 $+190\mu V/K$。与之相对应的，这些材料的电导率和热导率则分别较为相近，室温下电导率一般在 $10^3\Omega\cdot cm$ 左右，热导率均在 2W/（m·K）以下[6, 62]。

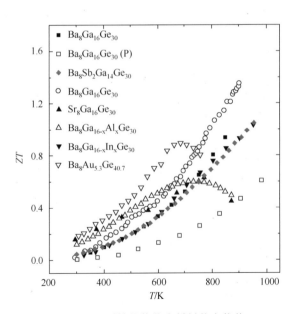

图 2-26　I 型笼状物热电材料热电优值

根据图 2-25 推测，I 型 $Ba_8Ga_{16}Sn_{30}$ 材料具有最低的晶格热导率，因此更具备良好热电性能的潜质。Avila 等采用 Sn 自助溶剂法制备了单晶 $Ba_8Ga_{16}Sn_{30}$，获得了 I 型笼状物中最低的晶格热导率，然而其电阻率 $\rho=39m\Omega\cdot cm$、$n=3.2\times10^{18}cm^{-3}$，载流子浓度较低，没有达到 $10^{20}\mathrm{cm}^{-3}$[57]。同时 I 型笼状物表现出热稳定性，不易掺杂等问题，难以改善其热电性能。因此，研究者将研究对象转向其同素异形体，VIII 型 $\mathrm{Ba_8Ga_{16}Sn_{30}}$，并获得了不错的热电性能。VIII 型 $\mathrm{Ba_8Ga_{16}Sn_{30}}$ 单晶的晶格热导率稍高于 I 型 $\mathrm{Ba_8Ga_{16}Sn_{30}}$ 单晶，在室温附近仍只有约 0.7W/（m·K）。通过掺杂 Al、Cu 等离子改变载流子浓度的方式，研究者使 VIII 型 $\mathrm{Ba_8Ga_{16}Sn_{30}}$ 材料的热电优值得到明显提高，其中 $\mathrm{Ba_8Ga_{15.7}Cu_{0.3}Sn_{30}}$ 的 ZT 值在 540K 达到了 1.35[63-66]。图 2-27 给出了几种热电性能较高的 VIII 型笼状物材料的 ZT 值随温度变化关系。

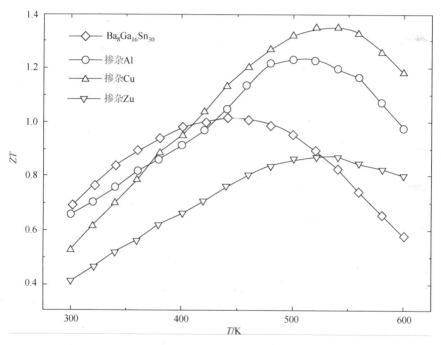

图 2-27　VIII 型 $\mathrm{Ba_8Ga_{16}Sn_{30}}$ 和掺杂 Al、Cu、Zn 后材料 ZT 值随温度变化关系[63-66]

2.3.3　硒化铟热电材料制备与性能

2009 年，Rhyee 等在 Nature 上报道，在禁带宽度 0.5～1eV 的 $\mathrm{In_4Se_3}$ 体系中，由于其存在由电荷密度波（CDW）和 Peierls 畸变引起的晶格畸变，强烈的电声子相互作用导致了沿低维平面上较低的热导率[67]。利用这种特性，在通过引入缺陷的方式调节载流子浓度后，其单晶 $\mathrm{In_4Se_{2.35}}$ 在 705K 时 ZT 值达到 1.48，引发了人们对硒化铟体系的关注。

$\mathrm{In_4Se_3}$ 具有明显的层状结构，为斜方晶系，Pnnm 空间群。如图 2-28 所示，一个 $\mathrm{In_4Se_3}$ 晶胞包含 28 个原子和 4 个基本单元。在一个晶胞单元中，分别存在着 4

种不同的 In 原子位置和 3 种不同的 Se 原子位置。3 种不同位置的 In 原子形成准一维 In 原子链，与 3 个不同位置的 Se 原子以共价键相结合。第 4 种 In 原子位置的 In 原子则填充在准一维链与链之间。准一维链与链所在的平面以分子间的范德华力相连接，形成层状结构。In 原子的填充使得材料具有化学稳定性和优良的机械性能。从图 2-28 中的晶体结构图可以看出，在 b-c 平面上，$(In_3)^{5+}$ 离子团与 Se^{2-} 以共价键结合。沿着 a 轴方向，层与层之间以分子键结合。正是这种沿着 a 轴方向的层状结构，使得 In_4Se_3 具有极其低的热导率，成为一种有潜力的新型热电材料。

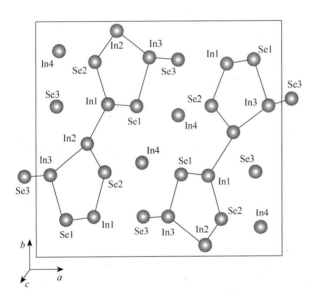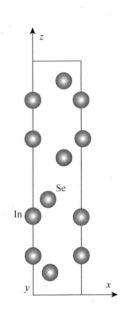

图 2-28　In_4Se_3 的晶体结构

Rhyee 等报道，他们通过布里奇曼法制备的 $In_4Se_{3-\delta}$ 单晶体，表现出了较强的各向异性和较高的 ZT 值。此后，他们进一步对 $In_4Se_{3-\delta}$ 单晶材料热电性能的提升进行尝试，生长出 $In_4Se_{3-\delta}Cl_{0.03}$ 单晶材料。通过在 Se 位引入卤素原子，进一步提高载流子浓度增加材料电导率的同时，通过增加点缺陷的方式明显地降低了晶格热导率，使单晶材料 ZT 值小幅提升至 1.53[68]。其合作者 Ahn 等采用相同的方法，合成出 $In_4Se_{2.32}X_{0.03}$（X 为 F、Cl、Br 和 I）单晶材料，其中 $In_4Se_{2.32}I_{0.03}$ 在 660K 时表现出最高为 1 的 ZT 值[69]。然而，布里奇曼法单晶生长耗时耗能、成本较高、不易推广。因此，随后他们均开始研究多晶样品的制备与性质。Rhyee 等利用固相反应结合放电等离子烧结（SPS）的方法，制备出了各向同性的 In_4Se_{3-x} 多晶样品，但多晶样品并未表现出像单晶一样的良

好热电性能，在 700K 时得到最大的 ZT 值，约为 0.63[70]。Ahn 等通过对 In
位引入各种杂质离子（Na、Ca、Zn、Ga、Sn、Pb）的方式，试图调节载流子
浓度和晶格热导率，但结果导致热电性能的下降。700K 时掺杂材料中性能最
好的 $In_{3.9}Sn_{0.1}Se_{2.95}$ 的 ZT 值达到 0.50[71]。史迅等将 In-Se 原料按一定配比进
行熔融、球磨粉碎、冷等静压等工艺过程，最终在 450℃进行热压烧结，获
得块体多晶 In_4Se_3 块体材料。完成整个制备过程大约花了两周，所得到的块
体材料 ZT 值在 700K 时约为 0.6[72]。任志峰等通过球磨的方式将 In 和 Se 的原
料制成纳米级粉末，并直接采用热压烧结的方式制备出致密的 $In_4Se_{3-\delta}$ 多晶块
体材料，在 700K 时 ZT 值接近 1[73]。杨君友等利用机械合金→球磨→烧结→热
压烧结的方式，在 In_4Se_3 中引入 Cu 颗粒，形成复合多晶材料，在 723K 时 ZT
值达到 0.97 的最大值[74]。图 2-29 给出目前已报道的各种 In_4Se_3 基热电材料
的热电优值随温度变化关系。

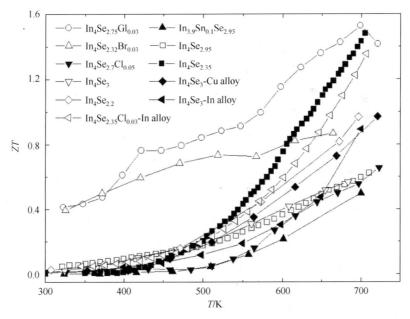

图 2-29　各种 In_4Se_{3-x} 基材料的 ZT 值[67-76]

In_4Se_3 多晶材料的热电性能低于单晶材料，主要原因是粉碎过程严重破坏了
In_4Se_3 的取向性，而 In_4Se_3 材料存在较明显的各向异性，只在沿着层的方向上具有
最大热电优值。同时，多晶材料由于存在较多晶界，材料的电导率比单晶材料降
低较为严重。因此，如何保证多晶 In_4Se_3 材料的取向性和提高其电导率成为进一
步提高其热电性能的主要途径。蒋俊等提出，采用区域熔炼法制备 In_4Se_3 可以用

较短生长周期制备出保留取向性的多晶材料；同时，通过纳米复合的方式，引入导电率较高的第二相，可以提高材料的电导率[75]。根据 In-Se 的相图，通过组分设计，利用在定向凝固下的偏晶反应，可以实现在 In_4Se_3 的基体中引入高电导的 In 来增强其电导率。

实验结果表明，由区域熔炼法所制得的 In_4Se_3-In 复合材料确实表现出较强的各向异性。图 2-30 中的 EDS 结果清晰地表明，复合材料中 In_4Se_3 沿着区熔方向生长，以及第二相 In 沿着区熔方向排列生长。

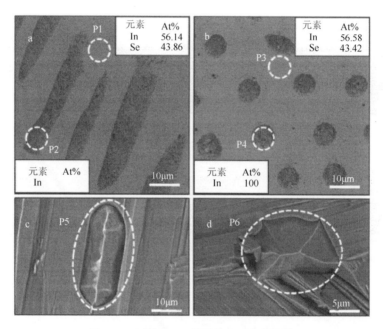

图 2-30　区熔 In-Se 样品的电子扫描图像

（a，c）为平行于区熔方向的截面，（b，d）为垂直于区熔方向和截面，其中（a，b）为抛光后的界面，（c，d）为断面

由于结构的强烈各向异性，复合材料的热电性能也表现出较强的各向异性。如图 2-31 所示，与单晶结果相类似，垂直方向上表现出稍差的导电性、更好的 Seebeck 系数和较低的热导率。与单晶结果不同的是，区熔样品在这个方向上的 Seebeck 系数更高，在 350K 时达到 $-440\mu V/K$，单晶样品的最高值只有 $-370\mu V/K$。最终，在垂直方向上比较高的电导和 Seebeck 系数，使得材料在该方向上的 ZT 值在 700K 时可达 $0.9^{[75]}$。在此基础上，蒋俊等采取少量 Cl 掺杂，将 In_4Se_3-In 复合材料的热电优值提升到 1.3，与单晶材料的报道结果十分接近[76]。

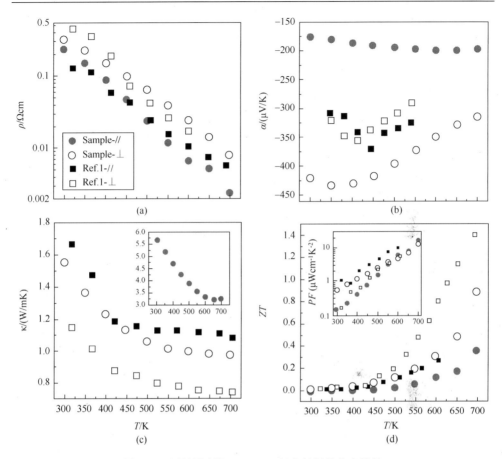

图 2-31　区熔法制备 In$_4$Se$_3$-In 复合材料的热电性能

2.4　热电器件及其应用

2.4.1　热电器件设计

图 2-32 给出最简单的热电器件模型。结构上，热电制冷器件和热电发电器件均由 n 型热电材料和 p 型热电材料串联，置于工作环境之间。

1. 热电制冷器件性能

热电器件进行热电制冷时，制冷效率由制冷量即冷端的吸热量与输入电能之间的比决定。前者主要源于 Peltier 效应抽取的热量，同时，器件自身的焦耳热向两端扩散和热端向冷端的热扩散会抵消部分的热量。后者为两端电压与电流的乘积，电压包括两端的外加电压与 Seebeck 效应的电压降。综合后公式为

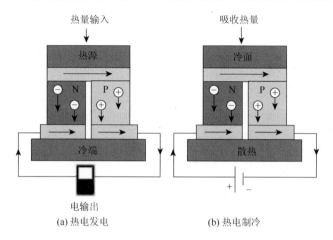

图 2-32　热电器件模型示意图

$$\eta = \frac{\alpha_{NP}T_1 I - \frac{1}{2}I^2 R - K(T_2 - T_1)}{I^2 R + \alpha_{NP}(T_2 - T_1)} \qquad (2-65)$$

式中，$\alpha_{NP}=\alpha_P-\alpha_N$，$R$ 为器件的总电阻，$R = \frac{l_N}{A_N}\rho_N + \frac{l_P}{A_P}\rho_P$；$K$ 为器件的总热导，

$K = \frac{l_N}{A_N}K_N + \frac{l_P}{A_P}K_P$（$l$ 为材料的长度，A 为材料横截面积）。由此可见，器件的制

冷效率与器件的热电性能、温差，以及工作电流有关。对于温差给定的情况，令

$d\eta/dI=0$，可得最佳电流值。此时器件达到最大制冷效率，为

$$\eta_{max} = \frac{T_1}{T_2 - T_1}\frac{(1 + Z\bar{T})^{1/2} - T_2/T_1}{(1 + Z\bar{T})^{1/2} + 1} \qquad (2-66)$$

在器件无外加负载的情况下，式（2-65）分子部分为 0 时，器件两端达到最

大温差 $\Delta T_{max} = \frac{1}{2}ZT_1^2$。式（2-65）分子部分对电流的偏导为 0 且器件两端无温差

时，器件达到最大的制冷量 $Q_{c\,max} = \frac{1}{2}\frac{\alpha_{NP}^2 T_1^2}{R}$。

2. 热电发电器件性能

热电器件进行温差发电时，热点转换效率为输出电能与热端的吸热量的比。前

者为负载消耗功率；后者为传导热、焦耳热和 Paltier 热三部分的综合。由此可得

$$\phi = \frac{I^2 R_L}{\alpha_{NP}T_1 I - \frac{1}{2}I^2 R + \alpha_{NP}(T_2 - T_1)} \qquad (2-67)$$

式中，R_L 为负载电阻。

由式（2-67）可见，热电器件的效率与材料的内在性质、负载的电阻和温差有关。对于环境所给定的温差为定值，ϕ 对 R_L/R 的偏导为 0 时，发电器件达到最佳效率为

$$\phi_{\max} = \frac{T_1 - T_2}{T_1} \frac{\left(1 + Z\bar{T}\right)^{1/2} - 1}{\left(1 + Z\bar{T}\right)^{1/2} + T_2/T_1} \qquad (2\text{-}68)$$

当负载电阻与发电器件本身电阻匹配时，发电器件获得最大的输出功率，

$P_{\max} = \dfrac{\alpha_{\mathrm{NP}}^2 \Delta T^2}{4R}$。

由上述分析结果可知，热电器件的效率和功率的优化，不仅与热电材料本身的热电优值相关，还与其工作环境的温差和负载电阻的大小等密不可分。同时，以上模型为理想化模型，实际中还需要考虑到接触电阻、接触热阻、材料本身性质的匹配等问题。

2.4.2　热电制冷器件及其应用

1. 热电制冷器件设计

根据 2.4.1 小节中分析的结果可知，对于任意给定的制冷量，理论上可以只采用一对 n/p 热电材料节组成的器件，只需要确定面长比 A/l（$R = \rho l/A$）即可。然而实际中所要求的面长比往往偏大，以至于所要求的制冷器件的电流无法实现。因此，实际中的器件往往由多对面长比较小的 n/p 热电粒子串联而成，以匹配电源系统的供电能力。图 2-33 给出了单级温差电制冷器件的剖面结构示意图。

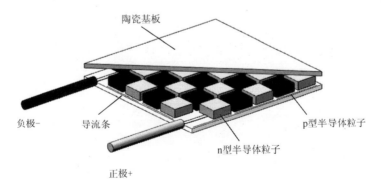

图 2-33　热电器件的剖面结构示意图

对于以上结构，器件设计的主要内容就是根据材料的特性与制冷要求，确定

n/p 节的数量，以及每个热电节点的尺寸。按照 2.4.1 小节中的分析，可以分为以下四个步骤。

（1）由公式（2-65）可以推出，当 dη/dl=0 时，最佳电流 I_η 与热电材料的面长比 A/l 互为确定。一般选取较为容易获得的电流值（0<I_η<10A）作为最佳电流，则面长比 A/l 随之确定。

（2）面长比 A/l 确定后，选定其中之一，则另一个随之确定。需注意，l 因尽量小以避免本身的发热，但又足够大以避免接触的影响。实际中通常需要 l>1mm，才能基本忽略接触的影响。

（3）根据材料的优值 Z 计算出最佳制冷效率，并由此结合所需制冷量计算出总的输入功率 P。

（4）计算每个 n/p 节的输入功率 p，由 $N_{min}=P/p$ 来计算出满足设计要求最少需要的温差电偶对数，使其能够排布成矩阵。

根据确定的材料长度、横截面积和对数等参数，进一步设计导流片、陶瓷片的尺寸，以及热电材料的排布方式。

由 2.4.1 小节的分析可以看出，若热端温度为常数，单级制冷器件能够达到的最低温度由材料的 Z 值决定。若要获得比此更低的温度，需要采用如图 2-34 所示的多级结构。在这种结构中一级的冷端与另一级的热端相连，形成热传导上的串联。在电流传导中，可以采取并联的方式，见图 2-34（a）；亦可采用串联的方式，见图 2-34（b）。前者因避免了级间串联结构中电绝缘层上的额外热接触，更有利于提高器件的性能。早期多采用此种方式，然而，由于该结构要求器件中的单级材料尺寸不同，所以增加了工艺难度。近年来，由于高导热绝缘材料的出现，如 BeO 等，级间串联的结构较易实现。目前，绝大多数的常用制冷器件和产品都是采用这种结构。

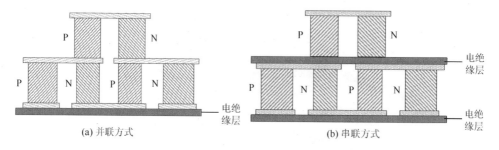

(a) 并联方式　　　　　　　　　　　　(b) 串联方式

图 2-34　两种双级制冷器件示意图

2. 热电制冷技术的应用

热电制冷器具有广阔的应用领域，包括军事、医疗、工业、日常消费品、科研/实验室和电信行业等。从家庭野餐时食物和饮料的冷藏柜到导弹或者航空器上面极其精密的温度控制系统，都已经存在许多具体的应用实例，如图 2-35 所示。与普通的散热器不同，热电制冷器既可以在很宽的环境温度范围内保持物体的温度恒定，又可以将物体的温度降低到环境温度以下。

(a) 车载冰箱   (b) 小酒柜

图 2-35   热电制冷装置的实际应用

2.4.3   热电发电器件及其应用

1. 热电发电器件设计

理论上看，采用同一温差电偶结构的热电器件，既可以作温差发电，也可以用于热电制冷。然而，实际应用中，由于两种器件的工作范围、作用环境和条件不同，二者在结构上有明显的差异。

根据 2.4.1 小节中理论分析，温差发电器件发电效率与器件两端的温差成正比，输出功率与温差的平方成正比，因此需要器件在温差尽可能大的条件下工作。然而实际中材料的最大优值温度范围通常较窄，难以覆盖整个应用温区。因此，实际中通常采用图 2-36 所示的分段结构来保证在整个温度范围获得较大的优值。在这种结构中，器件的冷、热端之间通常被划分为三个温区即 1000~800K、800~600K、和 600~300K。根据这三个温区的平均温度分别对三段材料进行最佳掺杂。图 2-36（b）所示的包迹线给出了这个结构在整个工作温区上优值随温度的分布。不难看出，采用分段结构可以提高热电器件在整个工作温区内的平均优值，以提高器件的发电性能。对于图中所示的分段结构，当温差较小时，其中的隔断可采用同一种材料，进行不同的掺杂而获得。对于温差较大的情况，由于材料最大优值范围、熔点等的限制，其中隔断需要采用不同的材料，图 2-36（c）给出了这种分段结构的实际例子。

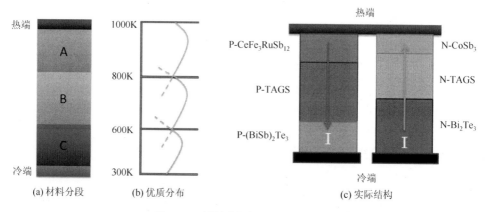

(a) 材料分段　　　　　　(b) 优质分布　　　　　　(c) 实际结构

图 2-36　材料分段的温差发电器件

　　分段结构的主要缺点是增加了额外的接点，从而增加了电偶材料的电阻。此外，分段结构难以保证每段材料都达到其各自的最佳几何尺寸。因此，对于分段结构中各段材料在最佳几何尺寸要求差异较大的情况，就难以获得预期的热电性能。在这种情况下，可以采用如图 2-37 所示的多级结构，使各段材料能够具有各自的最佳几何尺寸，从而进一步提高发电效率。这种结构同样有其缺点，在各段材料间引入电绝缘层，不可避免地将会引入附加热阻。因此，在实际的器件制造中，必须选用导热率较高的电绝缘材料，以尽可能地减小各段材料之间的附加热阻。

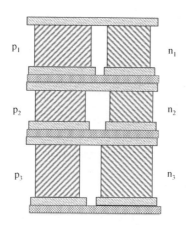

图 2-37　材料优化的多级结构

2. 热电发电技术应用

热电发电主要是利用低品位热源和废热、太阳能和地热以及放射性同位素等。

主要应用包括三个方面：①小型发电。这方面的技术主要应用在遥控监测系统、无线控制系统和生理学领域中的小型发电机等设备中，例如，德国和日本研制利用热电器件发电的手表，该类手表就是利用人体与外界之间存在的温度差发电；②大功率发电。大型工厂、发电站、汽车等排出的低廉热能，特别是在利用低温废热（如 140℃以下）作为热源的热电发电领域具有巨大的商业竞争力，该部分热电发电效率不是关键因素。2008 年 10 月，在德国柏林举办的"温差电技术—汽车工业的机遇"的会议上展示了一种装有热电器件的家用轿车，该轿车在高速公路上行驶可减少燃料消耗 5%以上；③特殊场合的发电。热电发电虽然造价偏高、效率较低，但有不可比拟的优点，如安全可靠、使用寿命长。因此主要应用于军事装备领域、空间技术领域等特殊场合。例如，美国的阿波罗飞船的动力系统和伽利略号探测器就装载了两台功率为 285W，用 PbTe 热电材料制成的热电发电机为其提供能量。

参 考 文 献

[1] Rowe. D M CRC Handbook of Thermoelectrics [M]. Boca Raton，FL：CRC Press，1995.

[2] Brief history of thermoelectric [N/OL]. http：//www.thermoelectrics.caltech.edu/thermoelectrics/history.html.

[3] Dresselhaus M S，Chen G，Tang M Y，et al. New directrions for low-dimensional thermoelectric materials [J]. Adv Mater 2007，19：1043-1053.

[4] Harman T C，Walsh M P，LaForge B E，et al. Nanostructured Thermoelectric Materials [J]. Electron Mater，2005，34：L19.

[5] Slack G A. New Materials and Performance Limits for Thermoelectric Cooling [M]. Edited by D. M. Rowe，Boca Raton，FL：CRC Press，1995.

[6] Sootsman J R，Chung D Y，Kanatzidis M G. New and old concepts in thermoelectric materials [J]. Angew Chem，2009，48（46）：8616-8639.

[7] Snyder G J，Toberer E S. Complex thermoelectric materials [J]. Nat Mater，2008，7：105-114.

[8] Pei Y Z，Shi X Y，LaLonde A，et al. Convergence of electronic bands for high performance bulk thermoelectrics [J]. Nature，2011，473：66-69.

[9] Heremans J P，Dresselhaus M S，Bell L E，et al. When thermoelectrics reached the nanoscale [J]. Nat Nanotech，2013，8：471.

[10] Biswas K，He J Q，Blum I D，et al. High-performance bulk thermoelectrics with all-scale hierarchical architectures [J]. Nature，2012，489：414-418.

[11] Zhao L D，Lo S H，Zhang Y S，et al. Ultralow thermal conductivity and high thermoelectric figure of merit in SnSe crystals [J]. Nature，2014，508：373.

[12] Minnich A J，Dresslhaus M S，Ren Z F，et al. Bulk nanostructured thermoelectric materials：current research and future propects [J]. Energy Environ Sci，2009，2（5）：466-479.

[13] Barreteau C，Pan L，Amzallag E，et al. Bi-Cu-O-Se systems as good thermoelectric materials [J]. Semicond Sci Technol，2014，29（6）：064001.

[14] Heremans J P，Dresselhaus M S，Bell L E，et al. When thermoelectrics reached the nanoscale [J]. Nat Nanotech，

2013，8：471.

[15] Minnich A J，Dresslhaus M S，Ren Z F，et al. Bulk nanostructured thermoelectric materials：current research and future propects [J]. Energy Environ Sci，2009，2（5）：466-479.

[16] Barreteau C，Pan L，Amzallag E，et al. Bi-Cu-O-Se systems as good thermoelectric materials [J]. Semicond Sci Technol，2014，29（6）：064001.

[17] Hohenberg P，Kohn W. Inhomogeneous electron gas [J]. Phys Rev，1964，136（3B）：B864.

[18] Kohn W，Sham L J. Self-consistent equations including exchange and correlation effects [J]. Phys Rev，1965，140（4A）：A1133.

[19] 黄昆，韩汝琦. 固体物理学[M]. 北京：高等教育出版社，2001.

[20] Cutler M，Mott N. Observation of Andersonlocalization in an electron gas [J]. Phys Rev，1969，181（3）：1336.

[21] 席丽丽，杨炯，史迅，等. 填充方钴矿热电材料：从单填到多填 [J]. 中国科学，2011，41（6）：706.

[22] Liu W，Tan X J，Yin K，et al. Convergence of conduction bands as a means of enhancing thermoelectric performance of n-type $Mg_2Si_{1-x}Sn_x$ solid solutions [J]. Phys Rev Lett，2012，108（16）：166601.

[23] Hurd C. M. The Hall effect in metals and alloys [M]. London：Plenum Press，1972.

[24] Weber H J. Essential mathematical methods for physicists [M]. San Diego：ElsevierAcademic Press，2004.

[25] Schulz W W，Allen P B，Trivedi N. Hall coefficient of cubic metals [J]. Phys Rev B，1992，45（19）：10886.

[26] Stern E A. Rigid-band model of alloys [J]. Phys Rev，1967，157（3）：544.

[27] Madsen G K H，Singh D J. A code for calculating band-structure dependent quantities [J]. Comput Phys Commun，2006，175（1）：67.

[28] Brandbyge M，Mozos J L，Ordejón P，et al. Density-functional method for nonequilibrium electron transport [J]. Phys Rev B，2002，65（16）：165401.

[29] Soler J M，Artacho E，Gale J D，et al. The SIESTA method for *ab initio* order-N materials simulation [J]. Phys Conders Matter，2002，14（11）：2745.

[30] Williams A R，Feibelman P J，Lan N D. Green's-function methods for electronic-structure calculations [J]. Phys Rev B，1982，26（10）5433.

[31] Lopez-Sancho M P，Lopez-Sancho J M，Rubio J. Quick iterative scheme for the calculation of transfer matrices：application to Mo（100）[J]. J Phys F：Met Phys，1984，14（5）：1205.

[32] Esfarjani K，Zebarjadi M，Kawazoe Y. Thermoelectric properties of a nanocontact made of two-capped single-wall carbon nanotubes calculated within the tight-binding approximation [J]. Phys Rev B，2006，73（8）：085406.

[33] Tan X J，Liu H J，Wen Y W，et al. Thermoelectric properties of ultrasmall single-wall carbon nanotubes [J]. J Phys Chem C，2011，115（44）：21996.

[34] Marcano G，Rincón C，Marín G，et al. Raman scattering and X-ray diffraction study in Cu_2GeSe_3 [J]. SolidState Commun，2008，146（1-2）：65.

[35] Esfarjani K，Chen G，Stokes H T. Heart transport in silicon from first-principles calculations [J]. Phys Rev B，2011，84（8）：085204.

[36] Esfarjani K，Stokes H T. Method to extract anharrmonic force constants from first principles calculations [J]. Phys Rev B，2008，77（14）：144112.

[37] Minnich A J，Johnson J A，Schmidt A J，et al. Thermal conductivity spectroscopy technique to measure phonon mean free paths [J]. Phys Rev Lett，2011，107：095901.

[38] Zebarjadi M，Esfarjani K，Dresselhaus M S，et al. Perspectives on thermoelectrics：from fundamentals to device

applications [J]. Energy Environ Sci, 2012, 5: 5147.

[39] Globle Thermoelectrics. http://www.globalte.com/.

[40] Rowe D M. Thermoelectrics Handbook: macro to nano [M]. Boca Raton: CRC Press, 2006.

[41] 高敏, 张景韶, Rowe D W. 温差电转换及其应用[M]. 北京: 兵器工业出版社, 1996.

[42] Situmorang M, Goldsmid H J. Anisotropy of the Seebeck coefficient of bismuth telluride [J]. Physica Status Solidi B-Basic Research, 1986, 134 (1): 99-105.

[43] Yamashita O, Tomiyoshi S. High performance N-type bismuth telluride with highly stable thermoelectric figure of merit [J]. Journal of Applied Physics, 2004, 95 (11): 6277-6283.

[44] Zhitinskaya M, Nemov S, Svechnikova T, et al. Thermal Conductivity of Bi_2Te_3: Sn and the effect of codoping by Pb and I atoms [J]. Physics of the Solid State, 2003, 45 (7): 1251-1253.

[45] Hyun D, Hwang J, You B C, et al. Thermoelectric Properties of the N-type 85% Bi_2Te_3-15% Bi_2Se_3 alloys doped with SbI_3 and CuBr [J]. Journal of Materials Science, 1998, 33 (23): 5595-5600.

[46] 陈立东, 熊震, 柏胜强. 纳米复合热电材料研究进展[J]. 无机材料学报, 2010, 25 (6): 561-568.

[47] Zhang T, Jiang J, Xiao Y K, et al. Enhanced Thermoelectric Figure of Merit in P-type BiSbTeSe Alloy with ZnSb Addition [J]. Journal of Materials Chemistry A, 2013, 1 (3): 966-969.

[48] Xiao Y K, Chen G X, Jiang J, et al. Enhanced Thermoelectric Figure of Merit in P-type $Bi_{0.48}Sb_{1.52}Te_3$ Alloy with WSe_2 Addition [J]. Journal of Materials Chemistry A, 2014, 2 (22): 8512-8516.

[49] Zhang T, Zhang Q S, Jiang J, et al. Enhanced Thermoelectric Performance in P-type BiSbTe Bulk Alloy with Nano-inclusion of ZnAlO [J]. Applied Physics Letters, 2011, 98 (2): 022104.

[50] Poudel B, Hao Q, Ma Y, et al. High thermoelectric Performance of Nanostructured Bismuth Antimony Telluride Bulk Alloys [J]. Science, 2008, 320 (5876): 634-638.

[51] Tang X F, Xie W J, Li H, et al. Preparation and Thermoelectric Transport Properties of High Performance P-type Bi_2Te_3 with Layered Nanostructure [J]. Applied Physics Letters, 2009, 90 (1): 012102.

[52] Sun T, Zhao X B, Zhu T J, et al. Aqueous Chemical Reduction Synthesis of Bi_2Te_3 Nanowires with Surfactant Assistance [J]. Materials Letters, 2006, 60 (20): 2534-2537.

[53] Zhao X B, Zhang Y H, Ji X H. Solvothermal Synthesis of Nano-Sized $La_xBi_{2-x}Te_3$ Thermoelectric Powders [J]. Inorganic Chemistry Communications, 2004, 7 (3): 386-388.

[54] Rogl P. Thermoelectrics Handbook: Macro to Nano [M]. Boca Raton, FL: CRC Press, 2006, 32: 1-24.

[55] Christensen M, Johnsen S, Iversen B B. Thermoelectric clathrates of type I [J]. Dalton Trans, 2010, 39: 978-992.

[56] Takabatake T, Suekuni K, Nakayama T, et al. Phonon-glass electron-crystal thermoelectric clathrates: Experiments and theory [J]. Rev Mod Phys, 2014, 86: 669-716.

[57] Huo D, Sakata T, Sasakawa T, et al. Structural, transport, and thermal properties of the single-crystalline type-VIII clathrate $Ba_8Ga_{16}Sn_{30}$ [J]. Phys Rev B, 2005, 71: 075113.

[58] Sales B C, Chakoumakos B C, Jin R, et al. Structrual, magnetic, thermal, and transport properties of $X_8Ga_{16}Ge_{30}$ (X=Eu, Sr, Ba) single crystals [J]. Phys Rev B, 2001, 63: 245113.

[59] Avila M A, Suekuni K, Umeo K, et al. $Ba_8Ga_{16}Sn_{30}$ with type-I clathrate structure: drastic suppression of heat conduction [J]. Appl Phys Lett, 2008, 92: 041901.

[60] Tanaka T, Onimaru T, Suekuni K, et al. Interplay between thermoelectric and structural properties of type-I clathrate $K_8Ga_8Sn_{38}$ single crystals [J]. Phys Rev B, 2010, 81: 165110.

[61] Saramat A, Svensson G, Palmqvist A E C. Large thermoelectric figure of merit at high temperature in

Czochralski-grown clathrate $Ba_8Ga_{16}Ge_{30}$ [J]. J Appl Phys, 2006, 99: 023708.

[62] Nguyen L T K, Aydemir U, Baitinger M, et al. Atomic ordering and thermoelectric properties of the n-type clathrate $Ba_8Ni_{3.5}Ge_{42.1}$ [J]. Dalton Trans, 2010, 39: 1071-1077.

[63] Christensen M, Abrahamsen A B, Christensen N B, et al. Avoided crossing of ratter modes in thermoelectric materials [J]. Nat mater, 2008, 7: 811.

[64] Kleinke H. New bulk materials for thermoelectric power generation: clathrates and complex antimonides [J]. Chem Mater, 2010, 22: 604-611.

[65] Saiga Y, Suekuni K, Deng S K, et al. Optimization of thermoelectric properties of type-VIII clathrate $Ba_8Ga_{16}Sn_{30}$ by carrier tuning [J]. J Alloys Compd, 2010, 507: 1-5.

[66] Deng S K, Saiga Y, Kajisa K, et al. High thermoelectric performance of Cu substituted type-VIII clathrate $Ba_8Ga_{16-x}Cu_xSn_{30}$ single crystals [J]. J Appl Phys, 2011, 109: 103704.

[67] Deng S K, Saiga Y, Kajisa K, et al. Effect of Al substitution on the thermoelectric properties of the type VIII clathrate $Ba_8Ga_{16}Sn_{30}$ [J]. J Elect Mater, 2011, 40 (5): 1124-1128.

[68] Du B L, Saiga Y, Kajisa K, et al. Thermoelectric performance of Zn-substituted type-VIII clathrate $Ba_8Ga_{16}Sn_{30}$ single crystals [J]. J Appl Phys, 2012, 111: 013707.

[69] Rhyee J-S, Lee K H, Lee S M, et al. Peierls distortion as a route to high thermoelectric performance in $In_4Se_{3-\delta}$ crystals [J]. Nature, 2009, 459: 965-968.

[70] Rhyee J S, Ahn K, Lee K H, et al. Enhancement of the Thermoelectric Figure-of-Merit in a Wide Temperature Range in In_4Se_3-$xCl_{0.03}$ Bulk Crystals [J]. Adv Mater, 2011, 23: 2191-2194.

[71] Ahn K, Cho E, Rhyee J-S, et al. Improvement in the thermoelectric performance of the crystals of halogen-substituted $In_4S_{3-x}H_{0.03}$ (H=F, Cl, Br, I): Effect of Halogen-substitution on the thermoelectric properties in In_4Se_{3-x}" [J]. J Mater Chem, 2012, 22: 5730-5736.

[72] Rhyee J S, Cho E, Lee K H, et al. Thermoelectric properties and anisotropic electronic band structure on the In_4Se_{3-x} compounds [J]. Appl Phys Lett, 2009, 95: 212106.

[73] Ahn K, Cho E, Rhyee J S, et al. Effect of cationic substitution on the thermoelectric properties of $In_{4-x}M_xSe_{2.95}$ compounds (M=Na, Ca, Zn, Ga, Sn, Pb; x=0, 1) [J]. Appl Phys Lett, 2011, 99: 102110.

[74] Shi X, Cho J Y, Salvador J R, et al. Thermoelectric properties of polycrystalline In_4Se_3 and In_4Te_3 [J]. Appl Phys Lett, 2010, 96: 162108.

[75] Zhu G H, Lan Y C, Wang H, et al. Effect of selenium deficiency on the thermoelectric properties of n-type In_4Se_{3-x} compounds [J]. Phys Rev B, 2011, 83: 115201.

[76] Li G, Yang J Y, Luo Y B, et al. Improvement of thermoelectric properties of In_4Se_3 bulk materials with Cu nanoinclusions[J]. J Am Ceram Soc, 2013, 96 (9): 2703-2705.

[77] Zhai Y B, Zhang Q S, Jiang J, et al. Thermoelectric performance of the ordered In_4Se_3-In composite constructed by monotectic solidification [J]. J Mater Chem A, 2013, 1: 8844-8847.

[78] 吴萌蕾. CdTe/InSe 宽禁带半导体材料的热电性能研究[D]. 宁波：中国科学院宁波材料技术与工程研究所，2014.

[79] Rowe D M, Min G. Design theory of thermoelectric modules for electrical power generation [J]. Iee P-Sci Meas Tech, 1996, 143 (6): 351-356.

[80] Min G, Rowe D M, Volklein F. Integrated thin film thermoelectric cooler [J]. Electron Lett, 1998, 34(2): 222-223.

[81] Min G, Rowe D M. Optimization of thermoelectric module geometry for waste heat electric-power generation [J].

J Power Sources，1992，38（3）：253-259.

[82]　Kajikawa T. Status and future prospects on the development of thermoelectric power generation systems utilizing combustion heat from municipal solid waste [J]. Proceedings Ict'97-Xvi International Conference on Thermoelectrics，1997：28-36.

[83]　Park K T，Shin S M，Tazebay A S，et al. Lossless hybridization between photovoltaic and thermoelectric devices [J]. Sci Rep，2013，3：2123.

[84]　Anderson D J，Sankovic J，Wilt D，et al. NASA's advanced radioisotope power conversion technology development status [J]. Aerosp Conf Proc，2007，2934-2953.

[85]　Rowe D M. Thermoelectrics，an environmentally-friendly source of electrical power [J]. Renew Energ，1999，16（1-4）：1251-1256.

[86]　Hochbaum A I，Chen R K，Delgado R D，et al. Enhanced thermoelectric performance of rough silicon nanowires [J]. Nature，2008，451（7175）：163-165.

[87]　Cai K F，Yan C，He Z M，et al. Preparation and thermoelectric properties of $AgPb_mSbTe_{2+m}$ alloys [J]. J Alloys Compd，2009，469（1-2）：499-503.

第3章 聚合物超临界流体发泡技术与装备

聚合物发泡材料由于其所固有的质轻、隔热、隔音、缓冲、吸能等特性，在生产生活中得到广泛的应用，大到每年数以千万计的家电产品包装、数以亿计的鞋用发泡材料、数以千万计的轿车所用发泡材料零部件，小到仅以克计的水果软包装，几乎随处都可以见到。聚合物发泡材料全球年产值高达数百亿美元，其中聚氨酯泡沫占比最大，而聚烯烃发泡材料的增长最快。聚合物材料的发泡技术也多种多样，如聚氨酯发泡主要以异氰酸酯与多元醇反应形成交联结构制成软质、半硬质及硬质聚氨酯泡沫材料；可发性聚苯乙烯多以一步法使用苯乙烯单体悬浮聚合并在聚合过程中加入戊烷发泡剂同步浸渍获得可发性聚苯乙烯微粒，在使用前使用蒸汽加热预发泡即可；聚乙烯泡沫材料多以丁烷作为发泡剂直接挤出发泡聚乙烯泡沫片材，贴合后剪裁成各种形状就可以使用；可发性聚丙烯的主要工业生产方法则是以烷烃或者二氧化碳（CO_2）作为发泡剂浸渍后发泡。超临界流体具有高密度、高扩散、高溶解特性，作为发泡剂溶解于聚合物中具有较大的优势，因此超临界流体发泡技术获得了较大的关注，多有文献报道，作为一种具有较好前景的技术，在发泡机理、技术以及装备方面都有较大进展。

挤出是一种最常见的聚合物改性、成型的加工方式，二氧化碳、氮气等在一般的挤出加工条件下就可以达到超临界状态，因此集成挤出技术和超临界技术，开发超临界流体挤出发泡技术作为新的聚合物发泡技术是近些年来的热点工作。作者所在单位即自主设计了超临界流体挤出发泡装备，并对多种聚合物体系进行了相关的发泡研究工作，文中也涉及了相关工作。在这套挤出发泡装备基础上还结合了先进制造进行了智能控制与数字化设计，并同时开发了高压流体（发泡）注入系统，这部分工作也列入了本章。

3.1 概　　述

3.1.1 聚合物的发泡

如今，塑料已经全方面应用在日用品、包装、工农业、军事航天等领域，从普通日常可见的商品到作为军事用途的高性能泡沫，塑料无处不在。我国 20 世纪 90 年代以来泡沫塑料的发展十分迅速，其中主要品种有聚氨酯（PU）软质和硬质泡沫塑料、聚苯乙烯（PS）泡沫塑料和聚乙烯（PE）泡沫塑料三大类，另外聚丙烯（PP）泡沫塑料、聚酰亚胺（PI）泡沫塑料等也是重要品种。这些泡沫塑料品种主要以基体树脂分类，有助于人们依据基体树脂的特性认识泡沫塑料的性能。而在对泡沫塑料的研究、生产过程中，则需要注重其所使用的发泡技术以及发泡剂。

发泡技术在塑料发泡中通常可以依据发泡剂的种类来区分成物理发泡和化学发泡两种，也可以依据发泡过程来区分成连续挤出发泡[1-3]和间歇式发泡两类。物理发泡在发泡过程中发泡剂化学结构并不发生变化，其发泡剂主要包括氯氟烃（CFC）、氢氯氟烃（HCFC）、全氟烷烃（HFC）、烷烃、氮气（N_2）、二氧化碳、水（H_2O）等；化学发泡则是指在发泡过程中发泡剂受热分解释放出气体，其化学结构改变，其发泡剂种类有偶氮二甲酰胺（AC）、碳酸氢钠、4，4'-氧代双苯磺酰肼（OBSH）等，这些发泡剂分解时分别产生二氧化碳、氮气等，其本质是以这些无机气体作为发泡剂[4]。连续挤出发泡一般是指采用挤出设备制备发泡材料的技术，通常被采用的设备包括单螺杆挤出机、双螺杆挤出机及其组合成的双阶挤出装置，而间歇式发泡则通常是指采用间歇式单体设备作为浸渍或者混合设备，在设备降压或者物料排出设备后发泡的一类技术，通常设备有高压釜、带模具的高压硫化机以及注塑机，再细分则可分为釜压发泡[5, 6]、固态间歇发泡[7, 8]、注射发泡[9, 10]、模压发泡[11, 12]等。

发泡剂在发泡过程中使得泡沫塑料泡孔生长成形，构成了泡沫塑料的气相，但其最终会通过扩散等途径与空气交换，散发到大气当中。因此随着加工经济性、环境保护要求的提高，使用氢氯氟烃或者烷烃的技术将会受到越来越大的限制。其中聚氨酯泡沫容易残留异氰酸酯及其分解产物对人体有害，采用氢氯氟烃作为发泡剂也已被逐步禁止，如国内冰箱用的聚氨酯泡沫已经采用环戊烷为主的发泡剂作为替代；挤出发泡聚苯乙烯采用氢氯氟烃作为挤出用的主要发泡剂将会随着氟利昂的禁用而被淘汰；挤出发泡聚乙烯采用丁烷作为发泡剂的工厂火灾屡屡发生。由于氯氟烃以及氢氯氟烃对大气层的破坏以及温室效应、烷烃的不安全性，找到零臭氧消耗潜值的较为安全的发泡剂的研究工作一直在进行，也需要更多的时间和努力才能逐步实现[13]。

聚合物的发泡需要采用新型的聚合物品种、发泡剂体系和发泡技术来获得更强的生命力。

3.1.2　超临界流体发泡技术

纯物质根据温度和压力的不同，呈现出气体、液体、固体等状态的变化。当温度高于某一数值时，无论多大的压力均不能使该纯物质由气体转化为液体，此时的温度被称为临界温度；而在临界温度下，气体能被液化的最低压力称为临界压力，如图 3-1 所示。在临界点附近，会出现流体的黏度、密度、溶解度、热容量、介电常数等物性发生急剧变化的现象。而超临界流体[14]，就是指温度及压力均处于临界点以上，性质介于气体和液体之间的流体。对于 CO_2 而言，当温度高于 31℃，压力高于 7.29MPa 时，就可以变为超临界状态。

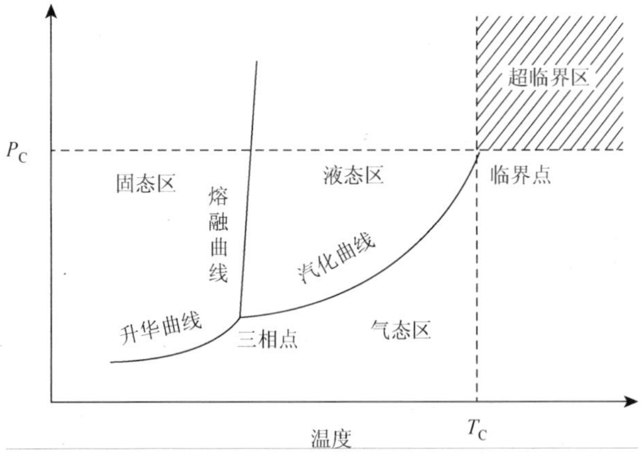

图 3-1　物质随温度和压力变化时状态的变化

超临界流体的黏度小，密度接近液体，比气体大几百倍；扩散系数介于气体和液体之间，为液体的 10～100 倍。能够大大提高其在聚合物中的溶解度和扩散系数。因此，随着氢氯氟烃的逐步禁用以及危险性较大的烷烃的逐步弃用，人们已经开始采用 CO_2 和 N_2 来制备多种多样的发泡聚合物。尽管 CO_2 和 N_2 本身在聚合物中的溶解性不如氢氯氟烃、烷烃，但本身也较易制成超临界流体。人们利用超临界流体的高扩散性和高溶剂化性作为聚合物的发泡剂，并以此为基础发展出超临界流体发泡技术。所谓的超临界流体发泡技术可以定义为采用超临界流体作为发泡剂与树脂形成混合体系后再通过压降、升温等方式使得发泡剂从混合体系内分相出来最终形成泡孔分布均匀、泡孔密度较大的聚合物发泡材料的技术总称。如在发泡过程中采用超临界 CO_2 作为发泡剂，具有易达到临界状态、黏度低、溶解性好、扩散系数大等优点，能够使聚合物基体中快速溶入大量气体，缩短了聚合物/超临界 CO_2 均相体系的形成时间；同时超临界 CO_2 也具有无毒、不燃、惰性、价廉、安全、环境友好等独特优点，符合绿色环保科技的要求，对当前发泡技术具有重要的意义。

采用超临界流体发泡技术制备聚合物发泡材料的方法分为两种：间歇法和连续法。这两种方法的基本过程是一致的，通常包括三个阶段[15]：①聚合物/气体均相体系的形成；②泡孔的成核；③泡孔的长大和定型，如图 3-2 所示。首先，在一定的温度和压力下，通过适当的方法将气体溶解在聚合物中，随着气体的扩散，聚合物/气体两相体系逐渐形成均相体系；然后，通过温度的骤升或压力的骤降，使聚合物/气体均相体系迅速成为过饱和体系，在此热力学不稳定状态下，聚合物和气体产生相分离，从而引发泡孔成核；成核后，体系内的气体不断扩散入泡核内，使泡孔长大；发泡过程中会出现泡孔合并和泡孔破裂现象，这与发泡温度和聚合物本身的性质等因素有关；最后，由于大量气体扩散到泡孔内或逃逸到环境中，同时聚合物基体的刚性提高，泡孔长大的趋势减缓，最终泡孔定型，得到所需的发泡制品。

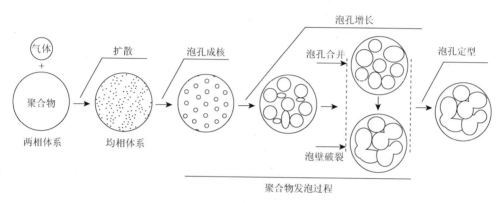

图 3-2　聚合物发泡示意图

3.1.3　优势与挑战

超临界流体尤其是无机发泡剂二氧化碳和氮气或者其他环保型物质在未来的发泡聚合物的制备技术中将成为最主要的发泡剂。二氧化碳和氮气等主要来源于石化工业尾气以及空气分离，其成本低廉，对应的超临界点条件都较为温和，易于制成超临界态，聚合物加工工艺条件即可满足其保持超临界态的要求。这些发泡剂由于其为惰性气体，不增加环境负担，同时作为有效的发泡剂，可以很好地取代氢氯氟烃、烷烃等环境负担气体。目前对超临界流体以及其在聚合物发泡的机理研究也较多，对基础的机理问题已经阐释得较为完善。同时，也必须注意到，尽管超临界二氧化碳等超临界流体所需的工艺条件可称为温和，也仍然提高了对发泡装备与技术的要求，特别是在采用超临界二氧化碳作为发泡剂挤出发泡各种不同聚合物时，对包括注气装备在内的挤出系统的耐压、气体密封以及气体分散装置等都有较高的要求，其中注气装备在这种连续挤出过程中必须提供稳定剂量的发泡剂，其波动幅度必须控制在较小的范围之内。采用超临界技术挤出发泡聚合物的研究仍较多地停留在发泡机理等较为基础的议题上，而具体实现某一种或者几种聚合物的中试以上规模的连续挤出发泡报道甚为少见。

有很好的前景但同时在技术上的实现有较高的难度这就是所需要面对的聚合

物超临界流体挤出发泡技术与装备上的现状。

3.2　超临界流体发泡技术的设计与实现

3.2.1　聚合物体系

用以发泡的聚合物按照用量的大小依次有聚氨酯泡沫材料、聚苯乙烯泡沫材料、聚氯乙烯泡沫材料、聚烯烃泡沫材料以及其他的如酚醛、环氧等热固性树脂泡沫材料、橡胶泡沫材料以及一些生物基塑料泡沫材料等。其中聚烯烃泡沫材料主要为聚乙烯以及聚丙烯两个大类，聚乙烯泡沫材料还可以分为交联与非交联两个大类，而聚丙烯泡沫材料则由于树脂本身的特性，其在发泡时受到的限制较大，目前该材料的产量仍较小，而潜在的需求很大。

在这些聚合物体系中，聚苯乙烯、聚氯乙烯、聚烯烃以及一些热塑性的生物基塑料都可以采用挤出发泡技术来获得对应的发泡材料，从而也就可能采用超临界流体发泡技术。由于聚苯乙烯、聚氯乙烯、聚乙烯的挤出发泡较为成熟，其聚合物体系以及挤出发泡工艺均较为成熟并已实现大规模的工业化生产，有关的著述也较多，这里就不一一展开讨论。聚丙烯作为一种性能优良的热塑性塑料，人们希望能够方便地得到其发泡材料。通常，人们认为由于绝大部分的聚丙烯树脂为线性聚丙烯，在越过熔点后，也就是在聚丙烯的挤出加工条件下，其熔体强度较低，在这样的挤出加工条件下难以获得泡孔分布均匀、尺寸较小、密度较大的发泡材料。同时聚丙烯由于其主链上侧甲基的存在，其在获得适度的交联以提高所谓的熔体强度也较难做到，因此几乎没有见到交联发泡聚丙烯材料。由于这些所谓的缺陷存在，人们主要从提高聚丙烯材料的可发泡性入手进行了大量的相关研究工作以及产业化工作，也就是通过对聚丙烯材料的改性，最终提高其熔体强度，使得其易于发泡。而采用新的挤出发泡技术来使线性的聚丙烯材料挤出获得泡孔分布均匀具有较高泡孔密度的发泡聚丙烯材料，则是另外一种思路。

直接制备得到高熔体强度聚丙烯（HMSPP）大大提高了聚丙烯的可发泡性，高熔体强度聚丙烯可以是具备长支链的聚丙烯也可以是具备超长链（超高分子量）的分子量分布指数超过 8 的宽分布聚丙烯。前者以巴塞尔（Basell）公司的 Profax PF814 为代表，但是目前商品化的应用较广的则是原北欧化工（Borealis）公司的 WB140HMS、WB260HMS 两个牌号的聚丙烯。这数种牌号的聚丙烯均为以辐射法获得的长支链聚丙烯，需要在聚丙烯合成完成后再经过特定的加工流程获得，其成本较高，而其长支链特性，使得在相同的熔融指数下，其分子量更高，同时其流动性相对较好，在发泡时的长支链缠结则使得泡孔可以稳定增长，能维持较好的泡孔结构而不至于发生泡孔坍塌、收缩等不利现象。而宽分布聚丙烯则主要为巴塞尔公司的 RS1684 牌号，中国石化（Sinopec）公司的 HMS20Z 以及 E02ES 两个牌号的聚丙烯材料。宽分布聚丙烯均为直接在聚合反应器里通过特殊催化体系以及聚合工艺控制获得的直接聚合级树脂，不需要通过后加工，即可获得较高的熔体强度。这类聚丙烯的熔体强度主要来自于少量的处于高分子量部分的超长链的聚丙烯在熔体里的缠结，使其熔体拉伸强度较大，从而获得所谓的高熔体强度，其宽分布特性也令其低分子量部分起到一定的增塑作用，从而使得其流动性较好，同时宽分布使得其对温度相对不敏感而对剪切更为敏感，在挤出发泡时就能够获得较好的发泡效果。国内也多有研究化学法接枝聚丙烯以获得高熔体强度特性，但目前尚未见到大规模的应用。

化学或者辐射交联[16-18]以及共混改性[19-22]等方法都被尝试用来改善聚丙烯的可发泡性，也取得了不同程度的进展。聚丙烯与其他树脂如聚乙烯或者甚至是共混较低比例的长链支化聚丙烯，与纳米粒子如纳米黏土等共混可以提高该发泡体系的熔体强度；在聚丙烯上接枝苯乙烯作为一种反应方法也用于提高聚丙烯体系的可发泡性；令聚丙烯与适度交联的聚合物（凝胶）如 gEPDM 共混也可以提高聚丙烯的可发泡性；聚丙烯与含羧基聚合物共混则可以提升二氧化碳在该发泡体系里的溶解度。

3.2.2　发泡剂体系及其选择

发泡剂在挤出发泡中常常被视为助剂，概因其在通常以重量计价的聚合物产品中不能贡献任何一点的质量分数。但发泡剂实质上贡献了主要的体积分数，甚至这个体积分数可以达到 98%～99%。也因此发泡剂在整个挤出发泡或者其他发泡工艺中受到很大的重视，而尽管如此，发泡剂的品种也不算多。主要可以分为两个大类，一类是化学发泡剂（chemical blowing agent，CBA），这类发泡剂通过分解反应放出气体作为发泡产品的气相来源，同时它还可以被视为成核剂；另一类是物理发泡剂（physical blowing agent，PBA），主要是气体和液体（常温下）两类。

化学发泡剂通常依据其在分解时的吸放热划分为吸热型和放热型，这也是主要由于在发泡时熔体强度受到温度影响较大，即便是这些吸放热的热量并不很大，在局部仍会有较大影响，人们就依此来区分它们，也便于人们作出适当的选择。吸热型发泡剂主要包括所谓的果酸基盐和碳酸盐，常见的如柠檬酸、柠檬酸钠、酒石酸钾和碳酸氢钠、碳酸氢铵、碳酸氢钙等。放热型发泡剂主要有偶氮二甲酰胺（AC）、磺酰肼类（OBSH）等。由于吸放热特点、分解温度不同、发气量差异等原因，人们还开发了一些所谓的复合发泡体系，用于综合不同发泡剂的优点或使其适用于特定的聚合物体系。

通常人们认为化学发泡剂并不适用于超临界流体挤出发泡，但事实上并不是技术上不可行。通常这些化学发泡剂分解出的气体主要是氮气和二氧化碳，这两种气体在聚合物挤出加工条件下很容易就可以达到超临界状态。如果能令这些发泡剂在挤出的前段就完全分解，在挤出的后段通过加压升温就可以很方便地令其达到超临界态，也就能够实际上实现超临界流体挤出发泡，甚至可以由于所谓的热成核等机理令成核过程更加容易最终形成更为均匀细密的泡孔。采用化学发泡剂，可以通过对其发气量进行较为精确的计量使其与聚合物以固定比例混合，这样可以令挤出发泡过程更为均一可控。但实际上人们通常并不使用化学发泡剂做超临界挤出发泡用，可能是经济性方面的考虑，或者是化学发泡剂的分解残留物带来的一些使用限制，也可能超临界挤出发泡的技术尚未真正成熟。

物理发泡时，二氧化碳、氮气以及烷烃类发泡剂、氢氯氟烃或全氟烃以及水等被直接计量注入挤出机内与挤出机内的聚合物熔体混合，最终在挤出机头处降压气化使得聚合物熔体发泡形成聚合物/发泡剂复合产物，再经过与空气交换最终形成聚合物/空气复合产物也就是所谓的发泡聚合物。物理发泡剂与化学发泡剂相比，在产物内无残留，但是使用起来在计量方面则更为复杂一些。

物理发泡剂可以分为有机和无机两个大类。其中有机类主要包括已经被禁用的氯氟烃类或者逐步禁用的氢氯氟烃，前者包括三氯氟甲烷（CFC-11）、二氯二氟甲烷（CFC-12），国家环境保护总局公告 2007 年第 45 号明确自 2008 年 1 月 1日起禁用，后者为氢氯氟烃如二氯一氟乙烷 HCFC-141b、一氯二氟乙烷 HCFC-142b 等，其中 141b 将在 2015 年停止在家电行业中作为发泡剂的应用，到 2030 年全面禁用。另外，氢氟烃类四氟乙烷 HFC134a、五氟丙烷 HFC-245fa，其价格极为昂贵；更为主要的一类，也是逐步被用以替代氯氟烃类的烷烃类包括丙烷、丁烷、戊烷等。而无机的物理发泡剂目前主要为氮气和二氧化碳，现在随着技术的进步，无机物理发泡剂的使用越来越多，也在逐步趋于成熟。

有机物理发泡剂的沸点较高，其与聚合物的相容性好，溶解度高，也在工业上获得了较为广泛的应用，例如，采用丁烷作为发泡剂挤出发泡聚乙烯就是一项相当成熟的工艺；采用 HCFC-142b 作为发泡剂挤出发泡聚苯乙烯制备挤塑发泡聚苯乙烯（XPS）也得以广泛推广；采用烷烃混合物挤出发泡高熔体强度聚丙烯制备低密度的发泡聚丙烯珠粒和低密度的发泡聚丙烯片材则由贝尔斯托夫公司开发成功。氯氟烃类发泡剂的挤出发泡研究尽管较为成熟，但由于环境保护的原因，已经被逐步削减用量并被强制要求最终退出市场，所以尽管采用该类发泡剂具有挤出工艺简便、安全性较高等特点，仍将被逐步替代，因此对其研究主要集中于现有发泡产品及工艺的环保绿色发泡剂替代工作，而烷烃类发泡剂就是主要的替代品种，但由于其易燃易爆等特点对安全生产提出了较高的设计与运营要求，同时采用烷烃发泡剂似乎较难满足对发泡材料的阻燃等级要求。有机物理发泡剂的基本特性见表 3-1。

表 3-1　有机物理发泡剂的基本特性

品名	分子式	沸点/℃	ODP	GWP	应用
CFC11	$CFCl_3$	23.8	1	4750	禁用
CFC12	CF_2Cl_2	−30.2	1	10890	禁用
HCFC142b	CF_2ClCH_3	−10.0	0.07	2310	PU，XPS
HFC134a	CH_2FCF_3	−26.5	—	1300	PU，XPS
HFC245a	$CHF_2CH_2CF_3$	15.4	—	950	PU
丙烷	C_3H_8	−42.1	—	—	PE，PP
正丁烷	C_4H_{10}	−0.2	—	—	PE，PP
异丁烷	C_4H_{10}	−11.2	—	—	PE，PP
正戊烷	C_5H_{12}	36.1	—	—	PP，PS
异戊烷	C_5H_{12}	28.0	—	—	PP，PS
环戊烷	C_5H_{10}	49.3	—	—	PU，PS

注：ODP 为臭氧消耗潜值；GWP 为全球变暖潜值

　　无机物理发泡剂主要为氮气和二氧化碳以及水等，这些发泡剂对环境几乎无影响，也不存在毒性，不需要以危化品来管控。氮气和二氧化碳的使用几乎可以完全消除环境影响，更没有毒性等问题。也因此它们得到了越来越广泛的认可和应用。目前应用较广的是以氮气为发泡剂由卓细（Trexel）公司开发的挤出和注塑发泡技术[23, 24]，该技术关键在于氮气发泡剂的精确计量注入以及对应的塑化螺杆设计。由于氟利昂管控的因素，目前的挤塑发泡聚苯乙烯使用的 HCFC-142b 发泡剂要被逐步替代，政府也正在推动使用二氧化碳替代 HCFC-142b 的工作，现有的生产线也正在逐步改造，但是现有技术仍然存在以二氧化碳为发泡剂时，发泡产品容重难以做低、模量偏高等技术问题。使用二氧化碳作为发泡剂挤出发泡聚丙烯的研究也较多，当前使用二氧化碳作为发泡剂实现可控倍率高开孔率聚丙烯珠粒的产业化已经完成，产品主要应用于水处理，通过加压过滤方式可替代砂滤等处理环节；使用二氧化碳作为发泡剂也可以实现相对较高倍率的挤出发泡聚丙烯片材的制备，密度可以低到 $0.15g/cm^3$。在使用无机物理发泡剂尤其是氮气和二氧化碳时，由于这两者在高温（通常的塑料挤出加工温度）下扩散非常快[25, 26]，气体很容易在随物料熔体挤出机头时逃逸，也很容易在气泡增长过程中随着泡孔壁变薄扩散加剧，从而最终扩散到熔体之外降低了有效利用率，这样会导致发泡倍率降低、密度升高，严重时发泡失败。因此在选择使用无机物理发泡剂时，需要仔细考虑加工条件下发泡剂在塑料熔体中的溶解度、发泡剂在加工温度时的扩散系数以及熔体本身的强度等条件。无机物理发泡剂应用前景好，但目前仍然存在如何解决精确连续的计量注入塑料加工装备的问题。二氧化碳的用量对于聚丙烯挤出发泡的影响很大，首先就要尽可能多地在聚丙烯熔体中溶解足够量的二氧化碳,压力越高溶解度越大,而且二氧化碳的临界压力高于 7.3MPa,这就要求挤出装备能够承受较高的压力,并且具备优良的密封能力;其次必须精确地控制二氧化碳注入加工装备的质量流速,使得二氧化碳/熔体比例维持在尽量小的波动范围内,这就要求发泡剂注入装置有精确的压力、温度控制,以控制挤出产品的发泡倍率的波动以及加工条件的稳定。从这两方面来讲,使用无机物理发泡剂,对挤出装备以及发泡剂注入装备都有特定的要求。无机物理发泡剂的基本特性见表 3-2。

表 3-2　　无机物理发泡剂的基本特性

品名	分子式	临界点		ODP	GWP	应用
		温度/℃	压力/MPa			
二氧化碳	CO_2	31.3	7.29	—	—	PP, PS
氮气	N_2	−146.9	3.40	—	—	PP,
水	H_2O	374.0	22.0	—	—	PP

3.2.3　挤出发泡口模设计及其优化

挤出发泡过程中,聚合物/发泡剂均相体系自机头被挤出,从均相状态下经历由压降导致的分相,经过泡孔成核增长与稳定,形成发泡材料。由此可见,口模设计过程需要注重考虑的是聚合物/发泡剂体系在挤出机头之前必须保持足够的压力,并且在挤出之后的压降速率必须得以合理控制,原因在于较低的压力就会导致发泡剂在聚合物里的溶解度降低,如果压力过低就可能导致发泡剂与聚合物分相,出现过早发泡,同时压降速率直接影响泡孔的成核速率,也就直接影响了最终的泡孔结构[27, 28]。显然,压力是挤出发泡口模设计的首要考虑因素。同时,也不能忽略温度的影响,鉴于某些发泡条件苛刻,如聚丙烯的挤出发泡温度窗口通常只有 5℃左右,在挤出机头温控 ±2℃的条件下就会导致挤出的不稳定。挤出流道的死角也必须注意避免。

平模头、管模头(环形模头)、单孔模头,多孔模头等,分别在发泡中多有使用。其中平模头已经被商业化应用在挤出发泡聚苯乙烯、挤出发泡聚乙烯以及较高密度(大于 0.4g/cm³)的挤出发泡聚丙烯中,前两类使用的发泡剂一般为有机物理发泡剂,如挤出发泡聚苯乙烯(XPS)使用的通常为 F142b 这类氯氟烃,挤出发泡聚乙烯则使用的是丁烷,而较高密度的挤出发泡聚丙烯则多使用化学发泡剂。使用有机物理发泡剂时的特点是发泡剂溶解度较高,所需的系统(机头)压力较低,聚合物/发泡剂均相混合物在机头内过早发泡的风险较低;同样地,较高密度发泡聚丙烯尽管其发泡剂为无机气体,但所溶解的发泡剂比例较低,所需的系统(机头)压力也较低。较低的机头压力要求,使得机头设计的弹性较大,对机头内流道的设计要求就可以适当降低,通常只需要保证流道的设计能满足聚合物熔体/发泡剂体系在流出平模时,各点速度一致即可,衣架式流道就是一种典型的挤出片材平模流道设计,即可应用在上述类型的挤出发泡模头上。需要注意的是,尽管要求相对较低,但至少需要满足在流动方向上的横截面面积线性变化且变化幅度较小等基本要求,研究表明过大的截面积变化会导致物料在流道内的过早发泡[28]。使用平模头的缺点在于其要求发泡剂在低压力下的高溶解度,由于从挤出机头到平模头的形状变化较大,且较宽的横截面,其流道设计较难满足高压力下的流动一致,很容易在平模外端出现提早发泡。

从考虑流动时流速一致且其压力较好保持的角度来看,使用管模头是一个很好的选择。例如,贝尔斯托夫公司采用丁烷作为发泡剂用高熔体强度聚丙烯挤出发泡聚丙烯片材的挤出机组就是采用管模头,取得了很好的效果,获得了较低密度的发泡聚丙烯片材。管模头的芯棒由一到多根支架支撑,这些支撑离出口很近,聚合物/发泡剂熔体在流过后会产生相应的分流线,而且其相对于非发泡片材更为明显。由于压力控制需要,支架处以及其与外径套之间形成的截面积逐步缩小,物料在支架处的剪切,会使得这些位置出现提早发泡,影响发泡效果。在采用二氧化碳作为发泡剂时,由于需要以较高的压力保持溶解度,在支架附近受到的不利影响会更大[28]。

使用单孔模头时,主要需要考虑的是从螺杆到模头处的截面变化,由于通常单孔模头截面要远小于螺杆直径,中间也需要采用过渡体连接,所以需要着重注意的是从螺杆尾端到单孔模头出口之间的截面变化,需要控制其变化幅度,以保证压力不过早释放导致提早发泡。而多孔模头相对单孔模头来讲设计较为复杂,通常采用分流锥的形式令多孔均匀分布在圆环上,这种类型的设计,使得压力分布较为均匀,但是在孔与孔之间由于距离的存在会较为容易出现死角,从而在压力或者温度波动时,死角料影响到发泡的稳定,因此对于多孔机头的设计主要着重于压力的均匀分布以及尽量避免死角的出现。

3.2.4　发泡工艺及其优化

无论采用何种发泡剂,无机发泡剂还是物理发泡剂,在挤出过程中都需要发泡剂充分混合、溶解形成均相的聚合物/发泡剂体系,随后在口模挤出后通过压降方式实现发泡获得发泡材料。这个过程需要有聚合物的熔融、发泡剂与聚合物的混合溶解以及发泡剂与聚合物的分离、聚合物的发泡,所涉及的主要工艺参数则包含了温度、挤出机压力、螺杆转速(挤出产量)等。

温度首先必须保证聚合物的熔融,同时在该温度下化学发泡剂必须得以充分分解,发泡剂(气体)在聚合物熔体中的溶解度要与所用的发泡剂比例相匹配,最终在挤出机口模挤出时,聚合物/发泡剂的温度必须要能保证聚合物在该温度下的熔体强度能够与发泡剂配合,形成所需的泡孔结构,不至于出现坍塌、合并等不良现象。以聚丙烯/CO_2挤出发泡为例,研究表明[29],机头温度的高低直接影响到发泡材料的膨胀倍率，当机头温度为 180℃时，所得发泡材料的膨胀倍率仅为 2 倍，而当温度降低到 140℃时，膨胀倍率则可以高达数十倍。而在临挤出前聚丙烯熔体/发泡剂均相体系的温度较高时，泡孔很容易坍塌，得不到低密度的挤出发泡聚丙烯，当该体系温度降低到 160℃后，就可以得到 30 倍膨胀倍率的发泡聚丙烯材料。

　　发泡材料的泡孔密度是指经历过泡孔成核、泡孔合并以及泡孔塌陷之后仍存在的泡孔数目（每未发泡材料的单位体积），主要用来研究泡孔的成核过程。图 3-3 中（a）是口模温度对不同 PTFE 含量的 PP/PTFE 发泡材料泡孔密度的影响。从图中可以看到，随着温度的降低，不同 PTFE 含量的 PP 发泡材料的泡孔密度均有所提高，这是因为低温下的 PP 树脂基体有较强的熔体强度，减少了成核泡孔的合并或破裂。此外，随 PTFE 含量的增加，材料的泡孔密度也趋于增加，这是由于 PTFE 在共混物中起到了异相成核的作用，同时也增加了 PP 基体的熔体强度。从图中还可以发现，当 PTFE 的质量超过 2%后，泡孔密度对温度的依赖性变得不明显，也就是说在某个临界温度以下，泡孔合并现象已经被有效地抑制，大部分的成核泡孔在泡孔的生长过程中都稳定存在。

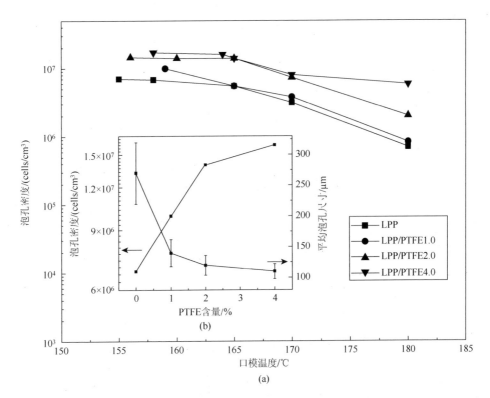

(a)

图 3-3　口模温度对不同 PTFE 含量的 PP/PTFE 发泡材料泡孔密度的影响（a）和在最佳发泡条件下得到的 PP 和 PP/PTFE 发泡材料的泡孔密度和平均泡孔尺寸（b）

图 3-3 中（b）表示的是不同 PTFE 含量的 PP/PTFE 共混物在各自最适宜的发泡温度下的泡孔密度和泡孔尺寸。可以看出，加入质量分数为 1%的 PTFE，材料的平均泡孔尺寸就从 300μm 降到 130μm；进一步增加 PTFE 含量，泡孔尺寸减小的趋势变缓。此外，泡孔密度从纯 PP 的 6.82×10^6 个/cm^3 增大到 PP/PTFE4.0 的 1.64×10^7 个/cm^3，这可能是异相成核和熔体强度增强的双重结果。

膨胀倍率是用来描述在泡孔膨胀过程中的气体保存量的一个重要参数，通常受到泡孔成核、生长、合并等的影响。图 3-4 是口模温度对不同 PTFE 含量的 PP/PTFE 发泡材料膨胀倍率的影响。从图中可以看到，在较高的温度下（170～180℃），所有发泡材料的膨胀倍率都很低，在 1.5 倍左右。随着口模温度的继续降低，膨胀倍率继续增大，直到基体过硬导致泡孔不能增长。对于纯 PP 材料来说，在 158℃的温度下取得最大 15.5 倍的膨胀倍率。

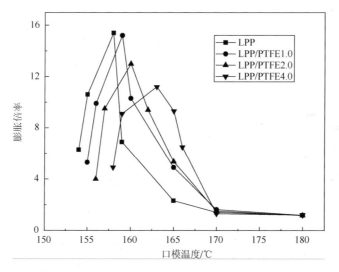

图 3-4　口模温度对不同 PTFE 含量的 PP/PTFE 发泡材料膨胀倍率的影响

然而，当加入 1%的 PTFE 后，发泡材料的最大膨胀倍率下降到了 159℃时的 15.1 倍。随着进一步增大 PTFE 的用量，PP/PTFE 发泡材料的最大膨胀倍率持续下降，分别为 PP/PTFE2.0 的 13 倍和 PP/PTFE4.0 的 11.2 倍。同时可以发现，最大膨胀倍率所对应的温度随 PTFE 含量的增加而逐渐向高温移动。例如，纯 PP 泡沫最大膨胀倍率所对应的温度为 158℃，而加入 4%的 PTFE 后，这个温度上升到了 163℃。这个结果表明，PTFE 的存在增强了 PP 树脂的高温熔体强度，更有利于 PP 在高温下的发泡行为。

发泡温度窗口是一个评估某种材料发泡性能的重要参数。通常，一个较宽的发泡温度窗口有利于发泡的进行，而较窄的发泡温度窗口将会对发泡系统（尤其是温度控制系统）提出更高的要求。与非晶聚合物不同的是，如 PP 类的结晶聚合物，在结晶前的黏度对温度变化不敏感，而在结晶发生时基体会突然变硬，这样就会导致一个很窄的发泡温度窗口。图 3-5 显示的是 PP 和 PP/PTFE 在获得较好泡孔形态样品下的发泡温度窗口。图 3-5 中的"最佳发泡温度区间"指的是 PP 能够在这些发泡区间得到较好泡孔结构的样品，即发泡样品含有较薄的泡壁、较高的泡孔密度、较大的膨胀倍率以及均匀分布的泡孔等。对于纯 PP 来说，只能在口模温度为 155～158℃的温度区间内获得好的发泡样品，发泡温度区间只有 4℃。从图 3-5 可以得知，PP 的结晶温度随着 PTFE 的加入而增加（由纯 PP 的 112℃到 PP/PTFE4.0 的 123℃）。因此，随着 PTFE 含量的增加，整个发泡温度窗口将会向高温移动。从图中可以看到，加入 1%的 PTFE 后，适宜的发泡温度区间增长到 5℃（156～160℃）。当 PTFE 的质量分数为 2%和 4wt%时，各自的发泡温度窗口分别为 6℃和 7℃。这个结果表明，加入少量的 PTFE 就能有效地拓宽 PP 的发泡温度窗口。

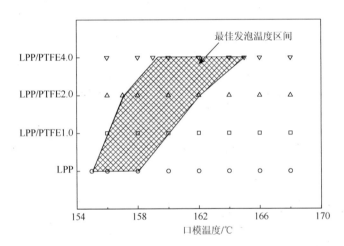

图 3-5　能得到较好泡孔形态样品的 PP 和 PP/PTFE 的发泡温度窗口

3.3　超临界流体挤出发泡装备的设计与实现

3.3.1　挤出发泡装备的设计

挤出发泡装备要实现如下四个工艺环节，才能实现较好的发泡效果。首先要令聚合物充分熔融，与发泡剂充分混合，并防止发泡剂往螺杆后端即进料口处逃逸；其次必须在充分熔融后注入发泡剂，并快速分散溶解，形成压力，使挤出机内聚合物/发泡剂处于发泡剂的临界条件之上，并使聚合物/发泡剂快速形成均相体系；随后聚合物/发泡剂均相体系必须被冷却到合适的温度以使其在下一阶段发泡时，能够令聚合物与发泡剂分相之时形成合适的泡孔，既不出现泡孔的串并坍塌也不出现物料的硬化而无法发泡；最后聚合物/发泡剂均相体系在保持足够高压力下挤出机头实现聚合物/发泡剂的分相，经历泡孔的成核增长与稳定过程，形成所需的发泡材料。

　　挤出发泡装备需要综合考虑挤出机类型（如单双螺杆或其组合）、螺杆设计、发泡剂计量注入装置以及发泡机头的设计。发泡机头以及发泡剂计量注入装置在其他部分有详细介绍，这里不再重复。本小节主要介绍挤出机及其组合类型的选用、螺杆的设计等。

　　常见的挤出机有单螺杆挤出机与双螺杆挤出机，一般认为单螺杆挤出机混合能力较弱，但是输出压力相对稳定，而双螺杆挤出机混合能力强，但是输出压力较不稳定。若在挤出发泡的第一阶段需要多种物料的高效混合，则可以考虑采用双螺杆挤出机。若不需要较多的混合物料，则可以优先考虑使用单螺杆挤出机。

　　有研究[30]认为熔体弹性直接影响线型聚合物如 LLDPE 和 PP 的发泡，增强熔体弹性有助于提高其可发泡性，除了用长支链聚合物或者交联聚合物共混改性之外，加工历史对其影响也很大。在其他条件如扭矩和停留时间相同的情况下，研究者认为输送型螺杆元件令熔体弹性下降的幅度要高于捏合型元件，因此研究者建议为了有效混合且又较低程度降低熔体弹性，最好使用混合型的螺杆。

　　研究者[13, 31]设计了4种不同的双螺杆组合，分别为1#部分填充/分布型、2#部分填充/无混合型、3#完全填充/压力值高/紧密型和4#完全填充/压力值低/紧密型共混。使用 HFC-134a/PS 共混体系测试螺杆组合对发泡剂溶解效果的影响，超声波测试的结果表明1#组合螺杆具有最好混合和溶解效果，而另外3种螺杆组合效果较差，4#螺杆在高于4%的发泡剂含量时会出现漏气，2#螺杆在低发泡剂含量下效果最差。

　　在前述挤出机选型、螺杆选型、挤出口模设计的基础上，必须对设备的运转进行良好的控制，因此装备的智能控制也显示出其重要性。智能控制可通过温度压力以及电机调速器的信号进行测量，并发出信号控制相应的设备如加热元件、冷却部件、电机等。在适当的信号处理以及控制策略之下，可以极大程度上取代人工控制，实现平稳的挤出发泡。

3.3.2　超临界流体注入装备的设计

　　前面提到在使用无机物理发泡剂时，对发泡剂的注入装置有一些特定的要求。其中最主要的技术就是在微孔发泡的工艺流程中实现气体的定量均匀注入，气体注入量的大小会直接影响发泡后制品中泡孔的尺寸与分布以及泡孔密度，直接决定发泡制品的最终质量。

当前较多使用CO_2作为发泡剂，因为它的超临界条件相对较为温和，在一般的塑料挤出加工过程中均可以保持在超临界状态。CO_2在气态时，其密度受压力和温度变化影响较大，在不使用质量流量计的情况下，使用体积计量较难控制，波动较大，连续挤出时的CO_2配比会出现较大的波动，从而直接影响到发泡效果。尽管超临界态时，CO_2较难压缩，但其密度受压力和温度影响变化相对CO_2还要大。因此在计量注入时，考虑直接注入液态的CO_2作为优选的技术方案。但是由于液态CO_2的密度较大，在低流量注入时的控制较难，以5%的质量比计算，在5kg/h的挤出产量下，其质量流量为0.25kg/h，约为0.004g/min。这样看来，似乎可以通过直接测量注入气体或液体质量来实现恒定质量的注入，在微流量注入时，则受到流量计测量精度与自动针阀控制精度的影响，实际上通过质量流量计加自动针阀控制可以实现+/−0.02kg/h注入精度控制，在要求实现0.2kg/h的注入流量时，这样的精度实际上出现了+/−10%的偏差，已经足以对整体的挤出发泡产生较大的影响，使得挤出发泡的过程并不如理想中的稳定。而采用气体质量计量时，由于其密度受压力波动影响较大，在实现稳定的质量流量情况下，对自动针阀以及注入驱动系统的响应会要求更多，从而增加设计的复杂程度。据前述分析，在较小流量的计量控制注入设计中，最终选择的是将发泡剂降温增压液化后定容注入挤出装置的方案。按照前述挤出方案，在较高压力下，其体积流量不超过4ml/min，若低至1%的质量比，则体积流量低于1ml/min。体积流量要控制在低于0.02ml/min的误差范围之内，较为方便。

高压流体（发泡）注入系统是在聚合物超临界流体挤出发泡技术与装备项目基础上所开发的。原先采用的计量泵是进口产品，在控制上只能进行开启、关闭以及压力流量监测，无法进行远程流量控制，价格较高。流体注入系统作为聚合物超临界流体挤出发泡装置中的关键设备，能够实现自主开发，替代现有价格较高的进口计量泵，对建立起超临界流体发泡的自主核心技术具有重要意义。高压流体（发泡）注入系统的设计必须能够满足连续挤出发泡装置对气体定压、定量两个基本要求。

高压流体（发泡）注入系统的关键难题在于流量的检测，注气系统本身压力比较高，设计气体压力为25～30MPa，实际使用压力为18MPa左右，气体为CO_2，实际在使用过程中压力高于7.5MPa后，CO_2转变为液体，因此在18MPa的压力下检测控制0.5～8ml/min的液体流量成为难题。国内相关气体流量传感器，只有在压力1MPa以内的流量传感器，而且气体流量为300ml/min以上，而国外产品供应商可以提供类似流量传感器，但需要定做且到货周期长。从培养技术力的角度出发，项目团队决定自行设计流量检测与开发控制系统。

先后采用了四次不同的方案。初步设计方案—差压法—直通压力差计量法—

压降与频率法，最终通过固定容积内细微的压力微调与增压泵的启停频率计算流量，如图 3-6 所示。

高压流体（发泡）注入系统首先对气态或者液态发泡剂（主要是 CO_2）进行增压，发泡剂为 CO_2 时则首先液化，再增压到所需压力。满足以恒定压力或恒定流量的方式注入生产线或设备容器中。在配置到超临界流体挤出发泡装置时，液化的 CO_2 在进入挤出机筒时被瞬间加热，温度即时提高，就可转变到超临界状态，迅速溶解到挤出机内的（塑料）熔体中。

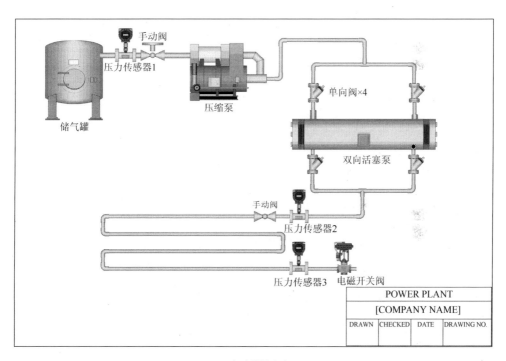

(a) 初步设计方案

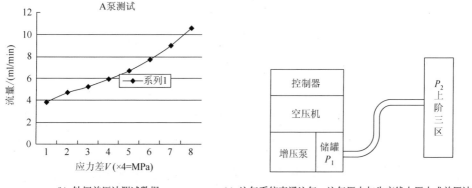

(b) 针阀差压法测试数据　　　　(c) 注气系统直通注气，注气压力与生产线上压力成差压法

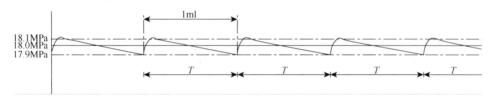

(d) 压力微调脉冲频率计数法

图 3-6

高压流体（发泡）注入系统主要分为三部分：第一部分为气体增压预压，将气源预增压到所设定压力，为第二部分提供气源；第二部分为气体增压注入，将第一部分所提供的预压气体/液体增压到注入压力，并在设定的压力波动范围内将气体或液体定量注入挤出装备内；第三部分为控制与显示，控制系统高效稳定运转。注气系统原理图如图 3-7 所示。

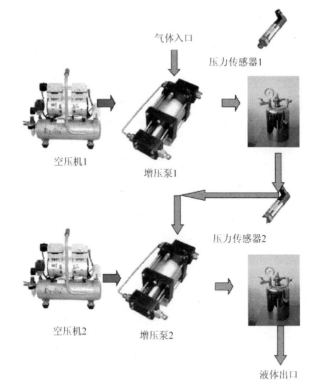

图 3-7　注气系统原理图

该注入系统工作过程如下所述。

发泡剂气体/液体从气体入口处进入，设定输出压力后，控制电路给空压机 1 启动信号，开始进行空气压缩，此压缩空气推动增压泵进行增压，增压后的液体进入储罐 1 储存。

储罐 1 的气体进入增压泵 2 准备第二次增压，根据压力设定值确定空压机 2 是否开启，若空压机 2 开启，则空压机进行空气压缩。此压缩空气推动增压泵 2 进行二次增压，满足压力设定值。

增压泵 1 的第一次增压为预压，在发泡剂为气体，且工作压力下依然不液化的情况下，其压力设定小于输出压力 2.0MPa 左右，增压范围为+/-1.5MPa。即假如设定输出压力（二次增压）为 18.0MPa，则一次增压为 16MPa 左右，控制范围为 14.5～17.5MPa。在发泡剂为二氧化碳时，则增压的要求是将二氧化碳在一定温度下完全液化，其设定增压范围为（12.0±2.0）MPa，这样可以满足一次增压的目的。

一次增压的功能设定为预压，主要是满足二次增压的精度和均匀度。避免二次增压时，增压泵直接从气源压力 4～7MPa 增压到 18MPa，否则增压时间过长，会满足不了精度要求，同时避免由于增压差过大，导致增压泵 2 的运动频率变化过大，难以统计流量。

所设计的高压流体（发泡）计量注入系统主要以恒压控制为主，辅以流体计量，压力控制精度为+/-0.1MPa，流量统计以经校正过的增压泵 2 的启动频率计算流量，流量测量范围为 0.5～8ml/min。注气系统参数见表 3-3。

表 3-3　注气系统参数

输入			输出			
电压	电源功率	气体压力	液体压力	压力精度	液体流量	流量精度
220V AC	1500W	>3.0MPa	25MPa MAX	+/-0.1MPa	0.5～8ml/min	5%

图 3-8 为依据前述设计所制作的原型机。

图 3-8　注气系统原型机

该注气系统使用简要说明如下。

注气系统是利用两台气动增压泵进行二级串联增压，达到设定压力后保持压力稳定输出。其中一级增压泵预压，二级增压泵控压输出。注气系统保持压力输出后，通过管路另接针阀进行流量调节，通过增压泵的压力与增压频率进行流量计算。液晶屏可以直观地显示预压压力、输出压力以及计算出的流量，可以通过调节按钮进行输出压力值的设定。

注气系统的基本运行过程如下。

（1）注气系统安装完通电后，会立即开始进行压力检测，包括预压和输出压力，若未接气源，压力低于 2MPa，则注气系统会停机，同时提示压力过低。

（2）气源压力大于设定值 2MPa 后，注气系统会开始进行预压，预压压力为 10～12MPa，即预压压力低于 10MPa，预压泵启动，高于 12MPa，预压泵停止，如果在 5min 内预压压力达不到 12MPa，控制系统主动停机，需要检查预压管路或预压增压泵是否存在故障，故障主要有三种可能性：第一种为增压泵泄漏，不能增压；第二种为空压机管路泄漏，没有足够驱动能力；第三种为气源堵塞，不能快速增压。

（3）预压达到设定值后，开始启动二级泵输出压力增压，直到输出压力达到设定值。此时预压和输出压力可能会同时到达输出压力设定值，也可能预压在 10～12MPa，输出压力在设定值。若输出压力在设定时间 5min 内达不到设定值，则需要检查二级输出增压泵增压是否故障，故障有两种可能性：第一种为增压泵泄漏，不能增压；第二种为空压机管路泄漏，没有足够驱动能力。

（4）输出压力达到预定值后，启动流量计算，流量计算主要通过输出增压泵的运转以及增压运转次数统计获得。

3.3.3　装备的智能控制与数字化设计

超临界流体挤出发泡设备是由上下二阶挤出机经熔体泵连接起来的串联式螺杆挤出设备，包括了控制电柜、注气装置、加热/散热装置、驱动电机、熔体泵及其驱动电机等。其中上阶由电机控制的进料口、上阶一区至四区的四个加热区、注气系统、混合器、熔体泵、过渡体组成。在整个工作过程中，由电机驱动控制进料以及挤压材料经过整个区域，上阶一区、二区加热熔融并输送物料（如聚丙烯），上阶三区在加热保温的同时接入注气系统，向上阶三区注入发泡剂和测量压力，上阶四区对混合物加热保温，混合器、熔体泵、过渡体为连接下阶的连接部分，其中混合器、过渡体分别进行加热和测量压力，而熔体泵处接电机和减速装置进行加热、输送和控压。混合物料经过渡体进入下阶。下阶由电机驱动控制，下阶一区至下阶四区、机头入口、机头出口、模板组成。电机驱动控制挤压混合材料经过整个下阶区域。混合物根据上述次序分别经过下阶一区到模板。

注气系统是恒体积流量发泡剂的注入装置，将液态发泡剂注入上阶三区与原料进行混合，使用计量泵或高压流体注入系统和手动阀组合来控制流量。

前述为超临界流体挤出发泡装备的主要组成，如图 3-9 所示。

主要工艺流程图如图 3-10 所示。

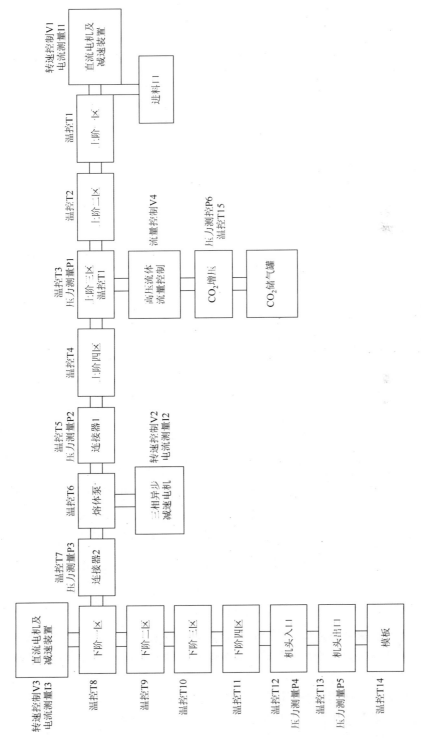

图 3-9　挤出发泡设备框图

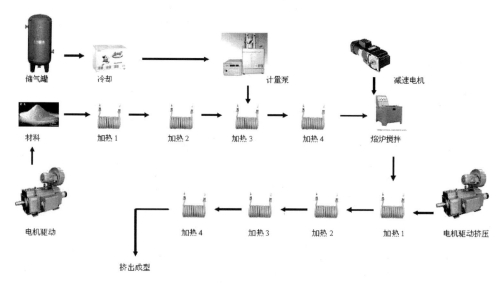

图 3-10　主要工艺流程图

　　对于一套通用的挤出装备,采用温控仪表加热电偶温度传感器直接控制加热及冷却装置就可以实现+/-2℃以内的温度控制水平,也有直接采用 PLC 集成温度信号在液晶面板上显示并通过触摸屏实现温度、螺杆转速等参数的控制,其中温度的控制都是采用 PID 调节方式。螺杆转速则是通过变频器/调速器调节主驱动电机的转速获得。至于所涉及的压力控制则是通过温度及螺杆转速的人工调整来实现。由于采用超临界流体发泡聚合物尤其是聚丙烯时,其生产过程中对于原材料、发泡剂的配比以及流量、温度的精确控制对设备有比较严格的要求,例如,对于温度的控制则要求波动小,热冲击少;而当前的发泡设备自动化水平较低、产量不高、能耗相对较高,资源浪费相当严重,而国外设备价格比较昂贵;为便于生产,提高生产质量、生产效率以及节约能源,需要对挤出设备进行自动化、数字化改进以及提高各方面的控制精度。

　　如前所述,通用的挤出设备控制系统多为各点单独控制显示,生产过程依靠经验调整各个参数,对人工的操作依赖性较大,在如挤出发泡这类相对复杂的操作中容易出现问题。为此必须进行集成控制和显示,提高自动化的集成度。采用工控机进行数据采集和控制,方便使用设备以及提高效率。通过改进传感器的精度、优化布线方案、改变控制策略,来提高设备的控制精度,使得生产过程中提高质量和产量,同时降低能耗。注气装置由手动操作改为自动控制,提高自动化程度。实现设备整体的安全互锁和报警,包括机械结构的安全互锁以及控制策略的互锁,同样辅机也进行安全互锁设计。

整机控制的主要参数包括温度、电机转速、（发泡剂）流量、压力四项。在生产的整体过程中，温度检测和控制一直贯穿其中。电机转速，三个电机转速的控制对应着材料挤压速度和输送速度。流量为注气装置的（液态）发泡剂流量。压力包括上阶三区压力、混合器压力（熔体泵前压力）、过渡体压力（熔体泵后压力）、机头入口压力、机头出口压力、注气装置压力。

装备的智能控制以及数字化设计项目的目的主要是解决聚合物挤出发泡生产过程的自动化控制问题，实现过程的智能化、数字化，降低能耗，以及减小生产者的劳动强度。运用 LabVIEW 软件编写整个控制程序，在稳态工作下，保证温度控制精度达到±1℃，电机速度自调节以控制生产线上各点压力，并将计量泵的控制集成到主程序中。全部工作主要实现了温度的控制、挤出系统压力自动控制，以及计量泵/注气系统的集成控制，在这些基础上完成人机控制界面的设计，使得设备控制界面集中，数据可记录。

以温度控制为例：温度控制采取了分段控制策略，引入一个偏差值 e 为设定温度与实际温度的差值，$e > 20$，则加热完全打开。e 值介于 -2 与 20 之间时，风机全关，PID 控制器起作用，根据 e 及其变化率，PID 计算得到一个输出，再加上占空比的偏置，作为加热器开关的占空比。加热器占空比=PID 输出+占空比偏置。占空比偏置的计算原理：占空比偏置的作用是在平衡点平衡自然散热作用，例如，在温度设定点 100℃温度达到稳定，理想情况下实际测试温度也为 100℃，此时 PID 输出为 0，即控制器没有作用，但因为存在自然散热，系统需要一定的能量补充才能平衡自然散热失去的能量，占空比偏置即起这样的作用。占空比偏置的确定需要考虑到加热和自然散热特性，一般加热器在低温时加热容易，在高温时加热困难，典型加热升温曲线如图 3-10 红线所示。而自然散热特性与加热特性刚好相反，温度越低散热越难，温度越高散热越易。考虑到以上特性，为保持一个温度值稳定，在低温时比高温时给加热器输入的能量要少，即占空比小。所以，占空比是随设定温度变化的。$e < -2$ 时，PID 控制器关闭，风机起作用，风机作用的过程：根据 e 的绝对值大小，计算出"吹风时间 t_1"和"等待时间 t_2"，在经过 t_1 时间的吹风和 t_2 时间的等待后，再一次去检测 e，若仍需开风机，则重复以上步骤。风机散热是一个大滞后过程，现在风机散热的设计准则是温度超过设定温度一定值（如 2℃或 1℃）即开风机散热，但考虑到风机散热过程的滞后性，不能简单地让风机吹风直到设定温度。所以，当前采用的方法：风机吹一段时间，再等待一段时间，在此过程结束后，再进行下一次动作。最终通过实验确定吹风与关风之间的关系，从而获得优化的系数，得到良好的降温效果。

装备的智能控制，最终实现了如下三点。

（1）对 13 路温度控制，除了混合器、熔体泵、过渡体及机头一区外，其他各区在稳态情况下控制精度能到±1℃。加热器控制采用具有参数自整定功能的 PID 控制器，在工况变化时可以实现参数自整定。由于混合器、熔体泵、过渡体及机头一区自身系统特性的缘故，这四个部分的温度即使在稳态下也波动较大。在升温速度、降温速度、稳态精度三方面，与原控制器的具体比较见图 3-11～图 3-15，图中虚线为本项目设计控制器控制的下阶一区温度曲线，实线为原系统仪表控制器控制的下阶三区温度曲线，横坐标为时间，每点间隔对应 0.5min，纵坐标为温度，单位为℃。可见，新旧控制器的升温速度与降温速度差别不大，但在稳态波动上，本项目控制器的温度波动稍小。

（2）实现了上阶压力、泵前压力、泵后压力的自调节。

（3）计量泵/注气系统面板控制移植到计算机上，减小劳动强度，并能够在需要时实现计量泵/注气系统与系统其他部分的联动控制。

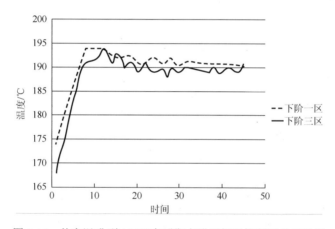

图 3-11　从室温升到 190℃在平衡点附近新旧控制器效果比较

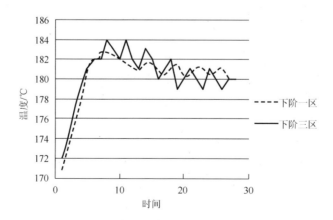

图 3-12　从 130℃稳态升到 180℃在平衡点附近新旧控制器效果比较

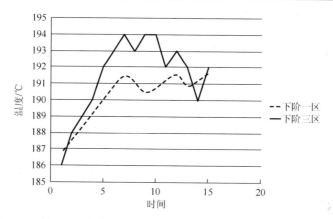

图 3-13　从 180℃稳态升到 190℃在平衡点附近新旧控制器效果比较

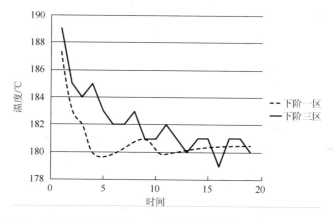

图 3-14　从 190℃稳态降到 180℃在平衡点附近新旧控制器效果比较

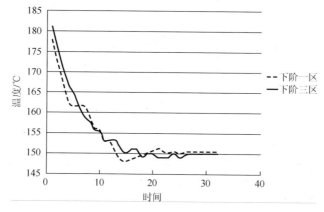

图 3-15　从 180℃稳态降到 150℃在平衡点附近新旧控制器效果比较

在人机界面设计方面，实现了如下两个方面功能。

（1）所开发的整套监控系统，实现了友好的人机交互界面，减小了劳动强度，降低了生产线操作的错误率，提高了工作效率。另外，各类参数的集中监控与记录，能够使用户迅速地获取更多的信息，便于后续的数据分析、工艺研究等。

（2）实现了系统多类紧急事件的准确判断报警功能，以及人工干预未成功后的系统自动处理功能，提高了系统的安全性、智能性。

图 3-16 为人机交互主界面图。

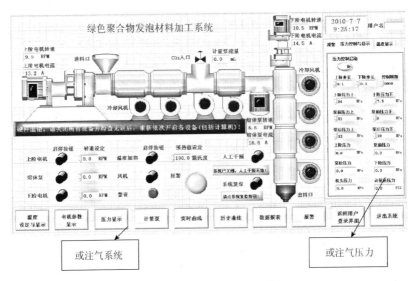

图 3-16　人机交互主界面图

3.4　聚合物超临界流体发泡技术与装备的应用与评价

3.4.1　装备控制水平的检测

前面介绍了挤出发泡装备的设计、超临界流体注入装备的设计以及装备的智能控制以及数字化设计。其中后两者进行了着重介绍，这两者的设计均基于作者所在单位的原有的挤出发泡装备，所介绍的内容均为实际工作项目，这些工作也进行了相应的评价。

1. 温度控制检测

在原有挤出发泡装备上，加热器是 13 个并联使用，且体积大小导致的温度传导时间滞后现象不同从而不适于单点控制，且因各加热器之间的互相辐射传热导致温度控制难度增加。但是为了不对原装备进行大的改动，应用了改良型单点控制算法。例如，在加热过程中，当接近温度设定值时采取提前缓慢加热方式。缓慢加热方式引入了 PWM 温控模式，PWM 参数通过实验获取。为了获得一个比较好的控制效果采集了大量的数据。由于使用了不同功率和不同效率的加热器，实验数据获取工作量增加较大。

图 3-17 为温控效果图。虚线为本项目设计控制器控制的下阶一区温度曲线，实线为原系统仪表控制器控制的下阶三区温度曲线，横坐标为时间（min）。控温效果优于原有的单点控制方式。

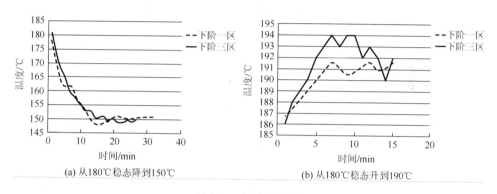

(a) 从180℃稳态降到150℃　　　　　　(b) 从180℃稳态升到190℃

图 3-17　温控效果图

2. 压力自动控制检测

在运行平稳的情况下，挤出机各压力控制点的压力可实现在设定范围内的自动控制。

3. 流体注入的检测与评价

图 3-6（d）为高压流体（发泡）注入系统最后采用的压降与频率法计量方案后，注入系统实际检测的结果。该方案通过固定容积内的细微压力区间微调与增压泵的启停频率来计算获得流量，在实际使用过程中，控制压力变化基本在+/-0.1MPa 范围内，在聚丙烯超临界 CO_2 挤出发泡实验过程中，该设备在控制 0.8ml/min 以及 6.0ml/min 两个流量条件下，挤出发泡过程稳定，发泡倍率均匀。

3.4.2　发泡技术的应用前景与相关产品

1. 挤出发泡系统的评价

项目主要包括挤出系统的自动化改造（含电机控制、温度控制、压力自动控制）以及注气设备的改造。包括软件控制以及硬件改造两个方面。使用者主要从是否适用于聚合物挤出发泡以及在聚合物挤出发泡过程中发泡效果是否与对比的系统相当、发泡过程是否稳定、可否适用于规模生产等角度来衡量项目实施效果的优劣。

　　挤出系统的自动化改造主要实现了对电机转速、温度以及压力的自动控制，同时在软硬件上实现了很高程度的安全报警以及保护。电机转速实际控制达到了 0.1RPM 的精度，温度波动范围在±1.5℃以内，同时温度控制所采取的方式可以较少使用强制冷却，节约了加热所耗用的电能。对挤出系统熔体泵前后以及上阶的压力实现了自动控制，这对实际生产有较大帮助。

　　使用过程中，注气设备实现了在 12～18MPa 的压力范围内，以恒压方式 0.8～6ml/min 液态 CO_2 注入速度对挤出设备的连续注入。从聚丙烯挤出发泡的效果来看，在注入速度平衡后，注入速度的精度可以在该挤出机系统上满足发泡对 CO_2 注入速度波动幅度的要求，实现平稳良好的挤出发泡。其中注入速度在较高速度区间时，调整速度较快，精度更高，在较低速度区间时，相对较慢较低，但均能满足使用要求。但是在注入速度调整时，需要使用手动针阀控制才能获得所需流量，这对用户使用要求较高，可在开发下代产品时考虑进去。

　　软件控制界面对用户较为友好，数据可随时读取，对温度的控制因为节能而超出了使用者原来的期望，对压力控制、电机控制均有较好的表现。所采取的安全策略等方面对实现安全生产有很好的作用，可以在出现意外情况时自动采取报警、超时自动关机等措施，超过了使用者所知国内外系统的安全保护措施。

　　考虑到如果仅为单机生产现场控制，并不采用远程集中控制，建议在下一步开发时直接采用单片机形式，可以简化控制设备，降低成本。

　　整个项目实施效果达到了使用者原来的要求，部分实施效果超过了使用者预期。

2. 前景及产品

　　超临界流体发泡技术，使用 CO_2 作为发泡剂，在 CO_2 的超临界状态下连续挤出发泡具有相当的优势，表 3-4 对比了几种聚丙烯的发泡方法。采用超临界 CO_2 作为发泡剂挤出发泡聚丙烯具有成本较低、环保等突出的优点，综合比较起来其代表了未来的聚丙烯发泡技术发展方向。

表 3-4　聚丙烯发泡方法对比

比较项目	连续挤出发泡（烷烃）	超临界挤出发泡	釜压发泡	模压发泡
技术工艺	直接挤出	直接挤出	挤出+浸渍	挤出+浸渍
原料/发泡剂	HMSPP/丁烷	PP/CO_2	专用 PP/CO_2, N_2	HMSPP/CO_2
生产效率	高	高	中	中
环境影响	中	低	中	低
综合成本	高	低	高	中
技术成熟度	高	中	高	中
技术来源	国外	国内	国内外	国内

注：HMSPP 为高熔体强度聚丙烯

CO_2 的超临界压力仅为 7.29MPa，一般的挤出设备都能够提供这样的压力，如前面所述，只需要在挤出设备的密封做一些工作，就可以满足在挤出过程中保持 CO_2 的超临界态的要求。CO_2 作为惰性气体，几乎可以使用在所有的聚合物种类中，在环境压力逐步增大，氢氯氟烃、全氟烷烃以及烷烃等有机发泡剂承受着逐步强制淘汰或者高昂的成本或者巨大的安全生产压力的情况下，将成为重要的替代发泡剂品种。前面介绍了超临界流体挤出发泡相关的材料体系、发泡剂体系以及发泡工艺，并详细介绍了超临界流体挤出发泡装备的设计以及实现方式，经过实际验证，已在聚丙烯及其复合体系、聚苯乙烯及其复合体系、聚乳酸、聚丁二酸丁二酯等生物基高分子体系的超临界 CO_2 挤出发泡技术上取得较好的效果。将来也有望在聚丙烯、聚苯乙烯以及生物基高分子体系的挤出发泡上获得规模工业化应用。而特别值得一提的是，书中提到的超临界流体注入装备除了在作者所在单位获得应用，在其他高校的研究组里也得到了应用。

现有的研究表明，在聚苯乙烯、聚丙烯的挤出发泡上，CO_2 都有较为优秀的表现。在工业生产中，CO_2 作为替代发泡剂，已经在挤塑聚苯乙烯（XPS）的生产中逐步替代氢氯氟烃 HCFC-142b，这得益于之前的超临界 CO_2 挤出发泡聚苯乙烯技术的研究。使用 CO_2 作为主要发泡剂的超临界挤出发泡技术已经实现了开孔发泡聚丙烯的工业化生产，其倍率、泡孔大小以及密度均可控，可实现系列开孔发泡聚丙烯产品的生产。

未来使用 CO_2 作为主要发泡技术的超临界挤出发泡技术有望在聚苯乙烯的挤出发泡、聚丙烯挤出发泡珠粒和发泡片材上获得广泛应用。随着研究的深入将有望应用在更多的聚合物体系中。

参 考 文 献

[1] Baldwin D F，Park C B，Suh N P. Microcellular sheet extrusion system process design models for shaping and cell growth control[J]. Polym Eng Sci，1998，38：674.

[2] Baldwin D F，Suh N P，Park C B. Supermicrocellular foamed materials：US RE37932[P]. 1994.

[3] Park C B，Suh N P，Baldwin D F. Method for providing continuous processing of microcellular and supermicrocellular foamed material：US，5866053[P]. 1999.

[4] 何继敏. 新型聚合物发泡材料及技术[M]. 北京：化学工业出版社，2009.

[5] Sasaki H，Hira A，Hashimoto K. Foamed particles of modified polypropylene resin and method of preparing same：US，6051617[P]. 2000.

[6] Sasaki H. Expanded polypropylene resin beads，method of producing foam molding of expanded polyproplene resin beads and foam molding obtained by the method：US，7678839[P]. 2010.

[7] Colton J S，Suh N P. The nucleation of microcellular thermoplastic foam with additives：Part I：Theoretical considerations[J]. Polym Eng Sci，1987，27：485-92.

[8] Kumar V，Weller J E. A model for the unfoamed skin on microcellular foams[J]. Polym Eng Sci，1994，34：169-73.

[9] Bledzki A K，Faruk O. Microcellular wood fibre reinforced polypropylene composites in an injection moulding

process[J]. Cell Polym，2002，21：417.

[10] Pierick D，Jacobsen K. Injection molding innovation：The microcellular foam process[J]. Plast Eng，2001，57：46.

[11] 刘平岳. 聚丙烯泡沫塑料的成型、性能及其应用[J]. 工程塑料应用，2001，29：47.

[12] 佚名. 聚丙烯泡沫塑料[J]. 塑料工业，1977：51.

[13] 理查德，让德龙. 热塑性聚合物发泡成型-原理与进展[M]. 王向东，张玉霞，译. 北京：化学工业出版社，2012.

[14] Royer J R. Supercritical fluid assisted polymer processing：Plasticization，swelling and rheology[D]. Raleigh：North Carolina State University Chemical Engineering，2000.

[15] 翟文涛，余坚，何嘉松. 超临界流体制备微发泡聚合物材料的研究进展[J]. 高分子通报，2009：3.

[16] Danaei M，Sheikh N，Taromi F A. Radiation cross-linked polyethylene foam：Preparation and properties[J]. J Cell Plast，2005，41：551-62.

[17] Nam G J，Yoo J H，Lee J W. Effect of long-chain branches of polypropylene on rheological properties and foam-extrusion performances[J]. J Appl Polym Sci，2005，95：1793-800.

[18] Ruinaard H. Elongational viscosity as a tool to predict the foamability of polyolefins[J]. J Cell Plast，2006，42：207-20.

[19] Doroudiani S，Park C B，Kortschot M T. Processing and characterization of microcellular foamed high density polyethylene/isotactic polypropylene blends[J]. Polym Eng Sci，1998，38：1205-15.

[20] Zhai W T，Park C B，Kontopoulou M. Nanosilica addition dramatically improves the cell morphology and expansion ratio of polypropylene heterophasic copolymer foams blown in continuous extrusion[J]. Ind Eng Chem Res，2011，50：7282-9.

[21] Zheng W G，Lee Y H，Park C B. Use of nanoparticles for improving the foaming behaviors of linear PP[J]. J Appl Polym Sci，2010，117：2972-9.

[22] 王坤. 聚丙烯共混体系挤出发泡行为的研究[D]. 宁波：中国科学院宁波材料技术与工程研究所硕士学位论文，2013.

[23] Vanvuchelen J，et al. Micrrocellular PVC foam for thin wall profile[J]. J Cell Plast，2000，36：148.

[24] Xu J，Kishvaugh L. Simple modeling of the mechanical properties with part weight reduction for microcellular foam plastic[J]. J Cell Plast，2003，39：29.

[25] Wilkes G R，Dunbar H A，Bly K A，et al. Process for producing low density polethylenic foam with atmospheric gases and polyglyols or polygycol ehters：US，5905098[P]. 1999.

[26] Vo C V，Paquet A N. Foamable styrenic polymer gel having a carbon dioxide blowing agent and a process for making a foam structure therefrom：US，5426125[P]. 1995.

[27] Park C B，Baldwin D F，Suh N P. Effect of the pressure drop rate on cell nucleation in continuous processing of microcellular polymers[J]. Polymer Engineering and Science，1995，35：432-440.

[28] Heinz R. Prozessoptimierung bei der extrusion thermoplatischer SChäume mit CO_2 alsTreibmittel（process optimization for the extrusion of thermoplastic foams using CO_2 as a blowing agent）[D]. PhD Thesis at RWTH Aachen，2002.

[29] Naguib H E，Park C B，Lee P C. Effect of talc content on the volume expansion ratio of extruded PP foams[J]. J Cell Plast，2003，39：499-511.

[30] 李绍棠，拉梅什. 泡沫塑料机理与材料[M]. 张玉霞，王向东，译. 北京：化学工业出版社，2012.

[31] Gendron R, Huneault M, Tatibouet J, et al. Foam extrusion of polystyrene blown with HFC-134a[J]. Cell Polym, 2002, 21: 315-341.

[32] 陈建华, 左国坤, 徐佳琳, 等. 一种微流量高压液化气体的恒压恒流量注入装置: 中国, ZL201110159337.3[P]. 2012.

[33] 陈建华, 左国坤, 吴飞, 等. 一种超临界流体注入装置: 中国, ZL201120320815.X[P].2012.

第4章 氧化物双电层晶体管及其新概念器件应用

薄膜晶体管（thin-film transistors，TFTs）是一类重要的场效应晶体管器件，目前已在平板显示、传感等领域获得了广泛的应用[1, 2]。除此之外，薄膜晶体管在柔性、透明等新概念显示、传感和仿生电子学等领域也具有十分诱人的重大应用前景[3-5]。

1962 年 Weimer 首先研制出了世界上第一个薄膜晶体管，该器件是以硫化镉（CdS）为导电沟道的场效应晶体管[6]。随后以非晶硅（a-Si）为沟道层的薄膜晶体管问世，并最终获得了广泛的产业化应用[7, 8]。以氧化锌（ZnO）和铟镓锌氧（IGZO）为代表的氧化物半导体由于其具有较高的迁移率（～10cm²/（V·s））且可以低温甚至室温沉积等优点，2003 年以来引起了各国研究人员的特别关注[9-12]。2003 年 Hoffman 小组[9]、Masuda 小组[10]和 Carcia 小组[11]分别报道了三篇以 ZnO 为沟道的薄膜晶体管的研究论文，标志着氧化物薄膜晶体管研究热潮的到来。2004 年 Fortunato 等首次报道了室温下制备的全透明 ZnO 薄膜晶体管[13]，该器件展示了良好的电学性能，其电流开关比、场效应迁移率分别达到了 3×10^5、27cm²/（V·s），亚阈值斜率仅为 1.39V/dec。之后一系列如 ZnO、IGZO、In₂O₃ 和 SnO₂ 氧化物薄膜晶体管被广泛报道[14, 15]。采用各种新型的薄膜沉积技术来制备高性能氧化物 TFTs 的报道也开始不断涌现，沉积技术主要包括脉冲激光沉积、射频磁控溅射、离子束溅射等。传统的场效应晶体管栅介质材料一般选择致密 SiO₂ 和 SiNx 等绝缘薄膜，由于其较小的栅电容（<100nF/cm²），器件工作电压一般超过 10V。近年来具有可移动离子的双电层栅介质材料引起了广泛关注，由于其巨大的界面电容（>1.0μF/cm²）和超强的载流子调控能力，该类双电层器件的工作电压可以低于 1.5V，非常适合低成本、便携式领域的应用。另外由于其独特的离子极化、响应和丰富的电化学过程，非常适合于生化传感器及神经仿生器件的应用。本章将重点讨论氧化物双电层晶体管及其在传感器和人造神经突触器件领域的应用。

4.1 双电层薄膜晶体管

4.1.1 离子导体及双电层效应

离子导体有别于常规导体和半导体，它的载流子既不是电子也不是空穴，而是可移动的离子或质子。根据其物理状态，离子导体分为电解质溶液、离子液、离子胶、聚电解质和聚合物电解质。

　　双电层电容是建立在德国物理学家亥姆霍兹提出的界面双电层理论基础上的一种全新的电容。由双电层现象可知，插入电解质溶液中的金属电极表面与液面两侧会出现符号相反的过剩电荷，从而使两相间产生电位差。如果在电解液中同时插入两个电极，并在其间施加一个小于电解质溶液分解电压的电压，这时电解液中的正、负离子在电场的作用下会迅速向两极运动，并分别在两个电极的表面形成紧密的电荷层，即双电层（electric-double-layer，EDL），它所形成的双电层和传统电容器中的电介质在电场作用下产生的极化电荷相似，从而产生电容效应，紧密的双电层近似于平板电容器。由于两电荷层的距离非常小（～1.0nm），根据平板电容器公式，双电层单位电容可高达几甚至几百 $\mu F/cm^2$[16, 17]。

4.1.2　双电层薄膜晶体管简介

　　因为离子导体可在界面处形成巨大的双电层电容，所以以离子导体为栅介质的双电层薄膜晶体管具有很低的工作电压（<3.0V）。双电层晶体管根据离子是否穿透到半导体沟道层可进一步细分为静电耦合场效应晶体管和电化学掺杂晶体管[18]。图 4-1（a）显示的是典型的顶栅双电层薄膜晶体管截面示意图。当器件未外加栅电压时，电解质栅介质中的阳离子和阴离子自由分布且整体呈现电中性状态。当栅电极上施加负电压时，可移动阳离子和阴离子由于电解质的离子极化效应分别迁移至电解质/栅极和电解质/半导体沟道界面处，并在各自界面处形成两个双电层，如图 4-1（b）所示。由于典型的亥姆霍兹层（Helmholtz）的厚度约为 1.0nm，所以双电层单位电容高达几 $\mu F/cm^2$。整个器件的电容可以看成是两个双电层电容器的串联。通常情况下电解质/半导体沟道界面处的电容值较小，该电容值决定了总电容值。双电层电容在 p 型有机半导体沟道诱导出等电荷数量的空穴。在外加源漏电压的作用下，空穴在沟道内迁移形成源漏电流 I_{DS}。在这个过程中电解质中的阴离子始终在电解质/半导体沟道界面并没有穿透到沟道中，所以 I_{DS} 中的空穴完全是由双电层电容静电耦合出来的。基于这种静电耦合原理的晶体管称为静电耦合场效应晶体管。在较大的负栅电压作用下，阴离子将会穿透进入有机半导体沟道内并抵消（补偿）一部分诱导空穴载流子，如图 4-1（c）所示。基于这种电化学掺杂原理的晶体管称为电化学晶体管。电化学掺杂非挥发性地改变了半导体的电学特性，所以传统晶体管应用往往避免电化学掺杂现象的发生。

　　研究人员基于双电层场静电耦合和电化学掺杂原理研制了一系列双电层晶体管。例如，2005 年 Panzer 等[19]在聚环氧乙烷（PEO）与锂盐复合的电解质中观测到了高达 $5.0\mu F/cm^2$ 的双电层电容。他们实现有机半导体材料的有效调控和 2.0V 的超低工作电压，并且发现电压扫描速度对转移曲线的回滞有很大影响（图 4-2（b）），较快的栅电压扫描速度（0.125V/s）会导致较大的回滞。Takeya 等[20]采用

PEG/LiClO$_4$ 复合离子液作为栅介质研制了并五苯薄膜晶体管。器件单位面积栅电容值高达 15μF/cm^2，栅电压仅为 1.2V 时便可以观测到高达 5×10^{13}/cm^2 的载流子浓度。Said 等[21]则采用具有质子导电特性的聚对苯乙烯磺酸（PSSH）作为栅介质，研制了工作电压低于 1.0V 的 P3HT 薄膜晶体管。

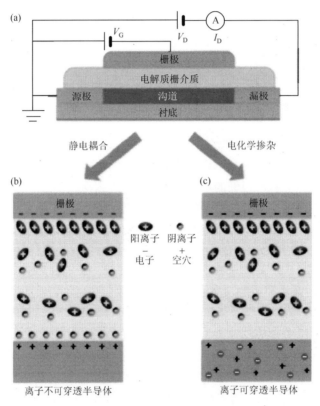

图 4-1　典型顶栅双电层薄膜晶体管截面示意图（a），静电耦合场效应薄膜晶体管（b），以及电化学掺杂薄膜晶体管原理示意图[18]（c）

　　为了进一步提高双电层晶体管的开关工作频率，最近 Ono 等[22]采用咪唑盐作为栅介质研制了并四苯单晶体管，器件迁移率最高可达 9.5cm^2/（V·s），工作电压＜1.0V。Lee 等[23]将咪唑盐[BMIM][PF6]与聚合物 PS-PEO-PS 复合获得了一种复合电解质，该复合栅介质薄膜在 1.0kHz 下的栅电容仍高达 4.0μF/cm^2，预示以该类电解质作为栅介质的晶体管件的开关频率可以高达几百赫兹。Cho 等[24]进一步将咪唑盐[EMIM][TFSI]与聚合物 PS-PEO-PS 复合，在 10Hz 频率下获得了高达 20μF/cm^2 的栅电容，并且成功研制了空穴迁移率高达 1.8cm^2/（V·s）的聚己基噻吩（P3HT）基双电层晶体管。这类有机双电层晶体管的工作频率较高主要是因为咪唑盐聚合物离子液的离子电导率较高（一般高于 10^{-3}S/cm）[25]。Larsson 等[26]研究了环境湿度对 PSSH 双电层的影响，他们发现随着湿度的增加电解质双电层电容具有较高的上限频率，他们在 1.0MHz 条件下观测到了高达 $10\mu F/cm^2$ 的单位面积栅电容。Yuan 等[27]研究了 DEME-TFSI 离子液的双电层行为，获得了高达 $100\mu F/cm^2$ 的双电层电容，所研制的晶体管器件的响应时间也有了明显的提高。DEME-TFSI 分子量的降低和极化率的增加使得其离子电导率增加，从而改善了器件的极化响应时间。另外由于在 180K 低温下电解质的固化限制了离子迁移，Xia 等[28]在上述 EMIM-TFSI 体系中观察到了双电层电容的失效行为。

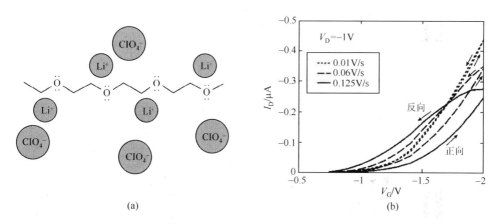

图 4-2　PEO/LiClO₄ 复合电解质结构示意图（a）和以 PEO/LiClO₄ 为栅介质的有机晶体管在不同栅压扫描速率下的转移曲线[19]（b）

　　双电层栅介质不仅可以对有机半导体进行有效的电学特性调控，而且可以推广到各种无机半导体。研究人员实现了 InO_x、ZnO 等薄膜的绝缘相到金属相的转变[29, 30]，另外在低温下，还通过界面双电层调控在氧化物和氮化物半导体中观察到了界面超导现象[31]。Shimotani 等[30]采用 $AClO_4/PEO$（A=Li, K 或 Cs）复合电解质作为双电层栅介质研制了单晶 ZnO 基 TFTs，在 ZnO 沟道中获得了高达 $4.2\times10^{13}/cm^2$ 的电子浓度。2010 年 Yuan 等制作了 DEME-TFSI 为栅介质的 ZnO 基双电层 TFTs，并在此基础上提出了表面极性识别晶体管和质子存储器的工作原理[32]。Misra 等[29]采用离子液作为静栅介质，对 InO_x 薄膜的电学特性进行了有效调控，实现了 InOx 薄膜由导电态到绝缘态的转变。值得一提的是，2010 年日本研究人员在《Nature Communications》杂志上报道了采用非晶 12CaO.7Al₂O₃ 多孔膜作为栅介质制作的 SrTiO₃ 场效应晶体管的研究成果[33]。上述多孔栅介质中吸附的 H₂O 分子在外电场的作用下会水解产生大量的 H^+，从而在 SrTiO₃ 表面感应耦合形成厚度～3.0nm 的导电层，界面感应电子浓度可以高达 10^{15}~$10^{16}cm^{-2}$。

4.1.3　氧化物双电层薄膜晶体管

2009 年 Wan 等室温下采用 SiH_4 和 O_2 作为反应气体，等离子体增强化学气相沉积技术沉积了 SiO_2 纳米颗粒状膜，并在该纳米颗粒膜中观测到了巨大的双电层电容[34]。图 4-3（a）给出的是该栅介质的电容随频率变化（C-f）的曲线，当频率从 10kHz 降低到 40Hz 时，单位面积电容从 $16.6nF/cm^2$ 增加到 $2.14\mu F/cm^2$[35]。从图 4-3（b）所示的截面 SEM 图可以看出，室温 PECVD 沉积的 SiO_2 厚度大约有数 μm 厚。另外从内插图可以看出，该薄膜是由 2.0nm 左右的纳米颗粒堆积而成的。SiO_2 纳米颗粒膜的科尔-科尔（Cole-Cole）曲线表明，SiO_2 纳米颗粒膜具有典型的质子导电特性。根据离子电导公式 $\sigma=L/(R_b-R_0)A$，其中，L 为 SiO_2 厚度，R_b 为图中曲线与 X 轴的交点，为 176Ω，R_0 为测试系统的电阻值（30Ω），A 为电极面积 $1.5\times10^{-3}cm^2$。计算得到 SiO_2 纳米颗粒膜的质子电导率为 $3.1\times10^{-4}S/cm$。

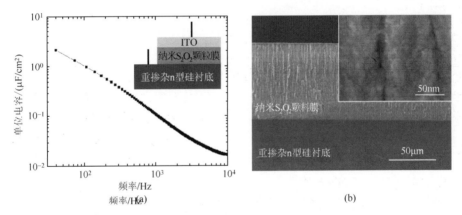

图 4-3　室温 PECVD 制备的 SiO_2 纳米颗粒膜的电容-频率（C-f）曲线（a）和 SiO_2 的扫描电镜
（SEM）照片（b）

（a）中内插图为电容测试的三明治结构；（b）中内插图为 SiO_2 纳米颗粒膜的高倍数 SEM 照片

在 PECVD 工艺沉积过程中，硅烷中的氢会进入 SiO_2 纳米颗粒膜中并形成 $Si-OH^+-Si$ 的桥氧键结构，另外 SiO_2 纳米颗粒膜具有很大的比表面积且又具有亲水性，它能够吸附空气中的水分子[36]，并在外加电场作用下与氧相连的氢原子会断开这个弱氢键，沿着电场的方向从一个氧原子的位置跳跃到另外一个氧原子的位置。质子以这样的跳跃方式沿着电场方向从一个桥氧键迁移到下一个，最终到达 SiO_2 颗粒膜的界面。由于静电耦合效应，质子在的界面会感应出一层和 SiO_2 边界面相反的电荷极性的电荷层出来。由于这两种带相反电荷极性的电荷之间的距离很短，所以在 SiO_2 纳米颗粒膜层和电极界面之间产生了很强的电容效应。显

然这种电容效应与 SiO_2 纳米颗粒膜中的可移动质子强烈相关：当频率比较低时，移动质子具有足够的响应时间，随着电场方向而移动，最终到达电极界面产生了很强的界面双电层电容效应，而在高频区域，可移动质子并没有足够的响应时间，所以 SiO_2 纳米颗粒膜的极化是一个体极化过程，高频电容值就比较小。

采用离子浸泡的方式（用 LiCl、H_3PO_4 溶液来浸泡）可以在 SiO_2 纳米颗粒膜栅介质层中引入可移动离子，这样可以进一步增强双电层电容的电容值[37, 38]。研究表明采用 LiCl 溶液浸泡工艺，可以在 SiO_2 纳米颗粒膜中引入 Li^+ 和 Cl^-。在外电场作用下 Li^+ 和 Cl^- 将沿着相反的方向运动，并在界面静电耦合出相反的电荷。和未经过处理的 SiO_2 纳米颗粒膜对比，这种 LiCl 溶液处理的 SiO_2 纳米颗粒膜显然具有更高的双电层电容截止频率。同样经过 H_3PO_4 溶液的处理也可以引入 H^+ 和 PO_4^{3-}，SiO_2 纳米颗粒膜的双电层效应显著增强和改善。另外，在 PECVD 沉积 SiO_2 纳米颗粒膜工艺过程中，原位采用磷烷气体作为掺杂气体可以沉积磷掺杂的 SiO_2 纳米颗粒膜。研究结果表明，磷掺杂能有效提高 SiO_2 纳米颗粒膜的单位面积电容和质子导电特性。Wan 等在磷掺杂 SiO_2 纳米颗粒膜中观测到了高达 3×10^{-3} S/cm 的质子电导率，这主要因为 P 元素的引入可以形成 $P-OH^+$ 基团，相比于 $Si-OH^+$ 基团，$P-OH^+$ 基团更容易在水分子和电场作用下产生 H^+，从而提高了质子导电特性[39]。

Wan 等以质子导电的 SiO_2 纳米颗粒膜为栅介质成功研制了一系列的氧化物双电层薄膜晶体管，双电层晶体管的工作电压小于 1.5V，场效应迁移率大于 $10cm^2$/（V·s）[40~43]。由于整个制备工艺都是在低温甚至室温下进行的，器件可以制备在柔性塑料甚至纸张衬底上[44-46]。同时 Wan 等还采用单掩模工艺制备了 ITO 基自组装双电层薄膜晶体管[46]。器件电流开关比约为 10^7，亚阈值斜率为 65mV/dec，工作电压仅为 1.0V，如图 4-4 所示。与传统的器件制备工艺相比，这种新型的沟道自组装工艺的优点在于：①沟道可以在源/漏电极的沉积过程中巧妙地通过掩模板绕射工艺自组装而成；②整个工艺过程只需要一块掩模板来实现器件沟道和源漏的图案化；③全室温加工。通过控制金属掩模板和样品的空间间隙距离可以调节自组装的 ITO 沟道厚度。特别是采用倾斜掩模板，在同一个衬底一次性沉积四种不同沟道厚度（8~45nm）的器件，这些不同厚度的沟道有效地调控了薄膜晶体管的阈值电压和工作模式。当沟道厚度从 45nm 减少到 8nm 时，其阈值电压从负向电压向正向电压漂移，工作模式从耗尽型向增强型转变[47]。

2010 年 Colinge 等[48]首次在《Nature Nanotechnology》杂志上报道了一种新型的无结纳米线晶体管。这种晶体管的显著特征在于其源漏电极与沟道区之间没有结的存在。Wan 等成功研制了一种无结氧化物薄膜双电层晶体管[49]。采用室温射频磁控溅射工艺，仅用一块金属掩模板就可以加工出器件的源/漏和沟道。重掺杂的 ITO 半导体薄膜同时作为晶体管的源极/漏极和沟道层。当沉积的 ITO 薄膜厚度为 80nm 时器件难以关断，转移曲线基本为一条水平的直线；而当沉积的 ITO

薄膜厚度为 40nm 时栅压 V_{GS} 对源漏电流 I_{DS} 有了一些调制效应，但是在整个栅压测试范围内的电流开关比很小（小于 10）。当射频溅射的 ITO 薄膜厚度进一步下降到 20nm 时，栅压 V_{GS} 对源漏电流 I_{DS} 有了显著的调控效应。该器件在栅压为 1.0V 时开电流为 $1.4×10^{-5}$A，而在栅压为 −1.0V 时器件的关态电流却达到了 $8.5×10^{-12}$A，电流开关比高达 $2×10^{6}$。Wan 等还通过巧妙地控制射频溅射 IZO 薄膜过程中的氧分压，成功制备了无结氧调制 IZO 沟道的双电层薄膜晶体管[50]。通过调节 IZO 薄膜沉积过程中的氧分压，无结 IZO TFT 的阈值电压从 −0.12V 变化到 0.3V，工作模式从耗尽型向增强型转变。

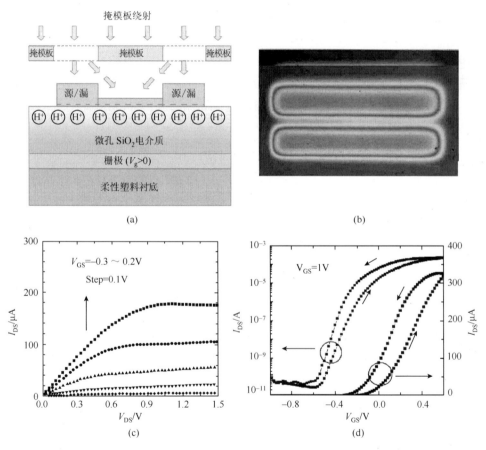

图 4-4　自主装 ITO 沟道 TFT 的制备（a），绕射自主装 ITO 沟道的光学照片（b），ITO-TFT 的输出曲线（c），以及 ITO-TFT 的转移曲线[46]（d）

　　Wan 等还研制了侧栅结构的氧化物双电层 TFTs，晶体管的栅极和源漏电极以及沟道可以通过一块金属掩模板在一次射频磁控溅射工艺中来实现。实验表明，单侧栅自组装 ITO 沟道 TFT 显示出了良好的器件性能：电流开关比达到了 8×10^5，亚阈值斜率为 192mV/dec，场效应迁移率为 22.5cm^2/（V·s）[51]。Wan 等还提出了侧栅电容串联耦合模型来解释侧栅电压静电调控机制，即 SiO$_2$ 纳米颗粒膜栅介质与绝缘衬底之间的那层导电薄膜（floating gate，即浮栅电极）将侧栅电容和沟道下面的栅电容建立起了有效的串联耦合[52]。当双侧栅 TFT 的第二栅极电压 V_{G2} 从 3.0V 变化到–2.0V 时，TFT 的转移曲线会发生明显的移动：V_{G2} 为正时，转移曲线往负向的水平栅压坐标轴移动；而 V_{G2} 为负时，转移曲线则往正向的水平栅压坐标轴移动。器件的阈值电压会相应地从–0.55V 调制到 0.76V，实现了器件工作模式的调控。这种晶体管可以实现逻辑"与"和"或"运算的切换[53]。同时可以对两个输入信号进行加权运算，当得到的加权和超过一定阈值时，才能将晶体管开启，器件结构非常类似于国外学者提出的神经元晶体管结构（Neuron FETs 或 vFETs）[54, 55]。课题组还开发了一种激光直写工艺，直接刻蚀出了具有神经元操作功能的神经元 TFTs 阵列并实现了逻辑运算[56, 57]。

4.2　氧化物双电层晶体管在传感器领域的应用

近年来，传感器作为人类感官的延伸已被广泛应用于机械制造、医学、航天科学以及人类的日常生活中。其中生物化学传感器是一种将生物或化学信息（如分子组成与浓度）转换为有用的分析信号的装置，其在临床诊断、工业控制、食品和药物分析、环境保护以及生物技术等研究领域中有着广泛的应用前景。随着化学工业和生物医学工程的迅猛发展，基于不同信号转换原理的各种生物化学传感器不断涌现，包括光学传感、热传感、质量传感、磁传感以及电化学传感等。电化学传感由于能够将化学信息直接转换为电信号而备受关注。根据不同的电信号处理方法，电化学传感器又可分为电化学电极、电阻式器件、电容式器件、场效应晶体管等。场效应晶体管是一种利用栅极的电场效应来控制沟道源漏极之间电流大小的半导体器件。栅介质与沟道界面的性质变化对其电学参数影响很大，根据此特性，场效应晶体管可被广泛用于传感领域。相比于其他种类传感器，场效应晶体管传感器具有微型化、高灵敏度、无标记、信号易处理等优点。随着生物化学传感在一些新兴领域的应用，如电子鼻、电子舌、现场即时检测等，人们对传感器件提出了新的要求，如低压、低成本、便携、超敏感等。对场效应晶体管传感器而言，增大栅电容是提高场效应晶体管传感器性能的主要途径之一。近年来双电层栅晶体管由于在栅介质和沟道之间具有极强的界面耦合而引起了广泛的研究兴趣。这种晶体管具有较低的工作电压（<2.0V），且可在液相环境下工作，因此非常适合用于生物化学传感。

4.2.1 双电层晶体管传感器简介

双电层场效应晶体管采用含有自由移动离子的电解质作为栅介质。以 n 型沟道晶体管为例，如图 4-5 所示，施加一个正电压于栅极上，可移动的阴离子与阳离子分别迁移到沟道/电解质和栅极/电解质界面处，由于双电层电容效应，在 n 型沟道将诱导出相等电荷数量的电子。在外加源漏电压的作用下，电子在沟道内移动从而形成源漏电流。紧密电荷层与诱导层之间的距离一般仅为 1nm 以下，因此双电层的电容值非常大，一般可以达到＞1.0μF/cm²。由于双电层界面的这种极强的电容效应是通过离子/电子（空穴）耦合实现的，所以导电沟道层中的载流子浓度对栅介质中的离子在其表面形成的电荷积累十分敏感。

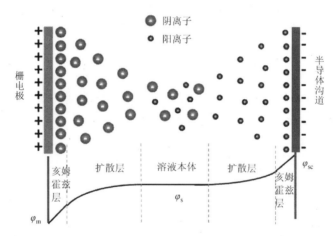

图 4-5 基于电解质的双电层栅介质中的离子分布示意图，以及栅电极至半导体沟道之间的空间电势分布

若以双电层晶体管的双电层界面作为活性敏感层，当带电荷的生物化学组分（分子或离子）吸附在活性敏感层上，通过双电层界面极强的电容耦合效应可导致半导体沟道的电导发生显著改变，从而产生较大的传感信号。目前用于生物化学传感的双电层晶体管一般都是采用液态电解质作为栅介质。2010 年，Heller 等[58]系统研究了电解液栅介质中的离子浓度对双电层碳纳米管晶体管和石墨烯晶体管的性能影响。图 4-6 为 Heller 等制备的碳纳米管及石墨烯双电层晶体管器件结构示意图和他们所测试的器件转移曲线在不同浓度氯化钾溶液中的漂移情况。研究结果表明电解液组分的改变能够通过沟道表面的离化基团作用影响栅极的静电调控能力。这项工作为基于液体栅的双电层晶体管传感器研究奠定了坚实的基础。

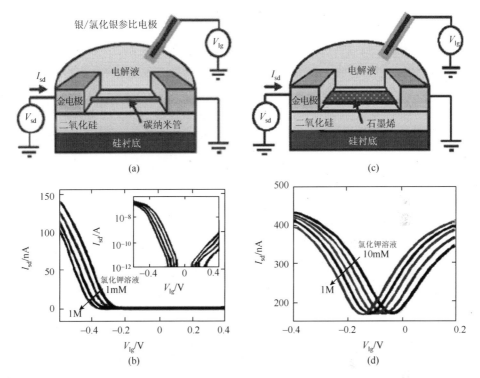

图 4-6　碳纳米管和石墨烯双电层晶体管及其转移曲线在不同浓度的氯化钾溶液中的
漂移情况

　　选择性检测离子是生化传感器另一个关键性能要求。奥地利的研究人员通过将聚氯乙烯（PVC）钠离子敏感膜集成到液体栅上，研制了双电层聚己基噻吩（P3HT）有机薄膜晶体管用于钠离子选择性检测，如图 4-7 所示[59]。该器件在钠离子浓度范围为 $10^{-6}\sim10^{-1}$M 的区间内表现出了很高的敏感性（62mV/dec）。此外，通过 PVC 敏感膜与待测离子的可逆交换作用，该传感器在无须复杂的再生工艺的情况下表现出良好的离子选择性和再生能力。检测特定的生物分子通常是将能够识别生物分子的组分嫁接在双电层晶体管的双电层界面上。例如，Magliulo 等[60]在 P3HT 沟道上固定化一层生物酰化的磷脂双层分子膜，利用磷酸盐缓冲溶液（PBS，10mM，pH=7.4）作为栅介质，制备了一种双电层晶体管传感器用于检测酶链亲和素蛋白质（streptavidin）。如图 4-8（a）及图 4-8（b）所示，由于生物素对酶链亲和素蛋白质有着很强的键合能力，当生物酰化的磷脂双层分子膜与含有酶链亲和素蛋白质的溶液接触后，带负电荷的酶链亲和素蛋白质分子会吸附于磷脂双层分子膜表面，导致在 p 型 P3HT 沟道表面诱导出更多的正电荷，使得晶体管的源漏电流增大，如图 4-8（c）所示。随着酶链亲和素蛋白质溶液浓度的增加，吸附在磷脂双层分子膜表面的负电荷也逐渐增多，双电层晶体管的源漏电流也不断增大，最终在吸附饱和时趋向稳定。

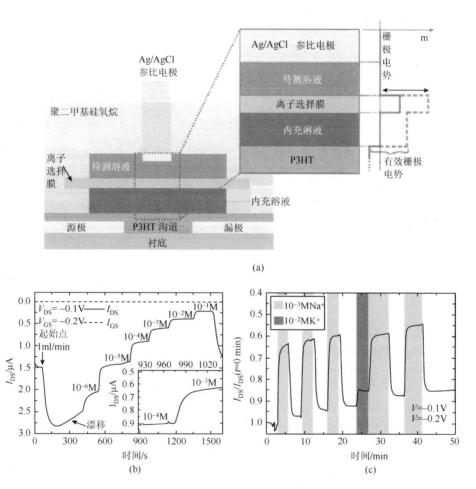

(a)

(b)

(c)

图 4-7　集成 PVC 离子敏感膜的双电层有机薄膜晶体管传感器示意图（a），该传感器对钠离子的检测灵敏度（b），以及选择性和重复性测试[59]（c）

　　栅电极也可以作为活性敏感层用于生物化学传感。Casalini 等[61]利用表面改性的金电极制备了液体栅双电层有机场效应晶体管，并用于多巴胺分子检测。他们在金电极表面自组装一层巯基乙胺和对醛基苯硼酸（CA-BA）基团，使得金电极表面可选择性吸附多巴胺分子。吸附的多巴胺分子与 CA-BA 基团相互作用产生极化偶极子，增大了金电极的表面电势，导致在相同晶体管源漏电流的情况下，栅电极施加的有效偏压更小。随着多巴胺浓度增大，产生的极化偶极子浓度也随之增大，导致晶体管阈值电压不断变负，由此产生对多巴胺分子的传感信号。

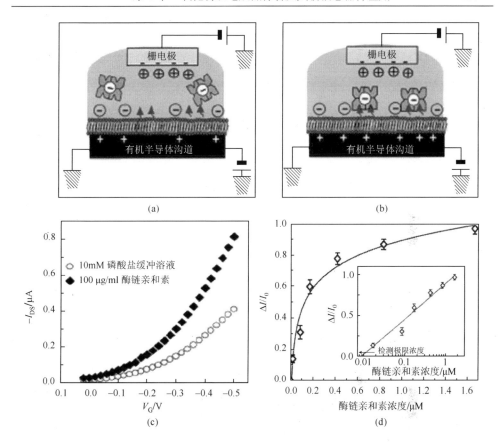

图 4-8　Magliulo 等[60]报道的带负电荷的酶链亲和素蛋白质在生物酰化的磷脂双层分子膜上吸附前（a）和吸附后（b）导致的沟道载流子变化示意图，酶链亲和素蛋白质吸附前后器件的转移曲线变化（c），以及不同浓度酶链亲和素蛋白质导致的器件电流变化（d）

　　由上可知，基于双电层晶体管的生化传感器是利用带电荷的生物化学组分选择性吸附在双电层界面上，利用双电层界面极强的电容耦合效应导致半导体沟道电导发生显著改变，从而产生较大传感信号。值得注意的是，现有关于双电层场效应晶体管传感器的研究主要采用以液态电解质作为栅介质的有机薄膜晶体管或纳米沟道场效应晶体管（硅纳米线、碳纳米管、石墨烯等），如表 4-1 所示。有机半导体由于载流子迁移率较低（$<1.0 \mathrm{cm}^2 \cdot \mathrm{V}^{-1} \cdot \mathrm{s}^{-1}$），使得沟道电流对栅电压的变化不够敏感，因此不利于在一些超敏感传感领域的应用。此外，有机半导体沟道在液相电解质中容易产生沟道的电化学掺杂，导致沟道性能衰变，所以稳定性较差。而纳米沟道场效应晶体管制备工艺较复杂，不适合广泛应用于低成本生物化学传感领域。由上可知，开发电学稳定、低成本的双电层栅介质和沟道材料将有利于促进双电层场效应晶体管在生物化学传感领域的应用和推广。

表 4-1　液体栅双电层场效应晶体管在生物化学传感领域的应用实例

	沟道材料	栅介质	制备方法	载流子迁移率/$(cm^2 \cdot V^{-1} \cdot s^{-1})$	检测组分	灵敏度	参考文献
有机半导体材料	聚己基噻吩	磷酸盐缓冲溶液	旋涂,60℃氩气干燥	0.02	氢离子、钠离子	52~62 mV/dec	[58]、[62]
	硅氧烷基聚异靛	去离子水、海水	旋涂,180℃干燥	0.04	汞离子	1mM汞导致电流变化400%	[63]
	α-六噻吩	磷酸盐缓冲溶液	50℃真空沉积	0.04	青霉素	~80μV/μM	[64]
纳米沟道材料	硅纳米线	磷酸盐缓冲溶液	460℃纳米金催化气相沉积	—	多巴胺	检测极限1fM	[65]
	碳纳米管	磷酸盐缓冲溶液	1100℃浮动催化气相沉积	16.6	多巴胺	检测极限0.001fM	[66]
	碳纳米管	磷酸盐缓冲溶液	900℃定向催化气相生长	—	Epsilon毒素	检测极限2nM	[67]
	石墨烯	磷酸盐缓冲溶液	滴液法,60℃肼还原,200℃氩气退火	0.5	氢离子、乙酰胆碱	29mV/pH,10mM乙酰胆碱电流变化230%	[68]
	石墨烯	磷酸盐缓冲溶液	微图形化,60℃肼还原,600℃氩气退火	—	钙离子、汞离子	检测极限浓度达到1nM	[69]

4.2.2　基于氧化物双电层晶体管的传感器

　　最近 10 年，氧化物薄膜晶体管由于其较高的沟道载流子迁移率（~$10cm^2$/(V·s)）、低温制备工艺和良好的生物兼容性，在生物化学传感领域受到越来越多的关注。万青等利用 SiO_2 纳米颗粒膜的超强静电调控能力，制备了基于氧化物双电层晶体管的 pH 传感器[70]。如图 4-9（b）所示，SiO_2 纳米颗粒膜具有低频电容高达 $4.4μF/cm^2$，该器件的工作电压低于 1.5V 且电子场效应迁移率高达 $20cm^2$/(V·s)。在 pH 为 2~12 的区间内 pH 灵敏度达到 58.1mV/pH，并具有较好的线性度，如图 4-9（c）所示。如图 4-9（d）所示，当采用源漏电流作为 pH 的传感量时 pH 灵敏度为 1.62 $(μA)^{1/2}$/pH，远高于其他文献的报道。这种基于双电层氧化物薄膜晶体管的传感器具有工艺简单、低成本、高灵敏度等优点，在便携传感领域有着非常好的应用前景。

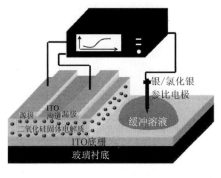

(a)

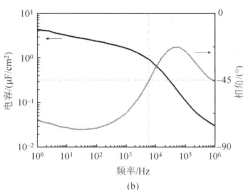

(b)

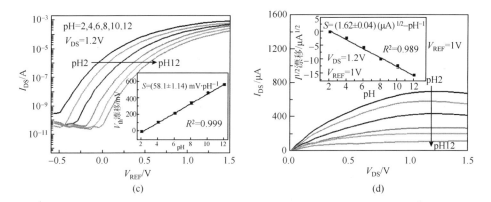

(c)　　　　　　　　　　　　(d)

图 4-9　基于 SiO_2 基质子导体的双电层氧化晶体管 pH 传感器示意图（a），SiO_2 质子导体的频率-电容/相角曲线（b），不同 pH 条件下的转移曲线（c），以及不同 pH 条件下的输出曲线（d）

除此之外，基于 SiO_2 质子导体的氧化物双电层薄膜晶体管还被用于检测 AI H5N1 病毒，并表现出了较好的传感性能[71]。单细胞 H5N1 抗体通过 γ-缩水甘油醚丙基三甲氧基硅烷键合固定于 ITO 沟道上，如图 4-10（a）所示。由于 AI H5N1 病毒与抗体结合释放负电荷，随着 AI H5N1 病毒浓度不断增大，使得该器件的阈值电压不断朝正偏压方向移动，沟道源漏电流不断减小，如图 4-10（b）所示。该传感器在 AI H5N1 病毒浓度范围为 $5 \times 10^{-9} \sim 5 \times 10^{-6} \mathrm{g \cdot ml^{-1}}$ 表现了很好的线性信号反馈。浓度检测极限达到 $0.8 \times 10^{-10} \mathrm{g \cdot ml^{-1}}$。此外，根据图 4-10（c）及图 4-10（d）所示，该器件在重复性和稳定性方面也有良好的表现。由此可知，基于 SiO_2 质子导体的氧化物双电层薄膜晶体管在非标记生物传感领域也具有重要的应用价值。

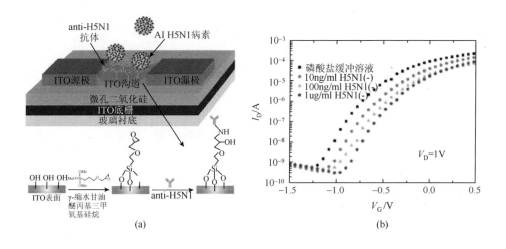

(a)　　　　　　　　　　　　(b)

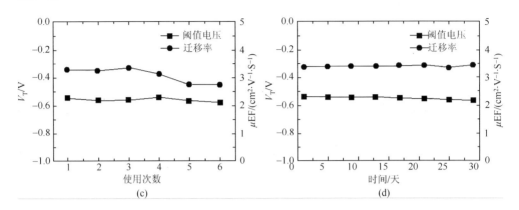

图 4-10　基于 SiO₂ 质子导体的双电层氧化铟锡薄膜晶体管的 AI H5N1 病毒传感器示意图（a），不同 AI H5N1 病毒浓度下的双电层薄膜晶体管的转移曲线（b），双电层薄膜晶体管病毒传感器的重复性测试（c），以及双电层薄膜晶体管病毒传感器的稳定性测试（d）

4.3　氧化物双电层晶体管在突触电子学领域的应用

4.3.1　生物突触及神经网络简介

　　人脑（human brain）是由 10^{12} 个神经元（neuron）和 10^{15} 个突触（synapse）组成一个大规模的错综复杂的并行神经网络[72]。人脑具有非常强大的功能，如认知感官、学习记忆、逻辑思维能力等。神经元是构成神经系统结构和功能的基本单位。神经元与神经元之间通过突触连接。大部分突触为化学突触（图 4-11（a）），是以化学物质（神经递质）作为通信的媒介。化学突触传递具有以下特征：①单向传递，化学突触的信息传递只能沿单一方向；②突触延搁，在哺乳动物的中枢神经系统内，完成一次突触传递需要大约 0.5ms，称为突触延搁（synaptic delay），也就是说，在 0.5ms 的时间内，神经信息只是跨过了突触间隙（20nm），形成突触延搁的原因主要是化学突触的传递过程复杂，其中包括突触前膜 Ca^{2+} 通道的缓慢开放、递质释放及扩散等；③对内环境变化敏感；④突触传递的可塑性。突触传递的可塑性是突触活动依赖性的传递功能改变。图 4-11（b）为一个典型的突触脉冲响应曲线。起初是在休息态①，受到刺激后，电位增加，达到阈值②后，膜电位急剧增加，产生动作电位（②→③），随后膜电位缓慢回复到休息态（④→⑤），等待下一个刺激。当外加刺激后，正离子流进突触后细胞，由于正离子进入导致突触后级的电流呈兴奋性突触后电位（电流），该电位（电流）持续时间为 1～10^4ms，为兴奋性突触后电位（电流）（excitatory post-synaptic potential/current，EPSP/EPSC）。当外加刺激后，负离子流进突触后细胞，这种由离子进入导致突触后级的电流呈抑制性突触后电位（电流），该电位（电流）持续时间为 1～10^4ms，为抑制性突触后电位（电流）（inhibitory post-synaptic potential/current，IPSP/IPSC）。

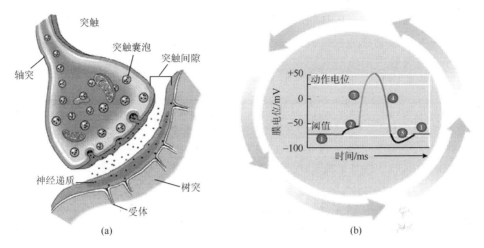

图 4-11　神经系统中的化学突触简单示意图（a）和生物突触脉冲响应曲线（b）

突触传递的功能可发生较长时程的增强或减弱，称为突触传递的可塑性（synaptic plasticity）。突触塑性是神经活动依赖性的，其传递效率（synaptic weight）受到突触前后神经元的相关活动影响。这些改变在中枢神经元的活动中，尤其是脑的学习和记忆等高级功能中具有重要意义[73, 74]。根据传递效率改变持续时间长短，突触的可塑性可分为长时程塑性（long-term plasticity）和短时程塑性（short-term plasticity）[75]。短时程塑性是指突触受到一定刺激后，在突触后神经元形成的持续时间较短（数秒到数分钟）的突触后电位（电流）增强或减弱[76]。双脉冲易化（paired-pulse facilitation，PPF）是最常见的一种短时程塑性形式。后脉冲刺激引起的 EPSC 幅值会大于前一个脉冲引起的 EPSC 幅值。而且两个脉冲时间间隔越小，幅值的比越大，最终衰减到接近 1。其衰减可分为快速衰减阶段（F_1）和慢速衰减阶段（F_2）。可以用双指数函数形式近似表示：

$$PPF = 1 + C_1 \exp(-t/\tau_1) + C_2 \exp(-t/\tau_2) \tag{4-1}$$

式中，C_1 和 C_2 分别为 F_1 和 F_2 阶段的初始易化幅值；τ_1 和 τ_2 分别为各阶段的特征衰减曲线。许多神经活动中涉及短程塑性，如短时间记忆、简单学习、视觉输入、信息处理等[77]。

而那些神经活动引起的持续时间达数小时甚至几天的突触连接变化称为长时程塑性[78]。包括长时程增强（long-term potentiation，LTP）和长时程抑制（long-term depression，LTD）。它是学习和记忆的分子细胞学基础。在老鼠活体海马区观测到了长程增强特性[79]。施加一连串 50～100 个（250Hz，200ms）刺激，可以看出受到刺激后 3h 的电位响应明显高于刺激前 1h，突触后电位发生了长久的增强。长程增强强化了记忆的形成，长时程抑制对记忆的形成不可或缺，对记忆的内容进行选择、确信和核实[80]。LTP 和 LTD 相互协调，密切相关，形成长时程记忆（long-term memory，LTM）。

神经元以突触的形式互联，形成神经元网络。突触作为神经元的输入，包括兴奋性输入和抑制性输入。突触后细胞的一次动作电位是其许多突触产生的兴奋性和抑制性突触后电位的时间和空间整合的结果。时间整合（temporal integration）是指同时或不同时发生的突触时间对突触后细胞的作用的总和。空间整合（spatial integration）是指不同部位的突触对突触后细胞产生的不同兴奋作用的总和。如图4-12（a）所示，在吸管 1 和吸管 2 处分别注入谷氨酸以及两处同时注入谷氨酸，测试椎体细胞的刺激响应，得到如图右部分所示，同时受到刺激激发的 EPSP 是单独刺激激发的 EPSP 代数之和[81]。然而突触整合并不总是线性的，也可能是超线性的。如图 4-12（b）所示，当 P_v 和 P_d 同时突触输入时，其 EPSP 响应大于 P_v 输入引起的 EPSP 和 P_d 输入引起的 EPSP 之代数和[82]。1956 年，Bishop 认为突触整合是代数相加，而树突仅是传递突触电位的导管[83]。现在大量实验证明树突自身发生了大量的计算，突触事件在树突里发生了局部反应[84, 85]。突触整合可能表现为亚线性、线性以及超线性加和特性。其线性度与突触输入强度以及突触在树突的位置（即与胞体之间的距离）都有关系[86]。

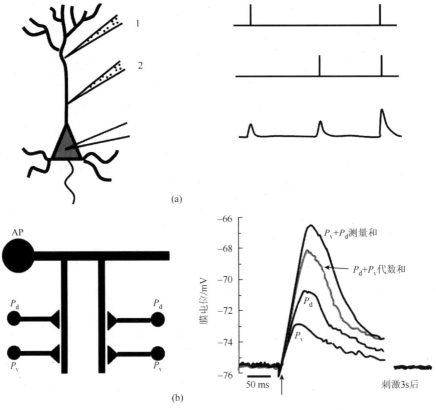

图 4-12　注入谷氨酸刺激测试椎体细胞的刺激响应（a）和突触的时空信息整合[81]（b）

4.3.2　突触电子学器件简介

传统电子计算机只能按照人规定的程序进行工作,不能像人脑一样自主学习。如果组装出和人脑神经元细胞数量一样多的元件,其体积将是 1 万立方米的庞然大物,是人脑体积的 600 万倍,所需要的能量则高达 100 万千瓦,相当于一座现代化大型水电站的容量。另外,人脑的记忆容量的字节数达到 10 后面 8432 个零,而计算机的记忆容量只有 10^{12} 个字节。因此,研发更接近人脑的智能计算机将非常具有挑战性和吸引力。智能计算机被定义为完全不同于前四代的第五代计算机。它具有能够很好地理解自然语言、声音、文字、图像的能力,并且具有说话的能力,以达到人机直接用自然语言对话的水平;它具有利用已有的知识和不断学习到的知识,进行思维、联想、推理,以达到解决复杂问题、得出结论的能力;它具有汇集、记忆、检索有关知识的能力。神经突触是人脑学习和记忆的基本组成单元。因此,突触仿生是构建神经形态电路和实现智能计算机的重要基础。

突触电子学是一门新兴的仿生电子学,旨在从最基本的神经突触仿生来构建神经形态电路和智能计算机。目前主要有三种研究途径和方法。第一种途径主要选择软件编程方式[87,88],例如,2005 年 IBM 公司就发起了一个蓝脑计划(blue brain project)[89],研究人员采用 126kW Blue、Gene/P IBM 超级计算机运行软件来仿生老鼠新皮层神经元和突触。由于 IBM 超级计算机采用的是冯·诺依曼结构体系的顺序处理信息,耗能非常大。第二种途径采用传统的数字电路元件(如晶体管)组成的模拟电路来实现神经突触、神经元和神经网络的仿生[90, 91]。由于单个突触需要几十甚至上百个晶体管来实现,所以很难模拟大规模的突触(~10^{14})连接。第三种途径采用单一新概念器件实现对神经突触的仿生,该技术大大简化了神经形态电路的结构,并且能显著降低人造突触的功耗,一直是研究人员关注的热点。例如,1996 年 Carver Mead 等[92]研制出了首个硅突触晶体管。浮栅硅 MOS 晶体管基于热电子注入和电子隧穿原理可以模拟突触学习功能。研究表明,硅神经元模拟神经脉冲动态性,其耗能大约为 10^{-8}J/spike 数量级[93]。

近几年,忆阻器(memristor)、原子开关(atomic switch)、相变存储器(PCM)和双电层晶体管等一系列新概念器件被成功地用于神经突触仿生[94-96]。1971 年,加州大学伯克利分校的蔡少棠教授预言存在第四种基本元件,即忆阻器[97]。忆阻器如同电阻器,但又不同于电阻器,它可以在关掉电源后,仍能"记忆"先前通过的电荷量。忆阻器电阻的阻值可以随流经电量而发生改变这一特点与突触权重可对刺激信号作动态响应相似。因此,利用忆阻器件实现对神经突触的仿生成为了研究热点。

美国密歇根大学卢伟课题组研制了 Si 基忆阻器,并在此人造突触器件上成功实现了增强过程和抑制过程和尖峰时间依赖的可塑性(STDP)功能的仿生[98]。如图 4-13(a)所示,该类人造突触器件采用交叉棒结构(crossbar configuration),

中间的介质层为共溅射的富含 Ag 离子的非晶 Si 层以及缺乏 Ag 离子的 Si 层。通过控制上下两电极间的电压调节介质中 Ag 离子的迁移，就可以改变介质层的电导性。忆阻器电导的变化类似于生物突触权重的变化，通过变化电压刺激的极性以及刺激次数可以仿生生物突触的增强过程和抑制过程。改变前后级刺激时间间隔，还可以实现生物突触 STDP 过程的仿生。东北师范大学刘益春课题组[99]利用 IGZO 薄膜的电学性质可调节性及其对激励信号可作出动态反应等特点，设计并制备了由两层不同含氧量的 IGZO 薄层构成的忆阻器件；实现了对神经突触多种生物功能的模拟，包括兴奋性突触后电流、非线性传输特性、长时程/短时程可塑性、刺激频率响应特性、STDP 机制、经验式学习等，尤其是器件表现出的短时记忆行为与"学习—遗忘—再学习"的经验式学习模式符合人类的认知规律。

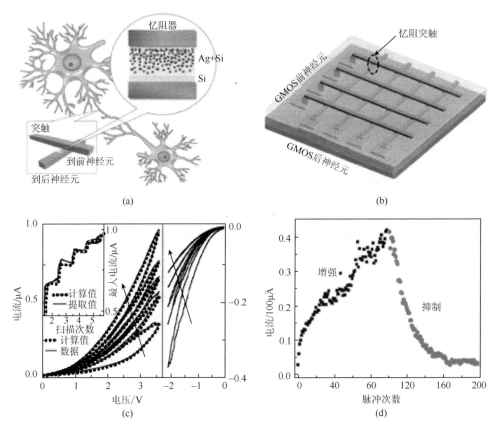

图 4-13　Si 基忆阻器突触结构示意图（a），交叉结构的忆阻器突触和 CMOS 神经元组成的神经系统示意图（b），忆阻器突触在多次电压扫描的 I-V 曲线（c），以及忆阻器电导多个脉冲下的增强和抑制过程[98]（d）

　　原子开关是另一类新型的两端突触器件。2005 年，Terable 等首次报道了这种量子导电的原子开关纳米器件[100]。两电极间仅有 1.0nm 的间隙,通过调节电压极性改变原子桥的形成与溶解。Ohno 等[101, 102]采用 Ag₂S 和 Cu₂S 原子开关器件模拟了突触的短程塑性(STP)和长程增强(LTP)。以原子开关导电性(conductance)为突触权重。原子开关导电性可以量化为 $2e^2/h$ 的倍数,其中 e 为电子电量,h 为普朗克常数。对应的单个原子电导为 $G_0=2e^2/h=77.5\mu S$。当电导小于 77.5μS 时,说明两电极之间原子桥是断开的。研究发现,改变电压脉冲刺激时间间隔(T),可以控制原子桥的形成。较大时间间隔刺激后,原子桥会逐渐断开,回到初始态,类似于突触的 STP 过程。而很小的时间间隔的刺激后,原子桥会永久地形成,长久地保持在一个增强的导电态,类似于突触的 LTP 过程。

除了两端突触器件外,近几年还兴起了能像人脑中的神经突触一样工作的三端突触晶体管。这种突触晶体管的特点:①它是非二进制系统,能表示两个以上的状态;②这些状态是非易失的,掉电以后仍然保存。Alibart 等[103]制备了一种纳米颗粒记忆有机晶体管(NOMFET)(图 4-14(a)),利用金纳米颗粒的电荷存储能力,成功模拟了生物突触的短程塑性。源、漏电压作为输入信号,源、漏电流作为输出信号。当施加负向栅电压时,p 型的并五苯表面诱导出空穴,同时金颗粒表面被附上电荷。在源漏极加一连串脉冲电压时,电流逐渐增大,表现为增强特性(图 4-14(b))。相反,正栅电压下,金颗粒被放电。电流逐渐减小,表现为抑制特性(图 4-14(c))。

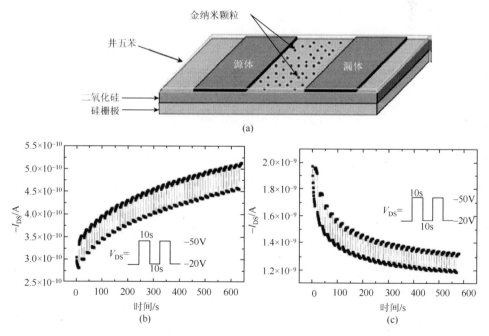

图 4-14　金纳米颗粒并五苯突触晶体管示意图(a),突触增强过程模拟(b),以及突触抑制过程模拟[103](c)

美国加州大学洛杉矶分校的 Yong Chen 课题组设计并制备了一种基于离子/电子杂化材料的硅基突触晶体管[104]。在栅介质中增加了 RbAg$_4$I$_5$ 离子导体层和离子掺杂的 MEH-PPH 聚合物层。RbAg$_4$I$_5$ 中的 Ag$^+$/I$^-$ 在外电场作用下可以扩散到 MEH-PPV 聚合物中。外电场撤走后在聚合物中残留了一些存储电荷。离子电荷的变化同时改变沟道的空穴浓度。以栅极电压脉冲作为前突触尖峰刺激,沟道电导作为突触权重。基于离子的缓慢放电过程和非易失性的离子电荷存储过程,离子/电子杂化突触晶体管模拟了突触的 EPSC 和 STDP 功能。图 4-15(a)所示的碳纳米管突触晶体管采用掺入了可移动氢离子的聚合物作为介质层,同样成功地模拟了生物突触的动态逻辑、学习和记忆等功能[105]。图 4-15(b)和(c)分别为同一突触不同时间的双脉冲易化 PPF 特性以及不同突触上的动态逻辑特性。

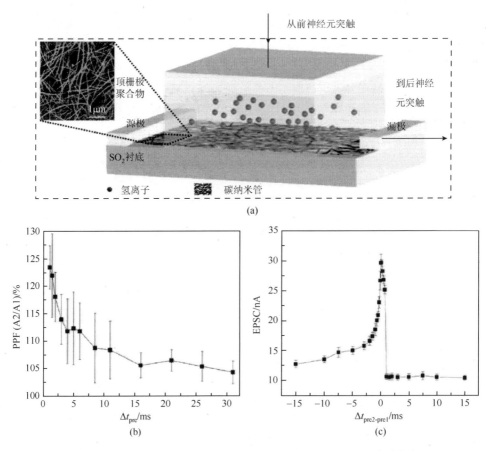

图 4-15　碳纳米管突触晶体管结构示意图(a),同一突触的 PPF-Δt$_{pre}$ 关系仿生(b),以及不同突触的动态逻辑特性模拟[105](c)

一个理想的突触器件具有以下性能：器件尺寸小、低能耗、多级态和一定的保持时间等。表 4-2 列出了各性能指标目标值。其中能耗是最重要、最具挑战性的性能指标之一。能耗估算公式为

$$dE = V \times I \times dt \tag{4-2}$$

那么，直观的降低能耗的主要途径：减小工作电压，降低激发电流，缩短脉冲宽度。而真正要降低人造突触的功耗却非常困难。H.-S. Philip. Wong 课题组一直致力于降低突触器件的能耗，在氧化物阻变器突触中取得了一定的突破。起初的 HfOx/AlOx 基阻变突触器件[106]，功耗约为 6.0pJ/spike。改进后的多层 HfOx/TiOx/HfOx/TiOx 介质薄膜[107]，降低了工作电压，能耗降低为 0.85pJ。另外，基于 $Ge_2Sb_2Te_5$ 的相变存储器突触也获得了 0.675pJ 的低能耗[108]。但是这类阻变器突触和相变突触都是在脉冲宽度非常短，仅为 10ns 条件下获得的。然而，在神经系统中，脉冲持续时间一般都为毫秒级别。因此 10ns 对于仿生突触的很多行为显得过于短暂。碳纳米管突触晶体管[105]在脉冲宽度为 1ms 条件下，能耗也达到了 7.5pJ/spike，因为其脉冲响应电流明显小于前两类突触。

表 4-2　突触器件的理想性能指标

性能	目标值
器件尺寸	<20nm×20nm
能耗	<10fJ
工作速率/编程时间	~10Hz/<1ms
能态	20~100
动态范围	>4
持续时间	~10 年/$3×10^9$ 突触活动

4.3.3　氧化物双电层突触晶体管及其人造树突

Wan 等采用低压氧化物双电层晶体管仿生了多种突触基本功能，如兴奋性突触电流（EPSC）、抑制性突触电流（IPSC）、突触双脉冲易化（PPF）、突触短程塑性（STP）、突触长程塑性（LTP）以及两个突触输入的时空信息整合特性等[109-114]。

图 4-16 为氧化物双电层突触晶体管结构示意图。导电栅极作为前突触，栅极脉冲电压作为前突触脉冲刺激输入。源漏电极与自组装氧化物沟道作为后突触的输出端口。在源漏极施加一个恒定的电压检测沟道电流，为后突触电流（PSC）。沟道的电导率作为突触的权重。质子导体膜（如磷掺杂 SiO_2 等）栅介质作为递质。受栅压调控的质子/电子耦合，导致沟道电流或沟道电导的改变，模仿了生物突触尖峰的工作模式。

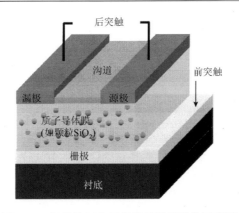

图 4-16　氧化物双电层突触晶体管结构示意图

在生物神经系统中，突触起初是处于休息态，受到刺激后，电位增加，达到阈值后，膜电位急剧增加，产生动作电位，随后膜电位按指数函数缓慢回复到休息态，等待下一个刺激。这一过程称为兴奋性后突触电位/电流（EPSP/EPSC）。它是最基本的突触活动单元。图 4-17 为 IZO 双电层突触晶体管的典型 EPSC 时间动态响应曲线[109]。在源漏极加一恒定的 0.5V 的电压测试沟道电流。图中看出，沟道的初始电流约为 1.6nA，当底栅电极施加一个 0.5V，20ms 的前突触脉冲，沟道电流被激发，逐渐增加，在脉冲末达到最大值~30.6nA。撤掉脉冲电压后电流逐渐衰减到初始稳态值，电流衰减过程持续了大约 300ms。这一过程类似于生物突触的 EPSC。图 4-17 上半部分为相应的质子/电子分布变化示意图。未加栅极电压时，磷掺杂 SiO_2 中的质子杂乱分布，IZO 沟道中只有少量的本征电子。当施加正向栅极脉冲时，质子迁移并聚集到 SiO_2/IZO 界面，在 IZO 沟道中诱导出更多的电子，导致漏电流增加。撤掉脉冲电压后，质子扩散回去，由于质子的扩散速度非常缓慢，镜像诱导的沟道电子也逐渐减少，因此沟道电流逐渐衰减回去。而常规的晶体管响应很快，电流响应与栅压变化基本是同步的。这种低压氧化物双电层突触晶体管需要的脉冲刺激电压是非常低的（<1.0V）。碳纳米管突触晶体管脉冲刺激电压为 5.0V。根据能耗计算公式（4-2），估算出该突触晶体管单个脉冲（0.5V，20ms）激发电流的能耗为~180pJ。通过减小自组装沟道厚度，采用高阻的 IGZO 沟道以及增加 IZO 沟道沉积氧分压都能一定程度上降低突触晶体管的功耗。特别是采用 IGZO 沟道，单个 EPSC 的能耗仅为~0.2pJ/spike，低于碳纳米管突触晶体管（~7.5pJ/spike）。

抑制性突触后电位（IPSP）造成突触后细胞的局部超极化，其作用是降低突触后细胞发生动作电位的概率，所以是 EPSP 的拮抗者。中枢神经系统中的大多数神经元都同时受到 EPSP 和 IPSP 的影响，从而实现足够复杂的神经计算。例如，记忆的形成不但需要长时程增强，而且需要长时程抑制，两者协调，密切相关，才能形成长程记忆。长时程增强强化记忆形成，长时程抑制对记忆内容进行选择、确信、核实。新信息的存储与记忆和遗忘的平衡有关，如果信息继续存在突触中，再学习记忆就困难。突触抑制性为随后的学习提供了重要条件。因此，模拟突触抑制性对突触仿生具有非常重要的意义。

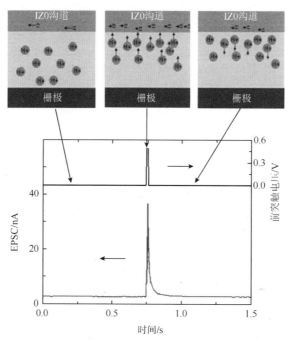

图 4-17　自组装 IZO 双电层突触晶体管的典型 EPSC 时间响应曲线

上半部分为相应的质子/电子分布变化示意图

给双电层突触晶体管施加一个负栅极电压脉冲（–0.2V，10ms），图 4-18 看出沟道电流从～92nA 逐渐减小到最小值～67nA。撤掉负电压脉冲后，电流逐渐回复到初始稳态值。回复时间为～200ms。这一过程类似于生物突触的突触后抑制性电流（IPSC）。

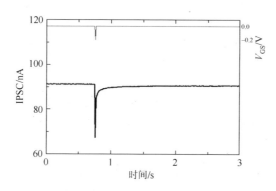

图 4-18　双电层突触晶体管的 IPSC 响应

　　在神经科学中，双脉冲易化（PPF）是一种短程突触塑性的形式。它涉及许多神经功能任务，如简单的听力、信息处理、声源定位等。双脉冲易化是指当受到连续两个相同脉冲刺激时，后一个脉冲引起的 EPSC2 幅值会大于前一个脉冲引起的 EPSC1 幅值。而且两个脉冲间隔时间越小，EPSC2/EPSC1 的值越大。随着时间间隔的增加，EPSC2/EPSC1 的值呈二次指数函数衰减。

　　为了模拟这一基本的突触特性，在 IGZO 双电层突触晶体管的栅极施加一对 0.4V，20ms 的脉冲。图 4-19（a）为双脉冲时间间隔为 150ms 的一组数据。很明显，后一个脉冲引起的 EPSC 幅值（A2）远大于前一个脉冲引起的 EPSC 幅值（A1），大约为 1.62 倍。图 4-19（b）为 A2/A1 的值与时间间隔（Δt）之间的关系曲线。当 Δt=20ms 时，A2/A1 的值达到最大值～192%。当 Δt=2.0s 时，A2/A1 的值～100%。其拟合衰减曲线为一个二次指数衰减曲线，类似于生物突触。经过拟合得到，C_1=73%，C_2=20%，τ_1=198ms 和 τ_2=546ms。这一特性是非常特别的，它源于双电层晶体管中离子的慢极化响应。当两个脉冲间隔很短时，在无脉冲电压的间隔中，前一个脉冲导致积聚在电解质/半导体界面的质子还没来得及扩散回去。这样，后一个脉冲引起的积聚在电解质/半导体界面的质子就会由于累积效应而增多，最终导致沟道电流增加。而当两个脉冲间隔足够长时，在无脉冲电压的间隔中，前一个脉冲导致积聚在电解质/半导体界面的质子有足够时间扩散回去，因此累积效应消失，前一个脉冲电流和后一个脉冲电流几乎一样。

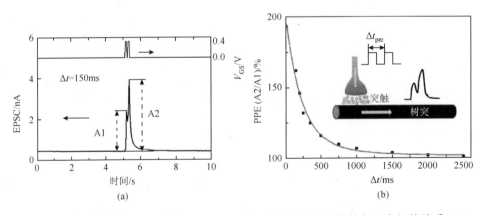

图 4-19　双脉冲刺激的 EPSC 响应（Δt=150ms）（a）和 A2/A1 的值与 Δt 之间的关系（b）

（b）中黑色方块为测试数据，光滑曲线为拟合曲线

　　突触塑性是突触连接效率的改变，包括短程塑性（STP）和长程塑性（LTP）两种形式。当突触效率变化持续时间较短，为几秒或几分钟时为 STP。当突触效率变化持续时间较长，为几小时、几天甚至一生时为 LTP。在生物神经系统中，化学突触在反复刺激下，传递效能会逐渐增加。每个突触前尖峰刺激导致突触强

度增强 1%～15%，那么，数百个一系列的尖峰的综合作用将导致许多倍的增强，并且 EPSCs 的幅值能长久保持，产生长时程增强[76]。

给突触晶体管的栅极施加一连串的小电压脉冲刺激：20 个（0.5V，50ms），脉冲间隔为 50ms。如图 4-20（a）所示，EPSC 幅值随着脉冲刺激个数的增加而增加，当撤掉刺激后，EPSC 在几十毫秒内衰减到初始值，表现为短程塑性。然而，给突触晶体管的栅极施加一连串的大电压脉冲刺激：20 个（4.0V，20ms），脉冲间隔为 10ms。如图 4-20（b）所示，EPSC 幅值同样随着刺激个数的增加而增加，从初始电流～8.0nA 逐渐增加到 11.9μA，但是撤去脉冲栅压后，EPSC 并未衰减回初始值，而是仍保持在 5.0μA 以上，表现为长程增强。可见，当脉冲电压幅值足够大（如 4.0V）时，IZO 沟道电阻已经发生了永久性的变化。可能的工作原理：当施加小的脉冲电压时，质子聚集在电解质沟道界面，由于静电耦合作用，沟道电子增加，但是脉冲电压撤掉后，质子扩散回去，这种静电耦合作用能在很短时间内消失；当施加大的脉冲电压时，质子获得足够大的能量跃迁到沟道，与沟道发生了不可逆的电化学反应，脉冲电压撤掉后，沟道电导不能自发恢复[110]。这种非易失性是氧化物双电层突触晶体管模拟突触记忆和存储的基础。

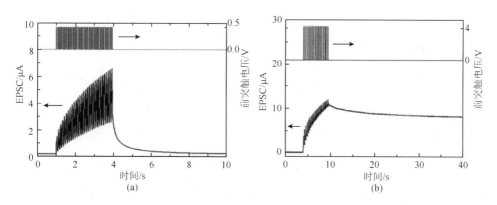

图 4-20　20 个（0.5V，50ms）脉冲刺激下的 EPSC 响应（a）和 20 个（4.0V，20ms）脉冲刺激下的 EPSC 响应（b）

一般来说，一个突触前细胞的刺激量不足以引起突触后细胞的反应，即不足以产生足够的递质，使突触后细胞膜的极性发生逆转；只有在几个突触细胞的共同刺激下，使多个突触都产生递质，这些递质的作用总和才能使突触后细胞兴奋。一个突触后细胞可同时与几个突触前细胞分别连成兴奋性和抑制性两种突触，这两种突触的作用可以互相抵消。如果抑制性突触发生作用，那就需要更强的兴奋性刺激才能使突触后细胞兴奋。轴突作为神经细胞的输出通道，可以与一个或多个目标神经元发生连接。树突为神经元的输入通道，其功能是将自其他神经元所接收的动作电位（电信号）传送至细胞本体。

双侧栅氧化物晶体管（图 4-21 (a)）可以仿生两个突触输入的信息整合。两个侧栅电极（IZO）作为来自其他两个神经元轴突输出信号的前突触输入端口（pre-synaptic1 和 pre-synaptic2）。沟道电流同时受到两个栅极电压的影响，作为两个突触的信息整合输出。图 4-21 (b) 所示当仅在单侧栅"G_1"上施加一个 0.5V，20ms 的前突触脉冲 1 时，沟道上检测到一个峰值为～30nA 的 EPSC1 电流。当仅在单侧栅"G_2"上施加一个 1.0V，20ms 的前突触脉冲时，沟道上检测到一个峰值为～50nA 的 EPSC2 电流。而当在"G_1"和"G_2"上分别同时施加脉冲 0.5V，20ms 和 1.0V，20ms 时，得到 EPSC 电流峰值为 110nA，明显大于单独施加脉冲刺激引起的 EPSC1 和 EPSC2 之和（～80nA）。说明两突触信息输入的加和表现为超线性。当"G_2"上的脉冲后于"G_1"上的脉冲施加时，二者时间差$\Delta t_{pre2-pre1} > 0$，发现 EPSC1 的峰值基本没有增加。可是，当"G_2"上的脉冲先于"G_1"上的脉冲施加时，二者时间差$\Delta t_{pre2-pre1} < 0$，发现 EPSC1 峰值受到增强。说明"G_2"上的脉冲先于"G_1"上的脉冲时，"G_1"受到了"G_2"的影响。而且"G_2"和"G_1"施加的时间差不同时，"G_1"受到的影响程度也不同，EPSC1 峰值随着$\Delta t_{pre2-pre1}$增大而减小，直至不受"G_2"的影响。它可以用类似于单突触的双脉冲易化的工作原理来解释。当"G_2"上的脉冲与"G_1"上的脉冲同步时，积聚在电解质/半导体界面的质子来自于 G_1 栅压和 G_2 栅压同时作用下的两个质子通道。当"G_2"上的脉冲先于"G_1"上的脉冲，且间隔较短时，在脉冲间隔中，"G_2"脉冲导致积聚在电解质/半导体界面的质子还没来得及扩散回去，"G_1"脉冲引起的积聚在电解质/半导体界面的质子就会由于累积效应而增多，最终导致沟道电流增加。而当"G_2"上的脉冲后于"G_1"上的脉冲时，"G_1"脉冲引起的电流不受"G_2"的影响。这一过程模拟了两个突触输入的时空整合特性，它是神经元信号处理的重要环节。

神经学家认为神经元突触整合不是简单的代数相加，树突不仅是传递突触电位的导管[82]，而且其自身发生了大量的计算[83, 84]。突触整合可能表现为亚线性、线性以及超线性加和特性。图 4-22 (a) 为双侧栅突触晶体管在两个突触同步刺激下，EPSC 随时间的变化关系。在 1s 时刻，给突触 2 施加一个 0.7V，50ms 的脉冲刺激，在 5s 时刻，给突触 1 施加一个 0.7V，50ms 的脉冲刺激，在 10s 时刻，给突触 1 和突触 2 同时施加 0.7V，50ms 的脉冲刺激。单个突触输入引起的 EPSC 峰值电流为～$0.42\mu A$，而突触 1 和突触 2 同时施加 0.7V，50ms 时，引起的 EPSC 峰值电流为～$1.1\mu A$，明显大于两个突触的 EPSC 代数之和（～$0.84\mu A$），表现为超线性加和特性。改变栅压脉冲幅值，比较实测的 EPSC 峰值与预测的 EPSC 峰值代数之和的关系。图 4-22 (b) 中虚线为实测值等于预测值的线性加和情况。从图中可以看出，当输入电压较小（0.1V、0.2V 和 0.3V）时预测值与实测值基本一致，说明两突触加和呈线性特性。而当输入电压较大（>0.3V）时，实测值大于预测值，说明两突触信号整合呈超线性特性，而且电压越大超线性度越大。

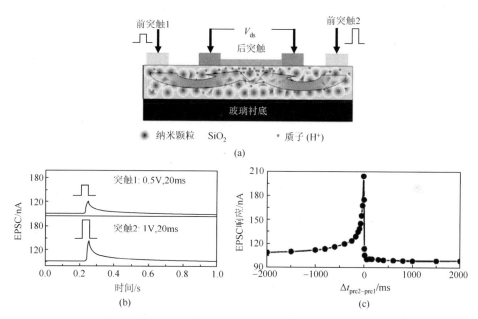

图 4-21　侧向耦合双侧栅突触晶体管结构示意图（a），分别在突触 1（0.5V，20ms）和突触 2（1.0V，20ms）刺激下的 EPSC 响应（b），以及 EPSC1 峰值与 $\Delta t_{pre2-pre1}$ 之间的关系（c）

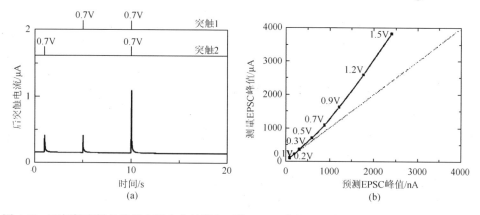

图 4-22　双侧栅突触晶体管在两个突触输入下的 EPSC 响应（a）和不同栅极电压下，预测 EPSC 峰值代数之和与实测的 EPSC 峰值的关系（b）

参 考 文 献

[1]　Yue K.Thin film transistor technology-past，present and future [J].The Electrochemical Society Interface，2013：55-61.

[2]　Kawamoto H. The history of liquid-crystal displays[R]. Proceedings of The IEEE，2002，90（4）：460-500.

[3] Horst D, Lueder E, Habibi M, et al. An array of TFT-addressed light sensors to detect grey shades and colours [J]. Sensors and Actuators, 1995, 46-47: 453-455.

[4] Liao F, Chen C, Subramanian V. Organic TFTs as gas sensors for electronic nose applications [J].Sensors and Actuators B, 2005, 107: 849-855.

[5] Kim I, Fok H, Him R, et al. Polymer substrate temperature sensor array for brain interfaces[J]. IEEE Engineering in Medicine and Biology Society Conference Proceedings, 2011: 3286-3289.

[6] Weimer P K. The TFT-A new thin film transistor [J]. Proceedings of the Institute of Radio Engineers, 1962, 50(6): 1462-1469.

[7] Lecomber P G, Spear W E, Ghaith A. Amorphous-silicon field effect device and possible application [J]. Electronics Letters, 1979, 15 (6): 179-181.

[8] Hayama H, Matsumura M. Amorphous-silicon thin-film metal-oxide-semiconductor transistors [J]. Applied Physics Letters, 1980, 36 (9): 754-755.

[9] Hoffman R L, Norris B J, Wager J F. ZnO-based transparent thin-film transistors [J]. Applied Physics Letters, 2003, 82 (5): 733-735.

[10] Masuda S, Kitamura K, Okumura Y, et al. Transparent thin film transistors using ZnO as an active channel layer and their electrical properties [J]. Journal of Applied Physics, 2003, 93 (3): 1624-1630.

[11] Carcia P F, McLean R S, Reilly M H, et al. Transparent ZnO thin-film transistor fabricated by rf magnetron sputtering[J]. Applied Physics Letters, 2003, 82 (7): 1117-1119.

[12] Klasens H A, Koelmans H. A tin oxide field-effect transistor [J]. Solid-State Electronics, 1964, 7 (9): 701-702.

[13] Fortunato E, Barquinha P, Pimentel A, et al. Wide-bandgap high-mobility ZnO thin-film transistors produced at room temperature [J]. Applied Physics Letters, 2004, 85 (13): 2541-2543.

[14] Nomura K, Ohta H, Takagi A, et al. Room-temperature fabrication of transparent flexible thin-film transistors using amorphous oxide semiconductors [J]. Nature, 2004, 432 (7016): 488-492.

[15] Kim D H, Cho N G, Kim H G, et al. Low voltage operating InGaZnO4 thin film transistors using high-k $MgO-Ba_{0.6}Sr_{0.4}TiO_3$ composite gate dielectric on plastic substrate [J]. Applia Physis Letters, 2008, 93(3): 032901.

[16] Lozano-Castello D, Cazorla-Amoros D, Linares-Solano A. Influence of pore structure and surface chemistry on electric double layer capacitance in non-aqueous electrolyte [J]. Carbon, 2003, 41 (9): 1765-1775.

[17] Wu N L, Wang S Y, Han C Y, et al. Electrochemical capacitor of magnetite in aqueous electrolytes [J]. Journal of Power Sources, 2003, 113 (1): 173-178.

[18] Se H K, Kihyon H, Frisbie C D, et al. Electrolyte-gated transistors for organic and printed electronics [J]. Adv Mater, 2013, 25 (13): 1822-1846.

[19] Panzer M J, Newman C R, Frisbie C D. Low-voltage operation of a pentacene field-effect transistor with a polymer electrolyte gate dielectric [J]. Appl Phys Lett, 2005, 86 (10): 103503.

[20] Takeya J, Yamada K, Hara K, et al. Appl Phys Lett, 88 (2006) 112102.

[21] Said E, Crispin X, Herlogsson L, et al. Appl Phys Lett, 89 (2006) 143507.

[22] Ono S, Seki S, Hirahara R, et al. Appl Phys Lett, 92 (2008) 103313.

[23] Lee J, Panzer M J, He Y, et al. J Am Chem Soc, 129 (2007) 4532.

[24] Cho J H, Lee J, Xia Y, et al. Nat Mater, 7 (2008) 900.

[25] Kim S H, Hong K, Xie W, et al. Adv Mater, 2012, DOI: 10.1002/adma.201202790.

[26] Larsson O, Said E, Berggren M, et al. Adv Funct Mater, 19 (2009) 3334.

[27]　Yuan H T，Shimotani H，Tsukazaki A，et al. Adv Funct Mater，19（2009）1046.

[28]　Xia Y，Cho J H，Lee J，et al. Adv Mater，21（2009）2174.

[29]　Misra R，McCarthy M，Hebard A F. Appl Phys Lett，90（2007）052905.

[30]　Shimotani H，Asanuma H，Tsukazaki A，et al. Appl Phys Lett，91（2007）082106.

[31]　Ye J T，Inoue S，Kobayashi K，et al. Nat Mater，9（2010）125.

[32]　Yuan H T，Shimotani H，Tsukazaki A，et al. J Am Chem Soc，132（2010）6672.

[33]　Ohta H，Sato Y，Kato T，et al. Nature Communication，1（2010）118.

[34]　Lu A，Sun J，Wan Q，Microporous SiO_2 with huge electric-double-layer capacitance for low-voltage indium tin oxide thin-film transistors [J]. Applied Physics Letters，2009，95（22）：222905 1-3.

[35]　Ono S，Miwa K，Seki S，et al. A comparative study of organic single-crystal transistors gated with various ionic liquid electrolytes [J]. Applied Physics Letters，2009，94（6）：063301 1-4.

[36]　Vallee C，Goullet A，Granier A. Direct observation of water incorporation in PECVD SiO_2 films by UV-visible ellipsometry [J]. Thin Solid Films，1997，311（1-2）：212-217.

[37]　Zhou B，Lu A，Wan Q，et al. Vertical low-voltage oxide transistors gated by microporous SiO_2/LiCl composite solid electrolyte with enhanced electric-double-layer capacitance [J]. Applied Physics Letters，2010，97（5）：052104.

[38]　Zhou B，Lu A，Wan Q，et al. Vertical oxide homojunction TFTs of 0.8 V gated by H_3PO_4-treated SiO_2 nanogranular dielectric [J]. IEEE Electron Device Letters，2010，31（11）：1263-1265.

[39]　Bhusari D，Li J，Jayachandran P J，et al. Development of P-doped SiO_2 as proton exchange membrane for microfuel cells [J]. Electrochemical and Solid State Letters，2005，8（11）：A588-A591.

[40]　Sun J，Jiang J，Wan Q，et al. Low-voltage transparent electric-double-layer ZnO-based thin-film transistors for portable transparent electronics [J]. Applied Physics Letters，2010，96（4）：043114.

[41]　Jiang J，Tang Q，Wan Q，et al. Ultralow-voltage transparent In_2O_3 nanowire electric-double-layer transistors [J]. IEEE Electron Device Letters，2011，32（3）：315-317.

[42]　Wan Q，Sun J，Lu A，et al. Ultralow-voltage transparent electric-double-layer thin-film transistors processed at room-temperature [J]. Applied Physics Letters，2009，95（15）：152114 1-3.

[43]　Jiang J，Lu A，Wan Q，et al. Low-voltage transparent indium-zinc-oxide coplanar homojunction TFTs self-assembled on inorganic proton conductors [J]. IEEE Transactions on Electron Devices，2011，58（3）：764-768.

[44]　Sun J，Jiang J，Wan Q，et al. Flexible low-voltage electric-double-layer TFTs self-assembled on paper substrates [J]. IEEE Electron Device Letters，2011，32（4）：518-520.

[45]　Jiang J，Lu A，Wan Q，et al. One-volt oxide thin-film transistors on paper substrates gated by SiO_2-based solid-electrolyte with controllable operation modes [J]. IEEE Transactions on Electron Devices，2010，57（9）：2258-2263.

[46]　Sun J，Lu A，Wan Q，et al. Self-assembled ultralow-voltage flexible transparent thin-film transistors Gated by SiO_2-based Solid-Electrolyte [J]. IEEE Trans on Electron Devices，2011，58（2）：547-552.

[47]　Zhang H，Zhu L，Wan Q，et al. Low-voltage junctionless oxide-based thin-film transistors self-assembled by gradient shadow mask [J]. IEEE Electron Device Letters，2012，33：1720-1722.

[48]　Colinge J P，Lee C W，Afzalian A，et al. Nanowire transistors without junctions [J]. Nature Nanotechnology，2010，5（3）：225-229.

[49]　Sun J，Dou W，Wan Q，et al. Junctionless flexible oxide-based thin-film transistors on paper substrates [J]. IEEE

材料科学与制造技术

Electron Device Letters，2012，33（1）：65-67.

[50] Guo L，Zhu L，Wan Q，et al. Flexible transparent junctionless TFTs with oxygen-tuned indium-zinc-oxide channels [J]. IEEE Electron Device Letters，2013，34（7）：888-890.

[51] Dou W，Zhou B，Wan Q，et al. In-plane-gate indium-tin-oxide thin-film transistors self-assembled on paper substrates [J]. Applied Physics Letters，2011，98（11）：113507 1-3.

[52] Zhu L，Guo L，Wan Q，et al. Dual in-plane-gate oxide-based thin-film transistors with tunable threshold voltage [J]. Applied Physics Letters，2011，99（11）：113504 1-3.

[53] Nanoscale 5（2013）1980；Appl Phys Lett，102（2013）093509.

[54] Leong M，Doris B，Kedzierski J，et al. Science，306（2004）2057.

[55] Shibata T，Ohmi T. IEEE Trans Electron Dev，39（1992）1444.

[56] Zhou J M，Zhang H L，Wan Q，et al. IEEE Electron Device Lett，33（2012）1723.

[57] Dou W，Zhang H L，Wan Q，et al. Appl Phys Lett，102（2013）043501.

[58] Heller I，Chatoor S，Mannik J，et al. Influence of electrolyte composition on liquid-gated carbon nanotube and graphene transistors [J]. Journal of the American Chemical Society，2010，132（48）：17149-17156.

[59] Schmoltner K，Kofler J，Klug A，et al. Electrolyte-gated organic field-effect transistor for selective reversible ion detection [J]. Advanced Materials，2013，25（47）：6895-6899.

[60] Magliulo M，Mallardi A，Mulla M Y，et al. Electrolyte-gated organic field-effect transistor sensors based on supported biotinylated phospholipid bilayer [J]. Advanced materials，2013，25（14）：2090-2094.

[61] Casalini S，Leonardi F，Cramer T，et al. Organic field-effect transistor for label-free dopamine sensing [J]. Organic Electronics，2013，14（1）：156-163.

[62] Kofler J，Schmoltner K，Klug A，et al. Hydrogen ion-selective electrolyte-gated organic field-effect transistor for pH sensing [J]. Applied Physics Letters，2014，104（19）：193305.

[63] Knopfmacher O，Hammock M L，et al. Highly stable organic polymer field-effect transistor sensor for selective detection in the marine environment [J]. Nature Communications，2014，5：2954.

[64] Buth F，Donner A，Sachsenhauser M，et al. Biofunctional electrolyte-gated organic field-effect transistors [J]. Advanced Materials，2012，24（33）：4511-7.

[65] Li B R，Chen C W，Yang W L，Appleton AL，et al. Biomolecular recognition with a sensitivity-enhanced nanowire transistor biosensor [J]. Biosensors & Bioelectronics，2013，45：252-259.

[66] Li W S，Hou P X，Liu C，et al. High-quality，highly concentrated semiconducting single-wall carbon nanotubes for use in field effect transistors and biosensors [J]. Acs Nano，2013，7（8）：6831-6839.

[67] Palaniappan A，Goh W H，Fam D W H，et al. Label-free electronic detection of bio-toxins using aligned carbon nanotubes [J]. Biosensors & Bioelectronics，2013，43：143-147.

[68] Sohn I Y，Kim D J，Jung J H，et al. pH sensing characteristics and biosensing application of solution-gated reduced graphene oxide field-effect transistors [J]. Biosensors & Bioelectronics，2013，45：70-76.

[69] Sudibya H G，He Q Y，Zhang H，et al. Electrical detection of metal ions using field-effect transistors based on micropatterned reduced graphene oxide films [J]. Acs Nano，2011，5（3）：1990-1994.

[70] Liu N，Liu Y H，Zhu L Q，et al. Low-cost pH sensors based on low-voltage oxide-based electric-double-layer thin film transistors [J]. IEEE Electron Device Letters，2014，35（4）：482-484.

[71] Guo D，Zhuo M，Zhang X，et al. Indium-tin-oxide thin film transistor biosensors for label-free detection of avian influenza virus H5N1 [J]. Analytica Chimica Acta，2013，773：83-88.

[72] Victoria M H，Ji-Ann L，Kelsey C. Martin the cell biology of synaptic plasticity[J]. Science，2011，334（6056）：623-628.

[73] Abbott L F，Sacha B N. Synaptic plasticity：Taming the beast[J]. Nature Neuroscience，2000，3：1178-1183.

[74] Feldman D E. The spike-timing dependence of plasticity [J]. Cell Neuron，2012，75：555-571.

[75] Fabio B. Synaptic plasticity and the neurobiology of learning and memory [L]. ACTA BIOMED 2007，78：Suppl 1：58-66.

[76] Zucker R S，Regehr W G. Short-term synaptic plasticity[J]. Annu Rev Physiol，2002，64：355-405.

[77] Alex D R. Synaptic short-term plasticity in auditory cortical circuits [J]. Hearing Research，2011，279：60-66.

[78] Bliss T V P，Collingridge G L. A synaptic model of memory—long-term potentiation in the hippocampus [J]. Nature，1993，361（6407）：31-39.

[79] Zhang J，Xia Z. Advances in long-term potentiation and long-term depression [J]. Chinese Journal of Pathophysiology，2000，16（12）：1331-1334.

[80] Sydney C，Rafael Y. Input summation by cultured pyramidal neurons is linear and position-independent [J]. The Journal of Neuroscience，1998，18（1）：10-15.

[81] Ralf W，William B K J，David K. Supralinear summation of synaptic inputs by an invertebrate neuron：Dendritic gain is mediated by an "inward rectifier" K+ current [J].The Journal of Neuroscience，1999,19（14）：5875-5888.

[82] Bishop G H. Natural history of the nerve impulse [J]. Physiol Rev，1956，36（3）：376-399.

[83] Allan T G，Kampa B M，Greg J. Stuart synaptic integration in dendritic trees [J]. Journal of Neurobiology，2005，64（1）：75-90.

[84] Polsky A，Mel B W，Schiller J. Computational subunits in thin dendrites of pyramidal cells [J]. Nature Neurosci，2004，7：621-627.

[85] London M，Hausser M. Dendritic computation [J]. Annual Review of Neuroscience，2005，28：503-532.

[86] Alon P，Bartlett W M，Jackie S. Computational subunits in thin dendrites of pyramidal cells [J]. Nature Neuroscience，2004，7（6）：621-627.

[87] Wong T M，et al. IBM Research Report RJ10502（ALM1211-004）IBM Research，San Jose，CA

[88] The Blue Brain Project [online]，<http：//bluebrainproject.epfl.ch>（2005）.

[89] Eustace P，Luis A P，Jim G，et al. Spinnaker: A 1-W 18-core system-on-chip for massively-parallel neural network simulation [J]. IEEE Journal of Solid-State Circuits，2013，48（8）：1943-1953.

[90] Ahmet B，Sotoudeh H H. The design of a new spiking neuron using dual work function silicon nanowire transistors [J]. Nanotechnology，2007，18：095201 1-12.

[91] Stefano V. Brain-chip interfaces：The present and the future [P]. Prococedia Computer Science，2011，7：61-64.

[92] Diorio C，Hasler P，Minch B A，et al. A single-transistor silicon synapse [J]. IEEE Transactions on Electron Devices，1996，43（11）：1972-1980.

[93] Yu S，Wu Y，Jeyasingh R，et al. An electronic synapse device based on metal oxide resistive switching memory for neuromorphic computation[J]. IEEE Transactions on Electron Devices，2011，58（8）：2729-2737.

[94] Kuzum D，Yu S，Wong H-S P. Synaptic electronics：Materials，devices and applications [J]. Nanotechnology，2013，24：382001.

[95] Jeong D S，Kim I，Ziegler M，et al. Towards artificial neurons and synapses：A material of point of view [J]. RSC Adv，2013，3：3169-3183.

[96] Yang R，Terabe K，Liu G，et al. On-demand nanodevice with electrical and neuromorphic multifunction realized

by local ion migration [J]. ACS Nano，2012，6（11）：9515-9521.

[97] Chua L O. Memristor-The missing circuit element[J]. IEEE Transactions on Circuit Theory，1971，18（5）：507-519.

[98] Sung H J，Ting C，Idongesit E，et al. Nanoscale memristor device as synapse in neuromorphic systems [J]. Nano Lett，2010，10：1297-1301.

[99] Wang Z Q，Xu H Y，Li X H，et al. Synaptic learning and memory functions achieved using oxygen ion migration/diffusion in an amorphous InGaZnO memristor [J]. Adv Funct Mater，2012，22：2759-2765.

[100] Alibart F，Pleutin S，Guérin D，et al，An organic nanoparticle transistor behaving as a biological spiking synapse [J]. Adv Funct Mater，2010，20：330-337.

[101] Terabe K，Hasegawa T，Nakayama T，et al. Quantized conductance atomic switch [J]. Nature，2005，433：47-50.

[102] Ohno T，Hasegawa T，Tsuruoka T，et al. Short-term plasticity and long-term potentiation mimicked in single inorganic synapses [J]. Nature Material，2011，10（8）：591-595.

[103] Nayak A，Ohno T，Tsuruoka T，et al. Controlling the synaptic plasticity of a Cu_2S gap-type atomic switch [J]. Adv Func Matcr，2012，22（17）：3606-3613.

[104] Lai Q，Zhang L，Li Z Y，et al. Ionic/electronic hybrid materials integrated in a synaptic transistor with signal processing and learning functions [J]. Advanced Materials，2010，22（22）：2448-2453.

[105] Shen A M，Chen C L，Kim K，et al. Analog neuromorphic module based on carbon nanotube synapses [J]. ACS Nano，2013，7（7）：6117-6122.

[106] Yu S M，Wu Y，Jeyasingh R，et al. An electronic synapse device based on metal oxide resistive switching memory for neuromorphic computation [J]. IEEE Transactions on Electron Devices，2011，58（8）：2729-2737.

[107] Yu S M，Gao B，Fang Z，et al. A low energy oxide-based electronic synaptic device for neuromorphic visual systems with tolerance to device variation [J]. Adv Mater，2013，25（12）：1774-1779.

[108] Kuzum D，Gnana R，Jeyasingh D，et al. Low-energy robust neuromorphic computation using synaptic devices [J]. IEEE Transactions on Electron Devices，2012，59（12）

[109] Zhu L，Shi Y，Wan Q，Synaptic behaviors mimicked in flexible oxide-based transistors on plastic substrates [J]. IEEE Electron Device Letters，2013，34（11）：1433-1435.

[110] Liu Y，Shi Y，Wan Q，et al. Solution-processed chitosan-gated IZO-based transistors for mimicking synaptic plasticity [J]. IEEE Electron Device Letters，2014，35（2）：280-282.

[111] Zhou J，Shi Y，Wan Q，et al. Memory and learning behaviors mimicked in nanogranular SiO_2-based proton conductor gated oxide-based synaptic transistors [J]. Nanoscale，2013，21（5）：10194-10199.

[112] Zhou J，Zhu L，Wan Q，et al. Low-voltage protonic/electronic hybrid indium zinc oxide synaptic transistors on paper substrates [J]. Nanotechnology，2014，25（9）：094001.

[113] Guo L，Shi Y，Wan Q，et al. Artificial synapse network on inorganic proton conductor for neuromorphic systems [J]. Nature Communications，2014，5：3158.

[114] Zhou J，Shi Y，Wan Q，et al. Inorganic proton conducting electrolyte coupled oxide-based dendritic transistors for synaptic electronics [J]. Nanoscale，03/2014

第 5 章 类金刚石碳膜材料及其应用

碳元素在自然界中分布广泛，且可以多种形态存在，具有诸多优异综合特性，无论在人们日常生活中还是高速发展的科技领域，碳材料都扮演着非常重要的作用。目前，碳质材料的科学研究已经在很多方面取得了一系列的重大发现和进展，例如，金刚石膜、非晶碳膜、富勒烯 C_{60}/C_{70}、碳纳米管、石墨烯等。其中，类金刚石碳膜是一类定义广泛的非晶态碳膜材料，主要由含金刚石相的 sp^3 杂化键和 sp^2 键的石墨团簇的三维交叉网络结构形成，具有类似金刚石的高硬度、低摩擦系数、高耐磨耐蚀性、宽透光范围、良好生物相容性、光滑表面等优异特性，在机械、微机电、航空航天、生物医学等领域具有广泛的应用前景。

继 1971 年 Aisenberg 等采用离子束技术首次成功合成后，类金刚石碳膜材料便引起了越来越多的科研学者和工程人士的关注和重视。随着薄膜制备技术、分析表征手段以及纳米技术、结构设计理念的不断发展，不同结构、组分、性能的碳基薄膜材料相继问世，至今已经成功发展了多种制备类金刚石碳膜材料的新原理和新方法。随着对传统薄膜结构及性能的认识不断加深，薄膜材料的研究也从单层、单一组分向多元化、多层化、梯度化、纳米化和智能化发展，另外借助理论模拟、表界面结构的主动设计，将为发展高性能的类金刚石碳基薄膜材料提供新的发展机遇。

围绕汽车、机械、海洋装备、纺织等工业对关键零部件表面薄膜技术提出的迫切要求，开展高性能类金刚石碳膜的关键制备、结构与物性、应用与理论的系统研究，发展低摩擦、高强韧、长寿命、环境适应性等特性于一体的高性能固体润滑薄膜材料，不仅对理解类金刚石碳膜材料的生长、功能特性和内在物理机制有重要科学价值，而且可解决航空航天、汽车、机械等工业用先进表面薄膜材料技术的突破，具有重要的理论意义和应用价值。

5.1 类金刚石碳膜材料

5.1.1 类金刚石碳膜的定义与分类

碳材料在人类发展史上有着十分重要的影响。碳材料的发展经历了木炭时代（史前～1712 年）、石炭时代（1713～1866 年）、碳制品的摇篮时代（1867～1895 年）、碳制品的工业化时代（1896～1945 年）、碳制品发展时代（1946～1970 年），到 20 世纪末，迈入了新型碳制品的发展时代[1]。1996 年发现 C_{60} 的三位科学家荣获诺贝尔化学奖，标志着碳元素科学取得了飞速发展，更意味着碳元素的研究对科学发展具有重要意义。

21 世纪被称为"碳世纪"，这是因为碳材料具有优质的性能，在各种领域都有广泛的应用前景，如航空、航天、核能、风能、硬质材料制造、电子、医疗、建筑、环保等，可以说生活中无处不见碳基材料。目前各种石墨、碳纤维、碳/碳复合材料等已经形成规模应用。如特种石墨被广泛应用于光伏行业中的单晶硅/多晶硅炉加热系统，是电火花加工用电极材料，是航空航天火箭喷嘴内掺材料，是核电装置中高温气冷堆用堆芯结构材料等；碳纤维是战斗机、大型客机的重要复合材料，是风能发电叶片的重要材料，也是民用体育休闲产品如网球拍、高尔夫球杆、钓鱼竿等的重要材料。

碳元素受到如此多的关注并具有如此广泛应用的根本原因在于碳元素和碳材料在形式和性质上都具有多样性，这同时也决定了碳元素和碳材料仍有许多不为人们所知晓的部分等待着被发现[2]。在未来相当长的一段时间内，碳材料的研究与开发都将会具有无穷的生命力。

碳元素在自然界中分布广泛，且可以多种形态存在，具有诸多优异综合特性，无论在我们日常生活中还是高速发展的科技领域，碳材料都一直扮演着非常重要的作用。目前，碳质材料的科学研究已经在很多方面取得了一系列的重大发现和进展，例如，1982 年气相沉积金刚石膜[3]及同期发现的非晶碳膜、1985 年富勒烯 C_{60}/C_{70} 的发现[4]、1991 年碳纳米管的发现[5]及近 10 年涌现并得到极大关注的石墨烯[6]等。其中，晶体金刚石主要由 sp^3 杂化碳键构成，石墨烯则作为构建 sp^2 杂化碳质材料的基本结构单元，在一般自由状态下可包裹形成零维富勒烯，卷曲形成一维碳纳米管，堆积形成二维单层石墨，以及三维的单晶石墨，该类材料具有很多奇异电学、磁学、光学与机械特性，应用前景广阔。

目前研究认为，在自然界中碳元素的存在形式主要有两种，即晶形碳和无定形碳，其中金刚石、石墨、富勒烯等均为晶形碳；将人工合成的、性能接近或者类似天然金刚石的一类碳（或含碳）材料称为无定形碳，或者非晶碳。碳元素主要以 sp^1、sp^2 和 sp^3 三种杂化态存在（图 5-1）[7]，价态多样化是碳元素形成不同种类的晶体或无定形碳的原因。当价电子处于 sp^3 杂化状态时，每个碳原子与周围四个碳原子的电子形成 σ 键，形成四面体的金刚石结构；当价电子处于 sp^2 杂化状态时，三个 sp^2 电子形成平面内的 σ 键，另外一个 p 轨道的价电子与相邻碳原子 p 轨道中的电子形成垂直于 σ 键的平面 π 键，呈现出石墨结构；在 sp^1 杂化状态时，碳原子最外层的四个电子中有两个 sp^1 价电子形成线形 σ 键，剩余两个处于 p_x 和 p_y 轨道的价电子共轭形成 π 键，这种杂化方式常见于有机物中。

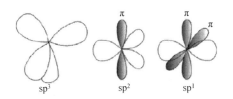

图 5-1　碳原子的三种杂化态[7]

　　类金刚石碳（diamond-like carbon，DLC）是一类含有上述金刚石结构（sp^3 杂化键）和石墨结构（sp^2 杂化键）的亚稳非晶态物质[8]，碳原子主要以 sp^3 和 sp^2 杂化键结合。1971 年，Aisenberg 等[9]首次采用离子束沉积技术在室温条件下制备出碳基硬质薄膜，其物理性能接近于金刚石，通过 X 射线衍射结果分析认为这种硬质碳膜中可能存在晶格常数与金刚石类似的微晶区，因此将这种硬质碳膜称为类金刚石碳膜。相比金刚石薄膜的制备需要高温化学气相沉积技术，类金刚石薄膜可以在低温气相条件下大面积制备，这样的优点使得全球范围内掀起了类金刚石薄膜的研究热潮。

　　目前世界上制备 DLC 薄膜的方法多种多样，不同制备方法得到的 DLC 薄膜具有不同的成分和结构，在性能及适用范围上也有着相当大的差别，因此 DLC 薄膜的分类方式也有多种。

　　根据不同的类金刚石碳膜的键结构及组分，类金刚石碳膜大致可以分为不含氢类 DLC 和含氢类 DLC[10]。Jacob 和 Möller[11]对文献报道中 sp^3/sp^2 和 H 含量相关的实验结果进行了总结，根据所得到的数据绘制了 sp^2、sp^3 和 H 的三元相图。随后 Robertson 等进一步完善该工作，绘制了如图 5-2 所示的三元相图[10]，更加直观地反映了 DLC 膜中 sp^2、sp^3 和 H 之间的关系。

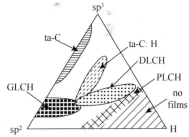

图 5-2　DLC 膜的三元相图[10]

　　不含氢类 DLC 包括：①四面体配位无定形碳（tetrahedral amorphous carbon，ta-C），其 C-C sp^3 键含量很高，在 80%以上，硬度可达到 80GPa，常用的制备方法包括脉冲激光沉积、磁过滤真空电弧等；②类石墨无定形碳（graphite-like amorphous carbon，GLC），这类碳膜的 sp^3 含量低于 20%，硬度较低，在 10～20GPa。GLC 表现出较好的导电性，并具有良好的摩擦学特性，通常可以使用磁控溅射和等离子体增强化学气相沉积（PECVD）等方法制备[10]。

　　含氢类 DLC 可以分为如下几种：①类聚合物氢化无定形碳（polymer-like a-C：H，PLCH），这种无定形碳具有较高的氢含量，其 sp^3 含量可以高达 70%，但是其 sp^3 键主要为 C-H 键，这一点与 ta-C 不同，较高的氢含量使得材料相对质地很软，密度小，并具有较好的弹塑性和柔韧性；②当氢含量控制在 20%左右时，薄膜被称为类金刚石氢化无定形碳（diamond-like hydrogenated amorphous carbon，DLCH），这类碳膜的 sp^3 键含量比 PLCH 低，但相比 PLCH 其 C-C sp^3 键的含量更高，因此具有相对更高的硬度，通常可以通过采用电子回旋共振的方法，或者利用磁控溅射并加以适当的偏压来制备 DLCH；③氢化四面配位无定形碳（hydrogenated tetrahedral amorphous films，ta-C：H）与 ta-C 相类似，具有高的 sp^3 键含量，其氢含量在 25%～30%。

除此以外，德国工程师学会于 2005 年发布了"碳涂层"标准[12, 13]，根据此标准可以将 DLC 薄膜分为七类，分别如下。

a-C：非晶碳。

ta-C：四面体非晶碳。

a-C：Me（Me=W、Ti、Mo、Al 等金属）：金属掺杂非晶碳。

a-C：H：含氢非晶碳。

ta-C：H：四面体形含氢非晶碳。

a-C：H：Me（Me=W、Ti、Mo、Al 等金属）：金属掺杂含氢非晶碳。

a-C：H：X（X=Si、O、N、F、B）：改性含氢非晶碳。

一般来说，含氢类 DLC 膜中的氢含量在 20%～50%，sp^3 杂化键的含量低于70%。不含氢类 DLC 膜中常见的一类是 ta-C 膜，其成分以 sp^3 杂化键为主，含量通常高于 70%。除了 H 元素含量会影响 DLC 薄膜性能以外，sp^3 杂化碳的含量及掺杂元素的含量等也都会对 DLC 膜的性能产生不同程度的影响。因此，DLC 膜包含了一大类具有不同性能的非晶或非晶-纳米晶复合薄膜，是一个集合术语。

5.1.2　类金刚石碳膜的结构与表征

根据定义，DLC 膜是一种非晶薄膜，处于热力学非平衡状态，薄膜中原子排列表现出长程无序、短程有序的特点。长程无序表现在原子排列不具有周期性，短程有序则意味着原子周围的最近邻原子数、最近邻原子的空间排列都大致呈现晶体特征，主要表现在碳原子与碳原子之间结合形成的 sp^3 结构和 sp^2 结构。为了更好地理解 DLC 膜的微结构与其性能的关系，研究人员提出了结构理论及模型来分析类金刚石薄膜。Beeman 等[14]最早提出了 DLC 薄膜的相关理论，他们构造了三种 sp^3 和 sp^2 杂化键含量不同的非晶碳膜模型，并且给出了一种纯 sp^3 杂化的非晶 Ge 模型，然后将其按照比例推广应用到金刚石。对于 DLC 的结构研究，他们通过分析径向分布函数（radial distribution function，RDF），给出了系统的短程有序结构。他们提出的模型，具有两个很明显的特征：第一，除了 sp^2 杂化结构模型外，其他所有模型都对应于相对各向同性的无序、混乱的网络结构，并且不存在内部悬键；第二，对所有模型都进行了弛豫处理，这样能够使由偏离结晶态的键长、键角所引起的应变能降至最低。但是研究人员对于该模型中的某些结论能否成立存在很大争议。

目前广泛接受的有两相模型（TP model）和完全约束网络模型（FCN model）。Robertson[15]根据对 DLC 膜电学特性的研究，考虑到 π 键的影响，提出了两相结构模型。该模型认为：DLC 膜结构可以看成是 sp^3 杂化的基体中镶嵌了 sp^2 杂化的石墨团簇。sp^3 杂化的碳原子其四个价电子均形成 σ 键，而 sp^2 杂化的碳原子四个价电子中只有三个价电子形成 σ 键，第四个价电子将形成 π 键，垂直于 σ 键平面。其中 σ 键是强键，π 键是弱键。π 键可以促进 sp^2 杂化的碳原子在平面内形成芳香环结构并且进一步生成类石墨的 sp^2 团簇；此外，强的 σ 键可以构成空间网状结构的骨架，促进短程有序结构的生成。由此可见，DLC 膜是由两相组成的，其中一相是 π 键团簇，它镶嵌在第二相中，并且对 DLC 膜的电子性能起着决定性作用；通过蒸发或溅射沉积制备的不含氢类 DLC 膜中，还含有少量由缺陷和可能的 sp^3 相组成的第二相；在含氢类 DLC 膜中，第二相是含量较多的 sp^3 杂化相。DLC 薄膜中，DLC 膜的机械性能由第二相决定。两相结构模型可以解释很多实验结果，因而得到广泛认可和应用。

另一个被广泛接受的模型是完全约束网络模型，该模型由 Phillips 和 Thorpe 最先提出，并由 Angus 等[16]进一步发展。该模型认为：碳原子之间会发生横向交联，当交联充分时，形成无规则的网络结构，此时机械自由度为零，网络是完全约束的，也就是说，当每个原子的约束数与其机械自由度相等时，该随机共价网络是完全约束的。

材料的宏观性能取决于材料的微观结构。随着薄膜材料与薄膜技术的迅速发展，其成分与微结构的表征方法也越来越多。X 射线衍射仪、透射电子显微镜、扫描电子显微镜、电子探针等现代分析仪器作为揭示材料组织结构的强有力手段，在材料科学研究的各个领域得到了广泛应用。薄膜材料的测试手段虽然种类繁多，但其基本原理均是基于各种薄膜材料与外加场微观尺度上的物理作用。通过利用激发源，如电子束、离子束、光子束、中性粒子等，有时还会加上电场、磁场、热场的辅助，使被测样品发射出携带有元素成分信息的粒子，从而实现对薄膜的化学组成、成键状态等方面的分析。

例如，由电子、X 射线和中子进行的散射通常可以用来表征碳原子的长程有序，通过原子径向分布函数可以计算出某个原子在特定距离内的成键情况。拉曼光谱的测试原理是测量分子振动能级的变化，是目前常用的表征各类碳材料，包括金刚石、石墨、DLC 膜和碳纳米管等的常用无损检测手段。通过拉曼光谱可以得到 DLC 膜详细的键合信息。金刚石、石墨以及几种常见非晶碳的拉曼光谱图见图 5-3[17]。由于 sp^2 较 sp^3 位点的激发能量更低，所以由 514nm 或 488nm 可见光激发的拉曼光谱只对 sp^2 位点敏感，不能激发更高能量的 σ 状态。244nm 的紫外激发拉曼光谱可以提供 σ 状态 sp^2 和 sp^3 位点的信息，从而直接观测 sp^3 杂化碳。

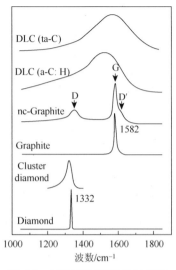

图 5-3　不同碳材料的拉曼光谱

红外光谱（infrared spectroscopy，IR）是另一种常用于表征 a-C：H 中成键特征的测试方法。IR 吸收包括 2800-3300cm^{-1} 处的 C-H 伸缩振动，以及 2000cm^{-1} 以下的 C-C 模式和 C-H 弯曲模式，见表 5-1[18]。但值得注意的是，一方面，样品的状态、振动耦合等都会造成吸收峰的位移或者宽化，因此 DLC 中 C-H 振动模式无法唯一地分解为几个单一 C-H 键的振动；另一方面，不同 C-H 振动模式的振子强度不是一个常量。所以表征薄膜中 sp^3 杂化碳含量时，红外光谱只能作为参考进行定性的分析。

表 5-1　预测和观察到的 C-H 伸缩振动模式和弯曲振动模式

组态	预测的频率/cm^{-1}	观察到的频率/cm^{-1}
C-H 伸缩振动模式		
sp^1CH	3300	3300
sp^2CH（arom）	3050	3045
sp^2CH_2（olef）	3020	—
sp^2CH（olef）	3000	3000
sp^3CH_3（asym）	2960	2960～2975
sp^2CH_2（olef）	2950	2945～2955
sp^3CH_2（asym）	2925	2920
sp^3CH	2915	2920
sp^3CH_3（sym）	2870	2870～2875
sp^3CH_2（sym）	2855	2845～2855

续表

组态	预测的频率/cm^{-1}	观察到的频率/cm^{-1}
C-H 弯曲振动模式		
sp^{3}CH$_3$（asym）	1450±15	
sp^{3}CH$_3$（sym）	1370~1390	
sp^{2}CH$_2$（olef）	1410~1420	
sp^{3}CH$_2$（arom）	1440~1480	

注：arom 表示芳烃，olef 表示烯烃，sym 与 asym 分别表示对称与非对称

　　测量 sp^3 含量最直接的方法是 C^{13} 核磁共振（nuclear magnetic resonance，NMR）。NMR 的优点是每个杂化态都对应于一个独立的化学位移峰，可以从分子水平对 sp^2 及 sp^3 特征峰进行表征。然而除非是富含 C^{13} 的样品，否则 NMR 测试需要较大尺寸的样品。NMR 还可以用于检测 a-C：H 薄膜中 sp^{3}C 含量。

　　目前测量 DLC 中 sp^3 含量最优的方法是电子能量损失谱（electron energy loss spectroscopy，EELS）。当电子束通过 DLC 薄膜时会发生非弹性散射，目前研究的能量损失范围有两个，较低的能量损失范围是 0~40eV，较高的是 285eV 及更高的区域。高能量损失区域可以通过同步辐射利用 X 射线吸收进行观察，即 X 射线吸收近边结构（X-ray absorption near edge structure，XANES）。EELS 的优点是可以测量较薄的膜（10~20nm）。但因测试时必须将膜从基底上剥离，所以是有损的。

　　椭偏仪[19]是一种用于探测薄膜厚度、光学常数以及材料微结构的光学测量仪器，具有测量精度高、适用于超薄膜、不与样品接触、无损检测且可在常压下测量等优点。研究发现，由于 DLC 吸收薄膜厚度与其光学常数存在很强的关联性，传统单一依靠椭偏数据的方法无法获得薄膜厚度的精确结果。中国科学院宁波材料所提出了加入 Tauc-Lorentz 色散模型、椭偏联合透射率数据以及多样品分析三种测试方法，快速、精确地获得了唯一性较好的结果[20]。

　　材料的表面形貌对材料的性能也有着重要的影响，也是研究中十分值得关注的特征，通过对材料表面结构的研究可以计算薄膜的表面粗糙度，进而推断薄膜的成核与生长机理等。目前用来观测材料表面形貌的工具主要有扫描电子显微镜（scanning electron microscope，SEM）和扫描探针显微镜（scanning probe microscope，SPM）。在扫描探针显微镜中，使用较多的是原子力显微镜（atomic force microscope，AFM）和扫描隧道显微镜（scanning tunneling microscope，STM）。其中 AFM 能够在三维尺度表征材料表面形貌，而 STM 则能给出表面原子的图像，两者在三维方向的分辨率均可以达到亚纳米级。表征材料表面形貌时，场发射扫描电子显微镜（field emission scanning electron microscope，FESEM）也是使用广泛的多功能仪器，具有分辨率高、观察景深长、多种图像信息形式、可以给出定

量或半定量的表面成分分析结果等优点。由于 DLC 膜通常十分平整，尤其是用单晶硅片作基底时表现得更为平整，粗糙度在纳米级别，所以 SEM 和 FESEM 可以给出更多薄膜形貌的细节信息。

5.1.3　类金刚石碳膜的制备与机理

在 20 世纪 70 年代，Aisenberg 和 Chabot[9]首次采用离子束沉积（ion beam deposition，IBD）技术在室温条件下制备了 DLC 膜。经过几十年的发展，科研人员成功开发出多种 DLC 膜的制备工艺，主要包括物理气相沉积（physical vapor deposition，PVD），化学气相沉积（chemical vapor deposition，CVD）以及液相法[8]。这些制备方法有各自的优缺点，其中 PVD 技术是在真空条件下进行的，并且至少有一种沉积元素被雾化。该技术能在各种基材上沉积薄膜，改进膜基界面，并且沉积速率高。PVD 主要涉及离子束沉积、溅射沉积（sputtering）、真空阴极电弧沉积（cathodic vacuum arc deposition，CVAD）、脉冲激光沉积（pulsed laser deposition，PLD）、等离子体浸没离子注入沉积（plasma ion immersion implantation，PIII）。CVD 技术是利用化学反应的原理，从气相物质中析出固相物质形成薄膜的工艺。主要涉及热丝化学气相沉积（hot filament chemical vapor deposition，HFCVD）、直接光化学气相沉积（direct photochemical vapor deposition，DPCVD）、等离子体增强化学气相沉积（plasma-enhanced chemical vapor deposition，PECVD）。几种常见气相沉积工艺的离子能量以及沉积速率见表 5-2[13]。相比较气相沉积技术，液相沉积技术设备简单，节约能源，且易于实现工业化。但同时该工艺尚不成熟，存在薄膜质量差、膜基结合力弱的问题。液相沉积技术主要包括电化学沉积、聚合物热解法。

表 5-2　几种常见气相沉积工艺的离子能量以及沉积速率[13]

沉积工艺	作用过程	沉积粒子动能/eV	沉积速率/（nm/s）
过滤阴极弧	在弧光放电作用下生成高能碳离子	100～2500	0.1～1
直接离子束	甲烷在离子源处离化形成碳离子并加速	50～500	0.1～1
等离子体增强化学气相沉积	碳氢气体在等离子中离化，并在直流偏压下加速	1～30	1～10
电子回旋共振化学气相沉积	在电子回旋共振作用下，从乙炔气体中离化出碳氢离子，并在射频偏压下加速	1～50	1～10
直流/射频溅射	氩离子溅射石墨靶	1～10	1～10

DLC 膜作为一种亚稳态非晶材料，其形成过程极为复杂，是一种非平衡过程[8]。

下面以不含氢 DLC 膜为例对其沉积机理进行说明。热力学计算表明，在常温常压下，碳的稳定相为石墨（sp^2 键），而金刚石相（sp^3 键）则在高温高压下为稳定相。因此对于热力学平衡状态，只有在高温高压条件下，才能实现 C-C sp^2 键向 C-C sp^3 的转化。但在实际中可以在低温低压条件下制备出类金刚石薄膜，这是一种非平衡的动态过程。目前，在气相沉积过程中，人们普遍接受的 DLC 膜的沉积机理为一种"亚表面植入模型"（subplantation model）[7]。该模型认为荷能碳离子束沉积生成类金刚石薄膜的过程本质上是 C^+ 注入亚表层并在其内部生长的离子轰击过程。该模型指出，由 sp^2 C 原子键合的石墨相占据的体积比由 sp^3 C 原子键合的金刚石相占据的体积高出约 50%，因此当高能 C^+ 注入亚表层时，会导致局部密度以及压应力的增大，形成亚稳态，从而诱导 sp^2 C 原子转化为占据空间体积更小的 sp^3 C 原子。具体而言，根据离子能量不同，C^+ 与表层之间的相互作用也不同。以能量在 $10\sim$ 1000eV 的 C^+ 为例，随着离子能量增大，离子与表面的碰撞截面减小，当超过某个能量范围时，碳离子可以通过晶格空隙穿透表层，对应的能量定义为穿透能 E_P。而进入表面层的 C^+ 可撞击成键原子，形成空穴-间隙原子对，形成这种空穴-间隙原子对的最小能量定义为取代能 E_d。此外，表面对碳原子还存在着吸附或者排斥作用，对应的能量定义为表面结合能 E_b，那么三者之间存在如下的关系[7-8]：

$$E_P \sim E_d - E_b \qquad (5-1)$$

在 C^+ 轰击表层过程中，当 C^+ 能量不足以穿透表层时，该碳离子将吸附在表面上，并将处于低能量状态，即 sp^2 C 原子，如图 5-4（b）所示。如果 C^+ 能量高于 E_P，那么该碳离子就有可能穿过表层形成间隙原子，这种穿透表层可能具有两种形式，一种是直接进入，如图 5-4（c）所示，另一种是通过撞击间接穿透表层，如图 5-4（d）所示。这些进入亚表层的 C^+ 将增大局域态密度，那么此时局域态原子将根据新的局域密度发生转化，并且随着局域态密度增大，会有更多的 sp^2 C 原子转化为 sp^3 C 原子。但是随着 C^+ 能量的进一步增大，碳离子将进入更深的区域，并且增大的这部分能量只有一小部分用于碳离子向更深区域的钻入，还有大约 30%的能量以声子（热量）的形式耗散。在此过程中，会出现持续 $10\sim12s$ 的热平衡状态以及弛豫过程，导致 sp^3 C 原子含量的减少，如图 5-4（e）所示。

根据上述亚表面植入模型，C^+ 能量是决定类金刚石薄膜结构的关键因素。研究发现，当 C^+ 能量在 100eV 左右时，可以制备出最高 sp^3 C 原子含量的薄膜。当 C^+ 能量低于此值时，碳离子将无法注入亚表面，并以 sp^2 C 原子的形式停留在表面。而当 C^+ 能量高于该值时，多余的能量将以声子（热量）形式耗散，出现弛豫过程，导致 sp^3 C 原子向 sp^2 C 原子转变。而对于含氢的 DLC 膜，其沉积过程更为复杂。除了 C^+ 能量外，前驱气体分子也会影响沉积薄膜中的 sp^3 C 原子含量，并且在含氢碳离子轰击薄膜时，还可能使 C-H 键上的 H 原子以 H_2 方式从薄膜中逸出[7, 8]。

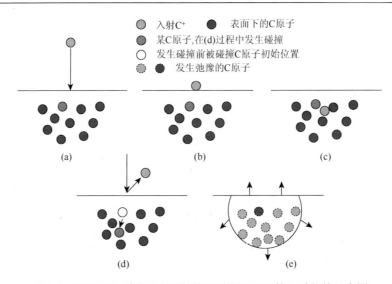

图 5-4　不同能量 C$^+$ 轰击表面的物理过程以及亚植入过程的示意图

（a）C$^+$ 轰击表面；（b）低能量 C$^+$ 吸附于表面；（c）较高能量 C$^+$ 直接穿透表面；（d）较高能量 C$^+$ 通过撞击作用使表面下方碳原子穿透表面；（e）高能量 C$^+$ 进入表面下方较深处，并引发周围碳原子弛豫

　　根据大量的实验结果，Robertson 给出了如图 5-5 所示的 a-C 以及 a-C：H 膜结构与离子能量的关系[13]，对于 a-C 膜而言，C$^+$ 能量过高或者过低，都容易导致出现类石墨结构薄膜；而对于 a-C：H 膜，C$^+$ 能量过低导致碳膜中出现类聚合物结构。

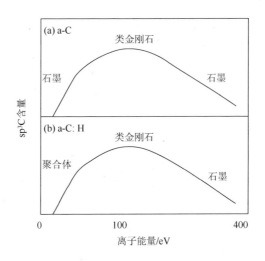

图 5-5　碳膜结构特性随离子能量的演变 [13]

5.1.4　类金刚石碳膜的性能及应用

由于 DLC 膜含有金刚石相的 sp^3 杂化键和石墨团簇相的 sp^2 杂化键三维交叉形成的碳网络结构，所以具有类似于金刚石的许多优异特性，如高硬度、低摩擦系数、高耐磨耐蚀性、宽透光范围、优异生物兼容性等。同时，DLC 薄膜具有：①无晶界的光滑表面；②低温生长（<200℃）；③制备方法简单廉价，利于大面积生长的多种可选 PVD、CVD 技术；④调控工艺参数和技术，薄膜结构和性能可在大范围内剪裁等优点。因此，被誉为"21 世纪新材料"的金刚石硬质薄膜的产业进程因生长面积小、加工困难、价格昂贵等瓶颈受阻，DLC 膜作为一种新型的多功能硬质薄膜材料，引起了越来越多的科研学者和工程人士的关注和重视。

通常，DLC 膜的内在微结构能够直接决定其表观物化性能。对 DLC 膜而言，sp^3 杂化键的含量、sp^2 杂化键的含量及团簇情况等都将对其物理化学性质造成直接的影响。一般来说，sp^3 组分决定 DLC 膜的机械性能，而 sp^2 键对薄膜的光电性能有着决定性作用[7]。在 DLC 膜实际制备过程中，通过采用不同的沉积条件和沉积方法，调节 DLC 膜中的碳结构（从 100% sp^2 到 100% sp^3），进而可对薄膜的机械性能和光电特性进行调控，见表 5-3。DLC 膜的另一显著优势体现在抗摩擦磨损方面。在摩擦的过程中，DLC 膜容易生成石墨化转移膜，可以使薄膜表现出具有超润滑效果的摩擦行为[21]。近来有报道指出，掺杂了部分金属的 DLC 膜能够表现出对较小的环境依赖性的超摩擦行为[22]。

表 5-3　DLC 与其他碳材料的比较

	金刚石	ta-C	a-C/a-C: H	石墨
结构	金刚石	无定形	无定形	六方
密度/（g/cm³）	3.51	2.5～3.3	1.5～2.4	2.26
sp^3 含量/%	100	50～90	20～60	0
氢含量/%	0	～1	10～50	0
硬度/GPa	100	50～80	10～45	<5
摩擦系数（湿润/干）	0.1/0.1	0.03～0.2/0.6	0.02～0.3/0.02～0.2	0.1～0.2/>0.6
热稳定性/℃	800	～500	～300	>500

总的来说，DLC 膜普遍具有较高的弹性模量和硬度、高热导率、较大折射率和光学带宽，并具有低的摩擦系数，同时具有良好的化学惰性以及优良的生物相容性等优异的综合特性，因而在机械、摩擦学、光学、电子、生物医学等方面都表现出广泛的应用前景（图 5-6）。例如，利用 DLC 膜高硬度、低摩擦系数以及耐磨损的优异特性，在刀具和钻头的表面上沉积 DLC，可以增加刀具及钻头表面的硬度，从而减小摩擦造成的磨损，达到延长刀具和钻头使用寿命的目的[23]。根据

DLC 对可见光和红外的优异透光率的特点,在光学窗口、贵重光学镜头等的保护上可以起到很好的效果[24]。也有文献报道,在太阳能电池上沉积 DLC 膜,使其作为减反增透层,可以提高能量利用率和电池的转换效率[25]。也有研究者在 PET 材料的啤酒瓶上沉积 DLC,观察到 DLC 能够减小 O_2 和 CO_2 的扩散,增加啤酒的保存期,延长寿命,进而可以扩展到作为一种软饮料的存储用薄膜材料[10]。除此以外,DLC 在汽车发动机、制冷系统、人造关节、精密仪表的零件、微电子器件、航空航天等领域也都有着广泛的应用[26]。

图 5-6　具有优异特性的 DLC 应用领域

5.2　几种典型类金刚石碳膜材料的设计制备、结构与性能

5.2.1　含氢类 DLC 薄膜（a-C: H）

前面已经提到,DLC 膜可以采用多种技术进行制备,其中线性离子束技术（linear ion beam,LIS）具有独特的优势。该技术起源于空间推进技术,相比典型的热丝型离子束技术,LIS 技术无热丝,离化率高,并且能在长时间稳定运行,可以进行大面积的薄膜制备,这有利于实现 DLC 膜的工业化应用[27]。为了进一步优化 LIS 技术,Kim 等[28]系统地研究了放电电压和偏压对于 DLC 膜结构特性的影响,研究表明,随着放电电压从 800V 增大到 1400V,薄膜中 sp^3 含量持续增大,随着放电电压进一步增大,薄膜中 sp^3 含量开始减小。

而在 DLC 膜的制备过程中,除了放电电压和偏压之外,含碳离子能量和 H 含量比也对 DLC 薄膜的结构和性能有很大的影响。在实际的薄膜制备中,沉积气压 P 和衬底偏压 V 对沉积离子能量都有影响,离子能量与 $V/P^{1/2}$ 成正比[29]。实验中可固定气压,通过偏压来控制离子能量大小。通过更换前驱气体（CH_4 或 C_2H_2）,实现不同 C/H 比,改变氢含量。根据 DLC 薄膜经典的"亚表面植入模型"[7, 30],当入射粒子能量较低时,碳粒子难以穿透表层进入亚表面内层,往往以较弱的 sp^2 键结构吸附结合在衬底表面上。当粒子能量达到某一特定阈值时（80～100eV/per atom）,具有足够的能量穿透表层而与相邻原子形成强的 sp^3 键结构。

从实验结果可知（图 5-7）,偏压为 −100V 时,离子束产生的碳粒子能量最接近这一阈值,所以此时薄膜中 sp^3 键含量最高（I_D/I_G 最小）。而薄膜的残余应力、力学性能都与 sp^3 键含量呈相似的变化规律,如图 5-8 和图 5-9 所示,薄膜残余应力、硬度和弹性模量随着偏压的增加,先增大后减小,在某处偏压下达到最大值。利用 C_2H_2 制备的 DLC 膜在 −100V 处取得最大值,而用 CH_4 制备的 DLC 膜在 −50V 处取得最大值。此外,用 C_2H_2 所制备的 DLC 膜残余应力和硬度要显著高于用 CH_4 制备的薄膜,其原因可能与用 CH_4 制备的 DLC 膜中 H/C 比例较高、C-H sp^3 键含量较多有关。

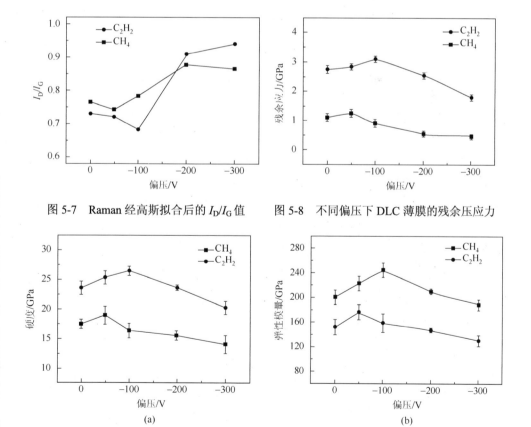

图 5-7　Raman 经高斯拟合后的 I_D/I_G 值　　　图 5-8　不同偏压下 DLC 薄膜的残余压应力

图 5-9　不同偏压下 DLC 薄膜的硬度（a）和弹性模量（b）

5.2.2　不含氢 DLC 薄膜（ta-C）

如前所述，ta-C 膜是一种高 sp^3 键含量的无氢非晶碳膜材料。较采用气体碳源、溅射方法沉积的 a-C：H 薄膜而言，其最大特点是不含氢且含有高的 sp^3 键，这使其硬度可达到 80GPa，弹性模量达到 700GPa，在 1μm×1μm 的区域内表面粗糙度可达到 0.25nm，使得表面更加光滑，同时具有低的摩擦系数、宽的透光范围、高的电阻率[31, 32]，更因其不存在氢可有效避免保护磁盘等表面的腐蚀损坏。因此随着近年来高密度存储、MEMS、高精密工模具等元器件微型化、功能化、集成化的发展，高性能 ta-C 碳膜作为一种理想的金属部件耐磨表面改性材料，备受国内外研究学者重视。

虽然目前国内外研究学者围绕 ta-C 膜的制备与性能表征，已开展了一系列相关研究工作，并取得了良好进展，但要获得超薄、超硬、超光滑、连续、致密的高性能 ta-C 碳膜，一方面目前传统制备技术仍面临着严峻挑战；另一方面，随着薄膜厚度减小，传统结构表征方法由于厚度尺寸带来的强关联效应和碳膜键态结构的复杂性导致结构表征存在局限性，关于超薄 ta-C 碳膜的制备、结构和物性间的作用规律仍不清楚。

首先，ta-C 碳膜的制备方法有很多，如磁控溅射、质量选择离子束、脉冲激光以及阴极真空电弧技术等。具有离化率高、沉积速率高、技术成熟等优点的阴极真空电弧沉积技术，目前是制备高性能 ta-C 膜的主要制备方法之一。然而，因传统电弧弧斑的产生机制和其不规则运动等，薄膜中宏观大颗粒共沉积污染严重、残余应力高、膜基结合力差等，严重制约了 ta-C 膜的广泛应用。基于外加磁场过滤器的思路来减少传统阴极真空电弧技术存在的宏观大颗粒污染思路发展的磁过滤阴极真空电弧技术（filtering cathodic vacuum arc，FCVA），具有离化率高、沉积速率可控、技术成熟的优点，且调控沉积离子能量和密度能够精确控制所制备 ta-C 碳膜厚度，易于获得均匀连续且性能良好的 ta-C 碳膜，被认为是目前制备高性能超薄 ta-C 碳膜的理想制备方法。

国外磁过滤器的发展趋势多采用视线外的结构来实现，如在直管道表面添加螺旋线圈、采用圆环状弯曲管道等。英国 Quinn 和 Casiraghi 两个研究小组则通过异面 S 型弯曲的 FCVA 方法，实现了厚度为 10nm 和 2nm 的超薄 ta-C 碳膜高质量制备[33-35]。美国 Veeco、韩国 KIST 等相关研究机构也分别设计了 60°、90°的单弯曲 FCVA 沉积装置，开展了 FCVA 技术制备致密、超薄 ta-C 碳膜的研究工作[36]。从工业应用角度，新加坡发展的异面 S 双曲 FCVA 方法，是目前实现磁存储领域用超薄 ta-C 碳膜的主要技术。

虽然国内在 FCVA 沉积 ta-C 碳膜材料研究起步较晚，但近年来通过努力也取得了一些积极的进展，如张荟星等[37]研制了 90°弯曲磁过滤电弧源装置。目前，单弯曲结构的磁过滤器对于装备制造业中的工具、模具工业应用已基本足够，但是对于制备磁记录介质的保护膜、微电子元器件用的防护膜对超薄 ta-C 碳膜需求而言，这种单弯曲结构的磁过滤器的大颗粒过滤效果仍存在很大不足，难以实现超光滑、超薄、高质量的 ta-C 碳膜制备。

　　因此，中国科学院宁波材料所通过关键结构优化设计和磁场计算、等离子体特性诊断，研制了一台 45°双弯曲磁过滤阴极真空电弧复合沉积 ta-C 碳膜的装置，见图 5-10[38, 39]。图 5-11 为经过计算得到优化的磁过滤弯管中磁场空间分布和等离子传输情况，表明在优化的磁场分布条件下，模拟计算的碳离子均可顺利通过磁过滤弯管，到达沉积基体表面。该装置与 45°单弯曲磁过滤阴极系统相比，具有阴极弧斑运动可控、大颗粒过滤有效、碳等离子体传输高效、大面积沉积容易、薄膜沉积速率高的特点，这为超薄、超硬、超光滑、低摩擦的高质量 ta-C 碳膜的可控制备与相关理化特性的研究，提供了良好的设备平台和技术思路。

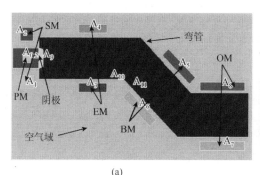
(a)

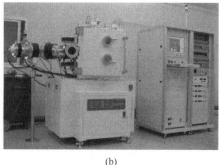
(b)

图 5-10　自主设计、研制的 45°双弯曲磁线圈过滤器原理示意图（a）和装备图（b）

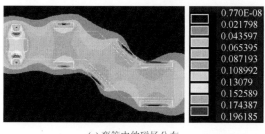
(a) 弯管中的磁场分布

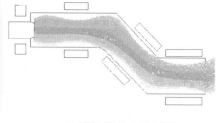
(b) 碳离子传输效果示意图

图 5-11　优化的磁场分布情况和碳离子传输情况

　　大量的研究表明[40-42]，ta-C 薄膜优异性能与 sp^3 结构密切相关，sp^3 含量越高，薄膜力学性能和致密性越好。但是目前测量非晶碳膜中的 sp^2 C 和 sp^3 C 含量的方法都还存在不足。如 Raman 光谱法因 π 态能量比 σ 态能量低，导致薄膜

中即便含有较高的 sp^3C 键也不易在光谱中表现出来,因此目前主要作为一种定性表征方法使用;EELS 虽可准确测量碳膜中的 sp^2C 和 sp^3C 的含量,但测量工艺复杂,不仅对薄膜样品具有破坏性,耗时较长,且因 ta-C 膜中应力大,制样非常困难;XPS 法虽可作为一种无损、简便的测量方法,但后续分峰拟合处理复杂,尚无完善、统一的拟合标准,导致定量表征方面精度不高。因此,针对不同应用需求,如何精确地测量 ta-C 薄膜中的 sp^2C 和 sp^3C 含量,进而建立起薄膜内在微结构与表观物化性能之间的作用规律,已成为实现 ta-C 膜性能优化调控的关键。

李晓伟等[43]采用 45°双弯曲 FCVA 技术制备了不同偏压下的 ta-C 膜,通过分光光度计和椭偏联用技术精确测量了薄膜厚度,重点采用椭偏法对 ta-C 膜的键态结构进行了拟合表征,并与 XPS 和 Raman 结果相对比,以验证椭偏拟合新方法的可靠性。结果表明:椭偏法作为一种无损、简易、快速的表征方法,可用于 ta-C 膜中 sp^2C 和 sp^3C 键含量的准确测定,且在采用玻璃碳代表纯 sp^2C 的光学常数及拟合波长选取 250～1700nm 时的椭偏拟合条件下,拟合数值最佳,从而发展了一种无损、快速、准确表征 ta-C 膜键态结构的新方法。

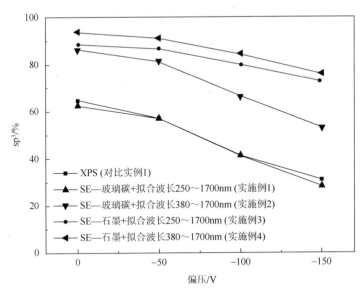

图 5-12　XPS 与椭偏法测得的 ta-C 薄膜中 sp^3 含量结果对比

Xu 等[44]采用 45°双弯曲 FCVA 技术制备了超薄 ta-C 膜,并系统研究了膜厚、C 离子入射角、弧流等参数对 ta-C 膜的结构、密度、残余压应力和表面形貌等性能的影响。

(1)ta-C 膜结构与性能对膜厚的依赖性。通过 45°双弯曲 FCVA 技术制备了不同厚度的超薄 ta-C 碳膜，考察了膜厚变化对薄膜结构性能的影响，并采用椭偏法表征了薄膜键态结构。结果表明：ta-C 膜厚度在 7.6～33nm 变化，且生长速率保持在（1.7±0.1）nm/min；当薄膜厚度为 11nm 时，密度可达到 3.07g/cm³；随薄膜厚度增加，薄膜中的 sp³ 减小，当膜厚为 7.6nm 时，sp³ 含量为 81.936%；薄膜中的残余应力具有类似的变化趋势，见表 5-4；此外所制备的 ta-C 膜表面光滑，具有填充基体凹坑、减少基底缺陷的作用。在薄膜成核阶段，表面粗糙度与膜厚变化有关，然而在生长阶段，薄膜表面粗糙度与膜厚变化关系不大，见图 5-13。

表 5-4　膜厚对 ta-C 膜结构性能的影响

时间/min	4	6	10	15	20
厚度/nm	7.6	11	17.5	24	33
sp³ 含量/%	81.94	55.64	48.61	25.30	25.05
应力/GPa	13.9	11.5	10.5	8.7	3.9

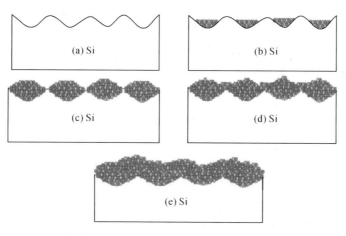

图 5-13　超薄 ta-C 薄膜的生长模型示意图

（2）ta-C 膜结构性能对碳源入射角的依赖性。众所周知，ta-C 薄膜中存在高的残余应力，从而限制了薄膜的广泛应用。施加负偏压、增加过渡层等方法虽然可以降低应力，但多以牺牲薄膜中 sp³ 含量为代价，使得薄膜应力降低的同时损伤了其他一些优异性能。受薄膜亚植入模型以及入射角调控薄膜表面形貌的启发，研究了调控碳源入射角对残余压应力的影响。实验和计算结果表明，碳离子入射角的改变（0～60°）极大地弛豫了碳结构中键长和键角的畸变（图 5-14），但不影响薄膜中的 sp³ C 含量，导致应力大幅降低同时薄膜保持了良好的力学特性（图 5-15）；在入射角为 60° 时，ta-C 碳膜应力为 2.8GPa（与 0 相比降幅高达 25%），纳米压痕硬度为 31GPa，薄膜表面光滑致密。这为制备低应力、高密度的超薄 ta-C 碳膜提供了一种新方法。

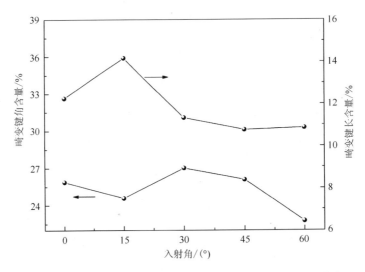

图 5-14　不同碳源入射角下薄膜畸变键长、键角含量变化曲线

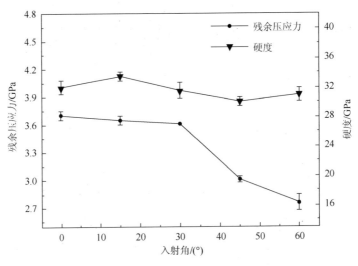

图 5-15　不同碳源入射角下薄膜的残余压应力与硬度

（3）ta-C 薄膜结构性能对弧流的依赖性。考虑阴极弧流大小对阴极弧斑运动、寿命及靶材刻蚀的影响，研究了弧流对超薄 ta-C 碳膜结构和性能的影响。研究发现：随弧流由 40A 增加到 70A，薄膜沉积速率增加，sp^3 含量先增加后减小，当弧流为 60A 时，薄膜 sp^3 的含量达到最大，此时密度也达到最大 3.067g/cm^3；残余压应力也随弧流增加呈现先增加后减小的变化趋势，见图 5-16。改变弧流虽可调节 ta-C 膜的残余

应力，但会损伤薄膜 sp³ 的含量，同时因碳膜沉积过程中碳源粒子具有填充基体凹坑、减少基体缺陷的作用，使得表面非常光滑，ta-C 碳膜的表面粗糙度随弧流增加呈现先降低后增加的变化，当弧流为 50A 时，薄膜表面粗糙度最小为 0.195nm，见图 5-17。

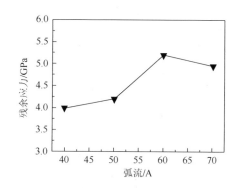

图 5-16　不同弧流下 ta-C 薄膜的残余压应力

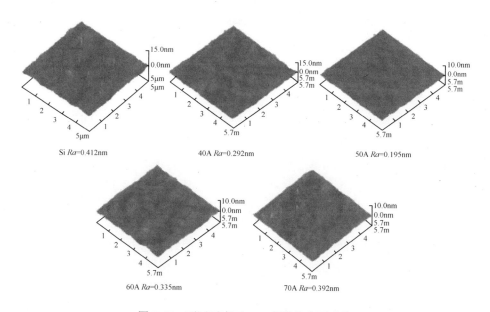

图 5-17　不同弧流下 ta-C 薄膜的表面形貌

5.2.3　第三元素掺杂 DLC 复合薄膜（Me-DLC）

元素掺杂 DLC 纳米复合薄膜因其在非晶碳网络结构中形成的特殊纳米尺寸效应，不仅在降低应力方面功效显著，而且在改善 DLC 膜摩擦学稳定性、电学、生物性能等性能方面作用突出，目前作为 DLC 碳膜研究领域中的一个重要分支，引起广泛重视和深入研究[45-48]。

　　掺杂元素大致可以分为金属元素与非金属元素，将这些元素与 DLC 进行复合之后，往往可以改善 DLC 的某些性能，如表面能、摩擦磨损特性、生物相容性等，如图 5-18 所示[13]。

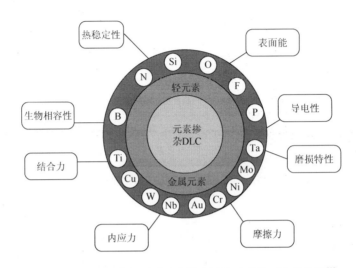

图 5-18　对 DLC 进行不同元素掺杂以及对应的可改善性能[9]

　　其中对于金属掺杂 DLC 复合薄膜，掺杂金属种类、含量等对 DLC 膜的结构和性能有很大影响。依据金属与碳的化学作用，可以大致将金属掺杂元素分为两类[49]，一类是碳化物形成元素，典型金属元素包括 Ti、Cr、W、Mo、Mn、Fe 等，另一类是非碳化物形成元素，典型金属元素包括 Al、Cu、Ag、Au 等。

　　在碳化物形成元素掺杂 DLC 研究方面，Dai 等[50-52]选用 Ti、Cr 等作为金属掺杂元素，制备了 Me-DLC 膜。研究发现：少量金属掺入 DLC 膜时主要以游离态的形式固溶于无定形碳网络间隙之中，既不与 C 键合，也不会从 DLC 碳网络中析出。此时，掺杂金属能起到一种"枢纽"作用，使得碳键能凭借其扭曲转动，薄膜内高的残余应力得以释放；同时，由于固溶在薄膜中的金属原子对碳结构影响较小，所以对薄膜硬度和弹性模量损伤较小；除此之外，薄膜的摩擦学性能也表现出与纯 DLC 膜类似的特性，具有较低的摩擦系数和磨损率。Cr、Ti 等碳化物形成元素掺杂含量达到其在 DLC 无定形碳矩阵中固溶度时（如 Cr≥8.42%，Ti≥12.87%），金属元素与 C 结合形成 Me-C 键，形成纳米颗粒，镶嵌于碳矩阵中，见图 5-19。Me-C 键的形成导致局部无序度增大，残余应力上升，但纳米碳化物相复合结构的形成（如 CrC、TiC）有助于提高薄膜的硬度（图 5-20），而同时也易导致薄膜发生"犁沟"磨损，使薄膜摩擦系数和磨损率增大。可见，只有固溶在 DLC 膜碳网络中的金属元素才能有效降低残余应力。

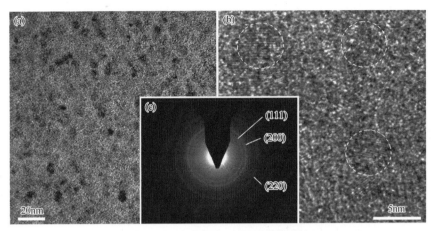

图 5-19　Ti 含量为 18.36%时薄膜的

（a）TEM 图，（b）高分辨 TEM 图，（c）对应选区电子衍射

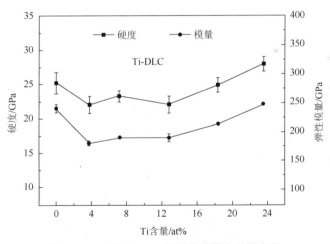

图 5-20　Ti 掺杂 DLC 膜硬度随掺杂量的变化

　　W 属于过渡金属 VIB 族，也是一种碳化物形成元素。根据沉积技术以及工艺参数的不同，在不同金属 W 掺杂含量下，W 将以金属原子或者多种化学计量比的碳化钨纳米晶的形式分布在类金刚石基质中[53-55]。目前，W-DLC 复合薄膜仍然是金属掺杂 DLC 复合薄膜中的研究重点与热点，尤其是涉及应力降低以及摩擦磨损的相关应用方面。Guo 等[54]制备了不同 W 掺杂含量下的 DLC 膜，并重点研究了薄膜中的原子价态结构，W 的存在形式以及材料的应力特性、机械性能以及摩擦学特性的演变规律。实验研究表明，随着 W 掺杂含量的逐渐增大，W-DLC 复合薄膜出现了结构演

化。根据图 5-21 中的 XPS 图谱可知，当 W 掺杂量增大到 31.74%时，对应的 C 1s 图谱中明显出现了结合能位于 283.5 eV 的 W-C 键，这表明高含量下薄膜中出现了碳化钨相。

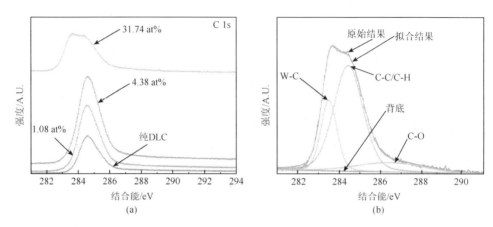

图 5-21　不同 W 掺杂含量 DLC 膜的 C 1s 图谱（a）和 W 31.74%式样的 C 1s 图谱的拟合结果（b）

此外结合图 5-22 中的高分辨透射电子显微镜图像以及 SAED 图片可知，当 W 含量低于 1.08%时，薄膜呈现出非晶的点状衬度，对应选取电子衍射花样呈现弥散光晕，这与未掺杂的 DLC 薄膜类似；但当掺杂含量高于 4.38%时，对应的高分辨图片中出现尺寸约为 5nm 的颗粒，当 W 含量进一步增大到 31.74%时，颗粒数增多，但尺寸无明显变化，从 SAED 花样可知，形成的碳化物为 WC_{1-x}，对应晶面分别为 WC_{1-x} 的（111）、（200）、（220）、（222）和（420）晶面。

　　　　　　　　　　　（a）　　　　　　　　　　　　　　　（b）

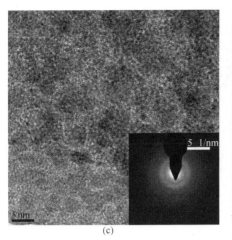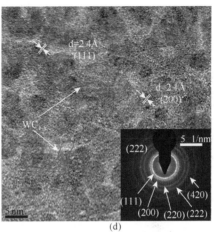

图 5-22　纯 DLC，W 掺杂含量（a），1.08at%（b）、4.38at%（c）以及 31.74at%（d）非晶碳
膜的高分辨透射电子显微图像以及对应的选区衍射

根据图 5-23 中的残余应力结果可知，在掺杂量为 4.38at%时，薄膜具有最小应力值，结合结构变化，可将应力变化归结于 W 原子在非晶碳中提供转动位点以及形成晶界滑移的共同作用。此外，空气条件下的摩擦测试表明，在 4.38at%含量下薄膜可以获得较低的稳态摩擦系数，见图 5-24。

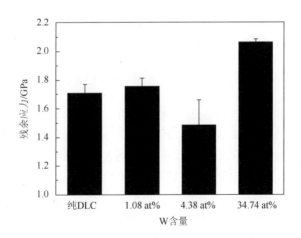

图 5-23　薄膜残余应力随 W 掺杂含量的变化

在非碳化物形成元素掺杂方面，Dai 等[56]选用 Al 掺入 DLC 中，研究发现 Al 主要以氧化态的形式固溶在碳结构中；随着掺杂量的增加，Al 并不完全从碳矩阵中析出，因而能持续降低应力，同时导致硬度下降，见图 5-25。

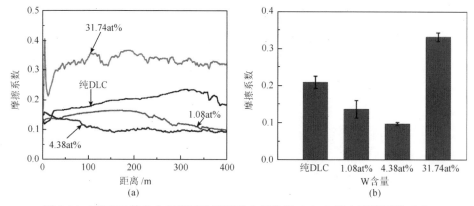

图 5-24　不同 W 掺杂含量薄膜的摩擦动力学曲线（a）与稳态摩擦系数（b）

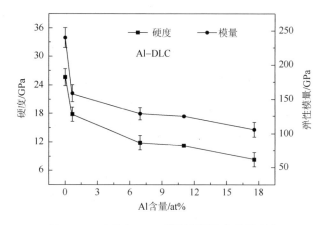

图 5-25　Al 掺杂 DLC 膜硬度随掺杂量的变化

　　Cu 是一种常用的非碳化物形成元素，具有面心立方结构，表现出低硬度、良好的延展性以及导电性。根据沉积工艺的不同，在不同金属 Cu 掺杂含量下，Cu 将固溶于或者以 Cu 纳米晶的形式分布在类金刚石基质中[57-59]。此部分，将对不同 Cu 掺杂含量下，薄膜中的原子价态结构、Cu 的存在形式以及材料的润湿性进行阐明。实验研究表明，随着 Cu 掺杂含量的逐渐增大，Cu-DLC 复合薄膜出现了结构演化。从图 5-26 中的 XPS 分析来看，各种含量下的 C 1s 中只有两个峰，分别对应于 C-C/C-H（284.6eV）以及 C-O/C=O 键（285.8eV），而 Cu 2p 峰分别对应于 952.7eV 的 Cu（2p 1/2）和 932.8 eV 的 Cu（2p 3/2）峰，表明 Cu 在非晶碳基质中是以单质态的形式存在的。

　　此外，根据图 5-27 的 Raman 光谱可知，随着 Cu 掺杂含量的增大，G 峰位置向高波数移动，I_D/I_G 增大，这表明 Cu 掺杂导致 sp^2 含量增大，同时 G 峰半峰宽减小，表明 Cu 掺杂导致 DLC 膜的结构无序度下降。

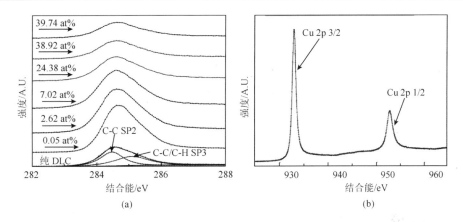

图 5-26　不同 Cu 掺杂含量薄膜的 C 1s 图谱（a）与 Cu 39.74at%式样的 Cu 2p 图谱（b）

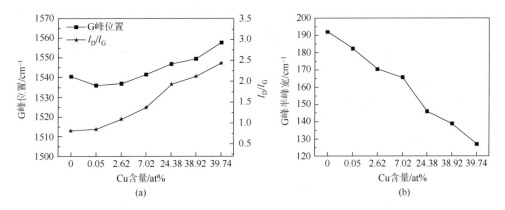

图 5-27　薄膜的 G 峰位置与 I_D/I_G（a）以及 G 峰半峰宽随 Cu 掺杂含量的变化（b）

在润湿性方面，随着 Cu 掺杂含量的增大，水接触角呈现增大的趋势，如图 5-28 所示。采用 owens 方法计算材料在亲水性范围的表面能发现，在 Cu 掺杂含量 0.05%～7.02%范围时，材料总的表面能变化不大，但是其极性项逐渐减小，从而导致表面极性作用吸附的水分子减少，从而增大了接触角，而在疏水性区域，这种接触角的增大，主要是由较大尺寸的纳米晶粒形成，粗糙度增大导致的。

目前虽然金属掺杂可显著降低薄膜中的残余应力，从而延长其使用寿命，但由于金属掺杂种类、含量不同一方面将导致 DLC 碳膜键态结构的复杂性和多样化，同时受实验方法表征的限制，关于金属掺杂 DLC 薄膜的微结构演变和性能变化之间的作用规律，特别是金属掺杂导致的应力降低作用机制从实验角度理解尚不清楚，缺乏从原子/电子尺度的本质理解。为进一步深入、系统理解金属掺杂导致应力降低的机制，不同掺杂金属与 C 原子作用后电子结构的演变仍是亟待解决

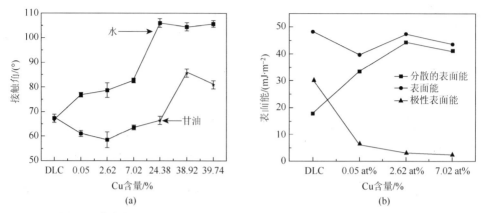

图 5-28　薄膜的水/甘油接触角（a）以及表面能随 Cu 掺杂含量的变化（b）

的问题，如 Me-C 之间的成键特征。因此，Li 等[60]采用了基于密度泛函理论的第一性原理计算，以简化的四面体模型为基础，选用 26 种掺杂金属元素为研究对象，通过对 Me-DLC 体系中的能量变化、投影态密度（projected density of state，PDOS）、最高占有分子轨道（highest occupied molecular orbital，HOMO）的电荷密度分布和分子轨道图等电子结构的系统研究，从掺杂原子与 C 原子之间成键特征的角度阐明了掺杂导致应力降低的根本原因。

理论计算研究结果表明：与 C-C 体系相比，Me 元素掺杂后均不同程度地降低了键角畸变时导致的能量变化，暗示了薄膜残余应力的降低，如图 5-29 所示。掺杂元素 Me 与 C 原子之间的成键特征强烈依赖于 Me。如 Sc～Cu 掺杂后，随着 3d 电子数的增加，成键特征变化规律：成键（Sc、Ti）—非键（V、Cr、Mn、Fe）—反键（Co、Ni、Cu），如图 5-30 所示。Me 与 C 原子之间电负性差的存在，使得键中存在离子部分贡献，降低了键的方向性和对键角畸变的敏感度；成键特征的变化，特别是反键的形成（Co、Ni、Cu、Ag、Au 等），极大降低了键强度，因此，键强度和方向性强度的降低直接导致键角畸变时能量变化较小。此外，Al 等元素掺杂到四面体构型后，体系杂化结构由参考态时的 sp^3 结构转变为稳定键角下的类 sp^2 杂化结构。不同杂化状态的变化表明这些元素掺杂后，将同时表现出残余应力和硬度的较大下降。研究结果不仅为理解掺杂元素导致应力降低的行为提供了理论解释，而且为设计、制备高品质 DLC 薄膜材料提供了理论指导。

除 Me-DLC 之外，非金属掺杂 DLC 薄膜也得到了大量研究，如 N、S、F、B、P、Si 等元素掺杂的 DLC 薄膜。Gerstner 等[61]研究发现：N 掺杂 DLC 具有非易失性存储效应，这与不同能级的激发以及退激发过程相关。Kleinsorge 等[62]发现 B 掺杂在一定掺杂含量可以提高 DLC 的电导率，同时随着 B 掺杂含量的增大，薄膜体现出更好的光电特性。Wan 等[63]采用电化学沉积的方法制备出 S 掺杂 DLC，研究表明 S 掺杂可以降低 DLC 的表面粗糙度并促进石墨化。

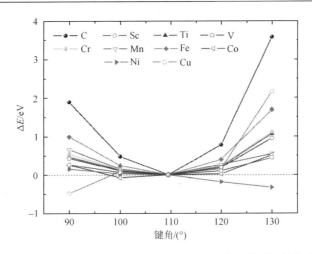

图 5-29 第四周期过渡金属元素掺杂后键角扭曲后体系能量的变化

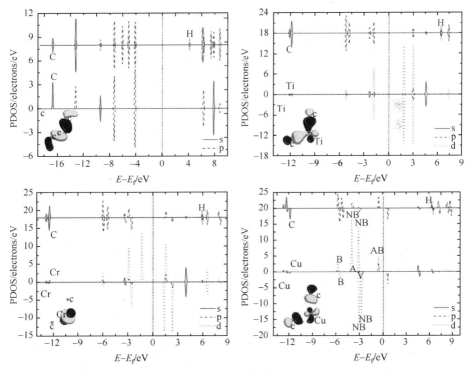

图 5-30 TM-C 体系的 PDOS

其中插图为中心 TM 原子和角 C 原子之间的 HOMO 的电荷密度分布，B、NB、AB 分别表示成键、非键和反键特征

此部分，以 N 掺杂 DLC 为例，阐明不同偏压下制备的薄膜原子价态结构及电化学特性的变化规律。在不同偏压下制备掺 N 类金刚石薄膜的拉曼光谱中，碳的一阶

峰在 $1000\sim1800cm^{-1}$ 范围内均具有非对称结构，这表明偏压并未影响薄膜的非晶形态。将拉曼光谱进行双高斯分峰拟合出 D 峰和 G 峰，如图 5-31 所示，结果表明（图 5-32），当基底偏压从 -300V 增加到 -550V 时，I_D/I_G 从 0.6 增加到 1.04，同时 G 峰也往高峰位发生轻微漂移。该结果可以说明在偏压增加的过程中，掺 N 类金刚石薄膜的 D 带的振动模式和 sp^2 杂化团簇（尤其是环状 sp^2 团簇）增加，薄膜趋于石墨化。

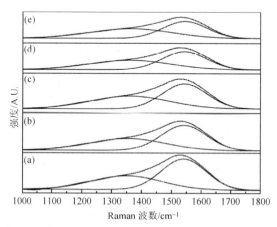

图 5-31 不同偏压下掺 N 类金刚石薄膜的拉曼光谱的高斯拟合图

（a）N-DLC-300V；（b）N-DLC-350V；（c）N-DLC-400V；（d）N-DLC-450V；（e）N-DLC-550V

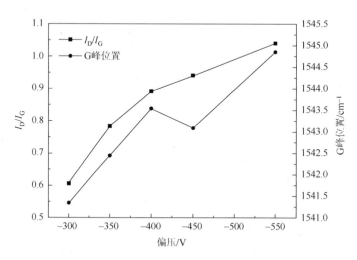

图 5-32 不同偏压下制备掺 N 类金刚石薄膜的拉曼光谱拟合后的 I_D/I_G 和 G 峰峰位

将不同偏压下 N-DLC 薄膜的 C 1s 峰进行 Voigt 函数拟合，得到四个峰，如图 5-33 所示，其中，284.5eV 和 285.3eV 分别对应于 sp^2 C-C 和 sp^3 C-C 键；286.2eV 对应于 C-O 键，这是由薄膜样品暴露在空气中吸附氧所致；在 287.3eV 的第四个峰对应于 C-N 键。对 N 1s 进行 Voigt 函数拟合，如图 5-34 所示，拟合得到三个峰，其中（398.6±0.1）eV 和（400.1±0.1）eV 分别对应于 N-sp^3 C 和 N-sp^2 C,（402.1±0.2）eV 对应于 N-O 键。该结果可以证明碳原子和氮原子形成很好的键合。并且随着偏压的变化，C 1s 光谱中 C-N 键含量呈现相反的结果。由此可知，在偏压为–450V 时制备的薄膜不利于 C-N 键的形成，N 原子更多地和空气中的氧结合，与此相反，偏压为–550V 时制备的 N-DLC 薄膜形成最多的 C-N 键，表面氮原子和氧的结合最少。

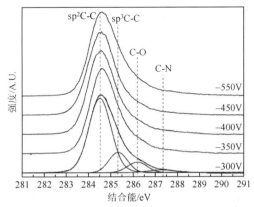

图 5-33　不同偏压下制备掺 N 类金刚石薄膜的 C 1s 核心光谱

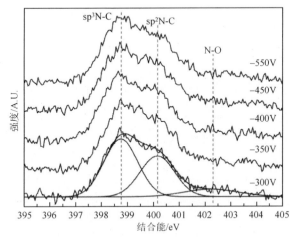

图 5-34　不同偏压下制备掺 N 类金刚石薄膜的 N 1s 核心光谱

　　不同偏压下制备 N-DLC 薄膜电极在 0.5mol/L H$_2$SO$_4$ 溶液中的循环伏安测试如图 5-35 所示。不同偏压下制备的薄膜电极电化学势窗在 4.0V 左右，其中–450V 下制备的薄膜电极没有明显的电化学响应，而–550V 制备的薄膜电极电流响应最明显，这与 XPS 表征结果中，–450V 下制备的 N-DLC 薄膜含有最多的 N-O，最少 C-N 活性键有关，由于过多的氮原子和氧原子结合，导致表面活性键减少，而 –550V 制备的薄膜的键结构恰好呈现出最多的 C-N 键和最少的 N-O 键。

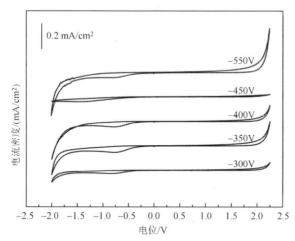

图 5-35　不同偏压下制备掺 N 类金刚石薄膜电极在 0.5M H_2SO_4 溶液中的循环伏安曲线

图 5-36 给出了 N-DLC-550V 薄膜电极分别在 0.5M H_2SO_4 溶液和 0.1M NaOH 溶液中的循环伏安曲线。结果表明，在 NaOH 溶液中氢和氧的析出电位都朝着低电势方向移动，电化学势窗减小到 2.9V。再者，相对于高 OH^+ 浓度溶液中的析氧电位（~0.88eV），在高 H^+ 浓度溶液中有更高的析氧电位（~2.1eV）。因此，N-DLC 薄膜电极在酸性溶液中更有利于分析高氧化电位的电化学活性物质。与此同时，N-DLC 薄膜电极在酸性溶液中有更低的背景电流。这表明在酸性溶液中，N-DLC 薄膜电极能够检测和分析的物质更多，信噪比更高。

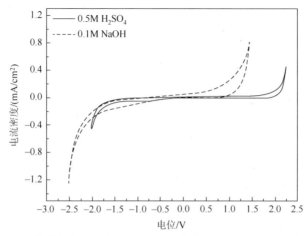

图 5-36　N-DLC-550V 薄膜电极分别在 0.5M H_2SO_4 溶液和 0.1M NaOH 溶液中的循环伏安曲线

5.3　类金刚石碳膜材料的几类典型应用

5.3.1　机械力学特性应用

目前，作为耐磨部件的核心力学保护膜、红外/激光窗口增透保护膜、扬声器的高频振膜、航空航天用特殊工况下的润滑薄膜、半导体场发射阴极薄膜等，DLC 膜已经被瑞士 Ionband 和 Balzers、德国 Cemecon、日本 Kobelc 和 Sumitoma、英国 Teer、瑞典 Sandvik、韩国 J&L 和 K-DLC 及我国深圳雷地、广东有色金属研究院、成都工具研究所、深圳 863 表面工程基地、武大弘毅、中国科学院兰州化物所和中山大学等多家单位所广泛应用。在机械力学特性应用研究领域，DLC 薄膜已经在汽车发动机、纺织设备及零部件、精密传动机构等系统上实现了产业化应用。

1. 汽车关键部件应用

在汽车应用领域，为了降低发动机的燃油消耗，减轻发动机滑动部位的摩擦（特别是活塞、活塞环与气缸之间以及凸轮与从动件之间的摩擦）非常重要[64]。由于 DLC 膜具有高硬度、低摩擦系数、强耐腐蚀性等特点，国外多家研发机构和企业对 DLC 膜在汽车工业中的挺杆、挺柱、凸轮轴、曲轴、齿轮、活塞环、燃气缸内壁、阀门、喷气嘴等发动机部件中的应用进行了研发，且部分已获得成功应用。如德国 Bosch、比利时 Bekeart、法国 Sorei 公司（一家主要给一级方程式赛车和 NASCAR 赛车发动机提供配件服务的供应商）、英国 Tecvac 公司等多家机构已成功开发了发动机配件用的 DLC 薄膜处理技术，并将其成功推向了市场[65-68]。其中，最为典型的是，日产汽车公司（Nissan）产品无氢类金刚石碳膜获得了由日本贸易经济产业部（METI）的第二届 MonozukuriNippon 涂料类产品和科技发展大奖，并已将此 DLC 薄膜产业化技术工艺用在了最新 2007 版的 Nismo 350Z 跑车中。但受权益保护等问题影响，国外的核心高端技术对中国均为封锁状态，因此这些技术并未为我国拥有。

在我国，广州有色金属研究院周克崧院士较早在国内开展了 DLC 薄膜在发动机关键零部件上的应用探索，开发了相应的镀膜技术，涉及气门挺杆、喷油嘴、滚针（珠）和活塞销等（图 5-37）。中国科学院兰州化学物理研究所固体润滑国家重点实验室联合中国科学院宁波材料技术与工程研究所对中国第一汽车集团公司汽车用活塞销、发动机喷嘴和柱塞进行了多层 DLC 薄膜的技术开发（图 5-38），初步通过了台架测试。2009 年，中国重汽首次将新技术改良的纳米 DLC 膜喷油嘴应用于 HOWO-A7 系重卡汽车。此外，中国一汽、上海柴油机、长安汽车、东风汽车、吉利汽车、奇瑞汽车等汽车和发动机企业也已着手开展 DLC 薄膜在高端和节能减排发动机系统上的应用和相关产品的研究工作[8]。

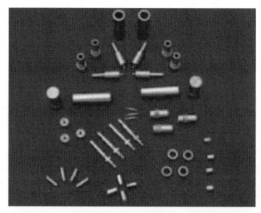

图 5-37　广州有色金属研究院开发的 DLC 膜处理的汽车零部件

图 5-38　涂覆 DLC 膜的发动机喷嘴、柱塞

2. 纺织部件

　　随着我国加入 WTO，传统的纺织、服装行业将呈现更大幅度增长的发展趋势，对与其密切相关的缝纫设备产品的各方面性能包括自动化程度、缝纫效果、操作简易度、使用效率等方面的要求越来越高。在缝纫机的发展过程中，缝纫技术不断升级的标志就是缝速在不断地加速提升。如今国产缝纫机已达到 6000r/min、

8000r/min 的水平，其至还有额定缝速达 10000r/min 的包缝机。但由缝纫机的高速化发展，缝纫机作为一个机械系统，各运动机构的运动副的滑动摩擦副线速度、滚动摩擦副线速度也相应大大提高。缝纫机内部大量的运动副在高速运转下，往往无法仅采用润滑油滴注方式或润滑脂方式来保证高速条件下，运动副运动构建中支撑运动副正常工作润滑膜的稳定性。特别是由缝纫机渗漏油和线迹不平稳所造成的对布料的污染和损坏，更是国产缝纫机无法进入国内外大型高档服装生产企业的最主要原因。因此，无油化缝纫机系统的开发已成为行业发展的必然趋势。

近几年，国内一些有实力的缝纫机生产企业也加入了无油缝纫机的生产行列。目前国内星弧涂层科技有限公司、胜倍尔超强镀膜有限公司等均形成了成熟的系列化的无油零件的专用类金刚石薄膜系统。另外在纺织行业，国内很多单位也开发了相应的复合类金刚石薄膜纺织材料，如中国科学院宁波材料技术与工程研究所通过薄膜设计、过渡层优化等技术手段对缝纫机针杆、纺杯等纺织部件开发了一类 DLC 膜，该类薄膜具有良好的耐磨润滑特性，在无油条件下可以保证部件表面良好的润滑特性，如图 5-39 所示。

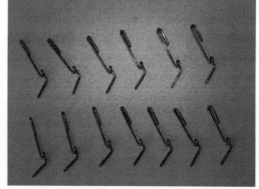

图 5-39　宁波材料技术与工程研究所开发的 DLC 薄膜处理的纺织零部件

3. 制冷部件

制冷压缩机是制冷系统的核心部件，压缩机的能力和特征决定了制冷系统的功效。随着世界能源紧缺形势的严峻，摩擦和润滑已成为当前压缩机技术研究的重要方向之一。其中 DLC 固体润滑薄膜已经被广泛地应用于压缩机主要核心部件（滑/叶片、螺杆、活塞、曲轴等）的表面处理，来降低其摩擦功耗并提高其在新冷媒系统下的可靠性[69]。日本的压缩机企业较早地报道了压缩机滑片表面 DLC 薄膜处理技术，而且在苏州已经成立了东研热处理有限公司，对空调压缩机滑片进行产业化生产[69]。

我国目前在空调压缩机关键部件表面 DLC 薄膜应用技术研究上也开始了攻关。中国科学院宁波材料技术与工程研究所通过调控相关工艺参数及膜层体系在压缩机滑片上开发的 DLC 耐磨薄膜（图 5-40），已通过了实验室硬度、摩擦系数及厚度等性能测试，尤其是通过了在压力 2000N、300r/min 下运行 30min 以上的摩擦环块测试，结果甚至优于同类国外工艺结果，目前装机台架实验正在测试中。在车用空调压缩机领域，中国科学院兰州化学物理研究所固体润滑国家重点实验室与重庆建设车用空调器有限责任公司联合开展了铝合金汽车空调压缩机国产化叶片表面处理技术的研究，成功开发了铝合金叶片 Ni-Co-P/Si$_3$N$_4$ 功能梯度镀层和 Ni-Co-P/CrN-DLC 多层复合薄膜技术，摩擦磨损测试显示：开发的新薄膜较日本进口叶片薄膜耐磨寿命提高 1.5 倍以上，目前正在进行产业化推广[8]。

图 5-40　中国科学院宁波材料技术与工程研究所开发的滑片 DLC 膜

作为具有良好硬度、耐磨性的新型薄膜材料，DLC 膜除在以上应用领域展现了其优异的机械特性外，还可以用于机械加工行业，如微型钻头、精密模具等；日常生活中的许多方面 DLC 膜也发挥了极大的作用，如剃须刀片、磁介质保护膜等。在众多应用领域中，DLC 膜均显示出了巨大的市场潜力。

5.3.2　耐腐蚀特性的应用

以镁、铝、锌合金为代表的轻合金具有轻质、高比强度及易回收等优点，使其成为极具发展潜力的绿色工程材料，但镁合金、锌合金极易发生腐蚀及氧化，而 DLC 膜除具有高硬度、低摩擦系数之外，还具有很好的化学惰性，是一种理想的轻合金表面防护薄膜材料[70-72]。本小节主要介绍 DLC 膜在镁合金表面防护方面的应用。

　　镁合金具有密度小、比强度和比刚度高、尺寸稳定性好、电磁屏蔽性好以及良好的减振性等诸多优点，在当前能源与环境的双重压力下，已经成为国内外高性能轻合金材料的研发热点[72]。在高化学活性的镁合金表面制备高质量 DLC 膜防护层以改善其抗腐蚀性能，在"轻量化"要求日益紧迫的今天，显得更具科学价值和工程意义。

　　近年来，以提高镁基体耐蚀性而开展的 DLC 膜制备研究成为众多研究学者关注的热点。Choi 等[73]通过等离子体增强离子注入工艺在 AZ31 镁合金表面沉积 DLC 及 Si-DLC 膜层，研究表明：DLC 膜导致腐蚀电位正移，Si 掺杂有利于耐蚀性的提高，且随 Si 含量的增加而增强。Ikeyama 等[74]采用等离子体增强离子注入和多靶直流磁控溅射在 AZ91 镁合金表面制备 Ti 打底 Si 掺杂和 Ti 掺杂 DLC 膜，结果表明在 0.05mol/L 的 NaCl 溶液中 Si-DLC 表现出最好的耐蚀性，Ti 打底虽然可提高膜基结合力，但导致耐蚀性能变差，在沉积 DLC 膜前对镁合金采用氧等离子体处理可同时提高膜基结合力和耐蚀性。Wu 等[75]采用混合离子束沉积系统在 AZ31 镁合金表面通过 Cr 打底制备 DLC 膜，实验发现增加 Cr 或 CrN 过渡层，DLC 膜的膜基结合力增加但耐蚀性变差，其原因在于过渡层与基体间存在明显的电位差而导致腐蚀微电池的形成。Dai 等[52]研究结果指出通过在 DLC 膜中掺杂金属 Cr 形成纳米复合结构的 Cr-DLC 膜，可在镁合金基体表面制备出低残余应力、高膜基结合力的 DLC 膜，但 DLC 膜和 Cr-DLC 膜对镁合金的抗腐蚀性能改善较小，原因是样品表面存在明显的针孔等微观缺陷，导致了微孔腐蚀，如图 5-41 所示；由于掺杂 Cr 组元易与基体 Mg 形成电位差，导致了电偶腐蚀的发生。选用与镁合金腐蚀电位接近的金属元素作为 DLC 膜的掺杂元素，从理论上可降低基体 Mg 与掺杂组元的电位差，改善膜基体系的耐蚀性。因此，代伟[76]利用 Al-DLC 实现了对镁合金基体防护性能的改善，24h 盐浴实验证实，镀有 Al-DLC 膜的镁合金受损面积相对于未镀膜基体要明显缩小（图 5-42）[76]。

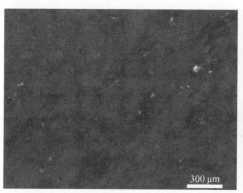

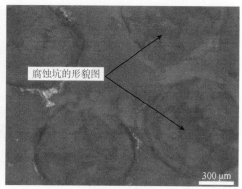

(a) DLC/AZ31　　　　　　　　　　　　　　　　(b) Cr-DLC/AZ31

图 5-41　DLC 膜腐蚀后的表面形貌

图 5-42　AZ31 和 Al-DLC/AZ31 样品在 NaCl 溶液中的极化曲线

微弧氧化（microarc oxidation，MAO）可在镁合金表面制备出与基体呈冶金结合的多孔氧化镁陶瓷层[77]。杨巍等[78]以镁基表面高硬度 MAO 层作为过渡层制备 DLC 膜，以释放 DLC 膜残余应力并提高机械咬合力，同时也减缓了界面电化学腐蚀，实现了镁合金抗腐蚀性能的大幅度提高，如图 5-43 所示。在 DLC 非晶基体中同时掺杂 Ti 与 N，以获得包含氮化钛结构的复合材料，可保持 DLC 膜高的硬度与热稳定性，抑制掺杂 Ti 组元与基体 Mg 间形成电位差而产生的电偶腐蚀，有助于进一步改善 DLC/MAO/AZ80 膜基体系的抗腐蚀性能[79]。

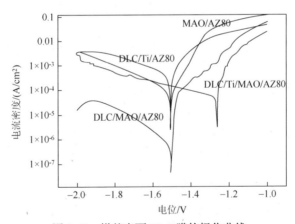

图 5-43　镁基表面 DLC 膜的极化曲线

轻合金表面制备 DLC 膜可有效改善其抗腐蚀性能，同时表层 DLC 膜又具有很好的润滑特性，可大幅度提高基体的耐磨性，实现了轻合金表面改性用兼具强膜基结合力、优异抗腐耐磨性能的 DLC 膜材料关键制备新工艺、新方法、新理论突破。

5.3.3　光学特性的应用

目前，太阳能电池常用的单层减反膜有 MgF_2、SiO_2 和 Si_3N_4 等[80]。其中，

MgF_2 是最早应用的性能优良的光学镀膜材料,但其易吸潮而导致光学性能不稳定,且在低温沉积下的薄膜聚集密度低,自身强度和耐磨性较差。SiO_2 具有低的热膨胀系数、与硅片结合力好、光学透射率高等优点,是一种优异的增透减反薄膜材料,但因其常由溶胶-凝胶法合成,与水亲和力强,所以对水汽和其他气体的渗透率高,且对碱金属的阻挡和抗电击穿能力差。Si_3N_4 是目前最广泛使用的硅太阳能电池减反膜材料,具有热膨胀系数低、结构致密、抗渗透能力强、对金属离子阻挡能力强等诸多优点,同时质地坚硬而耐磨、抗电击穿能力强、抗热冲击性能好,但由于多采用 PECVD 法制备,存在薄膜与硅片的附着能力差,且大面积、高速沉积困难等不足。

相比之下,DLC 薄膜具有优异的光学性能:可见-红外区透明,折射率为 1.6～2.9,光学禁带宽度可调,同时其表面光滑平整、沉积温度低、工艺简单、设备易维护、成本低等。另外,DLC 薄膜还具有高硬度、低摩擦系数、良好化学稳定性和耐腐蚀性,因此可作为理想的太阳能电池用减反射保护膜(图 5-44),大幅提高硅基太阳能电池的抗磨损、抗腐蚀、抗冲蚀、抗潮解和抗氧化等性能,从而极大延长其使用寿命。但由于 DLC 薄膜材料性能的多样化和衬底材料之间的结构与性能匹配性,要获得太阳能电池用的高质量 DLC 减反射保护薄膜材料,仍需对薄膜的光学性能进行系统研究与优化设计。

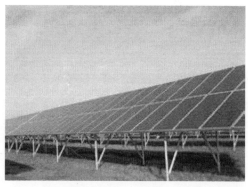

图 5-44 DLC 膜在太阳能电池上的应用

Alaluf 等[81]采用射频等离子体增强化学气相沉积(radio frequency plasma-enhanced chemical vapor deposition,RF-PECVD)方法,在太阳能电池的硅工作面上制备了折射率为 2.4 的 DLC 薄膜,I-V 曲线显示 DLC 薄膜提高了电池效率,且随薄膜厚度的变化,太阳能电池效率最高可提高 30%。Klyui 等[82]以甲烷和氢气为反应气体,采用 RF-PECVD 技术制备了 DLC 薄膜,通过工艺参数调控,可使薄膜折射率在 1.6～3 范围内连续变化,并成功实现了在硅太阳能电池表面符合光学理论设计的 DLC 双层减反膜的单步沉积,并将电池效率提高到原来的 1.35～1.5 倍。Oliveira 等[83]对比了 PLC、DLC、ta-C 等多种非晶碳膜的折射率、带隙,研究发现 ta-C 虽然带隙较高,但由于折射率过高,减反效果不明显;PLC 减反膜可提高 34%左右的转换效率,短路电流也大幅提高;DLC 虽然可使转换效率提高 38%左右,但短路电流无明显改善。Litovchenko 等[84, 85]对 N 掺杂 DLC 薄膜用于空间硅太阳能电池进行了系统研究,发现短路电流、填充因子和开路电压提高,沉积双层的 a-C:H:N 薄膜可使太阳能电池的光电转换效率提高 45%,而且薄膜抵抗质子和紫外线辐射的能力大大提高。Bursikova 等[86]采用六甲基二硅醚制备 Si 掺杂 DLC 薄膜,发现在薄膜厚度为 44～66nm 时效率最高,可达 5.1%。

国内夏义本等[87]也在较早时间开展了相关 DLC 增透减反膜的研究,并申请了相关光学增透膜领域的专利。中国科学院兰州化学物理研究所对 DLC 薄膜在风沙冲蚀环境中的摩擦测试也表明,DLC 薄膜有望作为沙漠及空间等苛刻环境下太阳能电池用表面保护薄膜材料[88]。中国科学院宁波材料技术与工程研究所围绕太阳能电池对高质量减反膜材料的迫切需求,通过对不同工艺参数下的 DLC 膜生长和性能的系统研究,建立精确测量 DLC 膜光学常数与厚度的新方法[23, 89, 90];阐明了不同工艺参数(尤其是衬底负偏压和氮掺杂含量)对 DLC 膜生长行为和光学性能的影响规律;并结合 Essential Macleod 光学设计研究,建立高质量减反射 DLC 膜材料的可控制备技术与性能优化途径,为太阳能电池用减反保护薄膜材料研究提供坚实理论与实验基础。因此,DLC 膜与硅的光学常数相匹配,减反效果良好;又具有公认的高硬度、耐磨性;同时还具备抵御太空辐射的性能,有望成为新一代的太阳能电池减反保护材料。

另外,DLC 膜还可作为 Ge、ZnS、ZnSe 等红外光学窗口材料的红外增透和抗磨损保护膜,如图 5-45 所示。其用做 Ge 光学透镜的保护膜,可以防止透镜划伤和水汽侵蚀。张贵峰等研究发现:Ge 片双面镀 DLC 膜后,在 3～5μm 波段的峰值透过率高达 99%,在 2～15μm 波段内红外透过率均在 85%以上,这表明 DLC 膜有可能作为 3～5μm 和 8～14μm 双波段同时增透的薄膜材料[91]。意大利真空技术中心等已经采用热灯丝化学气相沉积等方法成功在 Ge 基片上制备出性能优良的 DLC 膜,在 8～11μm 的平均透射率达 87%[92]。白婷等[93]采用 PLD 法在 ZnS 衬底上沉积了 DLC 膜,研制的光学窗口实现了从可见至远红外波段使用同一光学器件的目标,主波

图 5-45　DLC 膜在光学窗口上的应用

段透射率在 70% 以上，膜层均匀性优于 95%，可抵抗潮热、温度变化等恶劣环境，可耐受高功率的红外激光辐射。

　　低温沉积的 DLC 膜，可作为抗磨保护层沉积在塑料材料制成的光学部件表面，如飞机和汽车的窗玻璃、仪器面板、手机屏幕和眼镜片等，如图 5-46 所示。例如，在树脂眼镜片表面沉积 DLC 膜，不仅可显著提高镜片的表面硬度，增加耐磨损性，延长镜片使用寿命，而且使镜片的可见光透明度提高，有效地吸收阻止紫外线，有益于视力的保护。美国、法国、日本、瑞典等国对 DLC 膜在 PET 瓶上的应用研究，已经取得了较好的实验结果[94]。例如，法国西得乐公司开发的 DLC 膜涂覆 PET 啤酒瓶，其阻氧性能提高 10 倍，阻 CO_2 性能提高 7 倍，产品货架期长达一年，可全部回收利用，已在法国、英国、意大利等国应用。日本 Kirin 啤酒公司和 Samco 国际实验室利用 PECVD 技术在 PET 内壁沉积了 DLC 膜作为阻隔层，也可有效防止氧气渗透，且具有耐酸碱、抗破裂和高的透明性（图 5-46）。

图 5-46　DLC 膜在汽车窗玻璃、眼镜片和 PET 瓶上的应用

　　综上，DLC 膜是很有发展前景的红外光学薄膜材料，但要使其广泛应用于红外光学器件和太阳能电池，达到工业化生产水平，还有不少关键技术亟待解决，例如，切实可行的膜系设计、如何减小 DLC 膜的吸收和残余应力，以及薄膜的大面积可控制备等。尽管如此，随着 DLC 膜光学性质的深入研究、薄膜设计理论的发展和完善、新的制备方法和技术的出现，DLC 膜光学应用研究仍将是今后研究的热点之一，从而使其广泛地应用于太阳能电池、光学窗口等的增透膜和保护膜。

5.3.4　新型电学功能特性的探索

　　近年来，在新型电学功能特性方面，类金刚石薄膜也得到了长足的发展。结合类金刚石薄膜的优良特性，如高硬度、抗磨性、化学稳定性、抗腐蚀能力和生物相容性，类金刚石薄膜在一些特殊电学功能应用领域也有巨大的发展潜力。1999年，Lüthje 等首先发现了类金刚石薄膜的压阻效应[95]，该研究表明，类金刚石薄膜材料有可能用于应变传感器等相关领域的研究。随后 Tibrewala 等报道了灵敏度因子（GF 值）高达 1000 的类金刚石薄膜，但同时该膜又具有较大的电阻温度系数（temperature coefficient of resistance，TCR），而较高的 TCR 不利于类金刚石薄膜的实际使用[96, 97]。为了同时获得较高 GF 与较小 TCR 的类金刚石薄膜材料，一些研究者对金属掺杂薄膜进行了探索。其中，Schultes 以及 Koppert 等制备了不同含量的 Ni 掺杂含氢类金刚石薄膜，获得了 GF 值约为 12，并且在 80～400K 范围内 TCR 近似为 0 的薄膜，但是同时该薄膜中的 Ni 掺杂含量也较高[98-100]。此外 W、Cr、Ag、Ti 掺杂 DLC 膜也得到了一些研究[101-107]。尽管科研工作者对 DLC 以及金属掺杂 DLC 的压阻效应进行了初步的研究，但是对于 DLC 以及金属掺杂 DLC 的压阻机理目前尚有争论，仍然需要系统的研究，从而开发这种新型薄膜压阻材料。

此外，DLC 膜作为电极材料，在电化学测量领域也有很大的应用潜力。选择电极材料时一般要考虑多方面因素，如电化学势窗、电极重复性和稳定性、耐蚀性、机械性能、导电性能、安全性等。DLC 膜既可以满足上述要求，还可以在室温下实现大面积可控制备，这有利于工业化生产。国外方面，在 1997 年，Schlesinger 等采用射频磁控溅射的方法制备了厚度在 10～500nm 的类金刚石薄膜电极，结果表明，该电极材料具有低双层电容，高电化学势窗，并且在铁氰化钾溶液中具有高活性，此外由于碳膜电极材料的表面光滑可以作为水银薄膜的基片材料[108]。在掺杂薄膜方面，硼掺杂 DLC 膜由于具有宽电势窗口、低背景电流和高稳定性，在 PH 检测以及生物方面得到了广泛研究[109-111]。氮掺杂薄膜电极则显示出高稳定性同时还有更好的催化特性[112, 113]。此外，金属掺杂类金刚石薄膜电极也得到了一些关注与研究，如 Ni 掺杂薄膜[114]。而国内 Liu 等对掺磷四面体非晶碳膜的电极性能进行了一定的研究[115]。但是目前对不同元素掺入以及结构对掺杂 DLC 薄膜的电化学性能影响尚不完全清楚，仍然需要更多深入的研究。

由于具有优异的电学性能，如负电子亲和势、禁带宽度可调、良好导热性等，DLC 材料也有望取代传统金属场致发射材料，应用于尚处于初级研发阶段的场致电子发射显示器（FED）领域。Ilie 等的研究表明，DLC 的场致电子发射起源于 sp^2 相，并且与 sp^2 相的团簇情况相关[116]。Carey 等的研究表明，场发射阈值变化与 sp^2 团簇大小以及聚集程度有关，而这些又取决于选择的沉积参数，此外该小组还发现在低场强作用下，电子发射起源于材料的介电不均匀性，这种不均匀性主要在于 sp^2 相与 sp^3 基质导电性的差异[117, 118]。近年来，Li 等的研究还表明 DLC 纳米点也有潜力作为场发射材料，如图 5-47 所示[119]。此外，金属掺杂 DLC 材料的发射特性也得到了一些研究，如 Ti 掺杂[120]。然而，要实现 DLC 以及掺杂 DLC 薄膜材料在 FED 领域的应用，还要解决一系列的理论以及工业技术问题，还需要进行大量的系统研究。

图 5-47　DLC 纳米点的制备

（a）氧化铝模板；（b）在模板上沉积 DLC 膜（无偏压），−50V 偏压下制备的 DLC 纳米点；（c）高倍率；（d）低倍形貌

　　此外，DLC 材料在电容领域也得到了一些研究。美国通用公司研究了含氢非晶碳膜在电容器中的应用，将 DLC 作为电介质材料，并发表了相关专利[121]。此外，Shivashankar 等还研究了非晶碳基纳米复合材料在超级电容器中的应用，研究表明 NiO/C 或者 Ni/NiO/C 纳米复合材料作为超级电容器的电极材料具有极好的性能[122]。总体而言，传统 DLC 材料在电容领域的研究较少，能否设计出适合未来电容需要的 DLC 材料还需要进行很多的探索。目前，中国科学院宁波材料技术与工程研究所和东莞市和田工业自动化设备有限公司合作，通过膜系设计和工艺研究，引入了另一种碳膜材料——类石墨碳膜，成功完成了"聚合物固态电容负极用铝箔关键镀膜技术研究"。

5.3.5　生物医学特性的应用

　　作为一种生物材料，生物相容性是必须考虑的因素之一。Thomson 等利用 DLC

薄膜处理后的组织培养板生长小鼠腹腔巨噬细胞和成纤维细胞，没有出现细胞毒性反应，生物相容性良好[123]。Butter 等在体外实验中发现，含有 Si 过渡层的 a-C：H 膜上生长的小鼠巨噬细胞、人成纤维细胞和类人成骨细胞没有出现毒性反应，生物相容性良好[124]。Jones 等将 a-C：H 涂覆于 Ti 基底上，同时添加 TiC-TiN 作为过渡层，结果没有发现明显的血小板铺展[125]。Ball 等比较了巨噬细胞对镀有 ta-C 膜、聚氨酯膜以及未镀膜的 316L 血管支架的响应性，发现 ta-C 膜表面黏附少量巨噬细胞，炎症反应最弱[126]。Yu 等对比研究了 ta-C 膜和低温各向同性热解碳的溶血率和血小板黏附率，结果发现同 LTIC 相比，ta-C 膜能有效减少血小板黏附和红血球破裂，具有更好的血液相容性[127]。因此可见，DLC 膜具有良好的生物相容性，是理想的生物材料，再者 DLC 膜的高硬度、低摩擦系数、强耐蚀性等优点，使其在生物医学表面改性领域的应用越来越广泛。

目前，类金刚石薄膜在生物医学方面的应用主要集中在两方面，一种是将 DLC 薄膜作为强化、润滑及防护一体化功能复合薄膜用于人工植入器件表面，如人工关节、心瓣膜、血泵、血管支架等，图 5-48 为经过 DLC 薄膜表面处理的人工关节、血管支架、心瓣膜等人工植入器件；另一种是医疗器具表面改性薄膜，如诊疗刀具、牙科钻头、射频治疗针、高频手术刀等，图 5-49 为涂覆 DLC 的各种医疗用具和器件。

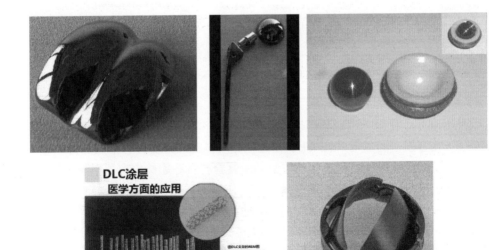

图 5-48　经过 DLC 薄膜表面处理的各种人工植入器件

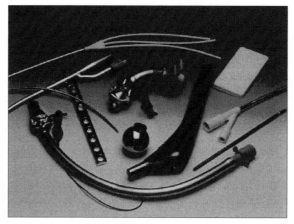

图 5-49　涂覆 DLC 的各种医疗用具和器件

法国 Platon 研究小组发现，镀了 a-C：H 膜的关节假体同作为关节臼杯的超高分子聚乙烯材料摩擦时产生的摩屑最少[128]。兰州大学的李波、程峰等利用脉冲电弧离子镀在形状记忆镍钛合金基底上制备了四面体非晶碳薄膜，研究结果表明，在干摩擦及 0.9%NaCl 溶液和 Hank's 溶液润滑条件下，DLC 薄膜的体积磨损率仅为 NiTi 合金的 3%～7%，有很好的抗磨损能力。DLC 薄膜的减摩效果也很明显，干摩擦条件下最大，达到 80% 以上，润滑条件下也都达到了 70% 以上[129]。Lifshitz 模拟髋关节使役生物环境，结果显示 DLC 对 DLC 的摩擦系数低至 0.03 且非常稳定，使得 Co-Cr 合金基体的耐磨损能力提高 105～106 倍[130]。

围绕以涂敷有类金刚石薄膜的各类人工心瓣膜、人工血管支架为主要研发内容的代表公司有美国的 CarbioceramTM 公司和德国的 Phytis 公司。作为开发心脏手术医疗技术方面的一家世界领先企业，意大利索林公司旗下的 Sorin biomedic 研发小组也进行了大量有关 DLC 膜在人工心脏移植和修复器件上的生物特性研究和开发。孙明在体外 DLC 薄膜与人脐静脉内皮细胞相容性实验基础上，将涂覆 DLC 薄膜的机械瓣叶成对植入 6 只犬右心房内，8 周后取出植入件，采用 SEM 观察植入件表面无血栓形成，而未涂覆 DLC 薄膜的机械瓣叶材料表面却形成了血栓[131]。有研究表明，对植入镀有 DLC 膜动脉支架的 112 个患者进行 6 个月的跟踪观察，结果显示支架无故障发生并且没有形成血栓。2004 年，镀制 DLC 膜的 NiTi 支架在治疗股浅动脉阻塞疾病中获得成功，归因于 DLC 膜良好的抗凝血性能。第四军医大学的尹路、郭天文等采用脉冲真空多弧等离子体镀膜机，在纯钛义齿表面镀制 TiN 梯度膜和 DLC 表面膜，发现表面的类金刚石膜可以显著降低纯钛义齿表面的白色念珠菌黏附量，并可以承受日常口腔刷牙的磨耗[132]。目前高频手术刀一般用不锈钢制造，在使用时会与肌肉粘连并在电加热作用下发出难闻的气味。美国 ART 公司利用 DLC 膜表面能小、不润湿的特点，通过掺入 SiO₂ 网状物以及过渡金属元素以调节其导电性,生产出不粘肉的高频手术刀并推向市场。中国科学院宁波材料所与浙江大学邵逸夫医院联合,在射频治疗针表面分段镀制不导电 DLC 薄膜以及导电金属掺杂 DLC 薄膜,用于兔肺肿瘤射频治疗,疗效优于未镀膜的治疗针,且安全性好,未出现明显气胸、血胸等并发症,图 5-50 为治疗针镀膜前后的活兔肺部疗效对比图。日本东洋先进机床有限公司先后在导管、导线、支架、起搏器引线、注射针、真空采血管等医疗器具表面镀制了 Si 和 F 共掺杂的 DLC 膜,增加其抗菌性并抑制微生物的繁殖。

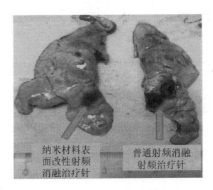

图 5-50　治疗针镀膜前后的活兔肺部疗效对比图

综上,DLC 薄膜具有优异的耐磨润滑特性以及生物相容性,在生物医学领域具有非常广阔的应用前景。但同时,由于该领域的特殊性,对于 DLC 的临床应用仍应当持十分谨慎的态度。

5.3.6　其他应用

1. 3C 改性

DLC 膜除在以上应用领域表现出了优异的应用前景外,目前,在手机外壳、高档手表、室内外五金卫浴用品及饰品等表面装饰上也显现出明显的优势,这归结为其具有良好的硬度、耐磨性及生物相容性等特点。

在手机外壳装饰膜应用上,高光泽金属外壳是当前手机行业的一个主要的发展趋势。PVD 低温沉积技术制备的 DLC 薄膜使得对各种塑料和金属材质进行涂覆成为可能。对于金属部件,PVD 在增强色彩效果的同时,能保证坚硬的保护表面。此外,它还适用于空间结构复杂的三维部件,这对于生产各种不同形状的手机十分有用。目前,许多知名手机品牌均已经使用了明亮的 DLC 黑色防护薄膜,如苹果、三星等。国内开展装饰薄膜研发与应用的企业和厂家遍地开花且成果累累,DLC 薄膜已广泛用于表壳、表带、灯具、建筑五金、卫浴等领域。但总体产品质量与国外相差较大,应用于高档 3C 产品及五金装潢等领域在耐磨性、抗老化性能等方面仍有不足。目前,中国科学院宁波材料技术与工程研究所联合湖州高鸿镀膜科技有限公司前期针对各种 3C 电子产品用黑色、高硬度、耐磨损、耐老化薄膜的要求,在不锈钢和塑料基材手机部件中,获得了合格的黑色系列纳米碳基表面改性薄膜结果(图 5-51)。

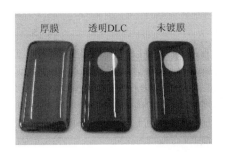

图 5-51 DLC 膜在手机外壳上的应用

在高档手表应用上,世界上各大著名手表公司基本都推出过 DLC 膜相关的各类手表产品,如劳力士、波尔、豪爵、廊桥、Omega、日本西铁城、精工等(图 5-52)。例如,一款 LONGIO(廊桥)陀飞轮全 DLC 涂覆机械腕表的市场价在 10 万元人民币左右;劳力士表业也推出了一系列 DLC 涂覆的机械表,价格也都在 6000~10000 美元。在国内市场,广州有色金属研究院与深圳飞亚达股份有限公司采用阳极层流型气体离子源结合非平衡磁控溅射方法,在手表外观件(主要有表壳、表带、把的、按的)上制备出厚度(1.0±0.1)μm 的 Ti/TiN/TiCN/TiC/Ti-DLC 多层梯度过渡类金刚石膜,镀膜后表面呈明亮黑色,色泽均匀,不存在划伤、麻点、丝流等缺陷。经过高级研发人员实际佩戴 4 周年后,该手表表面除了正常的摩擦引起的个别较深划痕以外,没有出现大面积的磨损和掉膜现象,表面膜层保护效果良好[8]。

图 5-52 DLC 膜在手表上的应用

2. 五金卫浴

目前国内一些 PVD 厂家采用黑亮色 DLC 薄膜结合多彩底层的多层膜结构设计，经过拉丝处理后形成了红铜色、古铜色等多彩薄膜的五金件，具有靓丽的外观时尚感，如中国科学院宁波材料技术与工程研究所联合宁波威霖住宅设施有限公司经过技术攻关，获得了一系列的仿古铜色五金产品（图 5-53）。但目前这一类产品仍然以出口为主，国内高端市场的切入，还需要时间。

图 5-53　研发的仿古铜色五金产品

3. 刀具

刀具是现代切削加工中最重要的核心部件，无论普通机床还是先进的数控加工中心，都要依靠刀具完成对产品的切削成形。随着生产效率的不断提高以及对精密加工需求的逐步扩大，传统刀具无论在使用寿命、加工精度以及可靠性上都无法达到现代切削加工业的要求。为适应行业的发展，表面薄膜技术作为一种有效的表面强化手段，在刀具行业得到了广泛的应用。资料显示，发达国家 80%的刀具都经过薄膜处理[133-136]。

目前，刀具薄膜技术主要分为 CVD 与 PVD 两大类。CVD 技术起步早，但受其工艺过程中温度限制，目前仅适用于中型、重型切削的高速粗加工及半精加工。PVD 技术出现在 20 世纪 70 年代末，其工艺温度低、结合强度高并且薄膜性能较 CVD 有显著的改善。同时，PVD 技术可获得的薄膜品种广泛，从普通的金属硬质薄膜到特殊的 DLC 膜，并可以对薄膜的性能进行大范围剪切，以适应不同的切削条件。

20 世纪末，DLC 薄膜开始被用于工业化生产，采用 PVD 技术生产的 DLC 薄膜具有高硬度、高耐磨、低摩擦系数以及优良的抗黏附性等特性，在广泛应用于高磨耗部件表面的同时，也在向切削刀具发展。DLC 薄膜继承了金刚石薄膜相当一部分特性如超硬、耐磨、强韧和自润滑，同时由于 PVD 技术成膜工艺温度低、生产成本低，所以在很多场合如非金属硬质材料切削、有色金属切削等可以替代金刚石薄膜。目前，国际上著名的涂层公司均在大力发展 DLC 薄膜在切削刀具上的应用。如荷兰 Hauzer 公司制备的用于切削钢材的铣刀，就涂覆了 TiAlN+W-C：H 薄膜，铣刀寿命延长并提高了铣削质量；中国科学院宁波材料技术与工程研究所采用过滤阴极真空电弧（FCVA）技术制备 DLC 薄膜用于微钻头（图 5-54），提高了产品质量；美国吉列公司采用涂覆 DLC 薄膜的"MACH$_3$"剃须刀片，使得产品寿命大幅提高。

图 5-54　中国科学院宁波材料技术与工程研究所研发的 DLC 涂覆微钻与丝锥

4. 模具

模具是指通过冲裁、模锻、冷镦、挤压等方式将原材料成型为具有特定形状和尺寸的制件的工具。其使用范围之广、用量之大使其拥有"百业之母"的称号。随着工业技术的发展，对模具质量及其使用寿命提出更高的要求，模具生产的发展水平是机械制造水平的重要标志之一。

大多数模具的失效都是由表面失效引起的，恶劣的工作条件使得模具的工作面产生各种损伤（如划伤、磨损、断裂等）。因而采用表面强化与改性技术来提高模具使用寿命近年来得到广泛关注和重视。其中，随着 DLC 膜的发展，其在模具上的应用更是得到越来越多的关注。

就目前来看，DLC 膜作为表面强化技术应用于模具生产中具有以下几点优势。

（1）DLC 膜具有高硬度、高耐磨、低摩擦系数、良好的化学稳定性和较高的抗黏结性。在使用涂覆 DLC 膜的模具对原材料进行冲裁、拉深等工艺时可以有效地减少毛刺、飞边、划伤以及磨损，极大地提高了使用寿命，因而在冲裁模具和拉深模具上得到相当广泛的应用。图 5-55 所示为经 DLC 膜处理的凸模，图 5-56 为 DLC 薄膜处理的光盘模具。同时，得益于 DLC 膜优良的摩擦学性能与抗黏结性，塑料、玻璃、陶瓷粉末以及轻合金的成型模具均得到应用。不但增加了模具的使用寿命、提高生产效率、降低成本，而且大幅度地提高了产品的表面质量，提高了成品率，为企业带来可观的收益[137, 138]。

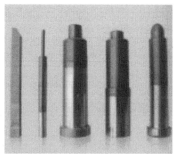

图 5-55　DLC 薄膜处理的凸模

图 5-56　DLC 薄膜处理的光盘模具

（2）DLC 薄膜可增加模具的脱模性、提高表面硬度、降低成型面损伤。可有效保护高镜面模具以及特殊加工面，保证其光洁度与粗糙度。同时，由于 DLC 薄膜所特有的自润滑特性，在相关部件（如注塑模具顶针）上可实现无油润滑[139, 140]。图 5-57 为中国科学院宁波材料技术与工程研究所开发的 DLC 薄膜产品在粉末冶金成型模具上的应用。

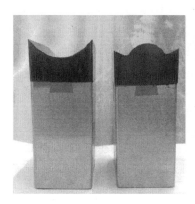

图 5-57　中国科学院宁波材料技术与工程研究所 DLC 薄膜处理的粉末冶金模具

参 考 文 献

[1] 成会明. 新型碳材料的发展趋势[J]. 材料导报, 1998, 12 (1): 5-9.

[2] Delhaes P. The 1996 European Carbon Conference (Plenary Lecture) [M]. UK: Newcastle, 1996: 373.

[3] Matsumoto S, Sato Y, Kamo M, et al. Vapor-deposition of diamond particles from methane [J]. Jpn J Appl Phys, 1982, 21 (4): 183-185.

[4] Kroto H W, Heath J R, O'Brien S C, et al. C60: Buckminster fullerence [J]. Nature, 1985, 318: 162-163.

[5] Iijima S. Helical microtubules of graphite carbon [J]. Nature, 1991, 354: 56-58.

[6] Novoselov K S, Geim A K, Morozov S V, et al. Electric field effect in atomically thin carbon films [J]. Science, 2004, 306: 666-669.

[7] Robertson J. Diamond-like amorphous carbon [J]. Mater Sci Eng., 2002, 37 (4-6): 129-281.

[8] 薛群基, 王立平, 等. 类金刚石碳基薄膜材料[M]. 北京: 科学出版社, 2012.

[9] Aisenberg S, Chabot R. Ion-beam deposition of thin films of diamond like carbon [J]. J Appl Phys, 1971, 42 (7): 2953-2958.

[10] Casiraghi C, Robertson J, Ferrari A C. Diamond-like carbon for data and beer storage [J]. Mater Today, 2007, 10 (1-2): 44-53.

[11] Jacob W, Möller W. On the structure of thin hydrocarbon films [J]. Appl Phys Lett, 1993, 63 (13): 1771-1773.

[12] 赵飞. 多环境适应性超润滑复合类金刚石碳基薄膜的制备及其性能研究[D]. 兰州: 中国科学院兰州化学物理研究所博士学位论文, 2010.

[13] Donnet C, Erdemir A. Tribology of Diamond-Like Carbon Films: Fundamentals and Applications [M]. Springer, 2008.

[14] Beeman D, Silverman J, Lynds R. Modeling studies of amorphous carbon [J]. Phys Rev B, 1984, 30: 870-875.

[15] Robertson J. Mechanical properties and coordinations of amorphous carbons [J]. Phys Rev Lett, 1992, 68 (2): 220-223.

[16] Angus J C. Diamond and diamond-like films [J].Thin Solid Films, 1992, 216 (1): 126-133.

[17] Irmer G, Dorner R A. Micro-raman studies on DLC coatings [J]. Adv Eng Mater, 2005, 7 (8): 694-705.

[18] Ristein J, Stief R T, Ley L, et al. A comparative analysis of a-C: H by infrared spectroscopy and mass selected thermal effusion[J]. J Appl Phys, 1998, 84 (7): 3836-3847.

[19] Tompkins H G, Irene E A. Handbook of Ellipsometry[M]. New York: William Andrews Publications, 2005: 20-25.

[20] 周毅. 太阳能电池用 DLC 减反膜的设计、制备与光学性质研究[D]. 宁波: 中国科学院宁波材料技术与工程研究所硕士学位论文, 2010.

[21] Hauert R. An overview on the tribological behavior of diamond-like carbon in technical and medical applications [J]. Tribol Int, 2004, 37 (11-12): 991-1003.

[22] Zhao F, Li H, Ji L, et al. Ti-DLC films with superior friction performance [J]. Diamond Relat Mater, 2010, 19 (4): 342-349.

[23] Dai M, Zhou K, Yuan Z, et al. The cutting performance of diamond and DLC-coated cutting tools [J]. Diamond Relat Mater, 2000, 9 (9-10): 1753-1757.

[24] Caputo D, de Cesare G, Tucci M. Characterisation and modelling of a two terminal visible/infrared photodetector based on amorphous/crystalline silicon heterostructure [J]. Sensor Actuat A-Phys, 2001, 88 (2): 139-145.

[25] Allon-Alaluf M, Appelbaum J, Maharizi M, et al. The influence of diamond-like carbon films on the properties of

silicon solar cells [J]. Thin Solid Films，1997，303（1-2）：273-276.

[26] Grill A. Diamond-like carbon coatings as biocompatible materials-an overview [J]. Diamond Relat Mater，2003，12（2）：166-170.

[27] 代伟，吴国松，孙丽丽，等. 衬底偏压对线性离子束 DLC 膜微结构和无形的影响[J]. 材料研究学报，2009，23（6）：598-603.

[28] Kim W，Park M S，Jung U C，et al. Effect of voltage on diamond-like carbon thin film using linear ion source [J]. Surf Coat Technol，2014，243：15-19.

[29] Catherine Y. Diamond and Diamond Like Films and Coatings [M].New York：Plenum Press，1999：193.

[30] Robertson J. Mechanism of sp^3 bond formation in the growth of diamond-like carbon [J]. Diamond Relat Mater，2005，14（3-7）：942-948.

[31] Zhang Y B，Lau S P，Sheeja D，et al. Study of mechanical properties and stress of tetrahedral amorphous carbon films prepared by pulse biasing [J]. Surf Coat Technol，2005，195（2-3）：338-343.

[32] Schultrich B，Scheibe H J，Drescher D，et al. Deposition of superhard amorphous carbon films by pulsed vacuum arc deposition [J]. Surf Coat Technol，1998，98（1-3）：1097-1101.

[33] Han H，Ryan F，McClure M. Ultra-thin tetrahedral amorphous carbon film as slider overcoat for high areal density magnetic recording [J]. Surf Coat Technol，1999，120：579-584.

[34] Quinn J P，Lemoine P，Maguire P，et al. Ultra-thin tetrahedral amorphous carbon films with strong adhesion as measured by nanoscratch testing [J]. Diamond Relat Mater，2004，13：1385-1390.

[35] Casiraghi C，Ferrari A C，Ohr R，et al. Surface properties of ultra-thin tetrahedral amorphous carbon films for magnetic storage technology [J]. Diamond Relat Mater，2004，13：1416-1421.

[36] Erwin P，Arti T，Ralf B，et al. Diamond-like carbon for MEMS [J]. J Micromech Microeng，2007，17：S83-S90.

[37] 吴先映，李强，张荟星，等. 视线外磁过滤金属蒸汽真空弧等离子体沉积多层膜镀膜机：中国，CN201132849[P].

[38] 李洪波. 新型 45°双弯曲磁过滤阴极真空电弧源系统的磁场模拟计算和 ta-C 薄膜动力学生长研究[D]. 中国科学院宁波材料技术与工程研究所，2010.

[39] 汪爱英，李洪波，柯培玲. 阴极真空电弧源薄膜沉积装置及沉积薄膜的方法：中国，201010135514X[P].

[40] Kim T Y，Lee C S，Lee Y J，et al. Reduction of the residual compressive stress of tetrahedral amorphous carbon film by Ar background gas during the filtered vacuum arc process [J]. J Appl Phys，2007，101：023504-1-023504-5.

[41] Lifshitz Y，Lempert G D，Grossman E. Substantiation of subplantation model for diamondlike film growth by atomic force microscopy [J]. Phys Rev Lett，1994，72：2753-2756.

[42] Chhowalla M，Yin Y，Amaratunga G A，et al. Highly tetrahedral amorphous carbon films with low stress [J]. Appl Phys Lett，1996，69：2344-2346.

[43] 李晓伟，周毅，孙丽丽，等. 椭偏法表征四面体非晶碳薄膜的化学键结构[J]. 光学学报，2012，32（10）：1031005（1）-1031005（7）.

[44] Xu S，Li W，Huang M，et al. Stress reduction dependent on incident angles of carbon ions in ultrathin tetrahedral amorphous carbon films [J]. Appl Phys Lett，2014，104：141908-1-141908-4.

[45] Lee C S，Lee K R，Eun K Y，et al. Structure and properties of Si incorporated tetrahedral amorphous carbon films prepared by hybrid filtered vacuum arc process [J]. Diamond Relat Mater，2002，11（2）：198-203.

[46] Damasceno J C，Camargo S S，Freire F L，et al. Deposition of Si-DLC films with high hardness，low stress and high deposition rates [J]. Surf Coat Technol，2000，133-134：247-252.

[47]　Ikeyama M，Nakao S，Miyagawa Y，et al. Effects of Si content in DLC films on their friction and wear properties [J]. Surf Coat Technol，2005，191（1）：38-42.

[48]　Franceschini D F，Achete C A，Freire F L. Internal stress reduction by nitrogen incorporation in hard amorphous carbon thin Films [J]. Appl Phys Lett，1992，60（26）：3229-3231.

[49]　宋维锡. 金属学[M]. 北京：冶金工业出版社，2004.

[50]　Dai W，Ke P，Moon M W，et al. Investigation of the microstructure，mechanical properties and tribological behaviors of Ti-containing diamond-like carbon films fabricated by a hybrid ion beam method [J]. Thin Solid Films，2012，520（19）：6057-6063.

[51]　Dai W，Wu G，Wang A. Structure and elastic recovery of Cr-C：H films deposited by a reactive magnetron sputtering technique [J]. Appl Surf Sci，2010，257（1）：244-248.

[52]　Dai W，Wu G，Wang A. Preparation，characterization and properties of Cr-incorporated DLC films on Magnesium alloy [J]. Diamond Relat Mater，2010，19（10）：1307-1315.

[53]　Wang A，Lee K，Ahn J，et al. Structure and mechanical properties of W incorporated diamond-like carbon films prepared by a hybrid ion beam deposition technique [J]. Carbon，2006，44：1826-1832.

[54]　Guo P，Ke P，Wang A. Incorporated W roles on microstructure and properties of W-C：H films by a hybrid linear ion beam systems [J]. J Nanomater，2013，2013：s1-s8.

[55]　Moura e Silva C W，Branco J R T，Cavaleiro A. Characterization of magnetron co-sputtered W-doped C-based films [J]. Thin Solid Films，2006，515：1063-1068.

[56]　Dai W，Ke P，Wang A. Influence of bias voltage on microstructure and properties of Al-containing diamond-like carbon films deposited by a hybrid ion beam system [J]. Surf Coat Technol，2013，229：217-221.

[57]　Takeno T，Ohno T，Miki H，et al. Fabrication of copper-nanoparticle embedded in amorphous carbon films and their electrical conductive properties [J]. Int J Appl Electrom，2010，33：935-940.

[58]　Dwivedi N，Kumar S，Malik H K，et al. Investigation of properties of Cu containing DLC films produced by PECVD process [J]. J Phys Chem Solids，2012，73：308-316.

[59]　Gerhards I，Ronning C，Hofsäss H，et al. Ion beam synthesis of diamond-like carbon thin films containing copper nanocrystals [J]. J Appl Phys，2003，93：1203-1207.

[60]　Li X，Lee K R，Wang A. Chemical bond structure of metal-incorporated carbon system [J]. J Comput Theor Nanos，2013，10（8）：1688-1692.

[61]　Gerstner E G，McKenzie D R. Nonvolatile memory effects in nitrogen doped tetrahedral amorphous carbon thin films [J]. J Appl Phys，1998，84：5647-5651.

[62]　Kleinsorge B，Ilie A，Chhowalla M，et al. Electrical and optical properties of boronated tetrahedrally bonded amorphous carbon（ta-C：B）[J]. Diamond Relat Mater，1998，7：472-476.

[63]　Wan S，Wang L，Xue Q. Electrochemical deposition of sulfur doped DLC nanocomposite film at atmospheric pressure [J]. Electrochem Commun，2010，12：61-65.

[64]　Tung S C，McMillan M L. Automotive tribology overview of current advances and challenges for the future [J]. Tribol Int，2004，37：517-536.

[65]　Lawes S D A，Hainsworth S V，Fitzpatrick M E. Impact wear testing of diamond-like carbon films for engine valve-tappet surfaces [J]. Wear，2010，268：1303-1308.

[66]　Etsion I，Halperin G，Becker E. The effect of various surface treatments on piston pin scuffing resistance [J]. Wear，2006，261：785-791.

[67] Gahlin R，Larsson M，Hedenqvist P. ME-C：H coatings in motor vehicles [J]. Wear，2001，249：302-309.

[68] Mercer C，Evans A G，Yao N. Material removal on lubricated steel gears with W-DLC-coated surfaces [J]. Surf Coat Technol，2003，173：122-129.

[69] 宋烨. 制冷压缩机的现状与发展趋势[J]. 长沙航空职业技术学院学报，2004，4（1）：49-53.

[70] Sheeja D，Tay B K，Nung L N. Tribological characterization of surface modified UHMWPE against DLC-coated Co–Cr–Mo [J]. Surf Coat Technol，2005，190：231-237.

[71] Uematsu Y，Kakiuchi T，Teratani T，er al. Improvement of corrosion fatigue strength of magnesium alloy by multilayer diamond-like carbon coatings [J]. Surf Coat Technol，2011，205：2778-2784.

[72] 王雪敏，吴卫东，李盛印，等. 脉冲激光沉积掺 W 类金刚石膜的性能[J]. 稀有金属材料与工程，2010，39（7）：1251-1255.

[73] Choi J，Nakao S，Kim J，et al. Corrosion protection of DLC coatings on magnesium alloy [J]. Diamond Relat Mater，2007，16（4-7）：1361-1364.

[74] Ikeyama M，Nakao S，Sonoda T，et al. Improvement of corrosion protection property of Mg-alloy by DLC and Si-DLC coatings with PBII technique and multi-target DC-RF magnetron sputtering [J]. Nucl Instrum Meth B，2009，267：1675-1679.

[75] Wu G，Sun L，Dai W，et al. Influence of interlayers on corrosion resistance of diamond-like carbon coating on magnesium alloy [J]. Surf Coat Technol，2010，204：2193-2196.

[76] 代伟. 金属掺杂类金刚石薄膜的制备、结构及性能研究[D]. 宁波：中国科学院宁波材料技术与工程研究所，2011.

[77] Durdu S，Usta M. Characterization and mechanical properties of coatings on magnesium by micro arc oxidation [J]. Appl Surf Sci，2012，261（15）：774-782.

[78] 杨巍，汪爱英，柯培玲，等. 镁基表面微弧氧化/类金刚石膜的性能表征[J]. 金属学报，2011，47（12）：1535-1540.

[79] Yang W，Ke P，Fang Y，et al. Microstructure and properties of duplex（Ti：N）-DLC/MAO coating on magnesium alloy [J]. Appl Surf Sci，2013，270：519-525.

[80] Kutsay O M，Gontar A G，Novikov N V，et al. Diamond-like carbon films in multilayered interference coatings for IR optical elements [J]. Diamond Relat Mater，2001，10（9-10）：1846-1849.

[81] Alaluf M，Aappelbaum J，Klibanov L，et al. Amorphous diamond-like carbon films-a hard anti-reflecting coating for silicon solar-cells [J]. Thin Solid Films，1995，256（1-2）：1-3.

[82] Klyui N I，Litovchenko V G，Rozhin A G，et al. Silicon solar cells with antireflection diamond-like carbon and silicon carbide films [J]. Sol Energ Mat Sol C，2002，72（1-4）：597-603.

[83] Oliveira M H，Silva D S，Cortes A D S，et al. Diamond like carbon used as antireflective coating on crystalline silicon solar cells [J]. Diamond Relat Mater，2009，18（5-8）：1028-1034.

[84] Litovchenko V G，Klyui N I. Solar cells based on DLC film-Si structures for space application [J]. Sol Energ Mat Sol C，2001，68（1）：55-70.

[85] Litovchenko V G，Klyuis N I，Evtukh A A，et al. Solar cells prepared on multicrystalline silicon subjected to new gettering and passivation treatments [J]. Sol Energ Mat Sol C，2002，72（1-4）：343-351.

[86] Bursikova V，Sladek P，St'ahel P，et al. Improvement of the efficiency of the silicon solar cells by silicon incorporated diamond-like carbon antireflective coatings [J]. J Non-Cryst Solids，2002，299：1147-1151.

[87] 夏义本，安其霖，居建华，等. α-C：H 薄膜及其在硅太阳电池上作增透膜的研究[J]. 物理学报，1993，42

（1）：46-50.

[88]　Qi J，Wang L，Yan F，et al. Ultra-high tribological performance of magnetron sputtered a-C：H films in sand-dust environment [J]. Tribol Lett，2010，38（3）：195-205.

[89]　周毅，吴国松，代伟，等. 椭偏与光度法联用精确测定吸收薄膜的光学常数与厚度[J]. 物理学报，2010，59（4）：2356-2363.

[90]　周毅，汪爱英. 多样品法确定类金刚石薄膜的光学常数与厚度[J]. 光学学报，2010，30（8）：2468-2473.

[91]　张贵峰. 新型红外增透膜与保护膜[J]. 红外技术，1995，17（5）：23-28.

[92]　黄心耕，刘江，王素英. 从欧洲真空镀膜会议分析光学薄膜及其技术的研究和发展[J]. 光学仪器，1999，21（4-5）：238-242.

[93]　白婷，刘晶儒，叶景峰，等. 宽波段的类金刚石薄膜光学窗口[J]. 强激光与粒子束，2006，18（10）：1629-1633.

[94]　Yamamoto S，Kodama H，Hasebe T，et al. Oxygen transmission of transparent diamond-like carbon films [J]. Diamond Relat Mater，2005，14：1112-1115.

[95]　Lüthje H，Brand J. German patent：DE 199 54 164 A1，1999.

[96]　Tibrewala A，Peiner E，Bandorf R，et al. Piezoresistive gauge factor of hydrogenated amorphous carbon films [J]. J Micromech Microeng，2006，16：S75-S81.

[97]　Tibrewala A，Peiner E，Bandorf R，et al. Transport and optical properties of amorphous carbon and hydrogenated amorphous carbon films [J]. Appl Surf Sci，2006，252：5387-5390.

[98]　Schultes G，Frey P，Goettel D，et al. Strain sensitivity of nickel-containing amorphous hydrogenated carbon（Ni：a-C：H）thin films prepared by r.f. sputtering using substrate bias conditions [J]. Diamond Relat Mater，2006，15：80-89.

[99]　Koppert R，Goettel D，Freitag-Weber O，et al. Nickel containing diamond like carbon thin films [J]. Solid State Sci，2009，11：1797-1800.

[100]　Koppert R，Uhlig S，Schmid-Engel H，et al. Structural and physical properties of highly piezoresistive nickel containing hydrogenated carbon thin films [J]. Diamond Relat Mater，2012，25：50-58.

[101]　Takeno T，Miki H，Takagi T. Strain sensitivity in Tungsten-containing diamond-like carbon films for strain sensor applications [J]. Int J Appl Electrom，2008，28：211-217.

[102]　Ohno T，Takeno T，Miki H，et al. Evaluation of electrical properties of metal-containing amorphous carbon coatings for strain sensor application [J]. Int J Appl Electrom.，2010，33：665-671.

[103]　Takagi T，Takeno T，Miki H. Metal-containing diamond-like carbon coating as a smart sensor [J]. Mater Sci Forum，2010，638-642：2103-2108.

[104]　Ohno T，Takeno T，Miki H，et al. Microstructural design for fabrication of strain sensor utilizing tungsten-doped amorphous carbon coatings [J]. Diamond Relat Mater，2011，20：651-654.

[105]　Meškinis Š，Vasiliauskas A，Šlapikas K，et al. Bias effects on structure and piezoresistive properties of DLC：Ag thin films [J]. Surf Coat Technol，2014.

[106]　Tamulevičius S，Meškinis Š，Šlapikas K，et al. Piezoresistive properties of amorphous carbon based nanocomposite thin films deposited by plasma assisted methods [J]. Thin Solid Films，2013，538：78-84.

[107]　Petersen M，Heckmann U，Bandorf R，et al. Me-DLC films as material for highly sensitive temperature compensated strain gauges [J]. Diamond Relat Mater，2011，20：814-818.

[108]　Schlesinger R，Bruns M，Ache H J. Development of thin film electrodes based on sputtered amorphous carbon [J]. J Electrhem Soc，1997，144：6-15.

[109] Fierro S, Mitani N, Comninellis C, et al. pH sensing using boron doped diamond electrodes [J]. Phys Chem Chem Phys, 2011, 13: 16795-16799.

[110] Meziane D, Barras A, Kromka A, et al. Thiol-yne reaction on boron-doped diamond electrodes: Application for the electrochemical detection of DNA–DNA hybridization events [J]. Anal Chem, 2012, 84: 194-200.

[111] Khadro B, Sikora A, Loir A S, et al. Electrochemical performances of B doped and undoped diamond-like carbon (DLC) films deposited by femtosecond pulsed laser ablation for heavy metal detection using square wave anodic stripping voltammetric (SWASV) technique [J]. Sensor Actuat B: Chem, 2011, 155: 120-125.

[112] Yoo K, Miller B, Kalish R, et al. Electrodes of nitrogen-incorporated tetrahedral amorphous carbon a novel thin-film electrocatalytic material with diamond-like stability [J]. Electrochem Solid St, 1999, 2: 233-235.

[113] Zeng A, Bilek M M M, McKenzie D R, et al. Semiconductor properties and redox responses at a-C: N thin film electrochemical electrodes [J]. Diamond Relat Mater, 2009, 18: 1211-1217.

[114] Yang G, Liu E, Khun N W, et al. Direct electrochemical response of glucose at nickel-doped diamond like carbon thin film electrodes [J]. J Electroanal Chem, 2009, 627: 51-57

[115] Liu A P, Zhu J Q, Han J C, et al. Influence of phosphorus doping level and acid pretreatment on the voltammetric behavior of phosphorus incorporated tetrahedral amorphous carbon film electrodes [J]. Electroanal, 2007, 17: 1773-1778.

[116] Ilie A, Ferrari A C, Yagi T, et al. Effect of sp^2-phase nanostructure on field emission from amorphous carbons [J]. Appl Phys Lett, 2000, 76: 2627-2629.

[117] Carey J D, Forrest R D, Khan R U A, et al. Influence of sp^2 clusters on the field emission properties of amorphous carbon thin films [J]. Appl Phys Lett, 2000, 77: 2006-2008.

[118] Carey J D, Forrest R D, Silva S R P. Origin of electric field enhancement in field emission from amorphous carbon thin films [J]. Appl Phys Lett, 2001, 78: 2339-2341.

[119] Li C, Yan P X, Li X C, et al. Electron field emission from diamond-like carbon nanodot arrays [J]. Physica E, 2010, 42: 1343-1346.

[120] Liang H F, Liang Z H, Liu C L, et al. Emission properties of Ti-DLC films prepared by unbalanced magnetron sputtering [J]. Appl Surf Sci, 2010, 256: 1951-1954.

[121] McConnelee P A, Durocher K M, Saia R J. United States patent: 5774326, 1998.

[122] Jenaa A, Munichandraiahb N, Shivashankar S A. Carbonaceous nickel oxide nano-composites: As electrode materials in electrochemical capacitor applications [J]. J Power Sources, 2013, 237: 156-166.

[123] Thomson L A, Law F C, Rushton N, et al. Biocompatibility of diamond-like carbon coating [J]. Biomaterials, 1991, 12: 37-40.

[124] Butter R, Allen M, Chandra L, et al. In vitro studies of DLC coatings with silicon intermediate layer [J]. Diamond Relat Mater, 1995, 4: 857-861.

[125] Jones M I, McColl I R, Grant D M, et al. Haemocompatibility of DLC and TiC–TiN interlayers on titanium [J]. Diamond Relat Mater, 1999, 8: 457-462.

[126] Ball M, O'Brien A, Dolan F, et al. Macrophage responses to vascular stent coatings [J]. J Biomed Mater Res A, 2004, 70 (3): 380-390.

[127] Yu L J, Wang X, Wang X H, et al. Haemocompatibility of tetrahedral amorphous carbon films [J]. Surf Coat Technol, 2000, 128-129: 484-488.

[128] Platon F, Fournier P, Rouxel S. Tribological behavior of DLC coatings compared to different materials used in hip

joint prostheses [J]. Wear，2001，250：227-236.

[129]　程峰，李波，李小侠，等. 医用 NiTi 形状记忆合金表面类金刚石薄膜的生物摩擦磨损性能研究[J]. 摩擦学学报，2006，26（6）：525-529.

[130]　Santavirta S S，Lappalainen R，Pekko P，et al. The counterface，surface smoothness，tolerances，and coatings in total joint prostheses [J]. Clin Orthop Relat R，1999，369：92-102.

[131]　孙明. 类金刚石碳基薄膜与内皮细胞的相容性研究及其体内植入实验的初步评价[D]. 合肥：安徽医科大学硕士学位论文，2009.

[132]　尹路，郭天文，赵雯，等. 类金刚石薄膜对纯钛的磨损保护及安全性评价[J]. 真空科学与技术学报，2008，3：261-265.

[133]　李玉圃. 涂层刀具的应用现状及发展趋势[J]. 现代制造，2006，15：30-32.

[134]　方斌，黄传真，许崇海，等. 涂层刀具的研究现状[J]. 机械工程师，2005，10：21-24.

[135]　赵海波. 国内外切削刀具涂层技术发展综述[J]. 工具技术，2002，36（2）：3-7.

[136]　章宗城. 加工复合材料的新利器—DLC 涂层刀具[J]. 航空制造技术，2006，7：54-55.

[137]　刘敬明，曹凤国，吴桂琴. 类金刚石膜在模具中的应用[J]. 模具工业，2007，33（5）：64-68.

[138]　曹美荣，魏仕勇，蒋雷，等. PVD 涂层技术在冲压/成型模具中的应用及实例[J]. 热处理技术与装备，2010，31（3）：34-38.

[139]　代明江，林松盛，候惠君，等. 类金刚石膜的性能及其在模具上的应用[J]. 模具制造，2005，9：53-56.

[140]　王中任. 注塑模具表面改性技术的比较与选择[J]. 广东塑料，2005，11：59-61.

第 6 章　新型纳米磁性材料

　　早在 1959 年美国著名物理学家、诺贝尔奖获得者费曼就设想：如果有朝一日，人们能把百科全书存储在一个针尖大小的空间内，并能移动原子，那将给科学带来什么?这正是对于纳米科技的预言，也就是人们常说的小尺寸大世界。纳米科技已经深入并强烈地影响到人们的生产和生活。纳米材料是指在三维空间中至少有一维处在纳米尺度范围，或由它们作为基本单元构成的材料。如果按维数，纳米材料的基本单元可分为四类：零维，指在空间三维尺度均在纳米尺度，如纳米尺度颗粒、原子团簇等；一维，指在空间中有两维处于纳米尺度，如纳米管、纳米线等；二维，指在三维空间中有一维在纳米尺度，如超薄膜、多层膜、超晶格等；三维，指由零维材料即纳米颗粒或者原子团簇组成的块体材料。

　　对于磁性材料，当其尺寸达到纳米级后，其磁特性不同于常规的磁性材料，其原因是与磁相关的特征物理长度恰好处于纳米量级，例如，磁单畴尺寸，超顺磁性临界尺寸，交换作用长度和电子平均自由路程等大致处于 $1\sim100$nm 量级，当磁性体的尺寸与这些特征物理长度相当时，就会呈现反常的磁学性质。如果磁性纳米颗粒的尺寸小到超顺磁尺寸以下，无论软磁还是硬磁材料，其磁性都表现出没有矫顽力的超顺磁性。而对于硬磁材料，当尺寸降低到单畴临界尺寸时，具有非常高的矫顽力[1]。在磁记录领域，硬磁颗粒的尺寸越小，磁记录密度越高。计算表明，当硬磁纳米颗粒的尺寸小到 4nm 时，磁记录密度可高达 10T/in^2[2]。由于二维磁性多层膜中巨磁电阻效应的发现，磁盘密度提高了 17 倍，达到 5Gbit/in^2，最近达到 11Gbit/in^2，从而在与光盘竞争中磁盘重新处于领先地位。软磁和硬磁在纳米尺度上复合的取向薄膜或织构化的块体材料，会产生剩磁增强效应，同时兼具软磁相的高饱和磁化强度和硬磁相的高矫顽力，理论计算其磁能积比任何一种单相硬磁材料的都要高，因而可能成为新一代高性能永磁材料[3, 4]。由此可见，磁性材料的性质与尺寸密切相关。

6.1　纳米磁性材料概述

　　磁性材料的临界尺寸有两个，一个是单畴临界尺寸 D_c，另一个是超顺磁临界尺寸 D_s。临界尺寸依赖于材料的种类，几种典型磁性材料的临界尺寸如表 6-1 所示[5]。当磁性材料颗粒尺寸在单畴临界尺寸 D_c 以下时，每一个颗粒就是一个磁畴，硬磁材料表现出超高的矫顽力（使磁化强度降低到零时的外加磁场大小）；而在超顺磁临界尺寸 D_s 以下时，硬磁材料表现出没有矫顽力的超顺磁性。超顺磁纳米颗粒具有高的磁矩，并且对外加磁场的响应也非常快，在室温下几乎不会团聚，这些特点使其在磁流体领域具有广泛的应用。

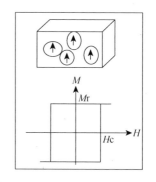

由于临界尺寸对磁性影响重要，这里给出磁性纳米材料的单畴临界尺寸 D_c 和超顺磁临界尺寸 D_s 的确切含义。对于大尺寸的磁性颗粒，一个颗粒有多个磁畴，每个磁畴里磁矩取向一致，畴与畴之间被畴壁分开。磁畴壁的形成受磁静态能 ΔEMS（随材料体积的增加而增加）和畴壁能 E_{dw}（随磁畴之间接触面积的增加而增加）的影响。当材料的尺寸

图 6-1　硬磁纳米颗粒磁滞回线

降低到一个临界体积时，在这一临界体积之下体系需要消耗更多的能量去形成一个畴壁，而是去维持一个外加的磁静态能（漂移场），即 $\Delta EMS = E_{dw}$ 时，这一体积称为单畴临界尺寸。这一体积的直径 D_c 依赖于材料体系，通常在几十或者几百纳米的尺度。单畴临界尺寸受各种各向异性参数的影响，一般由式（6-1）给出[6]

$$D_c \approx 18 \frac{\sqrt{AK_{eff}}}{\mu_0 M^2} \quad (6-1)$$

式中，A 为交换积分常数；K_{eff} 为各向异性常数；μ_0 为真空磁导率；M 为饱和磁化强度。在一个单畴颗粒里，所有自旋磁矩都沿一个方向排列，因此磁矩的反转只是自旋方向的反转，而没有畴壁的移动，这就是小尺寸纳米颗粒矫顽力高的原因，硬磁纳米颗粒磁滞回线如图 6-1 所示。表 6-1 为几种硬磁材料的参数[7]。例如，实验中 FePt 纳米颗粒的尺寸为 8nm 时，其矫顽力高达 3T。

表 6-1　几种硬磁材料的参数

材料	对称性	居里温度/K	饱和磁极化强度/T	磁各向异性/T	超顺磁尺寸/nm	单畴尺寸/nm
Co	六方	1390	1.81	0.76	14	68
CoPt	四方	720	1.0	12.3	7.4	1000
FePt	四方	750	1.43	11.5	6.3	560
FePd	四方	760	1.39	3.5	11.5	330
Sm_2Co_{17}	三角	1190	1.22	3.5	8.6	490
$SmCo_5$	六方	1020	1.07	39	3.6	1530
$Nd_2Fe_{14}B$	四方	585	1.61	7.6	3.9	214

磁性材料另一个重要的临界尺寸是超顺磁临界尺寸 D_s。超顺磁性的行为就像一个孤立的单畴颗粒的行为。单个颗粒的磁各向异性能，即使磁矩沿一个方向排

列所需的能量，可由公式 $E(\theta)=K_{eff}V\sin2\theta$ 决定。式中，V 是颗粒的体积，K_{eff} 是各向异性常数，θ 是磁化强度与易轴的夹角。能垒 $K_{eff}V$ 使得两个能量相当的易磁化方向的磁矩分开。随着颗粒尺寸的降低，热能 k_BT 超过了磁晶各向异性能 $K_{eff}V$，从而使得磁矩更容易随机翻转。因此当 $k_BT>K_{eff}V$ 时，体系表现出超顺磁性，而不是磁矩沿一个方向排列。在这种情况下外加一个磁场，磁矩更容易沿外磁场方向排列，因而体系表现出超高的磁矩。这样的体系称为超顺磁体，没有磁滞，而超顺磁纳米颗粒的磁滞回线如图 6-2 所示。

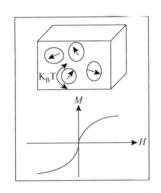

图 6-2　超顺磁纳米颗粒的磁滞回线

6.2　永磁材料的发展及纳米复合永磁的提出

永磁材料是指经外磁场磁化以后，在去掉外磁场后，即使在相当大的反向磁场作用下，也能保持其磁性的一类磁性材料。对这类材料的要求是剩余磁感应强度 B_r 高，矫顽力 $_BH_C$（即磁性材料抗退磁能力）强，磁能积 $(BH)_{Max}$（即给空间提供的磁场能量）大。而软磁材料的特点却相反，其 B_r 和 $_BH_C$ 越小越好，但饱和磁感应强度 B_s 则越大越好。相对于软磁材料，永磁材料也称为硬磁材料。对于永磁材料利用永磁体磁极的相互作用和气隙中的磁场可以实现机械能或声能与电磁能之间的相互转换，可以制成各式各样的功能器件，因而在航空、航天等高端领域，以及人们的生产和生活等各个领域都具有重要的应用。近期兴起的新能源产业如电动汽车、风力发电等更加凸显了永磁材料的重要性，应用永磁材料的牵引马达和风力涡轮机组与其他方案相比具有更加节能、高效的优点。永磁材料同样对 21 世纪以来电气设备的小型化、轻量化有着重要的贡献。

富含 Fe_3O_4 的矿石是人类最早发现的永磁材料，在一千年前即应用于指南针的制作。20 世纪后期，伴随着几种新型化合物的发现，永磁材料的性能得到了极大的提高。图 6-3 展示了作为永磁材料重要性能指标之一的"最大磁能积"在过去一百年里的发展状况[8]。20 世纪初，各种含钨、含钴的钢材还是主要的永磁材料，性能很差。永磁材料性能的第一次突破是 1931 年发现的铝镍钴磁体 Alnico。Alnico 由铝镍基体和分散在其中的棒状铁钴颗粒组成，铁钴颗粒的形状各向异性提供了足够高的矫顽力。接下来的突破是 20 世纪 50 年代六角晶格钡锶铁氧体（Ba/Sr）$Fe_{12}O_{19}$ 的发现，较大的磁晶各向异性提供了更高的矫顽力，但居里温度和磁化强度相对较低。20 世纪 60 年代发现的稀土-钴基金属间化合物 RCo_5 是永磁材料发展史上最重要的突破之一。其中 $SmCo_5$ 具有最高的磁晶各向异性，因此更容易得到高的矫顽力。

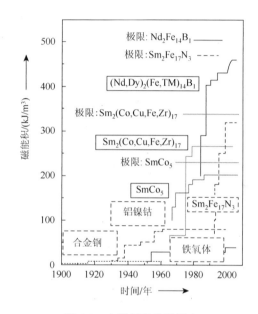

图 6-3　永磁材料的发展史

　　基于六角晶格 $SmCo_5$ 的化合物后来称做第一代稀土永磁材料。其矫顽力和磁能积比之前的硬磁材料有了极大的提高。同时它们具有优秀的热稳定性，更加适合高温应用。不久之后发现的第二代稀土永磁体同样基于 SmCo 基化合物，由 Sm_2Co_{17} 添加少量的 Cu、Fe、Zr 制备而成，经过复杂的热处理工艺得到的胞状结构是其获得高矫顽力的条件。更高的 Co 含量使其具有更高的磁化强度和居里温度，但其矫顽力比 $SmCo_5$ 磁体有所降低。

　　Sm 和 Co 的市场价格较高，因此自 20 世纪 70 年代起人们开始尝试用 Fe 来取代 Co 合成类似于 SmCo 的化合物[9]。遗憾的是，所有的 R-Fe 化合物都不能形成稳定的 $CaCu_5$ 结构。直到 1984 年，Sagawa 和 Croat 报道了基于 Fe 的高磁能积永磁材料——$Nd_2Fe_{14}B$。这种新发现的 Nd-Fe 基磁体的磁能积比 Sm-Co 基磁体又有了明显的提高，因此称为第三代稀土永磁材料。第三代永磁体由于其在室温下的优异性能和相对低廉的价格在过去的二十几年里得到了广泛应用，是目前最重要的永磁材料。$Nd_2Fe_{14}B$ 的居里温度只有约 300℃，因此很难用在 100℃ 以上的环境中。添加相当数量的重稀土才能提高其使用温度到 100℃ 以上，而这样做的后果是极大地增加了原材料成本。然而，包括最近发展起来的电动汽车、风力发电等很多领域都对永磁体的高温性能提出了很高的要求。同时，添加重稀土元素会降低 NdFeB 的磁化强度和磁能积。因此，探索无重稀土且可在高温环境下使用的新型永磁体具有重要的实际意义。

随着人类对器件的小型化和微型化的需要，以及在高温领域的应用，要求永磁材料具有更高的磁能积，更优良的温度稳定性，因而发展新一代永磁材料至关重要。纳米晶结构硬磁材料具有更优异的性能，如单相的高矫顽力、硬软复合相的高磁能积。并且纳米晶永磁材料由于具有更多的晶界和纳米复合结构在成分设计上的优点，所以具有更高的使用温度。理论计算表明具有理想结构的软磁/硬磁材料在纳米尺度上复合具有非常高的理论磁能积（90-120MGOe），远超出现有单相永磁材料最高理论磁能积（Nd-Fe-B 是 64MGOe），最有希望发展成为新一代永磁材料。图 6-4 为软硬磁相纳米复合获得高磁能积的示意图。当具有高矫顽力 H_c 的硬磁材料（图 6-4 曲线（i））和一层薄的具有高饱和磁化强度 J_s、低矫顽力 H_c（图 6-4 曲线（ii））复合在一起时，两相的磁矩反转一致，使得矫顽力和磁化强度为两相的中间值，从而获得磁能积的最大化（图 6-4 曲线（iii））。这种两相交换耦合作用给磁能积的提高带来新的希望。要实现两相理想的交换耦合，软磁相的尺寸不能超过硬磁相畴壁厚度的两倍，一般来说软磁相的临界尺寸为 10nm。并且为了不降低硬磁相的矫顽力 H_c，软磁相体积不能太大[10, 11]。

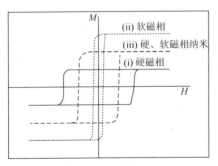

图 6-4　磁滞回线

纳米晶永磁材料，尤其是交换耦合纳米复合磁体有望成为下一代永磁材料[12]。与 20 世纪的发展思路不同，新一代的永磁材料可能不会基于一种单相的化合物，而是通过将已知的具有优异软磁和硬磁特性的材料在纳米尺度进行复合得到。因此，未来永磁体的发展趋势不会像图 6-3 所示的类似于摩尔定律的曲线，而是以应用需求为导向的多元化发展。例如，未来应用于电动汽车和风力发电的永磁材料将会是硬磁材料 Sm-Co 和软磁材料 Fe（或 FeCo）的纳米复合材料。一方面，这种材料的价格低于目前的材料 Nd-Dy-Fe-B，另一方面这种材料在高温下将有更高的磁能积和矫顽力。如果这种材料能够研制成功，那么重稀土危机将会从根源上得到解决。

　　然而，实验上制备这种理想的纳米结构仍然是一个巨大的挑战。在过去的二十年中，科学家们采用自上而下的方法进行了大量的尝试以期获得理想的纳米复合磁体。尽管某些方法目前已经成功用于制备平均晶粒尺寸小于 100nm 的磁性材料，但由于软硬磁性相的尺寸和微观结构难以控制，无法获得理想的交换耦合作用和硬磁相织构，所以纳米晶双相磁体的磁性能远低于理论预期。而采用 bottom-up 方法，即先合成高各向异性纳米颗粒，然后通过软磁相包复合成各向异性纳米复合颗粒，进而磁场取向高压成型制备纳米复合永磁块体材料，可以解决纳米复合永磁材料微结构精确调控和织构问题。另一个可能的途径是利用薄膜技术，控制硬磁相的取向，同时使软硬磁相在纳米尺度上复合。此外，突破高性能纳米复合永磁材料的瓶颈，一些关键基础问题也需要深入理解和研究，如纳米复合稀土永磁材料的矫顽力机制，纳米复合双相的耦合过程与耦合机理，界面成分与结构对耦合作用的影响规律等。

　　本章首先综述最近在磁性纳米颗粒可控制备方面的研究进展，包括化学合成、表面活性剂辅助球磨等方法。然后介绍纳米复合永磁薄膜的尺寸、界面、矫顽力机理和制备方面的研究进展。其次介绍纳米块体材料的制备及其磁性研究。再介绍纳米磁性材料微观结构和磁结构表征。最后将对纳米磁性颗粒在磁性密封、生物医用，永磁薄膜在微机电系统和高性能纳米晶永磁块体在电机上的应用进行简短的介绍。

6.3　磁性纳米颗粒的可控制备

　　磁性纳米颗粒由于其在生物医药、磁流体、催化、高性能纳米双相复合磁体研制、磁记录材料等领域具有重要的应用，所以受到研究者的广泛关注。然而在上述领域的应用高度依赖于其尺寸和形貌等的可控制备，并且只有当纳米颗粒的尺寸小于一个临界尺寸的时候才能表现出优异的性能。磁性纳米颗粒的超顺磁性对于其在磁性密封、磁热疗、核磁共振成像（MRI）等磁流体领域的应用具有重要意义。磁性纳米颗粒的尺寸和纳米颗粒的种类对其磁性影响非常大。具有高饱和磁化强度或高矫顽力的磁性纳米颗粒及其尺寸的可控制备对于相关研究和应用尤为重要。在磁流体领域中，如果把具有高饱和磁化强度的磁性合金材料制成高稳定性的纳米颗粒可以同时具备高饱和磁化强度和超顺磁性，可以显著提高磁流体的磁性密封性能。而把具有高各向异性的稀土永磁材料降低到单畴临界尺寸可获得更高的矫顽力。在磁记录领域中，小尺寸、高各向异性的磁性纳米颗粒可以显著提高磁记录的密度。因此具有高饱和磁化强度和高各向异性的合金纳米颗粒的可控制备具有重要的应用价值。本节将重点介绍几种典型的磁性纳米颗粒，如软磁的 Fe_3O_4 和硬磁的 FePt、$SmCo_5$ 等稀土基硬磁纳米颗粒的可控制备方面的研究进展。

6.3.1　软磁 Fe_3O_4 纳米颗粒的可控制备

　　Fe_3O_4 纳米颗粒，是最常见、应用最广泛的磁性纳米粒子。其本身具有的超顺磁性、高饱和磁化强度、以及优于其他磁性纳米颗粒的无毒性和很好的生物相容性等与常规磁性材料不同的特殊性能，使得其在磁流体、磁热疗及 MRI 磁共振造影剂、靶向药物载体等生物医学方面具有广泛的应用。这些新颖的理化性质及其在各领域中的广泛应用，使得近年来有关磁性 Fe_3O_4 纳米结构材料的制备和性能表征无论在工业生产还是科学研究中都备受瞩目。

　　对于 Fe_3O_4 颗粒尺寸、形貌等方面的控制，不同的制备方法得到的效果差别很大[13, 14]。目前已报道的合成 Fe_3O_4 磁性纳米粒子的方法多种多样。早在 20 世纪 80 年代，Sugimoto 和 Matijevic 首先成功制备出具有极窄粒度分布的 Fe_3O_4 纳米颗粒。此后，人们运用多种化学法也成功合成了 Fe_3O_4 和铁氧体纳米颗粒，如共沉淀法、水热法、微乳液法、高温热分解法等[15-19]。

　　传统的共沉淀法，可以通过调节溶液的浓度、pH、沉淀剂加入的快慢等来调整颗粒的尺寸和形貌[20, 21]。一般将三价铁离子和二价铁离子的盐溶液以 2∶1 或者更大的比例混合，加入沉淀剂或在一定温度下使溶液发生水解，形成不溶性的氢氧化物、水合氧化物或盐类从溶液中析出，然后将沉淀洗涤、过滤、干燥，制得 Fe_3O_4 纳米粒子。这种方法已能制备出几纳米到几百纳米范围的颗粒。该方法简便易行，容易规模化生产，且在室温条件下即可实现，制备的纳米颗粒水溶性好，但颗粒的尺寸分布范围宽，不利于许多方面的应用。应用最多的水热（溶剂热）法能制备出几纳米到几十纳米的颗粒。水热法是在密闭压力容器内以水为介质反应制备产物的一种方法，它广泛应用于生长晶体材料[22-23]。反应在高温高压反应釜中进行，为前驱物溶解、再结晶为微晶提供了适宜条件。但是，制备出来的颗粒容易团聚，且尺寸不易控制。微乳液法利用两种互不相溶的溶剂在表面活性剂的作用下形成乳液，在微泡中经成核、聚结、团聚、热处理后得纳米粒子。用微乳液法制得的纳米粒子尺寸均一、分散性好[24, 25]。目前，也能通过该法制备出几纳米到几百纳米不等的铁氧体纳米颗粒，但是对微乳液滴的大小不易实现精准的控制，并且产率较低、产物分离较难，使得该法仅限于实验室研究，不利于实际生产。

　　近年来发展比较成熟、运用也比较多的是高温热分解法，制备的铁氧体纳米颗粒分散性好、尺寸分布均一、纯度高[26, 27]。高温热分解法是在表面活性剂存在的条件下，在溶剂中高温热分解金属前驱体获得纳米粒子的方法，可以通过控制反应时间、改变升温速率、调整表面活性剂的量和反应物浓度来调节颗粒尺寸。目前，该法已能制备小到 5nm 以下，大到几十纳米不等的颗粒。Hou 和 T.H 等[28]

通过选择不同的铁的前驱体、溶剂、表面活性剂和它们之间的比例，可以制备出 $4\sim15nm$，粒径可在 $1nm$ 范围内调节的 Fe_3O_4 纳米颗粒。图 6-5 为所制备的 $6nm$、$7nm$、$9nm$、$10nm$、$12nm$、$13nm$ 和 $15nm$ 的 Fe_3O_4 纳米颗粒。Kim 等[29]进一步制备出了 $1.5nm$、$2.2nm$、$3nm$ 和 $3.7nm$ 的 Fe_3O_4 纳米颗粒，为目前报道中最精确控制纳米颗粒尺寸的方法。这种制备出来的样品只能分散在非极性溶剂中，需要对表面加以修饰才能进行后续的应用。

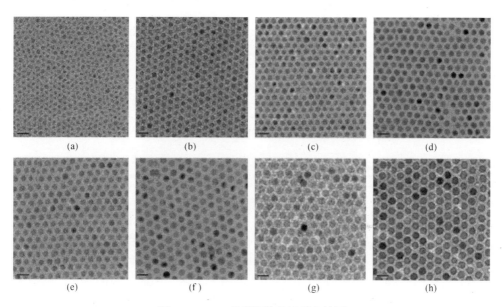

(a)　　　　　(b)　　　　　(c)　　　　　(d)

(e)　　　　　(f)　　　　　(g)　　　　　(h)

图 6-5　Fe_3O_4 纳米颗粒的透射电镜图

6.3.2　FePt 硬磁纳米颗粒的可控制备

FePt 是目前唯一一种可以用化学方法进行可控制备的永磁合金，并且 FePt 具有比稀土硬磁材料更优良的化学和热稳定性，良好的生物相容性等，综合性能优越。$L1_0$ 结构的 FePt 的饱和磁化强度为 $1.43T$，并且具有高的磁晶各向异性常数 K_1（$6.6MJ/m^3$）。这对 FePt 在磁记录、生物医用和纳米双相复合永磁材料的研究中都具有重要的应用前景。对 FePt 的研究热潮始于 2000 年，出现了几篇重要的标志性工作。Sun 等[30]在 Science 发表用化学方法合成，首次实现 FePt 单分散纳米颗粒制备的工作。图 6-6 为所制备的 $4nm$ 的 FePt 纳米颗粒，颗粒自组装形成了阵列，获得了高密度分立磁记录介质的雏形。Weller 等[31]从磁记录介质的热稳定性出发，提出了利用高各向异性 K_u 材料作为磁记录介质，高磁记录面密度可以提高到 $100Gbits/in^2$ 的理论可能。

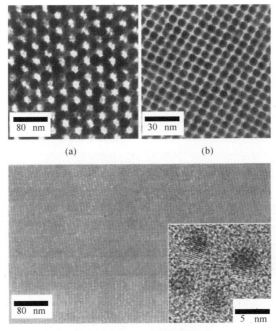

图 6-6 4nm FePt 颗粒阵列

　　图 6-7 是利用高温热分解方法制备 FePt 纳米粒子的示意图，主要以乙酰丙酮铂作为 Pt 的前驱体，乙酰丙酮铁或五羰基铁作为 Fe 的前驱体，加入一定量的还原剂和表面活性剂，在特定的溶剂中，按照图 6-7 所示的简易密闭装置，高温条件下反应一步得到相应的纳米颗粒。在反应的起始阶段，首先由乙酰丙酮铂还原分解得到 Pt 原子核。与此同时，五羰基铁也在缓慢地分解，随着五羰基铁的不断分解，Fe 原子不断包覆到 Pt 原子核外层。随着反应的逐步进行，两种原子互相扩散形成分布均匀的合金纳米粒子[32]。

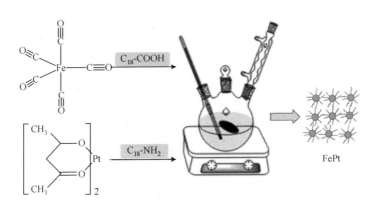

图 6-7 化学法合成 FePt 的示意图

　　目前，FePt 合金纳米颗粒的尺寸和形貌都能进行很好的控制。Liu 等[33]通过调节表面活性剂与金属前驱体的比例以及加热速率等条件，得到了 2nm、3nm、4nm、5nm、6nm、7nm、8nm、9nm 的 FePt 合金纳米颗粒，而且得到的颗粒均具有良好的分散性和尺寸均一性。他们还通过改变不同的溶剂，调节升温速率等制备参数，得到了球形、方形、棒状、线形等不同形貌的纳米颗粒，如图 6-8 所示[34]。

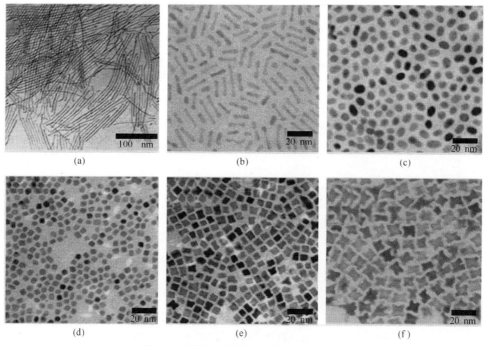

图 6-8　不同形貌的 FePt 纳米合金颗粒

　　FePt 纳米颗粒的可控制备采用的是液相高温热分解的方法，由于反应速度太快，纳米颗粒形核和长大速度太快，难以观察到纳米颗粒的生长过程，也给尺寸的精确调控带来困难。中国科学院宁波材料技术与工程研究所纳米磁性材料研究团队通过合成中间体，用油胺取代羰基铁中的羰基，并与 Fe 形成更紧密的结合，即形成羰基铁与油胺的络合物（图 6-9），因而能够有效控制金属前驱体 Fe 的分解速度，使得 FePt 纳米颗粒形核和长大的速度变慢，通过 TEM 观察到了其全过程。通过对形核和长大过程的 TEM 观察发现，FePt 纳米颗粒的生长过程由奥斯特瓦尔德成熟过程（Ostwald-Ripening，OR）和取向转接过程（Oriented-Attachment，OA）共同控制，其生长过程示意图见图 6-10。而制备 Fe（CO）$_x$-Oam 的过程中油胺和羰基铁的比例能有效抑制 OA 过程，进而能够控制 FePt 纳米颗粒的尺寸和形貌。通过对油酸 OAm 与羰基铁 Fe（CO）$_5$ 络合温度和络合量的控制，获得了可在 1mn 以下尺寸精确调控的 FePt 纳米颗粒，所得 FePt 单晶纳米颗粒的尺寸分别为 5.1nm、4.7nm、4.3nm、4.0nm

和 3.6nm，并且所得颗粒具有非常小的尺寸分布和近圆形的形貌，如图 6-11 所示[35]。

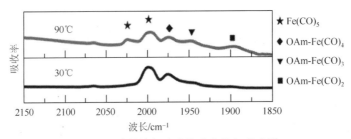

图 6-9　羰基铁与油胺络合物的红外光谱

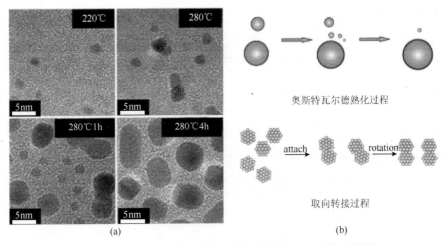

图 6-10　FePt 纳米颗粒形核和长大过程的 TEM 及生长机制

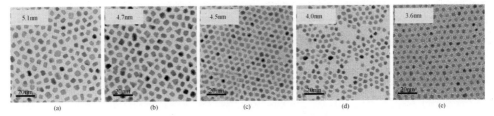

图 6-11　通过油胺与羰基铁的络合量来控制 FePt 纳米颗粒的尺寸

通过化学液相热分解法得到的 FePt 纳米颗粒呈化学无序的面心立方（Face-Centered Cubic，FCC）结构。这种 FCC 结构的 FePt 合金纳米颗粒，磁晶各向异性很低，不能满足 FePt 作为永磁材料的使用要求。因此，需要将其转化成具有大的磁晶各向异性的化学有序的面心四方（Face-Centered-Tetragonal，FCT）结构，又称为 $L1_0$ 结构。实现上述的结构转变需要经过高温处理。但是对于纳米材料，直接高温处理必然会导致颗粒的团聚长大，因此需要在退火处理时将颗粒彼此分隔开。研究者采用的是在 FCC 结构的 FePt 纳米颗粒表面包覆 SiO_2 等物质以避免高温退火时的团聚，退火后除去包覆物得到 $L1_0$ 结构的 FePt 纳米颗粒，步骤烦琐，同时使得纳米颗粒尺寸分布变宽，表面缺陷增加。2005 年 Liu 课题组，发明了一种盐浴退火的方法，用 NaCl 颗粒把制备好的 FCC 结构的 FePt 纳米颗粒分散隔离，高温退火后可以用水把 NaCl 除去，得到 $L1_0$ 结构的 FePt 纳米颗粒[36]。利用盐浴退火的方法可以获得单分散的 FCT 结构的 FePt 纳米颗粒，如图 6-12 所示。随着纳米颗粒的粒径增大颗粒的矫顽力逐渐增大，8nm 的 $L1_0$-FePt 矫顽力达到 3T（图 6-13），然而当粒径为 15nm 的颗粒矫顽力降低到 2T 时，由于退火过程导致单晶的 FCC-FePt 转化为多晶 $L1_0$ 结构。

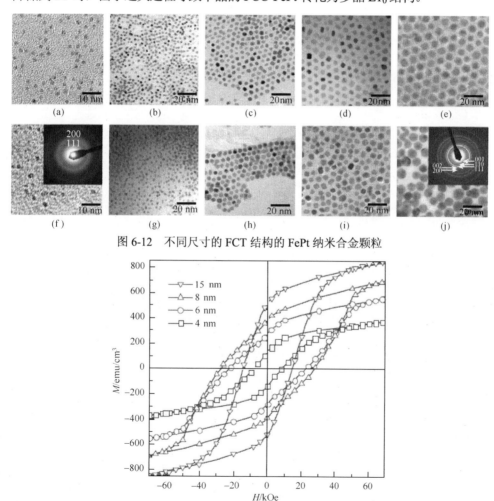

图 6-12　不同尺寸的 FCT 结构的 FePt 纳米合金颗粒

图 6-13　不同尺寸的 FCT 结构的 FePt 纳米合金颗粒的磁滞回线

盐床退火的方法获得了 $L1_0$ 结构单分散的 FePt 纳米颗粒，同时保持了纳米颗粒的尺寸。但实验步骤仍然比较烦琐，首先要用化学液相热分解法获得尺寸可控的FCC结构的FePt，然后盐床退火。热分解法得到的纳米颗粒的产量有限，盐床退火后产量进一步降低，并且磨盐、混盐和清洗过程都很耗时。因此研究者一直在寻找更简便的获得单分散$L1_0$结构FePt的制备方法。中国科学院宁波材料技术与工程研究所纳米磁性材料研究团队采用一步固相烧结法制备出了单分散的$L1_0$结构的FePt纳米颗粒[37]。制备方法示意图如图6-14所示，所制备的$L1_0$结构的Fe（Co）Pt@C纳米颗粒如图6-15所示。具体采用含碳的Fe和Pt的金属前驱体在碳膜上550℃一步固相高温烧结获得了12nm的$L1_0$-Fe（Co）Pt@C纳米颗粒。采用该方法制备$L1_0$-FePt纳米颗粒的生长过程与液相方法不同，金属前驱体分解成原子，通过范德华尔兹力使得纳米颗粒形核并团聚，首先形成FePt纳米团簇，然后在高温过程中纳米团簇再结晶长成$L1_0$结构的FePt纳米颗粒。生长过程示意图如图6-16所示[38]。

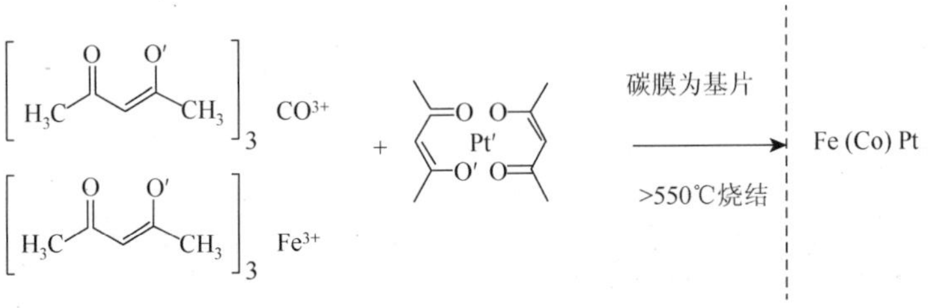

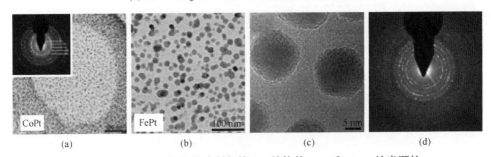

图 6-14　$L1_0$-Fe（Co）Pt 纳米颗粒合成示意图

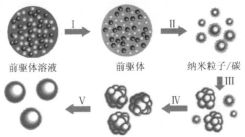

(a)　　　　　　　(b)　　　　　　(c)　　　　　　(d)

图 6-15　用一步固相烧结法制备的 $L1_0$ 结构的 FePt 和 CoPt 纳米颗粒

图 6-16　$L1_0$-Fe（Co）Pt 纳米颗粒生长过程示意图

6.3.3　稀土基硬磁纳米颗粒的可控制备

1. 化学法制备稀土基硬磁纳米颗粒

在利用化学方法成功获得了 FePt 合金纳米颗粒之后，人们尝试采用类似的方法制备稀土永磁纳米颗粒 SmCo、NdFeB 等[39-43]。但是由于稀土永磁纳米颗粒的化学稳定性极差，非常容易氧化，所以很难采用制备贵金属纳米颗粒的热分解方法获得。利用不同的溶剂，金属前驱体和表面活性剂可制备 SmCo 和 NdFeB 等稀土永磁纳米颗粒。用化学法制备的稀土硬磁纳米颗粒的矫顽力普遍较低，普遍低于 5000Oe。之后通过对方法的改进，SmCo 纳米粒子的矫顽力有了大幅度的提高，但 NdFeB 纳米粒子进展缓慢。

2007 年，Hou 等[44]利用两步法制备出了微米尺度的 SmCo$_5$ 纳米晶。首先通过化学热分解法制备出壳核结构的 Co@Sm$_2$O$_3$，然后利用 Ca 作为还原剂在高温下还原 Sm$_2$O$_3$ 得到 Sm，并通过高温使 Sm 和 Co 发生扩散，得到相应的 Sm-Co 相。其中 Sm 和 Co 的比例通过第一步壳核结构制备过程中调控 Sm$_2$O$_3$ 壳层厚度来调节。为了防止高温还原处理过程中纳米颗粒的团聚，加入了 KCl 作为分散剂。由于上述方法在制备过程中必须要经过高温退火还原过程，即使有 KCl 的分散作用，也难以得到单晶的 Sm-Co 纳米颗粒。

2011 年，Zhang 等[42]发明了另外一种制备 Sm-Co 纳米粒子的化学方法。首先制备 SmCo-O 纳米粒子，包覆 CaO 得到壳核结构 SmCo-O@CaO，在随后的高温还原过程中 CaO 壳层很好地起到了阻止颗粒团聚的作用。然后，利用大量去离子水洗掉 CaO 层，得到单晶结构的 SmCo$_5$ 纳米粒子。实验流程如图 6-17 所示。采用这种方法成功获得了单晶 SmCo$_5$ 纳米粒子，矫顽力达到了 7.2kOe，然而利用该方法制备纳米颗粒的产率很低。

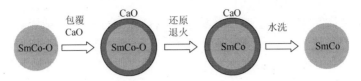

图 6-17　化学方法制备 SmCo$_5$ 纳米颗粒的流程图

先制备纳米粒子的氧化物然后再高温还原的两步法制备 NdFeB 纳米颗粒也取得了一定的进展。2010 年，Deheri 等[45]采用两步法制备了 NdFeB 纳米粒子，首先通过 sol-gel 方法制备 NdFeB-O 纳米粒子，然后采用高温退火还原的方法获得了一定纯度的 NdFeB 纳米粒子，矫顽力仅为 6.1kOe[46]。2013 年，Swaminathan 等[47]利用微波辅助化学方法合成了纯度较高的 NdFeB 纳米粒子，矫顽力达到

8kOe，饱和磁化强度达到 40emu/g，磁能积仅为 3MGOe。Yskang 等[48]尝试利用化学方法制备 $Nd_2Fe_{14}B/a$-Fe 双相复合结构，但是所获得的材料性能很低，矫顽力仅为 268Oe，而剩磁仅为 18emu/g。到目前为止，采用化学方法制备的 NdFeB 纳米粒子和双相复合材料性能都不够高。

2. 表面活性剂辅助球磨法制备磁性纳米颗粒

采用化学方法制备的稀土基硬磁纳米颗粒的矫顽力普遍偏低。Liu 研究组经过几年的研究，发展了表面活性剂辅助球磨技术来制备高矫顽力的稀土基硬磁纳米颗粒。2006 年起该组报道了用表面活性剂辅助球磨法制备出了尺寸可控的 Sm_2Co_{17} 纳米颗粒，室温矫顽力达到 3kOe；以及 $SmCo_5$ 纳米片，矫顽力达到 15kOe 以上[49]。此后，这种工艺受到了国内外学者和研究机构越来越多的关注。这种方法已经被证明是制备含稀土的纳米颗粒的有效方法，并且现在成为工业上制备纳米结构磁性材料，包括纳米粉体、各向异性粘结磁体以及纳米复合薄膜和块体材料的新型途径。

对于金属或者合金，传统的湿法球磨由于冷焊的作用，即使延长球磨时间也只能得到亚微米的颗粒[50]。而在湿法球磨中在有机溶剂中加入表面活性剂可以提高球磨效率并且可以避免冷焊作用，因此可以获得纳米尺寸的颗粒[51]。在球磨过程中，表面活性剂吸附在由于球磨破碎产生的新鲜的颗粒表面上，导致颗粒表面的改性。实验表明，表面活性剂的作用有①阻止球磨过程中的冷焊作用；②使得纳米颗粒更容易悬浮在溶剂中，同时使得悬浮时间依赖于颗粒的尺寸，因此为粒径选择提供了便利条件；③由于吸附在颗粒表面使得颗粒断裂行为不同于没有表面活性剂的颗粒，所以可以获得高长径比的纳米颗粒；④作为纳米颗粒的保护层，可以防止颗粒污染。

表面活性剂辅助球磨制备稀土永磁颗粒工艺常用正庚烷、2-甲基戊烷等作为溶剂，而普遍使用的表面活性剂有油酸、油胺、三辛胺等。高能球磨后的稀土永磁颗粒主要分为两种。一种是悬浮在溶剂中尺寸较小的纳米颗粒，尺寸从几纳米到几百纳米，形貌如图 6-18（a）所示[52]。然而，目前利用表面活性剂辅助球磨法制备的稀土永磁纳米颗粒矫顽力较低，磁性能较差，如图 6-18（b）磁滞回线所示。这可能是由于小尺寸的稀土硬磁纳米颗粒极易氧化而造成的结果。另外成分偏离原合金、硬磁相结构被严重破坏也可能是造成磁性能低的原因。另一种是沉淀在球磨罐底部的纳米片，其厚度从几十纳米到几百纳米，而在径向尺寸从几微米到十几微米，具有高的形状各向异性，图 6-19（a）为表面活性剂辅助球磨法制备的 $SmCo_5$ 纳米片状颗粒[53]。相比于小尺寸的纳米颗粒，稀土永磁纳米片状材料显现出优异的永磁性能，被大量地报道和研究。与传统的高能球磨相比，表面活性剂辅助球磨制备的稀土永磁纳米片状材料除了具有明显的形状各向异性，同时具有较好的织构、高的剩磁比和好的方形度，如图 6-19（b）所示。

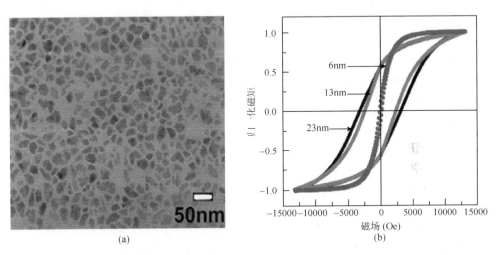

(a)　　　　　　　　　　　　　　(b)

图 6-18　表面活性剂辅助球磨法制备的 Sm_2Co_{17} 纳米颗粒的 TEM 和磁滞回线

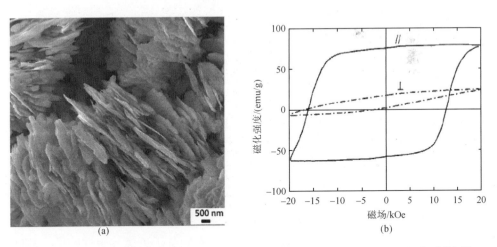

(a)　　　　　　　　　　　　　　(b)

图 6-19　表面活性剂辅助球磨法制备的 $SmCo_5$ 纳米片 SEM 和平行和垂直磁场的磁滞回线

　　表面活性剂辅助球磨技术不但可以制备高各向异性的稀土基硬磁纳米材料，实验表明该技术也可以制备具有高长径比的过渡金属基软磁纳米材料[54]。图 6-20（a）～图 6-20（c）分别为表面活性剂辅助球磨 1 小时所制备的 Fe、FeCo 和 Co 纳米片。所制备的纳米片直径为 20～30μm，厚度为 20～200nm。此外随着球磨时间的延长，悬浮在溶剂中的纳米颗粒尺寸减小，图 6-20（d）为悬浮液中的 Fe 纳米颗粒的 TEM，颗粒直径不到 10nm。

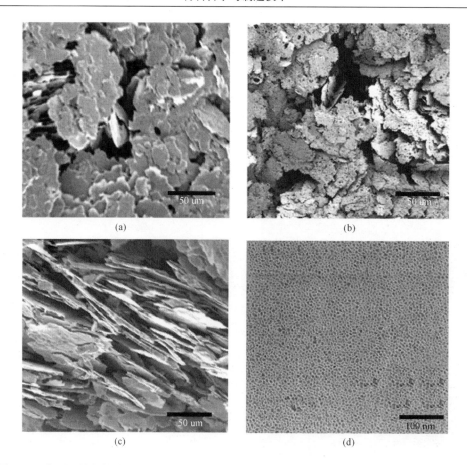

图 6-20　表面活性剂辅助球磨 1 小时所制备的 Fe、FeCo 和 Co 纳米片的 SEM 以及表面活性剂
辅助球磨 20 小时所制备的 Fe 纳米颗粒的 TEM

　　稀土硬磁纳米片的形貌和性能不仅受到表面活性剂辅助球磨的工艺参数影响，也受到球磨环境的重要影响。在球磨的过程中加入磁场，可以发现球磨后的 $SmCo_5$ 纳米片的取向度优于不加磁场的样品[55]。最近，中国科学院宁波材料技术与工程研究所采用低温表面活性剂球磨技术制备了更优异磁性的稀土基硬磁纳米片状材料。研究表明，降低球磨过程中的温度，有利于颗粒细化、提高纳米片的磁性能、降低氧含量等优点。图 6-21（a）为低温和常温下利用表面活性剂辅助球磨的方法制备的 Nd-Fe-B 纳米片状颗粒的粒度随球磨时间的变化曲线[56]。由图 6-21 可知，在相同的球磨时间下，低温球磨时颗粒粒度明显要小于常温下制备的样品，这主要是由于低温下材料的脆性增强而引起的，类似的结果在 SmFeN 体系中也可得出[57]。图 6-21（b）为 Nd-Fe-B 纳米片的矫顽力随着球磨时间的变化曲线，在其他实验条件相同的条件下，低温球磨制备的纳米片

的矫顽力明显高于常温下制备的样品。图 6-22（a）为低温和常温下制备的 $SmCo_5$ 纳米片的氧含量。低温球磨下制备的 $SmCo_5$ 纳米片的含氧量更低，低温可以在一定程度上抑制稀土合金中稀土元素的氧化。另外，低的球磨温度有利于提高稀土永磁纳米片的磁性能，如低温表面活性剂辅助球磨制备的 $SmCo_5$ 纳米片具有更高的剩磁比，如图 6-22（b）所示。实验表明低温和常温球磨时纳米的微观结构有较大的差别，这是产生磁性能上差异的重要原因，类似的结果在 Pr-Co 体系中也可得出。低温表面活性剂辅助球磨法制备稀土基硬磁纳米颗粒已申请专利两项[58]。

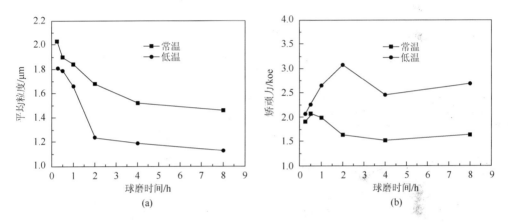

图 6-21　低温和常温表面活性剂辅助球磨法制备的 Nd-Fe-B 纳米片粒度和矫顽力的影响曲线

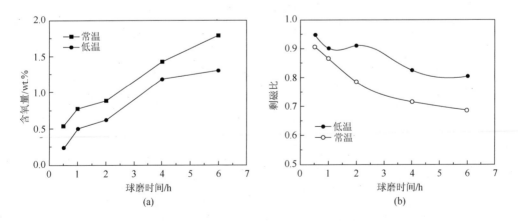

图 6-22　低温和常温表面活性剂球磨法制备 $SmCo_5$ 纳米片的氧含量，剩磁比随球磨时间的变化曲线

6.3.4　软硬复合磁性纳米颗粒的可控制备及磁性研究

纳米复合结构是纳米材料发展的必然趋势之一，复合材料已经成为 21 世纪最重要、最有发展潜力的领域。纳米复合不论对结构、性能等基础性研究，探讨新的制备工艺、开发新的产品，还是对开拓纳米磁性材料的应用领域都具有重要的意义。2002 年，Zeng 等[59]在 Nature 上发表了一篇关于纳米双相复合的文章，文中通过氧化铁与 FePt 的自组装使两相均匀混合，再经过高温退火得到了 FePt/Fe$_3$Pt 的双相复合结构（图 6-23），使得磁能积比单相提高了约 50%。在随后的研究中，FePt 纳米颗粒和由 FePt 纳米颗粒与其他组分构成的复合纳米材料，逐渐渗透到物理、化学、材料学、生物医学等各个领域。对多种复合结构，如壳核结构、异质结结构等的性能进行了细致的研究。

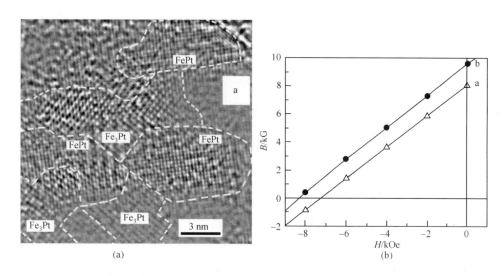

图 6-23　FePt/Fe$_3$Pt 的双相复合结构及其磁性

化学方法制备复合结构纳米材料通过调节核的尺寸和壳层的厚度，进而达到调节材料性能的目的。对于以 FePt 为基础的复合结构的纳米材料的制备一般包括两步[60]：首先制备出 FePt 相，然后再将制备出的 FePt 分散于有机溶剂中，作为第二相的形核点，根据 FePt 形貌的不同得到不同结构的 FePt-复合相。当 FePt 纳米粒子的尺寸较小（<5nm），形状近于球形时通常趋向于得到壳核结构，第二相通常为多晶结构；当 FePt 纳米粒子的尺寸较大且为形状各相异性时，通常会得到异质结结构的复合粒子，第二相通常为单晶结构。以 FePt-Fe$_3$O$_4$ 为例，利用化学热分解法制备 4nm 的 FePt 球形纳米粒子，然后选择合适的 Fe 的前驱

体分解得到 Fe_3O_4 壳层。通过调节 Fe 的前驱体与 FePt 纳米粒子的量的比例，能够精确地调节 Fe_3O_4 壳层的厚度（0.5～3nm）[61]。图 6-24 为核壳 FePt/Fe_3O_4 的双相复合结构，包覆后磁能积达到 18MGOe，达到了纯 FePt 块体的磁能积（13MGOe）的 38%。

中国科学院宁波材料技术与工程研究所利用液相高温热分解法，通过反应温度、气氛等条件的控制获得了立方形、球形、棒状的 FePt 纳米颗粒，以及花朵状、蠕虫状、颗粒状的 FePt 纳米颗粒[62]。同时我们利用制备的 5nm 的立方形 FePt 纳米粒子为基础，制备出了 FePt-Fe_3O_4 异质结复合纳米颗粒。所制备的 FePt-Fe_3O_4 异质结，Fe_3O_4 在立方的 FePt 颗粒一侧以一定的晶格匹配关系生长而成复合纳米颗粒。复合颗粒中 FePt 与 Fe_3O_4 均为 5nm 的单晶，退火后获得的 $L1_0$ 结构的 FePt-Fe_3O_4 复合颗粒的矫顽力并没有降低，仍保持在 2T。文献报道对于加入软相的 FePt、SmCo、NdFeB 等纳米颗粒，矫顽力都普遍迅速下降。在此所获得的具有高矫顽力的 FePt-Fe_3O_4 复合颗粒为纳米双相复合永磁材料的矫顽力机理研究提供了一个典型的范例，为其他类型的纳米复合永磁研究提供了实验依据[63]。

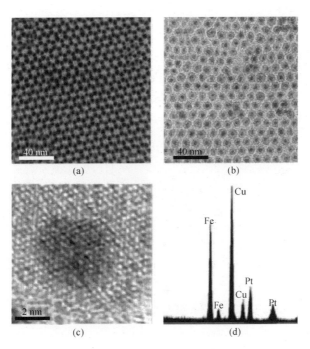

图 6-24　核壳 FePt/Fe_3O_4 的双相复合结构

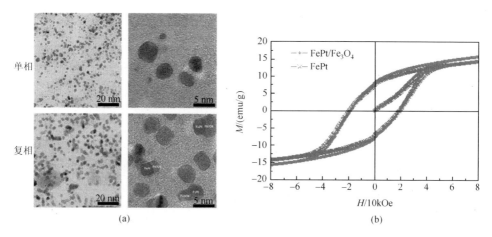

图 6-25　单相 FePt 及复相 FePt/Fe$_3$O$_4$ 的双相复合结构 TEM（左）和磁滞回线（右）

　　基于单相 SmCo 纳米粒子的制备方法，2011 年，Chaubey 等[64]制备出了 SmCo$_5$ 或 Sm$_2$Co$_{17}$ 以及 SmCo/Fe 复合相。第一步利用 Co（acac）$_2$ 和 Sm（acac）$_3$ 作为金属前驱体，采用热分解法制备出 Sm$_2$O$_3$ 和 Co 纳米颗粒，第二步利用 Ca 作为还原剂在高温下还原得到 SmCo$_5$ 或 Sm$_2$Co$_{17}$，还原过程中添加 KCl 用来分隔开这些纳米粒子以防止其在高温下团聚。这一制备流程，还可以扩展到 SmCo$_5$-Fe 或 SmCo$_5$-CoFe 等复合相的制备。例如，在 SmCo-O 化合物中加入一定量的 Fe$_3$O$_4$，然后经过高温退火还原可以获得 SmCo/Fe 双相复合结构，制备工艺如图 6-26（a）所示。所获得的单相和复合相的性能如图 6-26（b）所示，单相矫顽力达到了 1.2T，饱和磁化强度达到了 70emu/g。

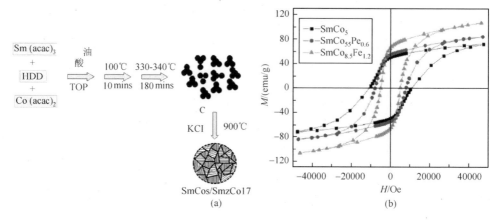

图 6-26　化学方法制备 SmCo$_5$ 或 Sm$_2$Co$_{17}$ 纳米颗粒的流程图以及用该法制备的 SmCo$_5$ 以及 SmCo$_5$/Fe 复合纳米颗粒的磁滞回线

6.4　纳米复合永磁薄膜材料

6.4.1　引言

纳米复合永磁材料具有很高的理论磁能积，有望成为新一代的永磁材料，近年来受到人们的重视。纳米复合磁体中既包含硬磁相又包含软磁相[65]。Coehoorn 等最早在双相的退火后的非晶条带中发现了剩磁增强现象，这种条带中包含了 $Nd_2Fe_{14}B$ 硬磁相和 Fe_3B 软磁相。1991 年，Kneller 和 Hawig 利用一维模型对这种新型材料进行了简单的理论解释。根据一维模型，他们推导出了软磁相的临界尺寸 b_{cm}，当软磁相的尺寸小于临界尺寸时，软磁相磁畴将与硬磁相磁畴同时翻转。硬磁相的各向异性场比软磁相高很多。然而，当软磁相的尺寸减小到一定程度时，其翻转将变得非常困难。这主要是由于当软磁相尺寸变小时，软磁相内形成磁畴壁会变小收缩，这样畴壁能密度会明显增加。因此，软磁相存在一个临界尺寸 b_{cm}，当其尺寸小于临界尺寸时，软磁相和硬磁相会同时发生翻转。当软磁相的畴壁厚度较小时，如果其各向异性对畴壁能密度的影响可以忽略，软磁相的临界尺寸可以表示为

$$b_{cm} \cong \pi(A_m/2K_k)^{1/2} \qquad (6-2)$$

式中，A_m 为软磁相的交换作用常数；K_k 为硬磁相的磁晶各向异性常数。根据一维模型，可以估计软磁相的临界尺寸，但还不能给出硬磁相的临界尺寸。Kneller 和 Hawig 指出纳米复合磁体的交换耦合作用、高矫顽力和高剩磁等与传统磁体有明显的区别。Skomski 和 Coery 等[66]利用微磁学理论预测纳米复合磁体具有非常高的磁能积。对于 Sm-Fe-N/Fe-Co 复合多层膜的理论磁能积高达 120MGOe。随后，理论计算表明其他纳米复合多层膜体系如 Sm-Co/FeCo[67]和 FePt/Fe[68]的理论磁能积也分别达到 65MGOe 和 90MGOe。

与利用球磨和快淬等工艺制备的纳米复合磁体相比，纳米复合永磁薄膜中的界面、软/硬磁相厚度等重要参数可更容易精确地控制和调整，因此，纳米复合多层膜对于纳米复合材料的研究尤其是机理方面的研究有着十分重要的意义。另外，由于纳米复合多层膜具有非常高的磁能积，在磁性微机电系统中有潜在的应用前景。本节只论述纳米复合永磁薄膜材料在实验方面的进展。

6.4.2　纳米复合多层膜及其临界尺寸

纳米复合永磁多层膜在研究纳米复合永磁材料中的优势在于，可以较容易地通过调节软硬磁层的厚度来实现软硬磁相尺寸的调控，因此，通过研究磁性能随

软硬磁层厚度变化的规律，就可以探究纳米双相复合材料中的交换耦合和磁性反转机制，并揭示影响磁性能的关键因素。通常纳米复合永磁材料的磁滞回线随软磁层尺寸 b_m 的变化呈现出两种不同形状，在软磁层临界尺寸（b_{cm}）以下时，由于软硬磁层磁化反转在外场下同时发生，磁滞回线表现出"单相特征"（图 6-27），而当软磁层厚度在 b_{cm} 以上时，软磁层和硬磁层的磁矩反转是不同步的，因此磁滞回线出现"台阶"，即"双相特征"。一般情况下采用 H_n（其他文献也用 H_{ex}）表示软磁层的磁矩反转的外磁场大小，H_{irr} 表示硬磁层中磁矩开始反转的外磁场大小。b_{cm} 定义为软磁层临界厚度，表示高于这一尺寸时，纳米复合材料的磁滞回线开始从单相特征向双相特征转变。

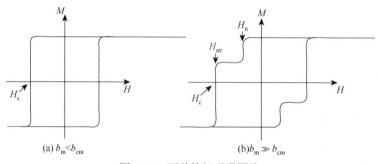

图 6-27　两种特征磁滞回线

（a）单相特征；　（b）双相特征

软磁相的临界尺寸是纳米复合永磁材料的一个关键参量。在纳米复合永磁材料的一维模型中软磁相的大小可以表示为 $b_{cm} \cong \pi(A_m/2K_k)^{1/2}$ [65]，式中，A_m 为软磁相交换常数，K_k 为硬磁相的各向异性常数。实际上，为了更精确地计算软磁相的临界尺寸，还需要考虑由于交换耦合作用造成的 K_k 和 A_m 的减小[69]，另外，软磁相的各向异性也不能忽略[70, 71]。在制备薄膜材料中控制软硬磁层厚度是非常容易实现的，所以复合多层膜体系非常适合研究临界尺寸。对于给定厚度的硬磁层，软磁层的临界厚度依赖于 H_0、M_s、M_h、t_h 和 A。其中 A 为软磁层交换常数，H_0 是单独硬磁层的矫顽力，M_s 和 M_h 分别是软磁相和硬磁相的饱和磁化强度，t_h 是硬磁层的厚度。颜世申等[72]基于实验数据得出了一个软磁层临界厚度的公式。Zambano 等[73]发现 b_{cm} 主要依赖于硬磁层的磁性能和软磁层的饱和磁化强度。刘伟等[74]发现软硬磁层之间插入非磁性层的厚度和不同材料会影响软磁相的临界尺寸，随着非磁性厚度增大，软磁相的临界尺寸变小，但并非呈线性变化。

形核场 H_n 是一个非常重要的参数。当软磁相的尺寸小于软磁相畴壁宽度时，H_n 会急剧增大。这是纳米复合永磁材料即使包含大量软磁相也具有永磁性能的根本原因。理论和实验上研究形核场 H_n 与软磁层厚度的关系，给出了一个表达式[75, 76] $H_n = H_{n0}/t_s^n$，式中，$H_{n0} = \pi^2 A / 2M_s$，A 和 M_s 为软磁相的交换常数和饱和磁化强度，t_s 为软磁层厚度，n 为一个常数，进一步的计算和实验研究认为 n 约等于 1.75[72, 76]。但是这个公式没有考虑软磁相的各向异性常数 K_s 的影响。后来的实验证明软磁相的各向异性是不能忽略的[71]，形核场 H_n 随着软磁相的各向异性常数 K_s 的增加而增加，即 $-H_n \sim K_s^{0.5}$。

不可逆反转场 H_{irr}（或者 H_c）与软硬磁层的关系在许多体系中已被研究，包括 Sm-Co/Fe-Co[77]，Sm-Co/Co[78]，Sm-Co/Fe[79]，Nd-Fe-B/Fe[80, 81]，（Nd，Dy）-（Fe，Co，Nb，B）/Fe[82]，Pr-Co/Co[83, 84]，Ni$_{80}$Fe$_{20}$/Sm$_{40}$Fe$_{60}$[85]等纳米复合多层膜、双层膜和三层膜。在磁滞回线呈现单相特征的情况下，对于给定厚度的硬磁层，H_{irr} 随软磁层厚度的增大而减小，对于给定厚度的软磁层，H_{irr} 随着硬磁层的增加而增加。由于软磁相具有很低的各向异性场，磁化反转时软磁层应首先反转，当反向磁场 $H > H_n$ 时，高各向异性的硬磁相由于界面处的交换耦合作用而钉扎软磁相磁矩，于是在靠近硬磁层的软磁层中就会出现旋转的磁矩（或者畴壁）。随着反向的外磁场不断增大，这个畴壁就会向硬磁层内移动，从而造成硬磁层中的磁矩反转。正因为如此，在硬磁层上加入一层软磁层后 H_c 或者 H_{irr} 会减小。对于非常薄的软磁层（厚度小于硬磁相的畴壁厚度），H_{irr} 可由式（6-3）给出

$$H_c = \frac{2(t_h K_h + t_s K_s)}{t_h M_h + t_s M_s} \tag{6-3}$$

式中，t_h（t_s），K_h（K_s），M_h（M_s）分别为硬（软）磁层的厚度，各向异性常数和饱和磁化强度[86, 87]。然而，式（6-3）和实验数据只是定性的一致。微磁学模拟给出了 H_{irr} 和厚度的变化关系，和实验结果一致[88]。颜世申等系统地研究了磁控溅射制备的不同厚度 Ni$_{80}$Fe$_{20}$/Sm$_{40}$Fe$_{60}$ 双层和三层膜的反磁化行为。基于矫顽力机制的研究，得到了一个 H_c（或 H_{irr}）的表达式

$$H_c = H_0 t_h / (t_h + 2\alpha t_s) \tag{6-4}$$

式中，H_0 为单层硬磁薄膜的矫顽力；$\alpha = M_s / M_h$ 是软、硬磁层的磁化强度比；t_s、t_h 分别是软磁层和硬磁层的厚度，$t_h < l_{exh}$（硬磁层交换长度），实验结果与式（6-4）符合[72, 85]。如图 6-28 所示，Zambano 等[89]系统地研究了 CoPt/Fe$_x$Co$_{1-x}$，CoPt/Ni，CoPt/Fe，Sm$_2$Co$_7$/（Fe，Co，or Ni），and Sm$_2$Co$_7$/Ni 体系复合薄膜，得出了 H_c（或者 H_{irr}）依赖于硬磁相各内禀参量和软磁层的饱和磁化强度。

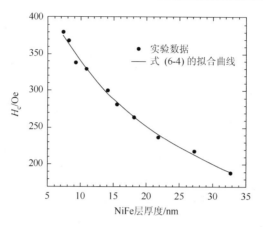

图 6-28　呈"单相特征"磁滞回线样品的易轴方向矫顽力（反转场）随 NiFe 厚度变化

6.4.3　纳米复合薄膜两相交换耦合及界面对磁性能的影响

　　深入澄清硬软磁相界面处交换耦合不仅对纳米复合永磁材料，而且对其他纳米结构磁性功能材料如交换偏置系统、软磁层覆盖的记录媒介等都是至关重要的。交换耦合系统的重要特征之一就是在磁场下产生涡旋自旋结构（或者有限畴壁）。涡旋自旋结构对于理解其他现象如电流诱导畴壁移动[90]、畴壁磁阻等也非常重要。软硬磁纳米复合多层膜为研究在外加磁场时软硬磁相界面处产生的涡旋自旋结构提供了一个理想研究平台。O'Donovan 等[91]用自旋极化中子反射方法探测了不同磁场下界面的畴壁自旋结构。实验发现尽管硬磁层有非常高的磁晶各向异性和矫顽力，但在较低磁场下硬磁层仍出现反磁化现象（或者涡旋自旋）。Röhlsberger等[92]用同步辐射核共振散射来研究不同磁场下硬软磁相界面处的畴壁自旋结构。他们采用了很巧妙的方法制备了所测的样品，在楔形样品上沉积 ^{57}Fe 探测层从而实现了对不同深度下自旋旋转方向的探测。实验发现自旋旋转和深度的依赖关系与一维微磁模型一致，如图 6-29 所示。利用穆斯堡尔谱并结合计算，Uzdin 等[93]研究了 Sm-Co/Fe 交换耦合双层膜中产生的涡旋自旋结构。他们发现反磁化过程中，会产生非一致的涡旋自旋反转结构。这种方法也可以测量软硬相界面的交换耦合强度。结果显示，界面处交换耦合并不一样，存在波动，这表明界面处的成分或者结构可能随着位置不同而发生改变。

　　纳米复合永磁多层膜可当做模型体系，用于研究纳米复合永磁材料的回复曲线与交换耦合的关联。在纳米复合永磁材料中，张开的回复曲线以前通常认为是与没有和硬磁相交换耦合的软磁相有关，张开的回复曲线的面积与没有交换耦合的软磁相体积成正比。然而，对 Sm-Co/Fe 双层膜中的元素分辨的回复曲线的测量表明，张开的回复曲线不仅存在于 Sm-Co 硬磁性层中，也存在于软磁性层中[94, 95]。在 Sm-Co 层出现磁化翻转前，张开回复曲线在软硬磁性层中同时

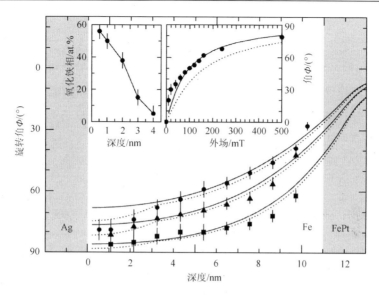

图 6-29　外场在 160mT（●），240mT（▲），和 500mT（■）时，Fe 层的自选旋转和深度的依赖关系

阴影部分分别是 Ag 覆盖层和 FePt 衬底。实线是通过模型模拟而拟合得出。虚线是在 3nm 的 Fe 层中假设有一个削弱的交换耦合而拟合得出。左镶嵌图示为 Fe 氧化物相的深度依赖关系，右镶嵌图示为在 Fe 层中心的旋转角度随外磁场的变化的模拟曲线，参数 $A_s=1.0\times10^{-6}$erg/cm（实线）和 $A_s=2.8\times10^{-6}$erg/cm（虚线）

（相同磁场）产生。这表明张开的回复曲线并非由软硬磁性层之间的脱耦合引起的。通过结合微磁学模拟证明，张开的回复曲线起源于 Sm-Co 硬磁层中各向异性的不均匀[95]。

　　硬、软磁相界面对于纳米复合永磁材料非常重要，这是因为硬磁相和软磁相之间的交换耦合是通过界面来实现的。研究发现 Cr/Sm-Co/Fe 薄膜的退火会导致 Sm-Co 层和 Fe 层之间的元素扩散，产生一个混合的梯度界面层，在这里材料的磁性能参数是逐渐变化的，而不会突然改变。使用先进的分析透射电子显微镜证实了一个混合的 Sm（Co，Fe）$_x$（$x\leqslant5$）层的存在[97]。量化的 EDS 线扫描清楚地显示成分从 Sm-Co 层中间的 Sm_2Co_7，变为在 Sm-Co/Fe 界面处的 Sm（Co，Fe）$_5$。热处理使得 Co、Fe 原子分别扩散到 Fe 层和 Sm-Co 层，形成一个 Sm（Co，Fe）$_x$ 的梯度界面。实验和理论计算都证实，与突然变化的界面相比，梯度界面有助于提高软磁层的形核场 H_n，从而使薄膜的磁能积增加[98, 99]。尽管硬磁相和软磁相的界面对于改善纳米复合材料的磁性能是非常重要的，但是如何控制调节界面，界面究竟如何影响交换耦合和软磁相临界尺寸等还不是很清楚。

6.4.4　矫顽力和矫顽力机制

　　高饱和磁化强度是设计高磁能积永磁材料首先需要具有的先决条件。纳米复

合永磁材料包含硬磁相和软磁相，软磁相的加入使得材料的饱和磁化强度高于传统的单相硬磁材料，这保证了实现高磁能积的可能性。理论计算结果表明纳米复合磁体具有很高的磁能积，尽管近年来实验方面的研究取得了较大的进展，但是目前实验与理论计算结果还有较大的差距，而这其中关键的问题之一是矫顽力，实验上纳米复合磁体的矫顽力随着软磁相的加入会显著降低，远低于理论值。因此，研究矫顽力机理和如何提高矫顽力对于实验获得高磁能积的纳米复合永磁材料具有重要的意义。需要指出的是，如果材料的饱和磁化强度不够高，高磁能积是不可能获得的，所以研究如何提高包含大量软磁相纳米复合永磁材料的矫顽力就显得尤为重要。

通常来讲，永磁材料的矫顽力机理可以通过两个模型来解释：形核机制模型和钉扎机制模型。假设一定厚度的单硬磁相薄膜的矫顽力是 H_c，在加入一层软磁层后，由于畴壁的自旋螺旋效应（spin spiral effect），复合薄膜的矫顽力将会低于 H_c，矫顽力的高低仍依赖于硬磁层，这是由于软磁层的各向异性场很低，如果没有硬磁层，软磁层将在更低的磁场下翻转，矫顽力更低。因此，可以认为复合永磁薄膜的矫顽力机理应与没有加入软磁层之前单相硬磁薄膜的矫顽力机制相同。

已有研究表明 Sm-Co 硬磁层薄膜的矫顽力机理是钉扎机制[100]。最近，通过分析 Cr（50nm）/[SmCo$_6$（9nm）/Cu（xnm）/Fe（5nm）/Cu（xnm）]$_6$/Cr（100nm）/a-SiO$_2$（x=0～0.75nm）复合多层膜（Fe 的体积分数超过了45%）的磁化和反磁化过程，对其矫顽力机制进行了系统研究。初始磁化曲线，矫顽力随着外磁场的变化关系和矫顽力随着角度的变化关系均证明这种多层膜的矫顽力机制也是钉扎机制，如图 6-30 所示[101]。在硬磁层和软磁层中间插入 Cu 层（厚度为 x=0～0.75nm）后，复合多层膜的矫顽力会得到显著增加，如表 6-2 所示[102-104]。这主要是由于 Cu 层加入后，硬磁层的不同区域的各向异性场的不均匀性增加，进而导致钉扎场的增加，从而提高矫顽力。加入 Cu 后硬磁相各向异性不均匀增加，通过回复曲线的测量得到了证明。退火后，Cu 层将会扩散到硬磁层中，这会导致硬磁层中不同区域各向异性的不均匀性增加。

表 6-2　不同 Cu 插入层厚度、不同退火温度下 Cr（50nm）/[Sm-Co（9nm）/Cu（xnm）/Fe（5nm）/Cu（xnm）]$_6$/Cr（100nm）/a-SiO$_2$薄膜的矫顽力（H_c）、剩磁（$4\pi Mr$）、最大磁能积（BH）$_{max}$

成分	退火条件	H_c/kOe	$4\pi Mr$/kG s	(BH)$_{max}$/MGOe
x=0	450℃ 30min	1.22	13.2	9
	500℃ 30min	6.25	12.2	29
	525℃ 30min	6.24	12.1	27

成分	退火条件	H_c/kOe	$4\pi Mr$/kG s	$(BH)_{max}$/MGOe
$x=0.3$	450℃　30min	6.74	12.6	31
	500℃　30min	7.26	12.4	31
	525℃　30min	7.48	12.1	30
$x=0.5$	450℃　30min	7.24	12.6	32
	500℃　30min	8.25	12.2	30
	525℃　30min	8.26	12.3	31
$x=0.75$	450℃　30min	5.28	12.7	31
	500℃　30min	5.91	12.3	30
	525℃　30min	6.26	11.8	27

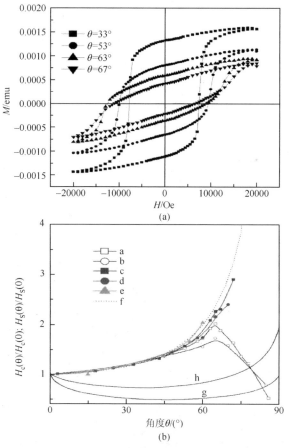

图 6-30　样品在不同角度下的室温磁滞回线及其 H_c 和 H_s 随 θ 的变化关系

图 6-30（a）为经过 500℃退火的样品（$x=0$）在不同角度（θ）下的室温磁滞回线，θ 为外加磁场与薄膜平面之间的夹角。图 6-30（b）中 a 和 b 分别是 500℃退火，$x=0$ 和 450℃退火，$x=0.3$ 时两个样品的矫顽力（H_c）随着 θ 的变化关系，c、d 和 e 是 $x=0$，500℃退火；$x=0.3$，450℃退火；$x=0.5$，500℃退火时三个样品的翻转场（H_s）随着 θ 的变化关系，f 是 Kondorsky relation $1/\cos\theta$，曲线 g 是根据 Stoner–Wohlfarth 一致反转而得到的形核机制曲线，曲线 h 是改进的形核机制曲线[101]

最近，我们制备了 Sm-Co/Fe 双层膜，中间插入了 Cr 层，其厚度为 0～2nm。这种制备方法保证了没有界面扩散，制备过程如下，首先沉积 Sm-Co 层，然后退火使其晶化，接着在室温下沉积 Cr 层和 Fe 层。结果发现矫顽力随着 Cr 层厚度的增加而增加。Cr 层的插入并没有改变 Sm-Co 层和 Fe 层，只改变了层间的界面，矫顽力的增加表明通过加入非磁性层改变界面能够增加矫顽力。这与理论计算结果定性的一致[105]。

研究发现 $Nd_{15}Fe_{77}B_{10}$ 单层薄膜的矫顽力非常高，然而在加入 Fe 层之后，其矫顽力减小到几乎为零[106]。这种现象可以根据矫顽力机制来理解，研究发现 $Nd_{15}Fe_{77}B_{10}$ 薄膜的矫顽力机制为形核。在 Fe 层加入后，形核更容易发生在软磁层区域，如果 Fe 层与 Nd-Fe-B 层直接接触，会导致矫顽力很低。如果在 Nd-Fe-B 层和 Fe 层中间加入非磁性层，Nd-Fe-B/Fe 多层膜的矫顽力将会恢复[107]。对于硬磁层的矫顽力机制为形核的多层膜，为了保持一个高的矫顽力，非磁性层的插入是非常必要的。

通常认为磁性材料在磁化和反磁化过程中，磁滞回线是与它们的磁畴结构直接相关联的，所以为了理解纳米复合永磁薄膜的反磁化过程和矫顽力机制，研究其磁畴结构是非常重要的，特别是磁畴结构随着外加磁场的变化。然而，纳米复合永磁多层膜磁畴结构在磁化和反磁化过程中的演变方面的研究很少。Neu 等[108]利用磁力显微镜研究了 $SmCo_5$（25nm）/Fe（23nm）/$SmCo_5$（25nm）三层膜的磁畴结构在磁化和反磁化过程中的演变。在这种三层膜中，Fe 层的厚度远高于临界尺寸，因此其磁滞回线出现了两相的特征。通过观察样品中形核和磁畴壁的移动，他们证明了这种三层膜的矫顽力机制为钉扎机制。

6.4.5　高性能纳米复合永磁薄膜的制备

纳米复合永磁多层膜可以通过物理沉积技术如磁控溅射和脉冲激光沉积（PLD）等来制备。由于大多数具有优异内禀磁性能的硬磁相是稀土化合物，所以需要具有超高真空制备条件，以防止薄膜氧化。到目前为止，通过磁控溅射或 PLD 制备出了一些高性能的纳米复合永磁薄膜如 Sm-Co/Fe（Co）[102]、Nd-Fe-B/Fe（Co）[106]和 $FePt/Fe_3Pt$[109]等。沉积的薄膜具有很好的多层膜结构，但硬磁相仍是非晶状态，需要在晶化温度以上进行热处理，使硬磁相晶化。然而，在高温退火时，界面层处的扩散是不可避免的，从而使多层膜结构或多或少受到破坏。尽管多层膜结构在退火后不能保持得非常好，但在有些体系如 $FePt/Fe_3Pt$[109]和（Nd，Dy）（Fe-Co-Nb-B）$_{5.5}$/Fe[110]薄膜中也获得了高磁能积。然而，由于理论计算预言纳米复合多层膜结构具有非常大的理论磁能积，所以多层膜结构仍是人们期望获得的结构。事实上，多层膜结构并不容易获得，尤其对于 Nd-Fe-B/Fe 和 $FePt/Fe_3Pt$ 体系，因为这些体系中硬、软磁层更易发生扩散。Sm-Co/Fe 多层膜结构相对容易制备，如图 6-31 所示[103]。其中一个重要原因是 Sm-Co 非晶相具有较低的晶化温度（Sm-Co 非晶相的晶化温度为 450～550℃，而 Nd-Fe-B 非晶相的晶化温度在 650℃左右）。因此如果能降低 Nd-Fe-B 和 FePt 非晶相的晶化温度，具有晶化硬磁相的 Nd-Fe-B/Fe 和 FePt/Fe$_3$Pt 多层膜结构就将容易获得，已有的实验已发现，通过降低 Nd-Fe-B 硬磁相的晶化温度，在球磨制备的 Nd-（Fe，Co）-B/Fe 纳米复合永磁材料中观察到了磁性能的增强，主要原因是晶化温度的降低，使软磁相尺寸长大受到了抑制[111]。如上所述，多层膜结构的优势在于能够得到一个高的磁能积，由于最先制备出了 Sm-（Co，Cu）$_5$/Fe 各向异性纳米复合多层膜，从而获得了 29-32MGOe 的磁能积[100]，这比这一体系中之前报道的值要提高很多，这一数值也超过了单相 SmCo$_5$ 的理论磁能积，从而实验证明，获得超出以往单相磁体的磁能积，可以通过制备纳米复合永磁材料来实现。通过调节软硬磁层的厚度和成分，提高硬磁相的织构，在 Sm-Co/Fe 多层膜获得了超过 400kJ/m^3（50MGOe）的磁能积[96]，这证明纳米复合永磁材料磁能积的理论预言值是基本正确的。

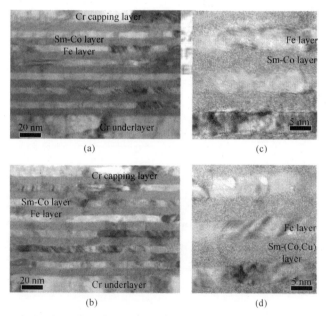

图 6-31　Cr（50nm）/[SmCo$_6$（9nm）/Cu（xnm）/Fe（5nm）/Cu（xnm）]$_6$/Cr（100nm）/a-SiO$_2$
多层膜横截面的 TEM 明场像[103]

图 6-31（a）和图 6-31（c）中，x=0，图 6-31（b）和图 6-31（d）中，x=0.5；退火温度为 500℃

另一种在退火时使多层膜结构保持较好的方法是在软硬磁性层之间插入界面层，来抑制在退火时层间的扩散。张健等通过在 Sm-Co 硬磁层和 Fe 软磁层之间插入 Cu 层制备了具有很好多层膜结构的 Sm-（Co，Cu）/Fe 复合薄膜，如图 6-31 所示。Cu 层厚度低于 0.75nm 时，可以观察到矫顽力得到了很大提高。添加 Cu 层的初始目的是退火时抑制软硬磁层之间的扩散,这是因为 Cu 和 Fe 是不固溶的[102,103]。尽管这样,矫顽力的提高也可能与加入 Cu 后 Sm-(Co,Cu)相晶化温度的降低有关。Cui 等[112]成功制备插入 Mo 层的 Nd-Fe-B/Fe 多层膜。Mo 层的优势在于它与 Nd-Fe-B 和 Fe 层均不固熔,其抑制层与层之间的扩散效果更好。另外,Mo 也用做缓冲层和覆盖层,这有助于增强(至少不被破坏)薄膜的织构和各向异性。令人意外的是,虽然 Mo 层是非磁性材料,软硬磁相层之间的交换耦合在插入 2nm Mo 层后仍保持得较好。这其中的交换耦合机制仍需要进一步研究。由于在 Nd-Fe-B/Fe 体系中,退火很容易造成层间扩散,并且当 Fe 层与 Nd-Fe-B 层直接接触后,矫顽力会有非常大幅度的下降,因此插入 Mo 界面层对于制备高性能 Nd-Fe-B/Fe 纳米复合薄膜有非常重要的作用,通过插入 Mo 和 Nd 界面层,调节多层膜的层数,Cui 等[106]获得了 486kJ/m³(61MGOe)的最大磁能积,如图 6-32 所示,这是所有永磁材料中磁能积获得的最大值。这一结果鼓励研究者从实验上在纳米复合永磁多层膜中获得更高的磁能积,减小实验值与理论值的差距。

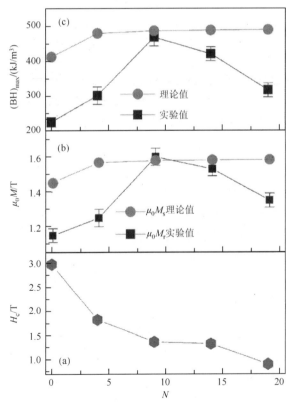

图 6-32　在 Ta(50nm)[Nd-Fe-B(30nm)/Nd(3nm)/Ta(1nm)/Fe$_{67}$Co$_{33}$(10nm)/Ta(1nm)]$_N$/Nd-Fe-B (30nm)/Nd(3nm)/Ta(20nm)多层膜中,矫顽力(a)、剩磁(b)和磁能积(c)随层数 N 的变化[106]

6.5 磁性纳米结构块体材料的制备

块体永磁材料是其应用的重要部分，为了获得高性能纳米晶永磁体，纳米颗粒的易磁化轴必须取向一致。各向同性的纳米颗粒剩磁比 M_r/M_s 只有 0.5，如果把其沿易磁化方向取向可显著提高其剩磁比。高的剩磁比是除高矫顽力和高剩磁之外获得高磁能积的另一个重要因素。纳米颗粒的致密化是获得高密度和高饱和磁化强度的保证。因此如何获得具有织构的致密磁体是提高其性能的关键。此外纳米复合块体永磁不但具有潜在的高磁性，并且具有好的抗腐蚀性，优良的断裂强度等使役性能，因此研究者投入了大量精力来开发全致密纳米复合磁体。

6.5.1 各向同性纳米结构块体的制备

传统的材料成型工艺如铸造、烧结等要求的温度高，时间长，不利于控制纳米晶粒的生长，因此不适用于纳米晶块体材料的制备。近年来，人们发展了一些非传统技术用于制备全密度的纳米晶材料，主要包括快速热压制如放电等离子烧结（Spark Plasma Sintering，SPS）技术、瞬态压制技术和温压技术等[113-115]。

利用快速热压制技术，可以在施加压力的同时用很短的时间将样品加热到指定温度，从而抑制纳米级晶粒的长大。SPS 技术利用脉冲直流电流通过样品时产生的焦耳热加热样品。SPS 技术由于其快速升温的特点，近年来广泛应用于纳米颗粒和非晶或纳米晶粉末的致密化，制备包括纳米复合永磁体在内的块体纳米晶材料。Rong 等[116]利用 SPS 技术对 4nm 的 FePt/Fe$_3$Pt 颗粒进行了压制，在 600℃的温度下和 100MPa 的压力下样品密度达到了理论密度的 70%。所得样品即使经过了 700℃的退火后，其晶粒大小仍然在纳米量级。同时发现压强参数比温度参数对增强晶粒间的交换耦合有着更为明显的效果。

瞬态压制（包括冲击压制和爆炸压制）是另一种在短时间内制备块体纳米材料的方法。在强烈而快速的冲击波作用下，原始材料粉体在几微秒的时间内被压制成块体，在晶粒保持原始尺寸的同时得到较高的密度。Chen 等[117]利用冲击压制以 Nd$_2$Fe$_{14}$B 快淬条带为原料制备了接近全密度（大于 99%）的块状纳米复合磁体，而晶粒尺寸的减小归功于高应变速率下颗粒中剪切带的形成。Jin 等[118]利用爆炸压制制备了大尺寸的 Pr$_2$Fe$_{14}$B/Fe 块体纳米复合磁体。瞬间压制过程中的塑性变形具有高速率和不均匀的特点，这容易在样品中产生局域的熔化和再凝固，同时产生大量的宏观裂纹。控制局域过热和宏观裂纹的产生是成功进行冲击压制的关键。调整冲击速度和加入适当的陶瓷颗粒是解决这一问题的主要方法。

　　温压成型是粉末冶金领域的一种主要工艺，在过去的几十年中广泛应用于汽车零部件的制造。不同于热压技术，温压成型在相对低的温度下进行，金属粉末仍然保持其化学稳定性，从而抑制过分的晶粒长大。同时与冷压技术相比，温压过程中的金属粉末具有更高的塑性和可压缩性，在一定的压力作用下，可得到更高密度的块体材料。Rong 等[115]在温度低于 600℃，压强高于 2.5GPa 的条件下，利用温压技术得到的 FePt/Fe$_3$Pt 纳米复合磁体的密度高于 95%的理论密度。各项同性 FePt/Fe$_3$Pt 块体纳米复合磁体的磁能积高达 16.3MGOe，远高于全密度单相 FePt 磁体的理论值。Rong 等[119, 120]利用高能球磨获得了软磁相 Fe 均匀分散在硬磁相 SmCo$_5$ 基体中的纳米复合磁体，随后用温压技术获得了高密度的块体材料。温压后磁体密度和磁能积与成型温度的关系见图 6-33。利用温压技术得到的各向同性块体 SmCo$_5$+25%Fe$_{65}$Co$_{35}$ 纳米复合磁体具有高达 19.2MGOe 的磁能积，而对应的各向同性单相 SmCo$_5$ 的磁能积为 9.0MGOe。显然，致密化后硬磁相和软磁相间有效的交换耦合显著地提高了纳米复合磁体的矫顽力。同时与传统成型工艺相比，温压技术得到的块体材料具有更加均匀的晶粒尺寸分布。

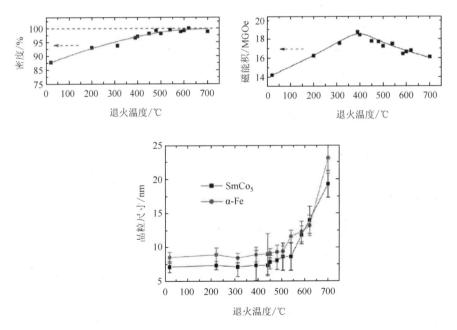

图 6-33　SmCo/Fe 纳米复合磁体的密度，磁能积，晶粒大小随成型温度的变化[119]

6.5.2　各向异性纳米结构块体的制备

尽管近年来在软硬磁相交换耦合机制的理解和纳米复合磁体的制备方面取得了重要的进展，然而实验结果距离理论模型给出的纳米复合磁体的超高磁能积还相差甚远。最主要的困难是如何制备得到理论模型要求的微观组织结构，即硬磁相充分取向，软磁相均匀分散在硬磁相基体中，也就是各向异性的纳米复合磁体。

磁场取向是传统单相永磁体获得各向异性的关键步骤，然而在将这一工艺应用于磁性纳米颗粒时遇到了困难。理论上将单畴的铁磁性纳米颗粒在磁场下进行取向是完全可行的。然而在实际中，铁磁性的纳米颗粒一旦被合成出来，便会由于静磁相互作用而迅速地团聚在一起，所以磁性纳米颗粒的取向甚至比非磁性纳米颗粒还要困难。如果能够制备出具有纳米晶结构的微米级磁性颗粒，且每个颗粒内纳米晶粒的磁晶易轴都沿同一方向，便可利用磁场对此微米级的磁性颗粒进行取向，再利用温压等成型工艺得到各向异性的纳米晶块体磁性材料。Poudyal 等[121]利用磁场辅助球磨工艺成功制备出了符合上述条件的取向纳米晶颗粒。微米级颗粒内部的纳米晶结构既可以通过大颗粒的塑性变形得到，又可以通过小的纳米颗粒的焊接得到，在后一种情况下，外加磁场使大颗粒具有取向的纳米晶结构。使用此方法得到的各向异性磁性颗粒，Poudydal 等成功制备了各向异性的纳米晶粘结磁体。

热压热变形工艺是一种成熟的制备块体纳米晶各向异性单相 $Nd_2Fe_{14}B$ 的有效方法。利用低熔点的富钕相作为润滑剂和物质传输通道,将各向同性的 $Nd_2Fe_{14}B$ 快淬条带在高于富钕相熔点温度热压成型得到接近理论密度的块体，再于更高的温度下施加单轴应力使其产生变形，纳米晶粒在各向异性压力场的作用下发生 c 轴沿压力方向的择优生长形成织构，从而得到各向异性的单相纳米晶块体 $Nd_2Fe_{14}B$[122]，图 6-34 给出了一个典型的热变形单相 $Nd_2Fe_{14}B$ 磁体的 XRD 和 SEM 图像，可以看出热变形后的磁体具有良好的织构。然而由于富钕相的缺失，将热压热变形工艺应用到纳米复合双相 $Nd_2Fe_{14}B/Fe$ 时遇到了麻烦。Lee 等[123]将含有富钕相的 NdFeGaB 粉末与 Fe 粉均匀混合后热压、热变形，得到了各向异性的块体复合磁体 $Nd_{13.5}Fe_{80}Ga_{0.5}B_6/Fe$，其磁能积达到了 50MGOe。Lee 的方法的主要缺点在于难以控制软磁相的尺寸到纳米量级，目前能够在双相复合磁体 $Nd_2Fe_{14}B/Fe$ 中引入原生的纳米级 Fe 的方法是将贫 Nd 富 Fe 的原材料快淬甩带后退火，使纳米级的 Fe 颗粒析出。Li 等[124]利用此原材料通过高压扭转结合后续热处理的方法制备出了具有一定各向异性的块体纳米复合 $Nd_2Fe_{14}B/Fe$ 磁体，磁性能比各向同性的磁体有一定的增强。最近，Rong 等[125]在略低于富钕相熔点的温度用较高的压力对纳米晶 NdFeB 进行了变形研究，同样得到了各向异性的纳米晶块体 NdFeB。由于无富钕相的存在，研究者认为晶界蠕变是变形的主要机制，而缓慢的加压速度对织构的形成有利。

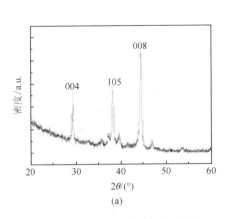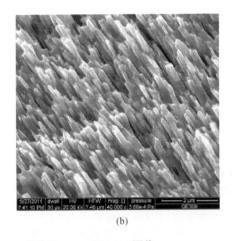

图 6-34　典型热变形单相 $Nd_2Fe_{14}B$ 磁体的 XRD 和 SEM 图像

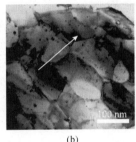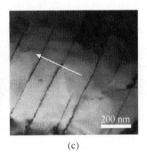

图 6-35　不同变形量 $SmCo_5$ 磁体的透射电镜照片[126]

　　热压热变形工艺同样用于制备 RCo_5（R=Pr，Sm）的块状纳米晶磁体。Yue 等[126]在 800～900℃下制备了 $SmCo_5$ 的热变形磁体，当磁体的变形量达到足够高的时候便会形成明显的织构。图 6-35 为其制备的不同变形量 $SmCo_5$ 磁体的透射电镜照片。可以看到，随着变形量从 70%增加到 90%，织构程度明显增加，晶粒尺寸也长大了。与 NdFeB 体系不同，RCo_5 中并没有富稀土的液相，人们认为外加压力的作用下晶粒在压力方向择优的扩散滑移是 RCo_5 体系通过塑性变形产生织构的主要机制[127, 128]。

6.6　低维磁性纳米材料的微观磁结构表征及矫顽力机制探讨

　　目前对于纳米颗粒的微观磁结构的表征，通常是通过对颗粒集合体的磁性测量进行的。通常的磁滞回线可以判断颗粒的磁畴状态，随颗粒尺寸减小矫顽力一般会增大，因而知道颗粒由多磁畴结构变为单磁畴结构。当颗粒变为超顺磁状态后，磁滞消失，矫顽力变为零。磁滞回线还可以判断颗粒之间或者核壳结构的界面之间的交换耦合作用，磁滞回线沿横轴的平移证明铁磁和反铁磁相之间的交换偏置作用，处于反铁磁状态颗粒的弱铁磁性证明颗粒表面存在未补偿自旋。对于软磁相和硬磁相的复合，如果磁滞回线不出现蜂腰，说明两相之间是交换耦合的。通过零场冷却和磁场冷却测量（FC-ZFC curve）能够知道颗粒的冻结温度（blocking temperature），从这些曲线的形状可以判断颗粒的自旋冻结状态，例如，FC 曲线随温度降低通常是单调增加的，而在两相耦合的情况下，FC 曲线低于冻结温度的时候反而下降，说明由于两相间的交换耦合导致了自旋玻璃态的出现。上述对纳米颗粒集合体的测量结果虽然能够对纳米颗粒的磁学性质进行基本判断，但是实际系统是比较复杂的，颗粒的形状、尺寸、大小分布、结晶构造、成分都会引起颗粒磁性的变化，每一个测量的结果通常不是唯一的原因造成的，因而需要经过重复试验测量以最终确定实验现象后的物理本质。针对纳米复合永磁材料矫顽力机制的讨论，通常也是通过比较块体样品磁滞回线等的测量结果与半经验理论结果进行的。因而，两者都需要更直观精确的磁测量技术：对于磁性纳米颗粒，需要对单个颗粒和一定数量的颗粒的集合体的磁场分布进行直接测量；对块体永磁材料，需要直接观察磁化翻转过程，而通常使用的显微技术，如磁光科尔显微镜（MOKE）和磁力显微技术（MMF）一是表面探测技术，二是分辨率有限，很难将磁化翻转与晶界、颗粒尺寸等纳米尺度的微观构造对应起来。

　　基于透射电镜的电子全息技术结合洛伦兹电镜技术提供了高分辨率的微观磁结构观测手段。洛伦兹电镜技术是利用磁性材料对电子束的洛伦兹力使电子束产生偏折、在欠焦状态下成像的技术，利用这项技术可以观察到强磁性材料磁畴的信息。电子全息技术是利用电子波干涉成像来检测电子波相位信息的技术[129]，电子波的相位变化是由于它经过的路径的磁场和电场的累积引起的，因而电子全息技术可用来探测样品内部的磁场或电场的信息。由于透射电镜的高放大倍数，电子全息技术是纳米尺度内观察样品内部磁场分布的唯一手段[130-132]。因为普通电镜的物镜中存在接近 2.0T 的磁场，这样强的磁场会使磁性材料瞬间达到饱和磁化状态，无法观测到退磁状态下的磁场分布。因而针对磁性材料的观测需要电镜满足下面三个条件：①样品处电镜产生的磁场要小；②样品处降低磁场的代价是电镜的空间分辨率的降低，需要在样品处接近零磁场条件下同时保持高的空间分辨率和电子全息分辨率；③尽量大磁场下的原位观察，除了退磁状态的观察，磁性材料在尽量大磁场作用下的原位观察具有非常重要的意义。中国科学院宁波材料技术与工程研究所于 2013 年引进了一台物镜经过特殊改造的 JEOL

的 2100F 电镜，可使样品处的磁场降至 5Oe 以下并实现 18 万倍的放大（晶格分辨率达到 0.45nm）；具有水平方向最大至 500Oe 的样品台可实现磁场下的原位观察；具有电子双棱镜附件可实现电子全息的观测，磁场观测的空间分辨率能达到 3.3nm。设备性能处于国际领先水平，目前这是我国第一台同等类型的电镜设备。利用这台设备计划直接对磁性纳米颗粒进行微观磁结构的表征，探讨单个颗粒的多磁畴、单磁畴状态，直接观察颗粒间的交换耦合作用和颗粒间的静磁相互作用，探讨颗粒在温度、磁场、电场等条件下的磁学性质的变化；直接对传统工艺的永磁材料、软硬磁相复合材料、双主相复合材料的微观磁畴结构进行观测，探讨与微观结构成分的关系，观察磁化翻转过程中晶界、晶体缺陷、析出物所起的作用，探讨纳米复合材料的矫顽力机制，为制备高性能纳米永磁材料提供新的思路。

　　下面是文献上已有的和最近观察到的一些磁性纳米颗粒纳米线的结果。

　　图 6-36 显示出单个 Fe_3O_4 颗粒的磁畴结构。图 6-36（a）是 300K 时的结果[132]。可以看出在这个尺寸下颗粒呈单磁畴结构，磁感线从颗粒内部发出在颗粒外部返回呈现闭环状分布。随着温度的降低，Fe_3O_4 经历 Verwey 转变，晶体构造由立方结构变为单斜结构，同时结晶各向异性和饱和磁化强度都发生变化。图 6-36（b）是 90K 时的结果，可以看出单磁畴结构没有改变，但是各向异性的方向发生了变化。

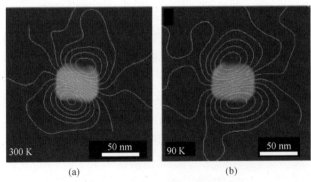

（a）　　　　　　　　　　　　　（b）

图 6-36　Fe_3O_4 单颗粒的磁结构在 300K 和 90K 时的磁感线分布图[132]

　　图 6-37 显示了纳米颗粒环颗粒间相互作用[133]，从明场像判断不出颗粒间磁的相互作用，但是通过电子全息得到的磁感线分布图，可以清晰地知道颗粒间存在较强的静磁相互作用。图 6-37（a）中沿颗粒串磁感线呈现顺时针方向，而图 6-37（b）颗粒串呈现逆时针方向。

　　图 6-38 是钴纳米线的观测结果。图 6-38（a）中的钴纳米线直径大约为 60nm，并且线径不均匀，呈多晶颗粒相连的形貌，线的两侧有一些可能是氧化物的杂质。图 6-38（b）是图 6-38（a）中纳米线的磁感线分布，可以看到磁感线的走向是完全沿着纳米线轴线方向的，与图 6-37 中相比，线的两侧没有闭环状的杂散场，说明

图 6-38（a）中的颗粒是完全磁耦合在一起的。图 6-38（c）、图 6-38（d）分别是直径约为 25nm 的钴纳米线的明场图和磁感线图，沿纳米线方向的清晰的磁感线说明纳米线的形状各向异性，同时也展示了洛伦兹电镜具备的高磁场观测分辨率。

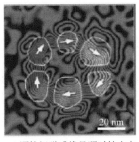 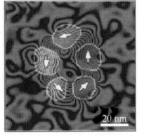

(a) 颗粒间磁感线呈顺时针方向　　　　(b) 颗粒间磁感线呈逆时针方向

图 6-37　纳米颗粒环的颗粒间相互作用

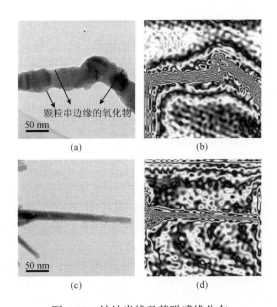

图 6-38　钴纳米线及其磁感线分布

对于急冷工艺制备的钕铁硼块体纳米晶复合材料的磁畴结构进行了观察并与烧结钕铁硼材料进行了比较。

烧结钕铁硼材料通常颗粒尺寸为 1～3μm，处于多磁畴尺寸，非磁性的晶界相将颗粒隔离开来。图 6-39 是烧结钕铁硼磁体的洛伦兹像，图 6-39（a）是三角晶界周围的磁畴结构，图中的亮线或者暗线代表磁畴壁的位置。可以知道钕铁硼相是多磁畴结构，容易轴方向平行于样品平面（纸面）的颗粒呈现条纹状磁畴结构，容易轴方向垂直于样品平面的颗粒呈现迷宫状磁畴。磁畴壁在三角晶界处终止，说明三角晶界是非磁性的，图 6-39（b）是另一区域不同颗粒中的磁畴结构。通常认为烧结钕铁硼中的晶界是含有富钕相的非磁性相，虽然最近的结果表明晶界处含有较多的铁元素，从元素含量上推断是铁磁或者弱铁磁性的[134, 135]，但是从图 6-39 中的照片中可看出，磁畴壁基本终止于晶界，晶界两侧的颗粒能够显示完全不同的磁畴结构，说明晶界处两侧的磁相互作用是非常弱的。这正是烧结钕铁硼磁体具备高矫顽力的基本条件，非磁性晶界把磁性颗粒隔离开，降低了晶粒之间的交换耦合作用从而使磁体可以保持较高的矫顽力。与此对比，图 6-40 是急冷钕铁硼样品的磁畴结构，样品是快淬之后经过短时间退火制备的，图 6-40（a）是明场像，图 6-40（b）与图 6-40（c）分别是欠、过焦状态的洛伦兹像，图 6-40（d）是电子全息得到的磁感线分布图。可以看出急冷形成的非晶样品经过短时间退火之后析出了 NdFeB 和 Fe（或 Fe$_3$B）的纳米晶，尺寸为 20～40nm。洛伦兹像中可看到一些亮色和暗色的衬度对应样品的磁畴壁，许多小的晶体颗粒形成了尺寸约为 150nm 的磁畴，属于交换耦合磁畴（interaction domain）。同时，磁畴内部看到一些亮点和暗点，从电子全息得到的磁感线分布可知，这些点对应磁涡旋结构，是由于随机取向的硬磁相和软磁相的交换耦合作用形成的。样品区域没有形成烧结钕铁硼磁体中的类似晶界的磁隔离区域。烧结钕铁硼磁体中反磁化的过程是首先颗粒内部磁畴壁很容易地移动，形成单磁畴结构之后需要很大的外部磁场（形核场）才能引起颗粒磁化的翻转。而对于急冷制备的纳米复合磁体，单个磁涡旋结构的磁化翻转过程中磁化是跳跃性的，它的翻转场小于单磁畴结构的翻转场，同时磁涡旋之间存在交换耦合所用，涡旋之间的翻转不是独立的，而是相互带动翻转，因而急冷工艺制备的纳米复合钕铁硼磁体的矫顽力远小于烧结钕铁硼磁体。这同时说明，即使纳米尺度内软硬磁相耦合得非常好的磁体，每个软硬磁耦合单元之间仍然需要磁隔离，这对于保持高的矫顽力是非常重要的。

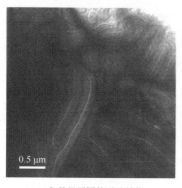 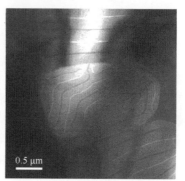

(a) 三角晶界周围的磁畴结构　　　　　　　　(b) 不同颗粒中的条形磁畴和迷宫磁畴

图 6-39　烧结钕铁硼磁体的洛伦兹像

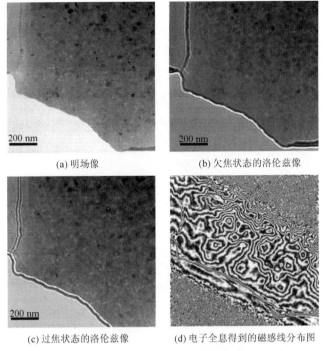

(a) 明场像　　　　　　　　　　(b) 欠焦状态的洛伦兹像

(c) 过焦状态的洛伦兹像　　　　(d) 电子全息得到的磁感线分布图

图 6-40　急冷钕铁硼样品的磁畴结构

6.7　新型纳米磁性材料的应用

6.7.1　磁流体在密封、减震以及热疗、靶向药物等领域的应用

　　磁流体是 20 世纪 60 年代中期由美国国家航空航天局（NASA）发明的一类功能材料。磁流体是由表面活性剂包覆的纳米磁性粒子分布于基载液中形成的胶体溶液。其中磁性粒子直径＜100nm，属于亚磁畴粒子；表面活性剂起中间介质的作用；基载液可以防止颗粒聚集而使磁流体保持基本均一的状态[136, 137]。磁流体既具有固体磁性材料的磁性，又能像液体一样流动，在重力场作用下一般不会发生运动，但在外加磁场作用下可发生定向移动，并且可以在交变磁场下发热，因而在磁性密封、减振、靶向药物释放、肿瘤热疗等领域具有重要的应用前景[138-140]。磁流体示意图如图 6-41 所示。

　　磁流体可用于密封。只要在结构中设置一个磁场，并将需要密封的部位处于这个磁场的磁路内，则磁流体便可以充满密封部位的间隙而达到密封的目的[141-143]。磁流体密封可应用于封气，防止有害气体或贵重气体的泄漏，保证被密封气体的纯度。还可以封水、封油、封尘、封烟雾等。例如，常见的计算机硬盘中存储器的密封；船舶等推进轴部位采用磁性密封技术可以减小由于自激振动并辐射产生的噪声；在现代医学上，人工心脏中的制备中可用于线性密封如图 6-42 所示[144-147]。

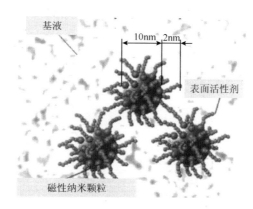

图 6-41　磁流体示意图[137]

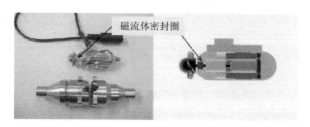

图 6-42　用于人体内的微型泵中的磁流体密封

　　磁流体还可以用在减振系统中。磁流变液体是一种磁性软粒悬浮液，在无磁场作用时磁流变为牛顿流体，当受到强磁场时其悬浮颗粒被感应极化，彼此间相互作用形成粒子链，并在极短的时间内相互作用，由流体变为具有一定剪切屈服应力的粘塑体，随着磁场的加强，其剪切屈服应力也会相应增大，这就是磁流变效应。磁流变液减振控制器具有装置简单、反应快速、低电力要求等突出特性，已经应用在众多的领域中[148]。例如，汽车工业中，可应用于座椅等悬架系统的阻尼减振器以及刹车装置和发动机架中；建筑工业中，可用于建筑物的抗地震、飓风冲击保护装置等。

　　磁流体还可以用在靶向药物和热疗领域。磁性纳米颗粒可以在外磁场的作用下实现靶向，并且在交变磁场下会发热，因此在一定的温度下可以释放药物或杀死癌细胞[149]。其中过热疗法是近年来发展起来的一种治疗肿瘤的新型辅助疗法[150]。磁流体热疗即将磁流体通过磁力导入肿瘤区域，然后放置于交变磁场中，磁性颗粒在交变磁场的作用下通过磁矢量在磁场中的重排机制升温，从而达到杀死肿瘤细胞的温度，而周围正常组织由于没有磁流体的分布，没有升温或升温不明显，因此具有高度的靶向性和特异性，图 6-43 为磁流体热疗装置示意图[151]。目前研究最多的是 Fe_3O_4 颗粒，主要是因为 Fe_3O_4 的产热效率较高、稳定性和生物相容性好。

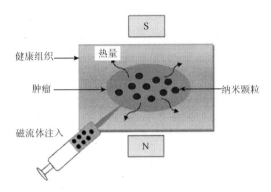

图 6-43　磁流体热疗装置示意图[151]

　　磁流体热疗的研究多采用体外实验和动物实验。实验表明磁流体热疗可有效抑制乳腺癌、前列腺癌、头部和颈部的癌症等细胞的生长，治疗温度可达 40℃以上，起到很好的癌症治疗效果[152, 153]。2013 年，Sadhukha 等[154]研究了磁热疗对非小细胞肺癌的治疗情况（图 6-44），他们将磁流体注入人类肺癌小鼠移植瘤内，并进行了原位生物发光性观测。发现 6 周以后，经过靶向磁流体热疗的肺重量明显轻于未经过治疗的，这一结果与生物发光性结果一致。这说明治疗后小鼠内的肺肿瘤得到了抑制。

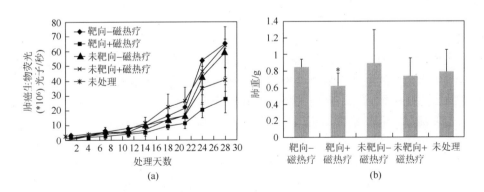

图 6-44　对肺肿瘤的生长有针对性的磁热疗的效果

　　近年来，磁热疗在临床方面的研究也逐渐开始进行。2005 年，Johannsen 等第一次将磁流体热疗技术用于人体肿瘤治疗的试验[137]。2006 年，Wust 等[155]也进行了 MFH 热疗的可行性、耐受性和温度等方面的临床实验。2007 年，Maier-Hauff

等[156]报道了磁流体热疗治疗恶性胶质瘤的临床可行性研究，肿瘤内部的温度可达44.6℃（42.4～49.5℃），患者均能耐受治疗，没有出现明显的副作用。2010 年，Johannsen 等[157]进行了前列腺癌 I 期临床研究。研究将磁流体直接注入 10 个前列腺癌局部复发患者的肿瘤中，肿瘤内部最高温度可以达到 55℃，90%患者肿瘤内部温度可以达到 43℃，对肿瘤部位起到一定的治疗作用。为提高产热效率，获得更好的治疗效果，对磁流体材料的研究也是必不可少的。2011 年，Lee 等[158]，研究了壳核结构的 $CoFe_2O_4@MnFe_2O_4$ 纳米粒子的发热效率，并进行了相应的小鼠肿瘤治疗效果监测。研究发现这种壳核结构的磁性纳米粒子的磁热转化效率很高，比传统氧化铁纳米粒子大一个数量级。对小鼠抗肿瘤进行研究，发现这些纳米颗粒的治疗效果优于普通的抗癌药物。

磁流体热疗具有良好的靶向性，能够实现体外无创伤治疗；结合药物携带，可达到双重的治疗作用；毒副作用小，所用的磁流体试剂具有较好的生物相容性，因而有很好的应用前景。到目前为止已有许多体外和动物实验研究，并初步用于临床中。不过还存在很多问题需要进一步研究。例如，人体对磁流体材料代谢的系统研究，用于人体的交变磁场发生设备的完善，磁流体导入肿瘤区域的无损伤方式和磁流体毒副作用的研究等。

6.7.2 永磁薄膜材料在磁性微机电系统中的应用

块体永磁材料已用于许多领域，如电机、发电机、硬盘、喇叭扬声器、选矿设备、核磁共振、磁悬浮、轴承、开关等，这些器件与人们的生活密切相关。通常来讲，这些器件使用永磁材料主要利用其产生磁场。电磁铁也可以产生磁场，然而，通常使用的非超导材料的电磁铁的缺点是消耗大量的能量，这限制了它的应用。

块体永磁材料在宏观器件上有着广泛的应用，然而，当器件的尺寸减小到微米或者纳米尺度的时候，块体永磁材料就不再适合了。在这种情况下，就需要永磁薄膜，它是微纳器件中产生一个稳恒的磁场必不可少的材料。

永磁薄膜是制备磁性微机电系统的关键材料[159-162]。微机电系统是一种将微纳器件与集成电路结合在一起而实现新功能的系统，也是一种基于磁性相互作用的微机电系统。磁性微机电系统刚出现时，并不被人们看好。然而，最近的理论计算表明，尺寸的减小实际上会有利于磁相互作用[163, 164]。随着尺寸的减小，与基于其他驱动原理如静电、压电和磁致伸缩等的微机电系统相比，基于磁性和电磁相互作用的微机电系统有很多的优势，其能够提供更加稳定的、更大的力矩和更加高效的能量转化。磁性微机电系统在开关、电机、发电机、整流器、扫描仪、传感器等器件上有着潜在的应用。人们已经制备出磁性微机电系统的原型器件如微制动器、微开关、微电机、微发电机、微阀门、微泵等[54]，虽然目前它们中的大多数还仍然处于实验室阶段。关于磁性微机电系统和永磁薄膜更加详尽的信息请参阅最近的综述。

高性能、高兼容性、用于磁性微机电系统的永磁薄膜不能简单地通过切割块体材料而获得。为了获得高性能，并且能够很好地兼容微机电系统的永磁薄膜，人们尝试了不同的方法如磁控溅射、激光沉积（PLD）、电镀、旋涂等工艺来制备永磁薄膜材料。

用于磁性微机电系统的永磁薄膜的厚度为 500nm～500μm。硅是优选的基片材料，因为它能够与集成电路很好地兼容。人们发展了许多方法用于制备永磁薄膜，通常可以分为两类：自上而下法和自下而上法。自上而下法主要包括块体材料的微切削加工、丝网印刷、旋涂、流延成型、机械变形等。这些方法的优势在于可以非常容易得到厚度为 150μm～1mm 的厚薄膜。然而，这些方法也有一些缺点限制了其应用。对于块体材料的微切削加工制备的永磁薄膜，其厚度有最低限度，大约是 150μm，并且在微加工过程中也会造成薄膜性能降低，特别是对于稀土永磁材料这类非常易氧化的材料。另外，由于大多数的强永磁材料通常是非常脆的，所以微加工很薄或者很大面积的材料都是很困难的。对于这些利用机加工、流延成型、机械变形制备的永磁薄片，要实现其能与微纳器件很好地兼容仍然面临着很大的挑战。对于利用丝网印刷和旋涂制备的永磁薄膜，由于薄膜含有粘接用的胶粘剂，并不能获得全密度的磁体，所以其磁性能的提高受到限制，然而，这些薄膜获得磁性能不需要后续高温退火处理，因此，其在某些情况下具有潜在的应用，例如，如果磁性微机电系统的电路已经存在，高温（<400℃）的退火不允许的情况下。自下而上法主要包括磁控溅射、激光脉冲沉积、电镀等。电镀不适合制备稀土永磁薄膜，因为电镀的过程中薄膜氧化是不可避免的。磁控溅射和脉冲激光沉积是制备用于微机电系统的永磁薄膜最重要的方法，可以用于任何材料永磁薄膜的制备，尤其对于制备稀土永磁薄膜材料更加有优势，原因是采用高真空环境，可以避免稀土永磁薄膜制备过程中的氧化，从而可以获得高性能。然而，通常的磁控溅射和脉冲激光沉积的沉积速率还不够高，这限制了用于磁性微机电系统用厚永磁薄膜生长。经研究改进，目前采用脉冲激光沉积可以获得很高的沉积速率（≤72μm/h）[165]，但是沉积薄膜的面积只有 100mm²。为了能够获得高沉积速率、大面积的永磁薄膜，人们最近发展了一种三极管磁控溅射技术，其沉积速率可达 18μm/h，薄膜可覆盖一个 100mm 直径的基片。与其他制备技术相比，磁控溅射技术是目前最理想的制备用于磁性微机电系统的永磁薄膜的方法，不仅因为它可以获得高沉积速率和高磁性能的永磁薄膜，同时它也适合于工业化生产。例如，工业上通过磁控溅射技术制备磁记录材料。与自上而下的方法相比，自下而上法在制备高性能用于磁性微机电系统的永磁薄膜方面具有很大的优势，利用光刻技术可以将这类方法制备的永磁薄膜加工成需要的结构和形状，与磁性

微机电系统可很好地兼容。

6.7.3　纳米晶块体永磁材料在电机中的应用

高性能纳米晶永磁材料在电机上具有更强的优势。高性能稀土永磁用于电机的开发是电机领域的一场深刻的革命。除了能缩小体积、降低重量、提高效率，稀土永磁电机还能实现很好的节能效果。高性能是稀土永磁电机的突出特点，例如，数控机床用伺服电机的调速比高达 1∶1000，永磁伺服电机可以实现精密控制驱动。鉴于此，我国在"八五"期间就计划将全纺织行业 100 多万台电机改造成稀土永磁电机。目前我国稀土永磁材料生产已占世界第一位。稀土永磁体具有高剩磁、高矫顽力、高磁能积的优异磁性能，用它制成各种电机产品，具有高性能、轻型化等特点。只有性能先进、质量可靠、价格合理的永磁材料，才能生产出高性能、高质量、价格又能被市场接受的各种稀土永磁电机。因此，高磁能积、高性能的稀土永磁材料的研究是各种电机提高效率的前提和基础。

对于传统的稀土永磁生产工艺，要想进一步提高产品性能使其接近理论值，难度非常大。随着纳米材料成为新材料的研究热点，纳米复合永磁材料综合利用硬磁相的高矫顽力和软磁相的高饱和磁化强度使其具有两相各自的优点，已经成为磁性材料的研究热点之一，必将带动永磁电机的革命。新型纳米磁体结构特点与烧结磁体相比，无须富稀土相存在即可获得高矫顽力，具有更高的 Fe 含量（可达体积的 30%），明显降低珍贵稀土资源的使用量。新一代永磁体是两相复合材料，更适合作为材料设计，可用于不同的应用环境。纳米结构磁体具有更高的电阻，更适用于高速电机应用。纳米磁体具有更优良耐候性、耐腐蚀性、机械强度等使役性能，可以用在不同的环境中。

参 考 文 献

[1]　Liu J P. Ferromagnetic nanoparticles: Synthesis, processing, and characterization [J]. JOM, 2010, 62, 56-61.

[2]　Sun S, et al. Monodisperse FePt Nanoparticles and Ferromagnetic FePt Nanocrystal Superlattices [J]. Science, 2000, 287, 1989.

[3]　Skomski R, Coey J M D. Giant energy product in nanostructured two-phase magnets [J]. Phys. Rev. B 1993, 48, 15812.

[4]　Kneller E F, Hawig R. One-dimensional exchange coupling model [J]. IEEE Trans. Magn. 1991, 27, 3588.

[5]　Gutfleisch O, Lyubina J, Muller K H, et al. FePt hard magnets [J]. Advanced Engineering Materials, 2005, 7, 208-212.

[6]　Lu A H, Salabas E L, Schuth F. Magnetic nanoparticles: synthesis, protection, functionalization, and application [J]. Angew Chem Int Edit, 2007, 46, 1222-1244.

[7]　Elkins K, Li D, Poudyal N, et al. Monodisperse face-centred tetragonal FePt nanoparticles with giant coercivity [J]. J Phys D Appl Phys, 2005, 38, 2306-2309.

[8]　Werner R. Rare-earth Transition-metal Magnets, Handbook of Magnetism and Advanced Magnetic Materials

[M].Newyork: Wiley, 2007.

[9]　Chen Z M, Meng-Burany X, Okumura H, et al. Magnetic properties and microstructure of mechanically milled Sm₂ (Co, M) ₁₇-based powders with M= Zr, Hf, Nb, V, Ti, Cr, Cu and Fe [J]. J Appl Phys, 2000, 87, 3409-3414.

[10]　Schrefl T, Fidler J. Modelling of exchange-spring permanent magnets [J]. J Magn Magn Mater, 1998, 177, 970-975.

[11]　Rong C B, Zhang Y, Poudyal N, et al. Fabrication of bulk nanocomposite magnets via severe plastic deformation and warm compaction [J]. Appl Phys Lett, 2010, 96.

[12]　Gutfleisch O, Willard M A, Bruck E, et al. Magnetic materials and devices for the 21st century: stronger, lighter, and more energy efficient [J]. Adv Mater, 2011, 23, 821-842.

[13]　Sun X H, Zheng C M, Zhang F X, et al. Size-controlled synthesis of magnetite (Fe₃O₄) nanoparticles coated with glucose and gluconic acid from a single Fe (III) precursor by a sucrose bifunctional hydrothermal method [J]. J Phys Chem C, 2009, 113, 16002-16008.

[14]　Sun S H, Zeng H. Size-Controlled Synthesis of Magnetite Nanoparticles [J]. J Am Chem Soc, 2002, 124, 8204-8205.

[15]　Ananth K P, Jose S P, Venkatesh K S, et al. Size Controlled Synthesis of Magnetite Nanoparticles Using Microwave Irradiation Method [J]. J Nano Res-Sw, 2013, 24, 184-193.

[16]　Si S, Kotal A, Mandal T K, et al, Nakamura H, Kohara T. Size-controlled synthesis of magnetite nanoparticles in the presence of polyelectrolytes [J]. Chem Mater, 2004, 16, 3489-3496.

[17]　Reddy K R, Lee K P, Gopalan A Y, et al. Organosilane modified magnetite nanoparticles/poly (aniline-co-olm-aminobenzenesulfonic acid)composites: Synthesis and characterization [J]. React Funct Polym, 2007, 67, 943-954.

[18]　Ianos R, Taculescu A, Pacurariu C, et al. Solution combustion synthesis and characterization of magnetite, Fe₃O₄, nanopowders [J]. J Am Ceram Soc, 2012, 95, 2236-2240.

[19]　Kim K C, Kim E K, Lee J W, et al. Synthesis and characterization of magnetite nanopowders [J]. Curr Appl Phys, 2008, 8, 758-760.

[20]　Wu W, He Q G, Hu R, et al. Preparation and characterization of magnetite Fe3O4 nanopowders [J]. Rare Metal Mat Eng, 2007, 36, 238-243.

[21]　Kang Y S, Risbud S, Rabolt J F, et al. Synthesis and characterization of nanometer-size Fe3O4 and gamma-Fe2O3 particles [J]. Chem Mater, 1996, 8, 2209.

[22]　Wang J, Sun J J, Sun Q, et al. One-step hydrothermal process to prepare highly crystalline Fe3O4 nanoparticles with improved magnetic properties [J]. Mater Res Bull, 2003, 38, 1113-1118.

[23]　Zheng Y H, Cheng Y, Bao F, et al. Synthesis and magnetic properties of Fe3O4 nanoparticles [J]. Mater Res Bull, 2006, 41, 525-529.

[24]　Zhang D E, Tong Z W, Li S Z, et al. Synthesis and magnetic properties of Fe3O4 nanoparticles [J]. Materials Letters, 2008, 62, 4053-4055.

[25]　Capek I. Preparation of metal nanoparticles in water-in-oil (w/o) microemulsions [J]. Adv Colloid Interfac, 2004, 110, 49-74.

[26]　Salado J, Insausti M, de Muro I G, et al. Synthesis and magnetic properties of monodisperse Fe3O4 nanoparticles with controlled sizes [J]. J Non-Cryst Solids, 2008, 354, 5207-5209.

[27]　Woo K, Hong J, Choi S, et al. Easy synthesis and magnetic properties of iron oxide nanoparticles [J]. Chem

Mater，2004，16，2814-2818.

[28] Park J，Lee E，Hwang N M，et al. One-nanometer-scale size-controlled synthesis of monodisperse magnetic iron oxide nanoparticles [J]． Angew Chem Int Edit，2005，44，2872-2877.

[29] Kim B H，Lee N，Kim H，et al. Large-scale synthesis of uniform and extremely small-sized iron oxide nanoparticles for high-resolution T 1 magnetic resonance imaging contrast agents [J]. J Am Chem Soc，2011，133，12624-12631.

[30] Sun S H，Murray C B，Weller D，et al. Monodisperse FePt nanoparticles and ferromagnetic FePt nanocrystal superlattices [J]. Science，2000，287，1989-1992.

[31] Weller D，Moser A，Folks L，et al. High K u materials approach to 100 Gbits/in 2 [J]. IEEE Transactions on Magnetics，2000，36，10-15.

[32] Chen M，Liu J P，Sun S H. One-step synthesis of FePt nanoparticles with tunable size [J]. J Am Chem Soc，2004，126，8394-8395.

[33] Nandwana V，Elkins K E，Poudyal N，et al. Size and shape control of monodisperse FePt nanoparticles [J]. J Phys Chem C，2007，111，4185-4189.

[34] Poudyal N，Chaubey G S，Rong C B，et al. Shape control of FePt nanocrystals [J]. J Appl Phys，2009，105.

[35] Bian B R，Xia W X，Du J，et al. Growth mechanisms and size control of FePt nanoparticles synthesized using Fe（CO）$_x$（x < 5）-oleylamine and platinum（II）acetylacetonate [J]. Nanoscale，2013，5，2454-2459.

[36] Li D R，Poudyal N，Nandwana V，et al． Hard magnetic FePt nanoparticles by salt-matrix annealing [J]. J Appl Phys，2006，99，08E911.

[37] 一种在基片上生长纳米颗粒的方法[P]. 中国：201410190388.6.

[38] Bian B R，Du J，Xia W X，et al. Growth mechanism of monodisperse L10-CoPt@ graphene core-shell nanoparticles by one-step solid-phase synthesis [J]，submitted to Nanoscale.

[39] Ono K，Kakefuda Y，Okuda R，et al. Organometallic synthesis and magnetic properties of ferromagnetic Sm-Co nanoclusters[J].J Appl Phys，2002，91，8480-8482.

[40] Tokonami S，Kinjo M，Inokuchi M，et al. Fabrication of SmCo5 Alloy Magnetic Nanoparticles by Assistance of Copper and Their Magnetic Properties[J].Chem Lett，2009，38，682-683.

[41] Matsushita T，Iwamoto T，Inokuchi M，et al. Novel ferromagnetic materials of SmCo5 nanoparticles in single-nanometer size：chemical syntheses and characterizations[J].Nanotechnology，2010，21.

[42] Zhang H W，Peng S，Rong C B，et al. Chemical synthesis of hard magnetic SmCo nanoparticles[J].J Mater Chem，2011，21，16873-16876.

[43] Chinnasamy C N，Huang J Y，Lewis L H，et al. Direct chemical synthesis of high coercivity air-stable SmCo nanoblades[J]. Appl Phys Lett，2008，93.

[44] Hou Y L，Xu Z C，Peng S，et al. A facile synthesis of SmCo$_5$ magnets from core/shell Co/Sm$_2$O$_3$ nanoparticles[J].Adv Mater，2007，19，3349.

[45] Deheri P K，Swaminathan V，Bhame S D，et al. Sol− Gel Based Chemical Synthesis of Nd2Fe14B Hard Magnetic Nanoparticles[J].Chem Mater，2010，22，6509-6517.

[46] Deheri P K，Shukla S，Ramanujan R V. J The reaction mechanism of formation of chemically synthesized Nd2 Fe 14 B hard magnetic nanoparticles[J].Solid State Chem，2012，186，224-230.

[47] Swaminathan V，Deheri P K，Bhame S D，et al. Novel microwave assisted chemical synthesis of Nd$_2$Fe$_{14}$B hard magnetic nanoparticles[J].Nanoscale，2013，5，2718-2725.

[48] Jadhav A P，Hussain A，Lee J H，et al. One pot synthesis of hard phase $Nd_2Fe_{14}B$ nanoparticles and $Nd_2Fe_{14}B$ /α-Fe nanocomposite magnetic materials[J].New J Chem，2012，36，2405-2411.

[49] Chakka V M，Altuncevahir B，Jin Z Q，et al. Magnetic nanoparticles produced by surfactant-assisted ball milling [J]. J. Appl. Phys..2006，99，08E912.

[50] Nilay G A，George C H，David J S. Anisotropic PrCo5 nanoparticles by Surfactant-Assisted Ball Milling [J]. IEEE TRANSACTIONS ON MAGNETICS. 2009，45（10），4417-4419.

[51] 王明，谌启明. 表面活性剂在超细硬质合金球磨工艺中的作用及研究进展[J]. 稀有金属与硬质合金. 2008，36（4），49-52.

[52] Wang Y，Li Y，Rong C，et al. Sm-Co hard magnetic nanoparticles prepared by surfactant-assisted ball milling [J]. Nanotechnology，2007，18，465701.

[53] Nilay G A，George C H，David J S. Anisotropic Sm-（Co，Fe）nanoparticles by surfactant-assisted ball milling [J]. Journal of Applied Physics，2009，105，07A710.

[54] Poudyal N，Rong C，Liu J P. Morphological and magneticcharacterization of Fe，Co，and FeCo nanoplates and nanoparticles prepared by surfactants-assisted ball milling [J]. J. Appl. Phys. 2009，109，07B526.

[55] Rong C，Van V N，Liu J P. Anisotropic nanostructured magnets by magnetic-field-assistedprocessing [J]. J. Appl. Phys.，2010，107，09A717.

[56] Liu L，Liu J P，Zhang J，et al. The microstructure and magnetic properties of anisotropic polycrystalline Nd2Fe14B nanoflakes prepared by surfactant-assisted cryomilling [J]. Materials Research Express.2014，1；016106.

[57] Zhang S，Liu L，Zhang J，et al. Sm2Fe17Nx nanoflakes prepared by surfactant assisted cryomilling [J]. Journal of Applied Physics. 2014，115；17A706.

[58] 一种制备稀土-过渡族永磁合金微/纳米颗粒的方法[P].中国：201310133182.5.

[59] Zeng H，Li J，Liu J P，et al. Exchange-coupled nanocomposite magnets by nanoparticle self-assembly [J].Nature，2002，420，395-398.

[60] Figuerola A，Fiore A，Di Corato R，et al. One-Pot Synthesis and Characterization of Size-Controlled Bimagnetic FePt−Iron Oxide Heterodimer Nanocrystals [J]. J Am Chem Soc，2008，130，1477-1487.

[61] Zeng H，Li J，Wang Z L，et al. Bimagnetic Core/Shell FePt/Fe_3O_4 Nanoparticles [J]. Nano Lett，2004，4，187-190.

[62] Bian B R，Xia W X，Du J，et al. Effect of H_2 on the formation mechanism and magnetic propertices of FePt nanocrystals [J]. IEEE T Magn，2013，49，3307-3309，10.1109/TMAG.2014.2322879.

[63] Wang R，Du J，et al. The synthesis of FePt/Fe3O4 nanocomposite particles with highcoercivity [J]. J. Appl. Phys，submitted.

[64] Chaubey G S，Poudyal N，Liu Y Z，et al. Synthesis of Sm-Co and Sm-Co/Fe nanocrystals by reductive annealing of nanoparticles [J]. J Alloy Compd，2011，509，2132-2136.

[65] Kneller E F，Hawig R. The Exchange-Spring Magnet：A New material principle for permanent magnets [J]. IEEE Trans. Magn. 27，3588（1991）.

[66] Skomski R，Coery J M D. Giant energy product in nanostructured two-phase magnets [J]. Phy. Rev. B 48，1993：15812-15816.

[67] Sabiryanov R F，Jaswal S S. Magnetic properties of hard/ soft composites：SmCo5/ Co$_{1-x}$Fe$_x$ [J]．Phys. Rev. B 58，1998：12071-12074.

[68] Sabiryanov R F，Jaswal S S. Electronic structure and magnetic properties of hard/soft multilayers [J]. J. Magn.&Magn.Mater. 1998，177-181：989-990.

[69] Sun X K, Zhang J, ChuY, et al. α-Fe in nanocompositeαDependence of magnetic properties on grain size of α-Fe magnetsα (Nd, Dy) (Fe, Co, Nb, B) $_{5.5}$/α-Fe magnets [J]. Appl. Phys. Lett. 1999, 74, 1740.

[70] Shan Z S, Liu J P, Chakka V M, et al. Energy barrier and magnetic properties of exchange-coupled hard-soft bilayer [J]. IEEE Trans. Magn. 2002, 38, 2907.

[71] Guo Z J, Jiang J S, Pearson J E, et al. Exchange-coupled Sm-Co/Nd-Co nanomagnets: correlation between soft phase anisotropy and exchange field [J]. Appl. Phys. Lett., 2002. 81, 2029-2031.

[72] Yan S, Barnard J A, Xu F, et al. Critical dimension of the transition from single switching to an exchange spring process in hard/soft exchange-coupled bilayers [J]. Phys. Rev. B 64, 2001, 184403-1-6.

[73] Zambano A J, Oguchi H, Takeuchi I, et al. Dependence of exchange coupling interaction on micromagnetic constants in hard/soft magnetic bilayer systems [J]. Phys. Rev. B 75, 2007, 144429-1-7.

[74] Liu W, Liu X H, Cui W B, et al. Exchange couplings in magnetic films [J]. Chin. Phys. B 22, 2013, 027104-1-22.

[75] Goto E, Hayashi N, Miyashita T, et al. Magnetization and Switching Characteristics of Composite Thin Magnetic Films [J]. J. Appl. Phys. 1965, 36, 2951.

[76] Leineweber T, Kronmüller H. Micromagnetic examination of exchange coupled ferromagnetic nanolayers [J]. J. Magn. Magn. Mater. 1997, 176, 145.

[77] Al-Omari I A, Sellmyer D Magnetic properties of nanostructured CoSm/FeCo films [J]. J. Phys. Rev. B 52, 1995, 3441-3447.

[78] Fullerton E E, Jiang J S, Sowers C H, et al. Structure and magnetic properties of exchange-spring Sm-Co/Co superlattices [J]. Appl. Phys. Lett. 72, 1998, 380-382.

[79] Sawatzki S, Heller R, Mickel Ch, et al. Largely enhanced energy density in epitaxial SmCo$_5$/Fe/SmCo$_5$ exchange spring trilayers [J]. J. Appl. Phys.2011, 109, 123922 -1-7.

[80] Shindo M, Ishizone M, Kato H, et al. Exchange-spring behavior in sputter-deposited α-Fe/NdFeB multilayer magnets [J]. J. Magn. Magn. Mater. 1996, 161, L I-L5.

[81] Stefan M P, Joachim W, Christian K, et al. Remanence enhancement due to exchange coupling in multilayers of hard- and softmagnetic phases [J]. IEEE Trans. Magn. 1996, 32, 4437-4439.

[82] Liu W, Li X Z, Liu J P, et al. Remanence enhancement due to exchange coupling in multilayers of hard- and softmagnetic phases [J]. J. Appl. Phys. 2005, 97, 104308-1-4.

[83] Liu J P, Liu Y, Shan Z S, et al. Remanence enhancement and exchange coupling in PrCo/Co films [J]. IEEE Trans. Magn. 1996, 33, 3709-3711.

[84] Liu J P, Liu Y, Sellmyer D J. Coercivity and exchange coupling in PrCo: Co nanocomposite films [J]. J. Appl. Phys. 1998, 83, 6608-6610.

[85] Yan S, Liu W J, Weston J L, et al. Magnetization-reversal mechanism of hard/soft exchange-coupled trilayers [J]. Phys. Rev. B 63, 2001, 174415-1-7.

[86] Skomski R, Coey J M D. Giant energy product in nanostructured two-phase magnets [J]. Phys. Rev. B 48, 1993, 15812.

[87] Fullerton E E, Jiang J S, Bader S D. Hard/soft magnetic heterostructures: model exchange-spring magnets [J]. J. Magn. Magn.Mater.200, 1999, 392-404.

[88] Fullerton E E, Jiang J S, Grimsditch M, et al. Exchange-spring behavior in epitaxial hard/soft magnetic bilayers [J]. Phys. Rev. B 58, 1993, 12193-12200.

[89] Zambano A J, Oguchi H, Takeuchi I, et al. Dependence of exchange coupling interaction on micromagnetic

constants in hard/soft magnetic bilayer systems [J]. Phys. Rev. B，2007，75，144429-1-7.

[90]　Masamitsu H，Luc T，Rai M，et al. Current-Controlled Magnetic Domain-Wall Nanowire Shift Register [J]. Science 320，209（2008）.

[91]　O'Donovan K V，Borchers J A，Majkrzak C F，et al. Pinpointing Chiral Structures with Front-Back Polarized Neutron Reflectometry [J]. Phys. Rev. Lett.，2002，88，067201-1-4.

[92]　Röhlsberger R，Thomas H，Schlage K，et al. Imaging the Magnetic Spin Structure of Exchange-Coupled Thin Films [J]. Phys. Rev. Lett.，2002，89，237201-1-4.

[93]　Uzdin V M，Vega A，Khrenov A，et al. Noncollinear Fe spin structure in（Sm-Co）/Fe exchange-spring bilayers: Layer-resolved 57Fe Mössbauer spectroscopy and electronic structure calculations [J]. Phys. Rev. B，，2012，85，024409-1-15.

[94]　Choi Y，Jiang J S，Pearson J E，et al. Origin of recoil hysteresis loops in Sm-Co/Fe exchange-spring magnets [J]. Appl. Phys. Lett.，2007，91，022502-1-3.

[95]　Choi Y，Jiang J S，Pearson J E，et al. Element-specific recoil loops in Sm-Co/Fe exchange-spring magnets [J]. J. Appl. Phys.，2008，103，07E132-1-3.

[96]　Neu V，Sawatzki S，Kopte M，et al. Fully Epitaxial，Exchange Coupled SmCo /Fe Multilayers With Energy Densities above 400 kJ/m3 [J]. IEEE Trans. Magn.，2012，48，3599-3602.

[97]　Liu Y，Wu Y Q，Kramer M J，et al. Microstructure analysis of a SmCo/Fe exchange spring bilayer [J]. Appl. Phys. Lett.，2008，93，192502-1-3.

[98]　Jiang J S，Pearson J E，Liu Z Y，et al. Improving exchange-spring nanocomposite permanent magnets [J]. Appl. Phys. Lett，2004，.85，5293-5295.

[99]　Choi Y，Jiang J S，Ding Y，et al. Role of diffused Co atoms in improving effective exchange coupling in Sm-Co/Fe spring magnets [J]. 2007，75，104432-1-6.

[100]　Zhang J，Takahashi Y K，Gopalan R，et al. Microstructures and coercivities of SmCo$_x$ and Sm（Co，Cu）$_5$ films prepared by magnetron sputtering [J]. J. Magn. Magn.Mater，2007，.310，1-7.

[101]　Zhang J，Li Y，Wang F，et al. Coercivity mechanism of nanocomposite Sm-Co/Fe multilayer films [J]. J. Appl. Phys.，2010，107，043911-1-4.

[102]　Zhang J，Takahashi Y K，Gopalan R，et al. Sm（Co，Cu）5 /Fe exchange spring multilayer films with high energy product [J]. Appl. Phys. Lett. 86，122509-1-3（2005）.

[103]　Zhang J，Wang F，Zhang Y，et al. Large Improvement of Coercivity in Sm-（Co，Cu）/Fe Films by Cu Addition [J]，J. Nanosci. Nanotechnol.，2012，12，1109-1113.

[104]　Zhang J，Song J Z，Zhang Y，et al. Magnetic Reversal and Temperature Dependence of Magnetic Properties in Sm-（Co，Cu）/Fe Exchange Spring Multilayer Films [J]. IEEE Trans. Magn.，2011，47，2792-2795.

[105]　N. Bo，G.P. Zhao，H.W. Zhang，et al，Nucleation field，hysteresis loop，coercivity mechanism and critical thickness in composite multilayers with perpendicular anisotropy [J]，Solid State Communications，2011，151，346-350.

[106]　Cui W B，Takahashi Y K，Kazuhiro H. Nd2Fe14B/FeCo Anisotropic Nanocomposite Films with a Large Maximum Energy Product [J]. Adv. Mater，2012，24，6530-6535.

[107]　Cui W B，Takahashi Y K，Hono K. Microstructure optimization to achieve high coercivity in anisotropic Nd-Fe-B thin films [J]. Acta Materialia，2011，59，7768-7775.

[108]　Neu V，Zimmermann S，Sawatzki S，et al. Imaging the Magnetization Processes in Epitaxial Exchange Coupled SmCo/Fe/SmCo Trilayers [J]. IEEE Trans. Magn.，2012，48，3644-3647.

[109]　Liu J P, Luo C P, Liu Y, et al. High energy products in rapidly annealed nanoscale Fe/Pt multilayers [J]. Appl. Phys. Lett., 1998, 72, 483-485.

[110]　Liu W, Zhang Z D, Liu J P, et al. Exchange coupling and remanence enhancement in nanocomposite multilayer magnets [J]. Adv. Mater., 2002, 14, 1832-1834.

[111]　Zhang J, Shen B, Zhang S, et al. Effects of Co substitution on the crystallization behaviour and magnetic properties of as-milled Nd2Fe14B/α-Fe [J]. J. Phys. D: Appl. Phys, 2000, 33, 3161-3164.

[112]　Cui W B, Zheng S J, Liu W, et al. Anisotropic behavior of exchange coupling in textured Nd2Fe14B/α-Fe multilayer films [J]. J. Appl. Phys, 2008, 104, 053903-1-4.

[113]　Chen K H, Jin Z Q, Li J, et al. Bulk nanocomposite magnets produced by dynamic shock compaction [J]. J. Appl. Phys. 2004, 96 1276.

[114]　Rong C B, Nandwana V, Poudyal N, et al. Bulk FePt/Fe3Pt nanocomposite magnets prepared by spark plasma sintering [J]. J. Appl. Phys. 2007, 101 09K515.

[115]　Rong C B, Nandwana V, Poudyal N, et al. Bulk FePt-based nanocomposite magnets with enhanced exchange coupling [J]. J. Appl. Phys. 2007, 102 023908.

[116]　Rong C B, Nandwana V, Poudyal N, et al. Curie temperatures of annealed FePt nanoparticle systems [J]. J. Appl. Phys. 2007, 101 09K505.

[117]　Chen K H, Jin Z Q, Li J, et al. Bulk nanocomposite magnets produced by dynamic shock compaction [J]. J. Appl. Phys. 2004, 96 1276.

[118]　Jin Z Q, Thadhani N N, McGill M, et al. Explosive shock processing of Pr2Fe14B/α-Fe exchange-coupled nanocomposite bulk magnets [J]. J. Mater. Res. 2005, 20 599.

[119]　Rong C B, Zhang Y, Poudyal N, et al. Fabrication of bulk nanocomposite magnets via severe plastic deformation and warm compaction [J]. Appl. Phys. Lett. 2010, 96 102513.

[120]　Rong C B, Zhang Y, Poudyal N, et al. Self-nanoscaling of the soft magnetic phase in bulk SmCo/Fe nanocomposite magnets [J]. J. Mater. Sci. 2011, 46 6065.

[121]　Poudyal N, Altuncevahir B, Chakkal V, et al. Field-ball milling induced anisotropy in magnetic particles [J]. J. Phys. D: Appl. Phys. 2004, 37 L45.

[122]　Lee R W .Hot - pressed neodymium - iron - boron magnets [J]. Appl. Phys. Lett. 1985, 46: 790.

[123]　Lee D, Bauser S, Higgins H, et al. Bulk anisotropic composite rare earth magnets [J]. J. Appl. Phys. 2006, 99 08B516.

[124]　Li W, Li L, Nan Y, et al. Controllable nanocrystallization in amorphous Nd9Fe85B6 via combined application of severe plastic deformation and thermal annealing [J]. Appl. Phys. Lett. 2007, 91 062509.

[125]　Rong C B, Wu Y Q, Wang D, et al. Effect of pressure loading rate on the crystallographic texture of NdFeB nanocrystalline magnets [J]. J. Appl. Phys. 2012, 111 07A717.

[126]　Yue M, Zuo J H, Liu W Q, et al. Magnetic anisotropy in bulk nanocrystalline SmCo5 permanent magnet prepared by hot deformation [J]. J. Appl. Phys. 2011, 109 07A711.

[127]　Gabay A M, Marinescu M, Liu J F, et al. Deformation-induced texture in nanocrystalline 2:17, 1:5 and 2:7 Sm-Co magnets. J. Magn. Magn.Mater [J]. 2009, 321: 3318.

[128]　Liu W Q, Zuo J H, Yue M, et al. Structure and magnetic properties of bulk anisotropic SmCo5/α-Fe nanocomposite permanent magnets with different α-Fe content [J]. J. Appl. Phys. 2011, 109: 07A741.

[129]　Tonomura A. Electron Holography, 2nd ed. Heidelberg: Springer, 1999.

[130] Xia W X, Aizawa S, Tanigaki T, et al. Magnetization distribution of magnetic vortex of amorphous FeSiB investigated by electron holography and computer simulation [J]. Journal of Electron Microscopy, 2012, 61 (2), 71.

[131] Shindo D, Murakami Y. electron holography of magnetic materials [J]. J. Phys. D: Appl. Phys, 2008, 41, 183002.

[132] Thomas J M, Simpson E T, Kasama T, et al. Electron holography for the study of magnetic nanomaterials [J]. Accounts of Chemical Research, 2008, 41 (5), 665.

[133] Dunin-Borkowski R E, Kasama T, Wei A, et al. Off-axis electron holography of magnetic nanowires and chains, rings and planar arrays of magnetic nanoparticles [J]. Microsc. Res. Technol., 2004, 64, 390.

[134] Hono K, Sepehri-Amin H. Strategy for high-coercivity Nd-Fe-B magnets [J]. Scripta Materialia, 2012, 67, 530-535.

[135] Woodcock T G, Zhang Y, Hrkac G, et al. Understanding the microstructure and coercivity of high performance NdFeB-based magnets [J]. Scripta Materialia, 2012, 67, 536–541.

[136] Cui H C, Li D C, Li J L. Theoretical Research on Fluorocarbon Surfactant of Fluorocarbon-based Magnetic Fluid [J]. Adv Mater Res-Switz, 2011, 211-212, 82-86.

[137] Cui H C, Li D C, Wang C. Infrared Spectrum Analysis of Perfluoro Polyethers (PFPE) of Fluorocarbon-based Magnetic Fluid's Base Liquid, in Chemical Engineering and Material Properties, Pts 1 and 2, H.M. Zhang and B. Wu, Editors. 2012: 1311-1314.

[138] Kim D H, Rozhkova E A, Ulasov I V, et al, Novosad V. Biofunctionalized magnetic-vortex microdiscs for targeted cancer-cell destruction [J]. Nature Materials, 2010, 9, 165-171.

[139] Zhao Q, Wang L N, Cheng R, et al. Magnetic nanoparticle-based hyperthermia for head & neck cancer in mouse models [J]. Theranostics, 2012, 2, 113-121.

[140] Pamme N. Magnetism and microfluidics [J]. Lab Chip, 2006, 6, 24-38.

[141] Chari M V K, Laskaris E T, Dangelo J. Finite element analysis of a magnetic fluid seal for large-diameter high-speed rotating shafts [J]. IEEE Tans. Magn, 1981, 17, 3000-3001.

[142] Taketomi S. Motion of ferrite particles under a high gradient magnetic field in a magnetic fluid shaft seal Jap [J]. Jpn J Appl Phys, 1980, 19, 1929-1936.

[143] Fertman V E. Heat dissipation in high-speed magnetic fluid shaft seal [J]. IEEE Tran Magn, 1980, 16, 352-357.

[144] Mitamura Y, Takahashi S, Amari S, et al. A magnetic fluid seal for rotary blood pumps: effects of seal structure on long-term performance in liquid [J]. J Artif Organs, 2011, 14, 23-30.

[145] Mitamura Y, Takahashi S, Kano K, et al. Sealing performance of a magnetic fluid seal for rotary blood pumps [J]. Artif Organs, 2009, 33, 770-773.

[146] Mitamura Y, Yano T, Nakamura W, et al. A magnetic fluid seal for rotary blood pumps: Behaviors of magnetic fluids in a magnetic fluid seal [J]. Bio-Med Mater Eng, 2013, 23, 63-74.

[147] Mitamura Y, Yano T, Nakamura W, et al. A magnetic fluid seal for rotary blood pumps: bahaviors of magnetic fluids in a magnetic fluid seal with a sheield [J]. Magnetohydrodynamics, 2013, 49, 525-529.

[148] Wang J, Meng G. Magnetorheological fluid devices: principles, characteristics and applications in mechanical engineering [J]. P I Mech Eng L-J Mat, 2001, 215, 165-174.

[149] Dutz S, Hergt R. Magnetic nanoparticle heating and heat transfer on a microscale: Basic principles, realities and physical limitations of hyperthermia for tumour therapy [J]. Int J Hyperther, 2013, 29, 790-800.

[150] Ivkov R. A new frontier in biology and medicine [J]. Int J Hyperther, 2013, 29, 703-705.

[151] Golneshan A A, Lahonian M. Diffusion of magnetic nanoparticles in a multi-site injection process within a biological tissue during magnetic fluid hyperthermia using lattice Boltzmann method [J]. Mech Res Commun, 2011, 38, 425-430.

[152] Johannsen M, Gneveckow U, Eckelt L, et al. Clinical hyperthermia of prostate cancer using magnetic nanoparticles: presentation of a new interstitial technique [J]. Int J Hyperther, 2005, 21, 637-647.

[153] Johannsen M, Thiesen B, Wust P, et al. Magnetic nanoparticle hyperthermia for prostate cancer [J]. Int J Hyperther, 2010, 26, 790-795.

[154] Sadhukha T, Wiedmann T S. Panyam Inhalable magnetic nanoparticles for targeted hyperthermia in lung cancer therapy [J]. J. Biomaterials, 2013, 34, 5163-5171.

[155] Wust P, Gneveckow U, Johannsen M, et al. Magnetic nanoparticles for interstitial thermotherapy-feasibility, tolerance and achieved temperatures [J]. Int J Hyperther, 2006, 22, 673-685.

[156] Maier-Hauff K, Rothe R, Scholz R, et al. Intracranial thermotherapy using magnetic nanoparticles combined with external beam radiotherapy: results of a feasibility study on patients with glioblastoma multiforme [J]. J Neuro-Oncol, 2007, 81, 53-60.

[157] Johannsen M, Gneveckow U, Taymoorian K, et al. Morbidity and quality of life during thermotherapy using magnetic nanoparticles in locally recurrent prostate cancer: Results of a prospective phase I trial [J]. Int J Hyperther, 2007, 23, 315-323.

[158] Lee J H, Jang J T, Choi J S, et al. Exchange-coupled magnetic nanoparticles for efficient heat induction [J]. Nat Nanotechnol, 2011, 6, 418-422.

[159] Oliver G, Noram D. Bruno A, et al, High performance μ-magnets for miroelectromechanical systems (MEMS). Magnetic Nanostructures in Modern Technology [M].Springer, Netherlands, 2008: 167-194.

[160] Nora M D. Hard Magnetic Materials for MEMS Applications. Nanoscale Magnetic Materials and Applications [M]. edited by Liu J P, Eric F, Oliver G, David J S, Springer, Netherlands, 2009, 12: 661-683

[161] David P A, Wang N. Permanent Magnets for MEMS [J]. IEEE Trans. Magn., 2009, 18, 1255-1266.

[162] Tsung-Shune C. Permanent magnet "lms for applications in microelectromechanical systems [J]. J. Magn. Magn.Mater., 2000, 209, 75-79.

[163] Orphée C, Jérôme D, Gilbert R. Magnetic Micro-Actuators and Systems (MAGMAS) [J]. IEEE Trans. Magn.39, 2003, 3607-3612.

[164] Orphée C, Jérôme D, Gilbert R. MAGNETIC MICROSYSTEMS: MAG-MEMS, Magnetic Nanostructures in Modern Technology [M]. edited by Bruno A, Giovanni A, Luigi P, Massimo G, Springer, Netherlands, 2008, 105-125.

[165] M Nakano, R Katoh, H Fukunaga. Fabrication of Nd–Fe–B thick-film magnets by high speed PLD method [J]. IEEE Trans. Magn. 2003, 39, 2863–2865.

第7章 锂离子电池电极材料的计算材料学研究

　　面临着全球不可再生化石能源的日益匮乏和越来越严峻的环境污染问题，新能源的开发和应用已刻不容缓。在众多清洁可再生能源体系中，锂离子二次电池以其能量密度高、工作电压高、循环寿命长、基本无记忆效应、无污染、体积小、重量轻、自放电小等优点，成为新能源产业发展的焦点和热点。锂离子电池目前已广泛应用于笔记本电脑、移动通信、电动工具等小型电子、电动设备中，其在电动汽车、能源储存、航天航空和军事领域等大型、尖端电源设备中的应用也受到了越来越多的关注。锂离子电池主要由正极、负极、电解液和隔膜四类关键部件构成，其中，正极材料和负极材料对锂离子电池的各项性能及其最终应用都有着决定性的影响。

　　随着锂离子电池在新兴动力、能源产业等领域应用需求的不断增加，对电极材料的要求也越来越高。目前全球锂离子电池领域对电极材料的研究主要集中在两方面：一方面是发现新材料；另一方面是改进现有材料。纯粹依赖实验手段来研发或改进材料，不仅耗时长而且研究成本很高。一般说来，一种先进材料从它的发现，历经性能优化、系统设计与集成、验证、小试、中试到首次投入市场平均需要 18 年左右[1]。如果借助迅猛发展的计算机科学和不断提高的计算机运算能力来进行材料的计算和设计，则研发周期和开发成本都有望大幅缩减。在此类材料研究新手段的基础上，计算材料学应运而生，并得到快速发展，使得通过材料计算而实现先进材料的开发和研究成为可能，从而推进了锂离子电池技术的长足发展。

　　计算材料学[2]是材料科学与计算机科学的交叉学科，是关于材料组成、结构、性能、服役性能的计算机模拟与设计的学科，是材料科学研究里的"计算机实验"。计算材料学主要包括两方面的内容：一方面是计算模拟，即从实验数据出发，通过建立数学模型和数值计算，模拟实际应用过程；另一方面是材料的计算机设计，即直接通过基本理论模型和计算，预测或设计新型材料的结构与性能。前者使材料研究不再停留于对实验结果的定性讨论，而是使特定材料体系的实验结果上升为一般的、定量的理论；后者则使材料的研究与开发更具方向性、前瞻性，推动新型材料的原始性创新，大大提高研究效率。计算材料学已成为连通理论与实验、宏观与微观的一个关键纽带。

　　材料基础理论、计算模拟以及理性设计与实验验证方法和技术的结合，有望在现有科学技术和全球清洁能源需求之间搭建起一条高速通道，推动可再生新能源社会的早日实现。

7.1　锂离子电池电极材料及其发展趋势

7.1.1　锂离子电池的材料基础

1. 锂离子电池的组成结构

与传统电池类似，锂离子电池是由被隔膜相隔开的正、负极和溶解了锂盐的电解液组成的。当电池正、负极与外电路相连时，正、负极材料发生电化学反应，化学能转化为电能并向外做功。通常采用嵌锂过渡金属氧化物和可供锂离子（Li^+）自由脱嵌的化合物分别作为正、负极材料；正、负极材料分别涂覆在集流体（一般将铝箔和铜箔分别作为正、负极集流体）上制成电极片使用。电解液通常以 $LiPF_6$、$LiAsF_6$、$LiClO_4$ 等锂盐为溶质，以有机碳酸酯（一般为将碳酸丙烯酯（PC）、碳酸乙烯酯（EC）和碳酸二甲酯（DMC）等有机溶剂，根据不同的需求，按一定比例混合配制而成的有机混合液）为溶剂。隔膜材料比较常用的有单层或多层的聚乙烯或聚丙烯微孔膜，该类高分子微孔膜具有离子导体和电子绝缘体的特征[3]。

2. 锂离子电池的工作原理

锂离子电池的电化学反应过程，实质上是 Li^+ 在正、负极材料之间往复地嵌入和脱出的过程。若将锂离子电池比喻为一把摇椅，摇椅的两端就是电池的正、负极，而 Li^+ 就在摇椅两端来回奔跑，所以锂离子电池被形象地称为摇椅式电池。其工作原理如图 7-1 所示。以 $LiC_6/LiClO_4$-PC+EC/$LiCoO_2$ 锂离子电池体系为例[4]，充电时，Li^+ 从正极锂钴氧化物晶格中脱出，迁移到负极，并向负极材料石墨的晶格中嵌入；电子则由外电路从正极传输到负极，以保证正、负极间的电荷平衡；放电过程则与之相反。在正常的电极反应过程中，Li^+ 在正、负极材料的晶格之间反复地嵌入和脱出，一般不会损坏电极材料的内部结构，因而不会引起电极材料的形变或者只允许引起电极材料层面间微小的变化，材料的晶体结构和电化学性能得以保持[5, 6]。因此，锂离子电池在充放电过程中的电化学反应是一个可逆的反应，可表示为

正极：$LiCoO_2 \leftrightarrow Li_{1-x}CoO_2 + Li^+ + xe^-$

负极：$nC + xLi^+ + xe^- \leftrightarrow Li_xC_n$

总反应：$LiCoO_2 + nC \leftrightarrow Li_{1-x}CoO_2 + Li_xC_n$

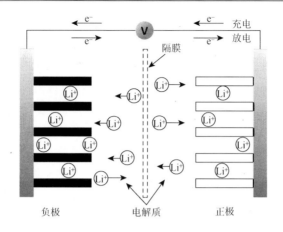

图 7-1　锂离子电池工作原理图

3. 锂离子电池正极材料的特征

锂离子电池正极材料主要可分为三大类：①嵌锂过渡金属氧化物；②尖晶石结构化合物；③聚阴离子型化合物。目前使用较多的有 $LiCoO_2$（钴酸锂），$LiMn_2O_4$（尖晶石型锰酸锂），$LiNiO_2$（镍酸锂），以及近年来研究较热的 $LiNi_{1-x-y}Co_xMn_yO_2$（镍钴锰酸锂，通常称为"三元材料"）和 $LiFePO_4$（磷酸亚铁锂）等。

由于正极材料的堆积密度远高于负极材料，所以正极材料的比容量对电池储电容量的影响更大。如果正极材料的比容量提高 50%，电池的容量则会提高 28%；同样的情况下，负极材料只能提高电池容量的 13%。所以电极材料特别是正极材料的电化学性能优劣，对于整个锂离子电池，如储电容量、倍率性能和循环性能等各项性能指标的发挥有着重大影响。一般而言，作为锂离子电池正极材料的化合物，必须符合以下特征要求。

（1）必须包含至少一种较易被氧化/还原的电化学活性离子，如过渡金属离子。

（2）与锂的反应必须可逆，即锂的嵌入和脱出不会引起该化合物晶体结构的改变。

（3）在进行嵌锂反应时，必须有足够高的反应吉布斯自由能，以保证电池具有较高的工作电压。

（4）具有足够多的位置接纳 Li^+，保证电池有足够高的容量。

（5）Li^+ 在材料中的嵌入和脱出速率应足够快，以保证电池有较高的功率密度。

（6）具有较高的电子导电率，以保证有更多的正极材料与电解液的接触位点参与反应，使电池具有较高的效率。

（7）在工作电压范围内应该具备一定的惰性，与电解质之间不发生反应。

（8）原料丰富、成本低、无污染。

4. 锂离子电池负极材料的特征

锂离子电池负极材料经历了从金属锂到锂合金、碳化物、氧化物，再到纳米合金的发展过程。主要分为以下几大类：①金属锂负极材料；②锂合金负极材料；③碳素负极材料；④氧化物负极材料；⑤氮化物负极材料；⑥硫化物负极材料。目前，已实际应用的基本都是碳素材料，如石油焦、碳纤维、人工石墨、天然石墨、中间相碳微球（MCMB）、树脂热解碳等。

负极材料是锂离子电池的关键材料之一，对整个电池体系性能的优劣有一定的影响。通常，作为锂离子电池负极材料，必须具备以下特征。

（1）具有隧道或层状结构，以利于 Li^+ 在材料中能可逆地嵌入和脱出。

（2）结构中应能提供尽可能多的位置来容纳 Li^+，保证较高的可逆容量。

（3）电化学反应过程中，Li^+ 的嵌入/脱出电位尽可能低，保证电池具有较高的正、负极电压差（输出电压）。

（4）在 Li^+ 的嵌入/脱出过程中，材料主相结构应不发生变化或发生的变化可忽略不计，以确保电池具有较好的循环性能。

（5）氧化还原电位应不随 Li^+ 嵌入/脱出的数量多少而变化或变化尽可能小，以保证电池的充放电平稳。

（6）较好的电子和离子导率，降低极化，保证电池有较好的高倍率性能。

7.1.2　下一代锂离子电池的材料要求

以电动汽车和智能电网为重大应用背景的下一代锂离子动力电池，应有的功能指标和经济指标包括：①安全性；②能量；③功率；④寿命；⑤成本；⑥能量转换效率。在保证安全、环保、成本和寿命等方面的基本条件下，下一代锂离子电池的一个首要性能指标是储能密度。能量密度一直以来都是制约锂离子电池在电动汽车、清洁能源电网等新兴动力、能源产业中应用的一个性能瓶颈。例如，电动汽车的巡航里程想要接近汽油车的水平，就需要将现有锂离子电池的能量存储密度再提高 2～3 倍[7]。我国在《节能与新能源汽车产业发展规划（2012—2020年）》中提出，到 2020 年锂离子电池模块的能量密度应达到 300Wh/kg。而目前商业化的磷酸铁锂和锰酸锂动力电池，单体电池比能量仅为 110～120Wh/kg，相应的电池模块能量密度还不到 90Wh/kg，与纯电动车的技术要求相去甚远。因此，如何提高锂离子电池的能量密度已经成为锂电领域面临的重要难题和挑战。此外，电池倍率性能也是一个关键性能指标，决定了动力电池的功率和能量转换效率，是制约电动汽车充电时间的一个决定因素。据报道，美国特斯拉 Model S 纯电动汽车在 20min（即 3C 倍率）快充模式下，能充满 50%电能，即其巡航里程缩短为慢充模式下的 1/2。目前在技术上一般将 20C（即 3min 充放）倍率作为区分纯电动与混合电动用动力电池的一个基本技术指标。对于锂离子动力电池，电池工艺设计已相对成熟，单纯依靠工艺改进（如减少电极壳的重量）来提高电池能量密度的空间已经非常有限。因此下一代锂离子电池技术开发的核心领域是电池材料，特别是正极材料、负极材料、电解质材料和隔膜材料这四大类关键材料，其中正极材料是重中之重。

1. 正极材料

电极材料是锂离子电池能量密度提升的关键，而由于负极材料的理论和实际比容量（石墨理论比容量为 372mAh/g）均远远高于正极材料，所以正极材料对全电池的能量密度影响更大。整体上来看，对下一代锂离子电池正极材料的要求主要有：①比能量密度高；②循环性能优异；③倍率性能优异；④安全性好；⑤成本低。其中，高比能密度一直是锂离子电池正极材料研究的重点和难点。提高材料的能量密度有两个途径：一是提高材料的比容量，即单位质量或单位体积材料中的电量存储能力；二是提高材料的工作电压。

目前开发的商用锂离子电池正极材料有钴酸锂（$LiCoO_2$）、三元类（$LiNi_xMn_yCo_zO_2$）、尖晶石型锰酸锂（$LiMn_2O_4$）、磷酸铁锂（$LiFePO_4$）等，其实际容量都在 200mAh/g 以下，对锂电位也只有 4V 左右，很难满足下代锂离子电池的需求。因此，亟需开发比容量超过 200mAh/g，或工作电压在 5V 左右的新型正极材料。

新一代固溶体富锂正极材料 $x\text{Li}_2\text{MnO}_3 \cdot (1-x) \text{Li}M\text{O}_2$（$M$=Ni，Co，Mn）理论比容量超过 250mAh/g，工作电压在 4V 以上；并且 Mn 元素的大量使用大大降低了材料成本，与 $LiCoO_2$ 和三元材料 $Li[Ni_{1/3}Mn_{1/3}Co_{1/3}]O_2$ 相比，安全性也更好、对环境无污染。因此，一经报道就被众多学者视为下一代锂离子电池正极材料的理想之选。但是较大的首次不可逆容量损失，较差的倍率性能和循环过程中会发生相变等不利因素，抑制了其商业化的应用。

反尖晶石结构的 $LiMn_{1.5}Ni_{0.5}O_4$ 由于具有 4.7V 的充放电平台，并且成本低、对环境友好、安全性好，而成为近期能实现更高比能量锂离子电池体系的最有希望的正极材料之一。但其在循环过程中容易发生电解液氧化分解，在材料表面生成碳化膜，阻碍 Li^+ 的正常脱嵌，影响材料的充放电比容量；并且在 600℃ 以上合成材料时，容易出现氧缺陷形成 Li_xNi_{1-x} 杂质或氧化镍（NiO）相，导致充放电过程中相变严重，电化学性能恶化。此外，橄榄石结构的 $LiCoPO_4$（4.8V）、$LiNiPO_4$（5.2V）正极材料也属于 5V 类高压材料，但其在高压下进行充放电循环时也容易发生电解液氧化分解，影响材料电化学性能。

针对这些科学研究中尚未解决的问题，不仅需要提出新的研究思路和方法，结合先进的检测手段，为新一代高比能正极材料开辟道路；还应该结合计算模拟，设计开发新型高性能材料。

2. 负极材料

在负极材料领域，面向储能设备和动力汽车的下一代锂离子电池的研究开发方向主要有两个：一个是大容量化，一个是提高安全性和使用寿命。

目前，作为主流负极材料的石墨类碳材料其理论比容量只有 372mAh/g，限制了锂离子电池比能量的进一步提高。为了实现负极材料的大容量化，理论比容量高达 4200mAh/g、资源丰富、无毒无污染、材料制备技术成熟的硅类材料成为研究的热点与焦点。但该材料在锂离子插入和脱出时会发生巨大的体积变化，从而导致材料的粉化和循环性能降低。

石墨的对锂电位仅为 0.1V 左右，充电时容易引起极片表面析锂的现象，造成安全性问题，还可能与电解液过度反应产生安全隐患。因此，对锂电位高达 1.5V，安全性和循环特性优良的钛酸锂（$Li_4Ti_5O_{12}$，LTO）受到了广泛关注。但 LTO 的比容量仅为 175mAh/g，所以在未来，通过与硅类材料等复合，有望实现比容量与安全性、循环性能的兼顾。

3. 电解液

目前，锂离子电池中应用最多的电解液为有机电解质体系。但采用有机电解液的锂离子电池，充放电电压超过 4V 时电解液就开始分解，在过度充放电、内部短路等异常情况下还有自燃甚至爆炸的危险。因此，下一代锂离子电池用电解液的目标是能够应对高电压电极材料，并且安全性能更好。

固态电解质是一种具有离子导电性能的固态介质，它比液态电解质具有更宽的工作电位窗口。因此，在全固态锂离子电池电极材料的界面上，固态电解质分解的副反应几乎不会发生，从而大幅度提高了电池的安全性，并保证了更高电压平台的正极材料的应用。

4. 隔膜

隔膜作为电池的"第三极"，是锂离子电池的重要组成之一，决定了电池的界面结构和内阻，进而影响电池的能量、功率、循环性能、倍率性能等关键特性。性能优异的隔膜对提高动力锂电池的综合性能有重要作用。

目前锂离子电池隔膜主要为多孔性聚烯烃。可分为单层聚丙烯微孔膜（PP），单层聚乙烯微孔膜（PE），聚丙烯、聚乙烯多层微孔膜。这些材料的耐热性差，高温收缩率大，膜的强度低，存在安全隐患。因此，下一代锂离子电池隔膜的发展方向是提高其耐热性和机械强度。此外，还要求隔膜具有更高的均匀、一致性，孔径分布更加均匀。当前，针对这一目标，国内外研究人员主要的研究方向为：①无纺布隔膜、纳米纤维隔膜、PA 隔膜；②有机/无机复合膜；③陶瓷涂层隔膜。

7.2　计算材料学及其发展趋势

计算材料学是以量子力学、量子化学为基础，以薛定谔方程为指导，融汇多方面物理、化学知识，在一定程度上将材料实验工作和理论研究联系到一起的新兴交叉学科。它运用固体物理理论，理论化学和计算机算法研究一些难以仅凭实验方法来进行研究的课题，它是材料研究里的"计算机实验"。根据相关的理论知识，在计算机虚拟环境下从纳观、微观、介观、宏观尺度对材料进行多层次研究，模拟超高/低温、超高电压等极端环境下材料结构、组成、性能等方面的演变规律、作用原理等，进而实现材料的改进和设计。因此，在材料科学领域中，"计算机实验"已成为与传统实验方法和理论研究同样重要的研究手段，并且随着计算材料学的不断发展，它的作用会越来越大。近二十年来，计算材料学实现了大规模、多尺度的原子层次计算，融合了基于密度泛函理论的第一性原理计算，发展了材料模拟技术，为材料科学提供了可靠而完整的多尺度计算和模拟工具。

7.2.1　固体材料的量子力学计算方法

通过高性能计算，人类已经有可能从基本物理原理出发，对固体物性进行定量的解释。例如，为什么同样是碳原子，却可以有金刚石和石墨这两种差别极大的形态？为什么同样是过渡族元素组成的晶体，却只有铁、钴、镍三种金属有磁性，要从根本上回答这些问题，就需要求解固体中电子运动所满足的薛定谔方程[8]

$$\left[-\frac{1}{2}\nabla^2 + V(\boldsymbol{r})\right]\varphi_i(\boldsymbol{r}) = E_i\varphi_i(\boldsymbol{r}) \tag{7-1}$$

固体中有大量的原子核和电子，严格求解这种多粒子系统的薛定谔方程是不可能的，必须采用一些近似和简化。除了绝热近似，单电子近似，固体能带理论还采用了理想的晶格周期性等效势场近似。对固体系统进行以上三种近似处理，得到单电子方程，然后求解，即固体能带计算，它包含了平面波方法、紧束缚近似法、正交平面波法、赝势法等。此外，还可以先求一个原胞中电子的能量和波函数，其中晶体的单电子波函数用原胞中的电子波函数展开，再用晶体电子波函数在原胞边界面必须满足的边界条件来确定晶体单电子波函数的展开式系数和能带 $E_n(k)$。以这一思想为基础，逐渐出现了原胞法、缀加平面波方法和格林函数方法等能带计算方法。

量子力学第一性原理计算的原理就是根据原子核和电子相互作用原理及其基

本运动规律，运用量子力学，从具体要求出发，经过一些近似处理后直接求解薛定谔方程。第一性原理的出发点就是求解多粒子系统的量子力学薛定谔方程。基于密度泛函理论的第一性原理计算广泛用于均衡结构的研究中。密度泛函理论则是更严格、更精确地求解单电子问题的理论。它不仅为多电子问题转化为单电子问题提供了理论基础，而且成为分子、固体电子结构和总能量计算的有力工具。

作为多粒子系统理论基态研究的重要方法，密度泛函的理论基础是 Hohenberg 和 Kohn 提出的关于非均匀电子气的理论，即 Hohenberg-Kohn 定理，可归结为以下两个基本定理。

定理 7-1　不计自旋的全同费米子系统的基态能量是粒子数密度函数 $\rho(r)$ 的唯一泛函。

定理 7-2　能量泛函 $E[\rho]$ 在粒子数不变的条件下对正确的粒子数密度函数 $\rho(r)$ 取极小值，并等于基态能量。

由于对有相互作用电子系统的动能项一无所知，20 世纪 60 年代，Kohn 和 Sham 提出：①假定动能泛函 $T[\rho]$ 可用一个已知的无相互作用电子系统的动能泛函 $T[\rho]$ 来代替，这个无相互作用电子系统与有相互作用电子系统具有相同的密度函数；②用 N 个单电子波函数 $\phi_i(r)$ 构成密度函数 $\rho(r)$。

Kohn-Sham 方程的理论核心是：用无相互作用电子系统的动能代替有相互作用电子系统的动能，而将有相互作用电子系统的全部复杂性归入交换关联相互作用泛函 $Exc[\rho]$ 中。Kohn-Sham 方程不仅包含电子的交换相互作用，还包含电子的关联相互作用。

锂离子电池作为一种化学电池，人们自然认为它与化学有密切的关系。但实际上，锂离子电池是物理学、材料科学和化学等学科研究的共同结晶。对锂离子电池涉及的载流子传导、嵌入物理和相变等问题的认识都属于物理范畴。另一方面，自从密度泛函理论（DFT）建立并在局域密度近似（LDA）下导出著名的 Kohn-Sham（KS）方程以来，基于密度泛函理论的第一性原理一直是凝聚态物理领域计算电子结构及其特性最有力的工具，也是锂离子电池材料研究的主要手段之一。

近十多年来，第一性原理计算在材料设计、合成、模拟计算和评价等多方面的应用都有显著进展，已成为计算材料学的重要基础和核心技术。具体到锂离子电池材料的应用中，比较突出的开创性工作是麻省理工学院的 Ceder 课题组在计算 Li$_x$MO$_2$（金属氧化物电极材料，M=Ti，V，Mn，Co，Ni，Cu，Zn，Al 等）的平均嵌锂电压中所获得的成功即

$$
\begin{aligned}
E &= -\int_{x_1}^{x_2} [u_{Li}^{IC}(x) - u_{Li}^0] dx_{Li} \\
&= -[G_{Li_{x_2}MO_2} - G_{Li_{x_1}MO_2} - (x_2 - x_1)G_{Li}] \\
&= -\Delta G_r
\end{aligned}
\tag{7-2}
$$

式中，u_{Li}^{IC} 是每个锂在嵌锂化合物中的化学势；u_{Li}^0 是在金属锂中的化学势。式中需要计算的吉布斯自由能进行近似处理，用 $-\Delta E_r$ 近似处理 ΔG_r，通过计算 $LiMO_2$，MO_2 和金属锂三个晶体的单位晶胞总能量就可以得到体系的平均电压

$$\bar{V} = -\frac{\Delta G_r}{(x_2 - x_1)F} \approx -\frac{E_{LiMO_2} - E_{MO_2} - E_{Li}}{e} \tag{7-3}$$

通过上述方法计算 α-NaFeO₂ 结构的 $LiMO_2$ 的锂平均嵌入电压，所得结果与实验结果在变化趋势上是一致的。证明了通过计算可对锂离子电池正极材料的研究和开发提供有效指导。

第一性原理计算方法的不断进步和其应用的发展、扩大，为从理论上认识和理解锂离子电池中涉及的物理问题提供了有力的手段，为新材料的开发和现有材料的改进研究提供了更多可能。

7.2.2　诺贝尔化学奖与计算材料范式

1998 年，瑞典皇家科学院将诺贝尔化学奖授予美国物理学家 Kohn 和英国数学家 Pople，以表彰他们在量子化学理论与计算方法方面作出的开创性贡献。此次诺贝尔化学奖的颁发，代表了整个化学界对理论化学学科地位的重新认识，也说明了随着计算机科学的飞速发展，量子化学计算已成为与实验技术相得益彰、相辅相成的重要手段。

正如 Mulliken 在其 1966 年诺贝尔化学奖获奖演说里所预言的那样，他说："计算化学家的时代即将到来。到那时，若不是成千也是成万的化学家，将为了化学中日益增多的许多细节问题走向计算机，而不是实验室。"

时隔 15 年，瑞典皇家科学院将 2013 年的诺贝尔化学奖颁发给了美国科学家 Karplus，Levitt 和 Warshel，以表彰他们对发展复杂化学体系的多尺度模型的贡献。这次授奖再次肯定了计算机技术在科学研究中的重要作用，它将成为进一步发展更准确的理论模型和应用的新起点。

如果 1998 年诺贝尔化学奖的颁发是宣告了"化学的两大支柱是实验和形式理论"的时代已经来临，那么 2013 年诺贝尔化学奖的颁发则说明实验已经进入了信息时代，计算也正在成为科学研究的支柱。对于今天的物理、化学学家，计算机的计算和模拟已经和实验室的实验同等重要，理论与实验密切合作才能更好、更快地解决科学难题。

过去的几十年不仅是物理、化学等学科快速进步的时代，更是计算机科学和技术迅猛发展的年代。计算机运算和存储能力的大幅提升，使科学家们能够根据理论知识，利用计算机模拟将研究体系的结构、性质和反应等的设想变成现实，再将计算机上获得的结果与实际的实验结果进行比对验证，得到预期的结论或产生新的研究线索。这种计算模拟技术与材料技术的结合，不仅助力了两次诺贝尔

化学奖的获得，而且衍生出了一种新型交叉学科——计算材料学。

作为与理论分析和实验观测并列的研究方法，计算材料学为材料科学提供了新颖、有效的研究手段，弥补了理论和实验的不足。通过计算机模拟温度、湿度、应力、强度等各种实验参数和一些极端的实验条件，能更快捷地获取材料优化工艺和性能，从而大大加快材料研发进度；通过模拟工艺进程，改变参数，获得相应结果，能更准确地选择工艺程序，不仅降低了产品研究开发的成本，而且扩大了材料系统化提升的范围。

从 1998 年诺贝尔化学奖的量子化学计算方法和电子密度泛函理论，到近年来飞速发展和广泛应用的材料计算学，再到 2013 年诺贝尔化学奖的复杂化学体系的多尺度模型，逐渐演变出了一条新的材料研究范式——利用已知的、可靠的数据库（包括材料的晶体结构、化学组分、体系能量等基本性质和物理、化学、甚至生物学等基本规律），基于特定的假设，建立相应的模型，然后利用先进计算方法和现有的虚拟测试技术等进行计算和分析，通过理性设计，建立实体模型，进行实验验证。根据这个计算材料范式进行材料的探索和开发，不仅能够大大降低材料的研发成本，还可以实现目标可控的材料探索，并使材料的研究与开发更具方向性、前瞻性。同时，它还具有"集成—反馈—修正—改进"的循环优化模式，一方面能够及时反馈研发过程中的问题，以尽快修正改进研究方案；另一方面，理论计算与实验验证得到的结果能归入已知数据库中，做到数据库的实时补充和更新。

这种高效、低成本的计算材料范式，与美国材料基因组计划遥相呼应，以强大的信息技术支撑真实或未知材料的设计和探索，推动材料向快速化、全面化发展，为突破我国产业发展面临的技术壁垒提供更多的机会。

7.2.3　材料基因组计划与高端制造业

为了重新夺回全球制造业的领导地位，同时促进经济增长，2011 年 6 月 24 日美国总统奥巴马宣布了一项超过 5 亿美元的"先进制造业伙伴（Advanced Manufacturing Partnership，AMP）"计划。"材料基因组（Materials Genome Initiative，MGI）"计划是 AMP 计划的重要部分之一，也是 AMP 计划的基础，缩短先进材料的开发和应用周期，才有可能掀起制造业的又一次伟大革命。该计划的目标在于通过高通量-多尺度的计算模拟，结合高通量组合实验和智能数据库，加快先进材料的发现、开发、生产和应用速度，以满足高端制造业关键材料的需求，从而复兴美国制造业，保持美国的全球竞争力。具体来说，它是计算材料范式的推广，通过高通量的第一性原理计算，结合已知的可靠实验数据，用理论模拟尝试尽可能多的真实或未知材料，建立其化学组分，晶体/分子结构和各种物性的数据库，并利用信息学、统计学方法，通过数据挖掘探寻材料结构和性能之间的关系模式，为材料设计人员提供更多的信息，拓宽材料筛选范围，集中筛选目标，减少筛选尝试次数，预知材料各项性能，缩短性质优化和测试周期，预先规划回收处理方案，从而加速材料研究的创新。

材料基因组计划不仅创立了一个新的材料创新框架，还为新的计算材料研究范式的发展提供了必要的工具。这种以变革材料研发模式为基本理念，以多学科交叉、多尺度空间跨越和多软件集成综合计算系统为特点，以高通量智能计算、数据共享平台和高通量组合实验为手段，以低耗、快速、创新发展新材料为目标的革命性计划，将加速与国家重大需求和国家安全相关的先进材料的发现、开发和应用，成为产业进步、国民经济发展和保证国防安全的重要推动力。

当前我国在材料领域面临的形势非常严峻，国家重大需求和国家安全方面急需的高端制造业材料关键部件大都依赖进口，材料的自给率只有14%。为了建立我国的新材料研发和产业体系，促进我国高端制造业的创新发展，在中国科学院和中国工程院的共同推动下，2011 年 7 月我国也启动了有关材料基因组计划的战略研讨和材料科学系统工程的相关规划。

高端制造业是以高新技术为引领，处于产业链高端环节，决定着产业链整体竞争力的核心产业，是推进工业转型升级的引擎。大力发展高端制造业，是产业核心竞争力提升的必然条件，是占领未来经济和科技发展制高点的必然选择，对加快转变经济发展方式，实现由制造业大国向强国的转变具有重要战略意义。发展高端制造业，新材料是基础也是关键。有先进材料才有高端制造业，先进材料的研发能力，是检验一个国家或地区的制造业是否高端的关键标准。因此，高端制造业材料必须先行。

按照《国务院关于加快培育和发展战略性新兴产业的决定》明确的重点领域和方向，现阶段高端制造业发展的重点方向包括航空装备、卫星及应用、轨道交通装备、海洋工程装备、智能制造装备。相应的，我国材料创新计划对发展高端制造业所需的先进材料分为以下几大类：①航空发动机涡轮叶片材料，最初航空发动机涡轮叶片所用材料普遍为变形高温合金，随着材料研制技术和加工工艺的发展，铸造高温合金逐渐成为涡轮叶片的候选材料，其中性能较优异的有超强高韧涡轮叶片材料——镍基单晶高温合金，超高温合金，钛合金等。②核武和核能及极端条件下的材料，主要包括核武外壳材料，核能材料，极端条件下的特种无极功能材料和新型超硬材料；③稀土材料，稀土是不可再生的重要战略资源，在新能源、新材料、节能环保、航空航天、电子信息等领域的应用日益广泛，并且具有诸多其他元素所不具备的光、电、磁特性，被誉为新材料的"宝库"，应用于高新产业领域的有稀土新型高效超级电容器材料，稀土磁性材料，稀土发光材料和激光材料，稀土储氢材料，稀土核能材料等；④光电材料，光电材料是整个光电产业的基础和先导，是关系到国计民生的新兴产业，涉及国防、民生等各个领域，主要包括红外材料、激光材料、光纤材料、非线性光学材料等；⑤能源材料，在新材料领域，能源材料往往指那些正在发展的、可能支持建立新能源系统，满足各种新能源和节能技术的特殊要求的材料，目前比较重要的新能源材料有裂变反应堆材料、聚变堆材料、氢能源材料、热电材料、锂离子电池材料等；⑥生物材料，生物材料是用于人体组织和器官的诊断、修复或增进其功能的一类高技术材料，其应用广泛，品种很多，随着科学技术的发展，逐渐由一般生物相容材料向智能生物材料（如组织工程材料）转变；⑦催化材料，催化材料是催化剂的主体，新材料的开发往往是新催化工艺的基础，对于现代催化材料，基本分为四类：即光催化材料、稀土催化材料、新型催化材料和复合催化材料；⑧高强高韧合金，航空航天、汽车、轨道交通等产业的发展对高强度、高断裂韧性的合金材料的需求越来越迫切，目前研究较多的有高强高韧镁合金、铝合金、钛合金等；⑨先进量子材料和前沿材料。多铁性材料、拓扑绝缘体材料和石墨烯材料都属于先进量子材料，在众多领域有着广泛的应用前景，而高温超导材料、超构材料、高熵材料等前沿科学领域的材料，对先进制造业的发展具有重大意义。

7.3　锂离子嵌入材料的物理化学基础

7.3.1　嵌入脱嵌反应的物理基础

在固体物理中，嵌入是指可移动的客体粒子（分子、原子、离子）可逆地嵌入主体晶格中的网络空格点上。在嵌入离子的同时，要求主体晶格进行电荷补偿，以维持电中性。电荷补偿可以由主体晶格能带结构的改变实现，电导率在嵌入前后会有变化[9]。

嵌入反应就是客体物质（Guest，如 Li^+、H）可逆地嵌入主体基质结构（Host，如 C、$Li_{1-x}MO_2$）的一类固态反应。嵌入反应是一种拓扑化学反应，在反应的过程中，基质材料的结构保持不变。同时，认为反应是局部规整的，因为骨架在嵌入和脱嵌过程中，主体晶格原子只发生位移而不产生扩散性重组，对于结构和组成都保持着完整性。

在主体基质[Hs]中，存在可到达的未占据的一些空格位□（如四面体、八面体的间隙位置或层状化合物层与层之间存在的范德华空隙等），相应的嵌入反应可以表示成

$$xG+\square_x[Hs] \rightarrow G_x[Hs] \tag{7-4}$$

所产生的非化学计量化合物 $G_x[Hs]$ 称为嵌入化合物。嵌入物的种类和浓度对基质材料的化学、电学、磁学、热学和力学性质有显著的影响。嵌入化合物按电子转移可以分为施主型和受主型两类。目前已发现的嵌入化合物种类繁多，如

TiS$_2$、WO$_3$、石墨等，它们广泛用作敏感材料、发光材料、固体润滑剂、催化剂、储氢材料和同位素转移材料等。而由于嵌入化合物能够避免绝大多数固态反应所固有的较高的缺陷扩散能垒和晶体的成核与增长，所以其最典型的应用就是锂离子电池电极材料。

　　锂离子电池是以 Li$^+$ 在正、负极材料中的嵌入和脱嵌为机理发展起来的。作为锂离子电池电极材料，其最重要的结构特征就是主体基质具有一定的结构开放性，可允许外来的离子嵌入或脱嵌。而电极材料中 Li$^+$ 的嵌入/脱嵌过程控制着电池容量、能量和功率、安全性等实际电池性能。因此，对锂离子嵌入/脱嵌过程中锂离子浓度变化、电压变化等关键量的计算和实验研究，有助于全面深入了解嵌入/脱嵌反应的微观机制，从而改进电极材料，获得性能更好的锂离子电池。

　　现以锂离子正极材料中 Li$^+$ 的嵌入过程为例，简要阐述电极材料嵌入/脱嵌反应的计算过程。图 7-2 描述了锂离子电池正极材料嵌入过程的势能面模型。图 7-2 中，ρ_{Li} 和 $\rho_{□}$ 分别为可嵌入锂位的密度和脱嵌时空位的密度；Δ 是热位垒，为放电时从脱嵌态突破过渡态所需的能量；δ 为畸变能。

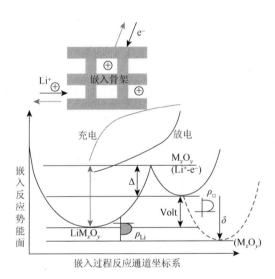

图 7-2　锂离子电池正极材料嵌入过程的势能面模型[1]

　　从图 7-2 中的势能面模型可以看出，充电过程中，Li$^+$ 从正极不断脱嵌，Li$^+$ 浓度将逐渐降低，空位势能则增大，充电完成后正极将处于贫锂态；放电过程中，Li$^+$ 则重新嵌入正极材料骨架中，Li$^+$ 浓度逐渐增大，锂位势能降低，正极逐渐趋于富锂态。据此获知锂位密度 ρ_{Li} 和空位密度 $\rho_{□}$，就可以计算出材料的最大比容量。而热位垒 Δ 能够反映出材料体相倍率、功率和低温等性能。锂位与空位的能量差不仅与工作电压相关，还决定了材料的比能量密度。畸变能 δ 则在宏观上反映出了材料的循环寿命。这种计算模型没有涉及电解液及其与电极材料的界面，为块体材料关键物理量的计算提供了统一、便捷的计算途径[1]。

近年来，在研究正、负极材料的脱锂、嵌锂过程方面已取得了许多进展。Meunier 等[10]在使用分子动力学研究碳纳米管的嵌锂过程中，发现锂是通过管壁上的拓扑学缺陷（至少是九元环）或纳米管的开口端进入纳米管内的。Koudriachova 等[11]根据第一性原理计算提出了一个新的 TiO_2 嵌锂模型，从而解释了实验中观察到的 $LiTiO_2$ 新相。Wolverton 等[12]研究了正极材料 $LiCoO_2$ 脱锂过程电子结构的变化，发现 Li^+ 脱嵌过程中电荷的转移除了来自 Co，还有相当一部分来自氧（O），并被 X 射线光电子能谱（XPS）[13]和 X 射线吸收谱（XAS）[14]实验证实。

7.3.2 嵌入材料的试验检测验证

先进材料高速发展的同时，高通量的材料表征检测和验证也取得了长足进展。当前材料测试表征系统建设所面临的任务是完善现有的和开发新的实验方法与技术，实现材料在特定的工作条件和环境下的原位、高效并且定量的性能表征、检测和验证。综合电子显微镜、X 射线衍射、热力学分析、中子散射、核磁共振等传统观测技术建立能量区域和时空操作为一体的测试平台，整合各种资源，充分开发先进的技术手段以实施快速、高效的测试，为真实工作环境下实物材料的实时变化检测提供了可能。

目前常用的嵌入材料的试验检测验证方法主要有 X 射线衍射、光电子能谱、红外和拉曼光谱、电镜法（包括电子显微镜、扫描电镜、电子衍射、选区电子衍射、高分辨电子衍射、小角度电子衍射、扫描电子衍射、晶体分光光谱法、X 射线光谱法、能量损失谱法、高分辨电镜等方法）、比表面积测试、固体核磁共振谱、质谱法、激光粒径分析、电化学石英晶体微量天平、热分析法、交流阻抗谱仪、循环伏安法等。通过这些测试表征手段，基本能实现材料的结构分析、显微分析、成分分析、宏观物理性质测量和一些极端条件下的测量。

但是，随着材料的不断发展创新，对其性能的要求也不断提高，只对材料微米级的显微结构进行研究已无法满足需求，同时材料研究也越来越依赖于高端的测试技术，高空间分辨、高时间分辨、高灵敏度的表征手段提上日程，从以往简单的表面表征向界面、内部和电子结构等科学问题的表征发展。除此之外，各种辅助软件、硬件集成和虚拟材料测试技术也快速发展，有效解决先进材料的试验检测和验证的问题，显著加快材料的研究进展。以下列举几项简单说明。

原位统计分布分析[15]以测试信息原位性、原始性、统计性为特征，旨在反映材料中较大尺度（cm^2）范围内不同组成的定量统计分布规律，是现有宏观平均含量分析和微观结构分析之外的另一种材料性能表征技术。原位统计定量分布分析技术可以获得材料的许多新信息[16]，如各元素在材料中不同位置含量的统计定量分布；材料中各元素偏析度的准确定量计算；材料均匀度的表征——元素不同含量在材料中所占的原位权重比率、统计均匀度、统计偏析度；材料疏松度的定量表征——统计致密度和表观密度；材料中所含杂物的统计定量分布和其不同粒度的统计定量分布等。而采用高通量原位统计分布分析表征技术，能够获得大量的材料组成、结构、性能等一一对应的信息，通过筛查、验证、发现有价值的信息，将为调整理论计算、改进工艺提供参考。

同步辐射是速度接近光速的带电粒子在进行曲线运动时沿切线方向发出的电磁辐射，也叫同步光。同步辐射较之常规光源有许多优点。例如，它频谱宽，从红外一直到硬 X 射线，是一个包括各种波长光的综合光源，可以从其中得到任何所需波长的光；准直性高，利用同步辐射光学元件引出的同步辐射光源具有高度的准直性，经过聚焦，可大大提高光的亮度，可进行极小样品材料中微量元素的研究。其中最突出的优点是亮度大。高亮度的光强可以进行高分辨率（空间分辨、角分辨、能量分辨、时间分辨）的实验检测，这些都是用常规光源无法完成的；还有同步辐射发散角小，光线是近平行的，其利用率、分辨率均大大提高；另外还有时间结构、偏振特性，有一定的相干性和可准确计算等。正因为有以上各种优点，它在科学、技术、医学等众多方面解决了一批常规实验室无法解决的问题，作出了重大贡献，世界各国特别是发达国家对此十分重视，纷纷建立了自己的同步辐射实验中心。在上海的同步辐射装置（SSRF），是一台世界先进的中能第三代同步辐射光源。利用上海同步辐射光源的高亮度、窄脉冲的同步辐射光在时间分辨上的优势，可以实现在分子水平上直接观察生命现象和物质运动过程。材料科学家利用同步辐射光，可以清楚地揭示出材料中原子的精确构造和有价值的电磁结构参数等信息，它们既是理解材料性能的"钥匙"，也是设计新颖材料的原理来源。

原子力显微镜（Atomic Force Microscope，AFM）是纳米/原子级分辨率的表面结构分析仪器，成像精度高，能够提供三维表面图像，可在大气、液体等多种环境下工作。但其成像范围太小，速度慢，受探头的影响太大，限制了 AFM 更大范围的应用。如果将显微仪器的模拟仿真和材料计算模拟相结合，就可设计出与显微技术同等的实时电化学过程。这样就避免了上述缺陷，也无须电化学环境，有效地解决了测试难题。Balke 等[17]使用纳米级分辨率的 AFM，研究锂离子电池正极材料 LiCoO₂ 中的畸变时，将测试结果的分析扫描与有限元模型结合，并以简谐振子模型来描述探针针尖与样品的接触模式，从而建立起测得的滞后回路与锂离子扩散之间的联系，得到了纯粹实验无法获知的信息。Bechstein 等[18]在利用实原子分辨率的非接触式原子力显微镜（NC-AFM）研究金红石 TiO₂ 的（110）面时，结合密度泛函理论计算对探针尖端结构和观测的图像对照之间的联系进行了相关了解。这些工作表明，结合一定的材料计算方法和理论模型，有助于更好地探究材料在纳米尺度范围的特性。这种技术的实现，不仅大大降低了材料测试的成本，还能够更加深入、详细、直观并且快捷地对材料各种尺度的性能进行探测和表征。这种显微模拟技术的出现，将有力地推进材料的发展和进步。

7.3.3　嵌入材料计算研究的常规模式与困难

目前嵌入材料计算研究的常规模式主要由麻省理工学院的 Ceder 课题组提出。计算的内容包括电极材料嵌入势，多元素固溶复合材料的可固溶性，锂嵌入\脱嵌过程的相变，充放电过程中间相的稳定性和锂离子的迁移率。

电极材料嵌入势的第一性原理总能表达公式为

$$\bar{V} = \frac{-G_r}{(x_2 - x_1)F} \approx -\frac{E_{(Li-host)} - E_{host} - E_{Li}}{e} \tag{7-5}$$

式中，G_r 为整个半电池（负极为锂金属）反应的自由能变化；E 代表第一性原理计算的体系总能[19]。（Li-host）代表嵌入态，例如，$LiCoO_2$，LiC_6；host 代表脱嵌态，$LiCoO_2$ 的完全脱嵌态为 CoO_2。研究者们发现广义梯度近似（GGA）计算的结果与实验值之间存在 $0.6 \sim 0.8V$ 的系统差值，DFT+U 的计算结果更接近实验值[20, 21]。然而，DFT+U 计算得到的总能结果对 U 值非常敏感。若 U 值选择不当，有可能得到的结果比 GGA 或局域密度近似（LDA）的结果更糟糕，如对于同结构的系列材料，DFT+U 计算得到的电位相对趋势甚至与实验不符[22]。也有一些方法可以基于 LDA 或 GGA 自洽得到 U 和 J 的值，但这些方法较为复杂[23]，其合理性也存在争议。

对于多元素固溶复合材料，其可固溶性可以用固溶能量来描述。例如，$Li(Ni_{0.5}Mn_{0.5})O_2$ 二元复合材料，其固溶能量描述为

$$E_{mix} = E(LiNi_{0.5}Mn_{0.5}O_2) - \frac{1}{2}\left[E(LiNiO_2) + E(LiMnO_2)\right] \tag{7-6}$$

若该能量项为负，则复合材料很可能以随机或有序固溶的方式存在；若该能量项为正，则复合材料可能以各单相的团聚为主[24]。

对于固溶复合相，固溶离子在晶格中的排列可能是无序的，也可能倾向某些有序构型。目前主要有两种方案处理固溶离子排列的问题，一种是广泛应用的 Cluster expansion 方法[25]，另一种是由黎军课题组近年提出的固溶体理性设计方法[26]。在 Cluster expansion 方法中，对于二元固溶，某一构型的能量可写成

$$E = \sum_n V_n \xi_n \tag{7-7}$$

式中，V_n 为有效 n 体作用（ECI）系数；ξ_n 为位置关联函数[27]。关联函数的定义为

$$\xi_n = \frac{1}{N_n} \sum_{\{p_l\}} \sigma_{p1} \sigma_{p2} \cdots \sigma_{pn} \qquad (7\text{-}8)$$

式中，σ 是描述位置占据的类自旋变量。例如，在二元合金 AB 中，若此位置为 A 离子占据则可令 $\sigma=1$，若为 B 离子占据则 $\sigma=-1$。原则上来说，Cluster expansion 方法可以囊括所有的二体作用、三体作用和更大团簇作用，但实际应用中需要进行截断处理。基于部分构型的第一性原理总能结果，通过最小二乘拟合得到 ECI 系数[27]，从而得到所有构型的能量。然而，对于关联材料（大部分正极材料），各构型中过渡金属离子的价态可能不同，参数化拟合难以正确推演所有构型的能量。

固溶体理性设计方法是指：①建立结构基元量子数据库；②根据元素化学计量比和基元的晶胞参数建立超结构的晶胞参数；③建立可递推扩展的完备构型集；④对每一种构型中所有离子间的重要关联（如三元层状复合材料中层内过渡金属近邻关系）建立局域序矩阵；⑤根据局域序矩阵的特征进行筛选得到具有代表意义的超结构代表构型[26]。固溶体设计流程如图 7-3 所示。这一方法的优点在于局域序矩阵可以根据选定的物理模型来确定；通过这一矩阵进行筛选可以得到具有代表意义的有限构型，并直接计算这些构型的总能，而不需要进行截断和参数拟合处理。

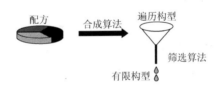

图 7-3　固溶体设计流程

在充放电过程中，锂离子电池的电极材料由于锂的嵌入/脱嵌反应可能会发生相变。例如，层状结构的 $LiMnO_2$（空间群为 C2/m）在脱嵌为 $Li_{1/2}MnO_2$ 时极易转变为尖晶石结构（Fd$\bar{3}$m）[28]。两种结构的相似之处在于氧离子子晶格都是立方密排堆垛，过渡金属处于氧八面体中，如图 7-4 所示，图中深灰色大球为 Mn，浅灰色小球为 Li，黑色小球为 O。两种结构的区别在于层状结构中 Li 处于氧八面体中，而尖晶石结构中，Li 处于氧四面体中。在层状结构中 Li/Mn 在八面体位层交错堆垛，尖晶石结构中部分八面体位空缺，Mn 以 1∶2∶1∶2 的比例在八面体层交错排布。因此，要发生从层状结构到尖晶石结构的相变，一方面是 Li 离子从八面体层迁移到近邻的上下四面体位层，1/3 数目的 Mn 离子从 Mn 层迁移到 Li 层。计算表明，Mn 离子经由八面体位 1 到四面体位再到八面体位 2 的路径势垒比直接从八面体位 1 到八面体位 2 容易。然而，计算得到的 $Li_{1/2}MnO_2$ 中，Mn 离子迁移势垒值约为 0.2eV[28]。这一值比室温热激发能量 26meV 要高出一个数量级。相变的驱动力来自何处目前尚无答案。

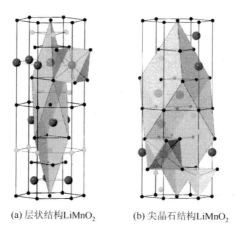

(a) 层状结构LiMnO$_2$　　　　　　(b) 尖晶石结构LiMnO$_2$

图 7-4　层状结构和尖晶石结构离子堆垛示意图[29]

　　1998 年，Ceder 课题组给出了预测充放电过程为固溶反应或两相反应的计算方案。例如，钴酸锂中间相 Li$_x$CoO$_2$ 结合能的表达式为

$$\Delta_f E = E - x E_{LiCoO_2} - (1-x) E_{CoO_2} \qquad (7\text{-}9)$$

式中，E 为中间相 Li$_x$CoO$_2$ 的总能[30]。所有中间相 Li$_x$CoO$_2$ 在 $0<x<1$ 范围的结合能都为负值，说明中间相是可稳定存在的，即 LiCoO$_2$ 的充放电过程为固溶反应。而对于 Li$_x$FePO$_4$，在整个 $0<x<1$ 的范围中，结合能都为正值，中间相不能稳定存在，即 LiFePO$_4$ 与 FePO$_4$ 间存在稳定相界。这一结果为蒙特卡洛模拟所重复，也与实验观察到的两相反应吻合[31]。不过，这一描述方法还有待完善，例如，实验中 Li$_2$FeSiO$_4$/LiFeSiO$_4$ 充放电行为是两相反应[32]，但计算给出的结论是中间相 Li$_{2x}$FeSiO$_4$ 稳定存在。类似的，Li$_x$CoO$_2$ 结合能的计算也无法呈现实验观察到的富锂区两相反应[33]。

　　对于嵌入材料，锂离子的迁移速率是非常重要的一个参量。对于两相式充放电过程，锂离子或空位可视为稀载流子，迁移率可表示为

$$D = a^2 g f x_D v^* e^{-\left(\frac{\Delta E_a}{\kappa T}\right)} \qquad (7\text{-}10)$$

式中，a 为跳跃距离；g 为结构因子；f 是关联因子；x_D 为载流子（缺陷）浓度；ΔE_a 是活化势垒[34, 35]。而对于固溶式充放电过程，载流子（锂离子或空位）间的相互作用将影响其迁移率

$$D = \left(\frac{\partial(\mu/\kappa T)}{\partial \ln x}\right) \lim_{t \to \infty}\left[\frac{1}{2dt}\left(\frac{1}{N}\sum_1^N \left\langle \left[r_i(t)\right]^2 \right\rangle\right)\right], \quad \Delta E_{KRA} = K_0 + \sum_\alpha K_\alpha \phi_\alpha \qquad (7\text{-}11)$$

式中，μ 为化学势；x 为载流子浓度；d 为扩散维度；t 为时间；r 为迁移的距离。Van der Ven 等[34]侧重考虑了构型对锂离子/空位迁移的影响，他们结合 Cluster expansion 方法计算了不同构型的活化能和迁移率。

对于锂离子/空位的迁移，路径不同势垒也不同。例如，在 Li_xFePO_4 中，Morgan 等[35]给出了 3 种路径，沿着锂通道的路径，其势垒最低，且路径中两个锂离子相距不太远。在 Li_xCoO_2 中，类似于层状结构到尖晶石结构的相变，锂离子的迁移可以有八面体位—八面体位之间的直接跃迁和八面体—四面体—八面体的跃迁，后者的势垒比前者要低[34]。因为电极材料的充放电过程中，锂离子与电子是通过不同途径嵌入/脱嵌材料的，二者的迁移速率不同，其差异随材料不同而表现各异，二者如何结合是现有理论和计算未涉及也未能解决的问题。

综上所述，现有的计算模型可部分给出与实验吻合的参量值，也为实验中观测到的现象给出了一些解释。然而，有些计算模型给出的结果只具备横向对比意义，另有一些计算模型甚至得出了与实验结果相悖的结论。嵌入材料中还存在很多未解之谜，亟待新的理论来提供新的理解和预测。

7.4　新型锂离子电极材料的研究进展

7.4.1　第一性原理计算模型

充放电过程中的正、负电荷经由不同的途径传递，电极材料分别通过集流体发生电子传递和通过电解液发生锂离子传递，如图 7-5 所示。基于这一观察，陈珍莲等[29]提出在嵌入电压计算中将嵌入过程分解为三步。

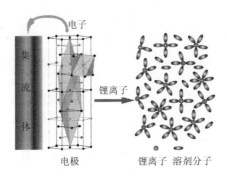

图 7-5　电极材料嵌入过程的电荷传递示意图

（1）电子经集流体嵌入宿主材料形成负电状态的宿主材料 $Host^-$，即

$$Host + e^- \rightarrow Host^-$$ 　　　　　（7-12）

（2）锂离子经电解液嵌入负电状态的宿主材料，即

$$Host^- + Li^+ \rightarrow (Li-Host) \tag{7-13}$$

（3）宿主材料在接收电子和锂离子后，发生弛豫生成结构稳定的嵌入态产物。参照 Marcus 反应势能面曲线理论，三个反应步骤的势能面曲线可表示为图 7-6。三个反应步骤所对应的三个能量项在此分别命名为亲电能（E_{ea}）、亲锂能（E_{la}）和结构弛豫能（E_{gr}）。其加和就是整个嵌入过程的能量转换，即

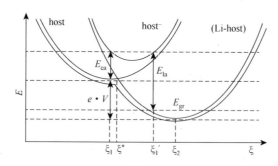

图 7-6　嵌入过程三个步骤的势能面曲线示意图

$$-e \cdot V = E_{(Li-host)} - E_{host} - E_{Li} = E_{ea} + E_{la} + E_{gr} \tag{7-14}$$

三个能量项的定义为

$$E_{ea} = E_{host}-(\xi_1) - E_{host}(\xi_1) \tag{7-15}$$

$$E_{la} = E_{(Li-host)}(\xi_1') - E_{host}-(\xi_1') - E_{Li} \tag{7-16}$$

$$E_{gr} = E_{(Li-host)}(\xi_2) - E_{(Li-host)}(\xi_1') \tag{7-17}$$

式中，ξ_1' 与 ξ_1 所对应的 host 结构一样。

在这一描述嵌入过程的嵌入模型中，亲电能可以理解为宿主材料接收电子需要消耗的能量，其值为正。亲锂能体现的是锂离子与宿主材料中阴离子的孤对电子之间的库仑吸引作用，其值为负。结构弛豫能是宿主材料接收外来电子和锂离子之后的响应，其值也为负。亲锂能主要由宿主结构中阴离子或阴离子集团的类型决定。相对于亲锂能和亲电能，结构弛豫能是次一级的能量项。因此，对于同一结构体系的正极材料，嵌入势随活性元素的演化是由亲电能主导的。以三类正极材料：层状（空间群 $R\bar{3}m$）氧化物 $LiMO_2$，橄榄石结构（空间群 Pnma）磷酸盐 $LiMPO_4$ 和正交结构（空间群 $Pmn2_1$）硅酸盐 Li_2MSiO_4（其中 M 为后过渡金属 Mn、Fe、Co 和 Ni）为例，计算的嵌入势和三个能量项如图 7-7 所示。

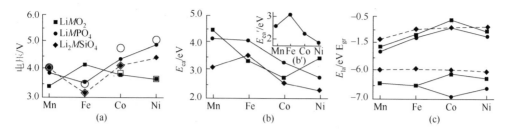

图 7-7　三类正极材料 LiMO$_2$、LiMPO$_4$ 和 Li$_2$MSiO$_4$ 的氧化还原电势以及三个能量项 E_{ea}，E_{la} 和 E_{gr}[36]

　　图 7-7（c）展示的亲锂能、结构弛豫能随元素的变化范围相对亲电能较小，尤其是硅酸盐材料，变化范围分别约为 0.1eV 和 0.4eV。而图 7-7（b）所展示的亲电能随元素的变化范围较大，层状氧化物、磷酸盐和硅酸盐的变化范围为分别为 2.1eV、1.5eV 和 1.9eV。层状氧化物中亲电能随元素变化呈现 V 形，磷酸盐和硅酸盐则是 Λ 形，与图 7-7（a）电势随元素变化的曲线呈近似的镜像关系，但包含两个特例。其一是层状 LiCoO$_2$，其嵌入势和亲电能的值都比 LiFeO$_2$ 要小。其原因在于 LiCoO$_2$ 中 Li$^+$ 的嵌入引起的 Li 层扩展相对于其他氧化物要小，因而亲锂能和结构弛豫能的绝对值较大。其二是 LiMnPO$_4$，脱嵌态 MnPO$_4$ 中 Mn^{3+} 的电子组态为 3d^4，Jahn-Teller 畸变相对其他元素要大得多。当 Mn^{3+} 还原为 Mn^{2+} 时，嵌入的电子要占据能级较高的 e$_g$ 轨道，从而在亲电能中增加了 Jahn-Teller 劈裂能一项。当去除掉 Jahn-Teller 畸变的效应后，亲电能与电势之间的近似镜像关系仍然成立，如图 7-7（b′）所示。

　　嵌入势和亲电能随元素的演化是由相应的电子组态决定的。基于晶体场理论，可以构建 d 电子组态与亲电能的关联。假定外来的电子全部进入过渡金属的 d 轨道，即只改变 d 轨道的占据，而配位氧离子为有效点电荷，它包含其他阳离子，例如，P^{5+}、Si^{4+} 离子的屏蔽效应。则过渡金属离子 d 电子的有效哈密顿量可描述为

$$H = -\frac{Z^*}{r} + \sum_L \frac{Q_L}{r - R_L} + \frac{1}{2} \sum_{\beta\sigma' \neq \alpha\sigma} U_{\alpha\beta} n_{\alpha\sigma} n_{\beta\sigma'} - \frac{1}{2} J_H \sum_{\beta \neq \alpha} S_{\alpha\sigma} S_{\beta\sigma'} \quad (7\text{-}18)$$

式中，第一项描述了有效离子核对 d 电子的库仑吸引作用；第二项描述了配位氧离子的库仑排斥作用；第三项是 d 电子间的在位库仑排斥作用；第四项是 d 电子间的在位交换作用。假定晶体场劈裂 Δ、在位库仑排斥 U 和交换作用 J_H 在还原过程中（见式（7-12））不发生变化，那么还原反应（外来电子占据 α 轨道，自旋方向为 σ）中 d 电子部分的能量贡献可写成

$$E_{ea}^{\alpha\sigma} \approx \left\{ \varepsilon_d + N_d U_d \right\} + \left\{ f_\alpha - J_H \sum_{\beta \neq \alpha} (S_{\alpha\sigma} S_{\beta\sigma} - 2n_\alpha) \right\} \quad (7\text{-}19)$$

式中，第一项 ε_d 代表晶体场中的平均 d 能级；f_α 为劈裂后的 d 能级相对于平均能级的能量差，在八面体场中 t$_{2g}$ 轨道的 f_α 为 $-2/5\Delta$，e$_g$ 轨道的为 $3/5\Delta$，在四面体场

中 e 轨道的 f_α 为 $-3/5\Delta$，t_2 轨道的为 $2/5\Delta$，其中 Δ 为晶体场劈裂值；U_d 为异轨道库仑排斥能，同轨道排斥能采用传统的值 U_d+2J_H[37]；N_d 为还原前 d 电子数目；n_α 为还原前轨道 α 的占据率。式（7-19）前一个括号中两项描述的是还原反应的平均库仑能消耗，后一个括号中三项包含晶体场劈裂的贡献、在位交换作用的贡献和同轨道相对于异轨道多出的库仑排斥，即 $2n_\alpha J_H$ 项。在此，可将后一括号中的项合起来定义为 E_{SE} 项，即

$$E_{SE} \equiv f_\alpha - J_H \sum_{\beta \neq \alpha} (\boldsymbol{S}_{\alpha\sigma}\boldsymbol{S}_{\beta\sigma} - 2n_\alpha) \tag{7-20}$$

这一项对电子组态敏感，其参数化表示见表 7-1。

表 7-1 电子组态（E.C）变换及以晶体场劈裂（Δ_o, Δ_t）与在位交换作用能（J_H）参数化表示的 E_{SE} 能量项[36]

	LiMO$_2$			LiMPO$_4$			Li$_2$MSiO$_4$	
还原	E.C 变换	E_{SE}	还原	E.C 变换	E_{SE}	还原	E.C 变换	E_{SE}
Mn^{4+}到	$t_{2g}^3 e_g^0$到	$0.6\Delta_o - 3J_H$	Mn^{3+}到	$t_{2g}^3 e_g^1$到	$0.6\Delta_o - 4J_H$	Mn^{3+}到	$e^2 t_2^3$到	$0.4\Delta_t - 4J_H$
Mn^{3+}	$t_{2g}^3 e_g^1$		Mn^{2+}	$t_{2g}^3 e_g^2$		Mn^{2+}	$e^2 t_2^3$	
Fe^{4+}到	$t_{2g}^3 e_g^1$到	$0.6\Delta_o - 4J_H$	Fe^{3+}到	$t_{2g}^3 e_g^2$到	$-0.4\Delta_o + 2J_H$	Fe^{3+}到	$e^2 t_2^3$到	$-0.6\Delta_t + 2J_H$
Fe^{3+}	$t_{2g}^3 e_g^2$		Fe^{2+}	$t_{2g}^4 e_g^2$		Fe^{2+}	$e^3 t_2^3$	
Co^{4+}到	$t_{2g}^5 e_g^0$到	$-0.4\Delta_o$	Co^{3+}到	$t_{2g}^4 e_g^2$到	$-0.4\Delta_o + J_H$	Co^{3+}到	$e^3 t_2^3$到	$-0.6\Delta_t + J_H$
Co^{3+}	$t_{2g}^6 e_g^0$		Co^{2+}	$t_{2g}^5 e_g^2$		Co^{2+}	$e^4 t_2^3$	
Ni^{4+}到	$t_{2g}^6 e_g^0$到	$0.6\Delta_o - 3J_H$	Ni^{3+}到	$t_{2g}^6 e_g^1$到	$0.6\Delta_o - 4J_H$	Ni^{3+}到	$e^4 t_2^3$到	$0.4\Delta_t$
Ni^{3+}	$t_{2g}^6 e_g^1$		Ni^{2+}	$t_{2g}^6 e_g^2$		Ni^{2+}	$e^4 t_2^4$	

去除 E_{SE} 项，亲电能中剩余的项既包含式（7-19）中第一个括号中的两项，也包含式（7-19）中所忽略掉的贡献，例如，d-p 交叠积分和 sp 电子受外来 d 电子的排斥导致的能量上升，在此合起来统称为 E_{AC}

$$E_{AC} \equiv E_{ea} - E_{SE} \tag{7-21}$$

d-d 排斥贡献 $N_d U_d$ 应随 d 电子数线性增长，但有趣的是计算表明 E_{AC} 项是随原子序数下降的，如图 7-7（c）所示。例如，层状氧化物 Ni^{4+} 还原的 E_{AC} 值比 Mn^{4+} 约小 1.0eV。这意味着元素间 d-d 排斥贡献的差异完全被其他贡献补偿。另外，E_{AC} 值也随价态减小，例如，若不计入结构弛豫的能量收益，层状氧化物中 Ni^{4+} 还原的 E_{AC} 值比 Ni^{3+} 要小约 1.4eV。

图 7-8 是估算的 E_{SE} 和 E_{AC} 项曲线图。除了 LiNiSiO$_4$，E_{SE} 值随元素变化的趋势与亲电能非常相似。无论晶体场劈裂值是否随元素不同，这种相似性都存在。这暗示着晶体场劈裂与在位交换作用主导了亲电能随元素的变化趋势，而与元素间的晶体场劈裂值差关系不大。

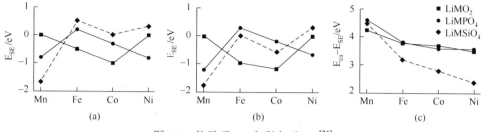

图 7-8　能量项 E_{SE} 和剩余项 E_{AC}[36]

图 7-8（a）采用的晶体场劈裂能参数是基于第一性原理计算的高低自旋态能量差所得。图 7-8（b）假定四个过渡金属元素的晶体场劈裂能相同。层状氧化物中为 2.5eV，磷酸盐中为 2.0eV，硅酸盐中为 0.8eV。图 7-8（c）描绘的是剩余项 E_{AC}

　　新型正极材料的理性设计与实验验证案例如下。随着材料基因组计划的提出和计算材料学的发展，多元过渡金属元素固溶复合物已经成为下一代锂离子电池正极材料的设计策略之一。借鉴目前嵌入材料计算研究的常规模式，利用逐渐发展起来的第一性原理计算模型，遵循材料计算范式，黎军课题组[37]提出了一种新型固溶复合物 $LiNiVO_4$-$LiNi_{1/3}Co_{1/3}Mn_{1/3}O_2$，该材料有望满足下一代锂离子电池正极材料的高比能量密度要求。如图 7-9 所示，层状结构的 $LiNi_{1/3}Co_{1/3}Mn_{1/3}O_2$（NCM）和反尖晶石结构的 $LiNiVO_4$（LNVO）在晶体结构上具有一定相似性，氧离子的子晶格都是立方密排堆垛，且过渡金属位于氧八面体位。根据该课题组建立的嵌入模型新理论，晶体结构中阴离子或阴离子集团的类型决定着材料的亲锂能，所以对这两种材料进行了能量计算，检验发生结构固溶的可能性，并对固溶体原子模型晶体结构进行理性设计和计算模拟 XRD 进行表征预测。从图 7-9 中可以看出，两种材料能够很好地拟合在同一晶体结构框架下。同时 $LiNi_{1/3}Co_{1/3}Mn_{1/3}O_2$ 和 $LiNiVO_4$ 作为锂离子电池正极材料，分别具有比容量高、循环稳定性及倍率性能

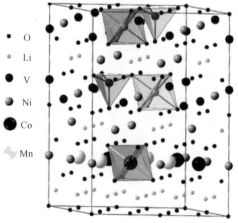

图 7-9　$LiNiVO_4$-$LiNi_{1/3}Co_{1/3}Mn_{1/3}O_2$ 复合物的晶体结构模拟[37]

较好和工作电压高的优点。同时根据嵌入模型的各能量项数据库，亲电能在固溶体相有可能起到调控嵌入电压的作用。由此可进一步开展目标明确的实验合成和验证等探索工作，期望得到既有高工作电压又有较好电化学性质的复合材料，以满足目前锂离子电池应用对高比能量密度的要求。

通过实验方法的探索，实验条件的优化等，张贤惠[38]最终得到了具有固溶新相的新型多元过渡金属元素固溶复合物，其 XRD 图谱如图 7-10 所示。对比图谱衍射峰，可以发现 1#、3#和 5#峰为新出现的峰，而 2#、4#和 6#峰则在复合物中消失，可见所合成的复合物中出现了固溶新相。

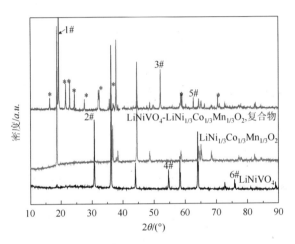

图 7-10　LiNiVO$_4$-LiNi$_{1/3}$Co$_{1/3}$Mn$_{1/3}$O$_2$ 复合物与反应物 LiNiVO$_4$ 和 LiNi$_{1/3}$Co$_{1/3}$Mn$_{1/3}$O$_2$ 的 XRD 图谱对比[38]

图中*标示的为 Li$_3$VO$_4$ 的衍射谱

进一步进行充放电性能测试，如图 7-11 所示。从图 7-11 中可以看出，复合物样品的充放电曲线与两种反应物的充电曲线完全不相同，说明其电化学性能与原材料相比发生了变化，也并非是原材料之间的简单物理混合。并且所合成的复合物工作电压高，充电比容量在 200mAh/g 以上，与理性设计的预测基本吻合，有望成为下一代高比能量密度的电极材料。

这些再次证明了通过第一性原理计算模型和计算材料范式，能够实现目标明确、风险可控的新材料开发和探索。这种依循计算材料范式，通过第一性原理计算与模拟以及实验室实验的材料探索手段，将为我国发展具有自主知识产权的新型电极材料提供可能的突破方向，对我国锂离子电池技术的发展具有重大意义。

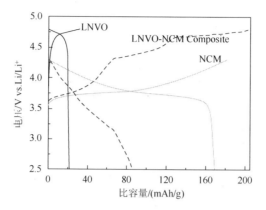

图 7-11　$LiNiVO_4$-$LiNi_{1/3}Co_{1/3}Mn_{1/3}O_2$ 复合物与反应物 $LiNiVO_4$ 和 $LiNi_{1/3}Co_{1/3}Mn_{1/3}O_2$ 的首次充放电曲线对比[38]

7.4.2　正极材料 Li_2TSiO_4 的多锂离子过程

多锂嵌入材料无疑是获得高比容量的重要手段。但是，多锂嵌入反应只有在比较合适的工作电位附近才能真正实现有实际意义的高比能量密度。对于多锂离子过程，连续的电压平台更具实际应用的价值。在嵌入模型下，伴随多锂嵌入的电子还原过程从 $T^{(V-1)+}$ 到 $T^{(V-2)+}$ 与 T^{V+} 到 $T^{(V-1)+}$ 亲电能之差可分解为

$$\Delta E_{ea}(T^{(V-1)+}, T^{V+}) \approx \Delta E_{AC}(T^{(V-1)+}, T^{V+}) + \Delta E_{SE}(T^{(V-1)+}, T^{V+}) \qquad (7\text{-}22)$$

式（7-21）中 E_{AC} 项值随价态减小，因此（7-22）的第一项值为正。要得到连续的平台，第二项应尽可能小，最好为负。图 7-12 给出了八面体场和四面体场中两电子还原过程的 E_{SE} 能量差。据此，可推测 Li_2MnSiO_4 与 Li_2CoSiO_4 中两连续还原电位的电压平台较接近，而 Li_2FeSiO_4 与 Li_2NiSiO_4 中平台间差异较大。电化学实验表明 Li_2FeSiO_4 两平台之间相差约为 1.3V，部分证实了这一推测。

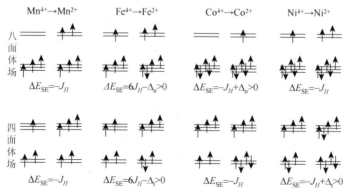

图 7-12　八面体场和四面体场中后过渡金属离子双电子还原的 E_{SE} 能量项差[36]

浅灰色箭头代表嵌入的电子，深灰色箭头代表原有的电子

正硅酸盐（Li_2TSiO_4，T=Fe，Mn，Co，Ni）是除磷酸铁锂外另一类新的聚阴离子型锂离子电池正极材料。在元素周期表中 Si 和 P 位置相邻，分别在 A 族第三周期的Ⅳ和Ⅴ位上，因此硅酸盐与磷酸盐具有类似的化学性质，而由于 Si-O 键与 P-O 键相比具有更强的化学键结合，Li_2TSiO_4 晶体结构的稳定性更强。同时与磷酸盐材料相比，正硅酸盐材料理论上可以允许可逆脱嵌两个锂离子（T^{2+}/T^{3+}，T^{3+}/T^{4+}氧化还原对），因此具有更高的理论容量，再加上 Li_2TSiO_4（T=Fe，Mn，Co）低成本和安全性能好等优点，使得其受到越来越多人的关注，成为一种极具吸引力的新型锂离子电池正极材料。

2005 年，瑞典乌普萨拉大学的 Nyten[39]首次报道了一种新型的硅酸盐锂离子电池正极材料 Li_2FeSiO_4，随后发现 Li_2TSiO_4（T=Fe，Mn，Co）具有与 Li_3PO_4 相似的晶体结构，其中 Pmn2₁ 空间群研究较为广泛。研究发现，合成的 Li_2FeSiO_4 与 Li_2MnSiO_4 结构相似，但与 Li_2CoSiO_4 却有很大不同，通过第一性原理计算分析发现 Li_2FeSiO_4 与 Li_2MnSiO_4 趋于层状，而 Li_2CoSiO_4 则为更标准的三维框架空间结构，如图 7-13 所示，前两者在（100）晶面上具有一维锂离子通道，而后者则存在大量的 Li/Co 无序混排。

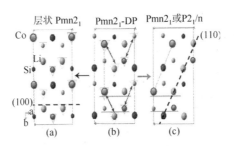

图 7-13　Li_2CoSiO_4 的拓扑结构[40]

浅色球，带圈球，黑球分别代表 Li，Co，Si

自 Li_2TSiO_4（T=Fe，Mn，Co）发现以来，由于纳米技术和碳包覆合成技术的不断提高，Rangappa 等[41]实验合成的 Li_2FeSiO_4 和 Li_2MnSiO_4 都成功实现了 300mAh/g 以上的容量，接近于 2 个锂离子的可逆脱嵌，这已是橄榄石结构 $LiFePO_4$ 容量（160～170mAh/g）的两倍，也证明了硅酸盐正极材料对提高锂离子电池能量密度的作用。但是，实验显示 Li_2FeSiO_4 和 Li_2MnSiO_4 的放电电压小于 3V，并且在电化学循环过程中，第一和随后循环之间的充电电压存在电压降，无定形结构在 Li_2MnSiO_4 的电化学循环过程中也被观察到。Peter G. Bruce 等[42]首先采用水热法合成了 β_{II}-Pmn2₁ 相 Li_2CoSiO_4，并通过淬火得到了 β_I-Pbn2₁ 相和 γ_0-P2₁/n 相。实验表明 Li_2CoSiO_4 的放电电压大于 4V，同时制备的对称性为 Pmn2₁，Pbn2₁ 和 P2₁/n 的 Li_2CoSiO_4 晶相在充放电过程中均没有显示电压降。通过第一性原理计算发现 DP-Pmn2$_1$ 相（相对于层状的三位框架结构 Pmn2$_1$ 相）能量低于层状 Pmn2$_1$ 相，如表 7-2 所示，因此具有更加稳定的结构。然而，这三种晶相的首次充电容量分别只有 180mAh/g、80mAh/g、100mAh/g，放电容量只有 30mAh/g，较低的充放电效率极大地限制了 Li$_2$CoSiO$_4$ 的应用。

表 7-2　通过 GGA+U 计算得到的 Li$_2$CoSiO$_4$ 层状 Pmn2$_1$，Pmn2$_1$-DP，Pbn2$_1$，P2$_1$/n 的最佳晶格参数、平衡体积和总能量[40]

U$_2$CoSiO$_4$	（CGA+U）	a/A	b/A	c/A	α	β	γ	Ω(A^3)/f.u.	能量(eV)/f.u.
β_{II} – Pmn2$_1$	层状 - Cal	6.190	5.445	4.989	90.0	90.0	90.0	84.075	−51.519
	a(DP)-Cal.	6.312	5.393	4.999	90.0	90.2	90.0	85.095	−51.545
	b-Cal.	6.329	5.393	4.998	90.2	90.0	90.0	85.304	−51.392
	c-Cal.	6.348	5.388	5.002	90.0	90.0	90.6	85.526	−51.428
	Exp.	6.255(8)	5.358(4)	4.935(7)	90.0	90.0	90.0	82.725	
β_I – Pbn2$_1$	Cal.	6.314	10.787	4.996	90.0	90.0	90.0	85.071	−51.547
	Exp.	6.259(9)	10.689(2)	4.928(6)	90.0	90.0	90.0	82.447	
γ_0 – P2$_1$/n	Cal.	6.319	10.789	5.095	90.0	90.0	90.0	86.849	−51.514
	Exp.	6.274(3)	10.685(4)	5.016(3)	90.0	90.6	90.0	84.077	

注：Exp. 表示实验，Cal.表示计算

针对 Li$_2$CoSiO$_4$ 充放电效率较低的问题，张彩霞等[43]对 DP-Pmn2$_1$ 和 Pbn2$_1$ 相的脱嵌态进行了计算研究。Li$_2$$TSiO_4$（$T$=Fe，Mn，Co）是四面体结构，基础单元为（$XO_4$）$^{m-}$（$X$=Li，$T$，Si），在充电过程中，锂离子从晶格中脱嵌出来会导致晶格发生收缩，如表 7-3 所示。DP-Pmn2$_1$ 与 Pbn2$_1$ 相在脱嵌一个锂之后 Co-O 键发生明显收缩，导致晶体结构体积变化，反映到 XRD 图谱上就如图 7-14 所示。

表 7-3　DP-Pmn2$_1$ 与 Pbn2$_1$ 相的 Li$_2$CoSiO$_4$ 转变为 Li$_{1.5}$CoSiO$_4$ 和 LiCoSiO$_4$ 过程中键长和 SiO$_4$，CoO$_4$，LiO$_4$ 四面体体积的变化[43]

Li$_x$CoSiO$_4$	Pmn2$_1$ – DP			Pbn2$_1$		
	x = 2	x = 1.5	x = 1	x = 2	x = 1.5	x = 1
d_{Co-O}/Å	1.995	1.993	1.870	1.997	2.006	1.871
		1.870			1.872	
d_{Si-O}/Å	1.657	1.655	1.648	1.657	1.654	1.649
d_{Li-O}/Å	2.004	2.026	2.023	2.003	2.005	2.023
V_{CoO_4}/Å^3	4.064	4.022	3.296	4.075	4.127	3.328
		3.294			3.302	
V_{SiO_4}/Å^3	2.332	2.320	2.295	2.332	2.321	2.296
V_{LiO_4}/Å^3	4.094	4.190	4.116	4.086	4.064	4.034

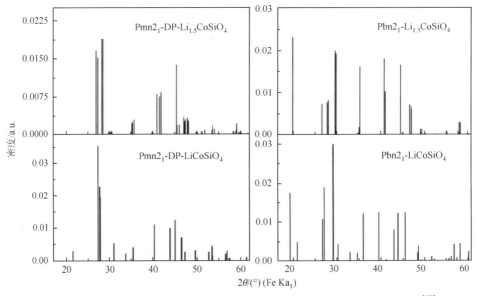

图 7-14　DP-Pmn2$_1$ 与 Pbn2$_1$ 相的 Li$_{1.5}$CoSiO$_4$ 和 LiCoSiO$_4$ 的 XRD 理论图谱[43]

　　通过对 DP-Pmn2$_1$ 和 Pbn2$_1$ 相脱嵌态的能带进行计算后发现，脱嵌态 Li$_{1.5}$CoSiO$_4$ 和 LiCoSiO$_4$ 都属于 Mott 绝缘体，同时禁带宽度随 Li 脱嵌量的增加而变宽，如图 7-15 所示，因此导致电子和 Li 离子在晶体内的传递变得越来越困难，这可能就是造成 Li$_2$CoSiO$_4$ 充放电效率较低的原因。

　　单独的 Li$_2T$SiO$_4$（T=Fe，Mn，Co，Ni）正极材料各自都有很大的缺点，Li$_2$FeSiO$_4$ 电压平台较低，且在循环中会产生电压降；Li$_2$MnSiO$_4$ 在循环过程中会无定型化；Li$_2$CoSiO$_4$ 充放电效率较低，而且通常的碳包覆手段会将 Co^{2+} 还原成 Co 单质；Li$_2$NiSiO$_4$ 合成困难，而且电压平台偏高，不适用于现今的电解液。因此，通过对结构的计算和研究，研究者尝试采用固溶方法设计多晶相以提高硅酸盐的电化学特性，这种方法在过渡金属三元氧化物中（LiNi$_x$Co$_y$Mn$_{1-x-y}$O$_2$）已得到应用。Sylvio Indris 等[44]通过溶胶凝胶法并采用原位碳包覆合成了纳米晶体 Li$_2$Fe$_{1-y}$Mn$_y$SiO$_4$（y=0，0.2，0.5，1），结合各种实验表征手段详细研究了第一次充放电过程中结构的演化情况。结果显示 Li$_2$Fe$_{1-y}$Mn$_y$SiO$_4$ 材料在电化学循环过程中出现了无定性结构和相转变现象。Longo 等[45]通过第一性原理计算研究了硅酸盐不同固溶体的结构和电化学性质，主要集中在锂离子脱嵌过程中各阳离子局域结构的变化、磁矩的变化和不同组合下电压的调节，但在哪些金属固溶下可以提高材料的电化学性能方面尚缺乏实质性的进展。到目前为止，许多硅酸盐的混合方案尚未产生令人满意的电化学性能稳定的固溶体复合材料。因此，接下来的工作有必要继续加深对各晶相结构与其电化学性能之间关系的理解，用以帮助通过固溶方法设计并合成其他硅酸盐结构或新的硅酸盐固溶体材料，避免循环过程中的结构变化。

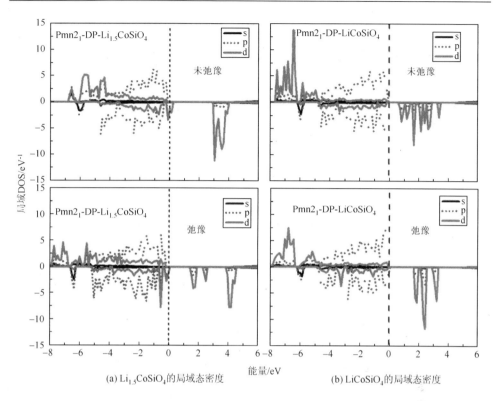

(a) Li$_{1.5}$CoSiO$_4$的局域态密度　　　　　(b) LiCoSiO$_4$的局域态密度

图 7-15　Li$_{1.5}$CoSiO$_4$ 和 LiCoSiO$_4$ 的局域态密度

7.4.3　负极材料 MoS$_2$ 的嵌入物理

　　自 1980 年首次报道用于锂离子电池正极材料以来[46]，二硫化钼（MoS$_2$）获得了广泛的基础物理化学机理研究和应用研究。与石墨的层状结构类似，其准二维的结构特征使得锂离子更易在层间嵌入和脱嵌。但与石墨/石墨烯较低的比容量（372～900mAh/g）相比，MoS$_2$ 具有更高的比容量（600～1200mAh/g），这使得它成为高容量、可充电锂离子电池负极材料的优秀候选之一[47, 48]。显然，MoS$_2$ 的电化学性能与锂离子嵌入所诱导的结构相转变密切相关[49, 50]。

　　MoS$_2$ 晶体由类三明治的 S-Mo-S 片层通过范德瓦耳斯（vdW）力结合形成。在一个 S-Mo-S 片层内，原子排列方式的不同会导致两种不同的结构单元出现，即三角棱柱和八面体。迄今为止，实验已合成三角 1T 相、六角 2H 相和正交 3R 相三种多形体。其中，1T 相和 2H 相的结构如图 7-16 所示。

　　一般认为 MoS$_2$ 中锂离子的嵌入会导致其发生 2H-1T 相转变，在这个过程中局部组成单元 MoS$_6$ 从原初的三角棱柱转变为八面体[52]。这一观点受到了最近一项实

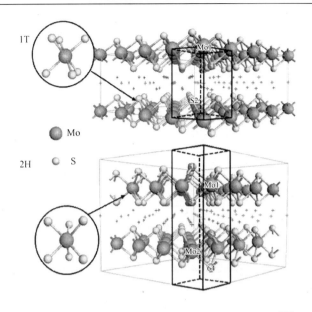

图 7-16   1T 和 2H 相 MoS₂ 的结构模型和组成单元[51]

图中黑色线框所围区域为模型单胞。范德瓦耳斯间隙层中的八面体和四面体间隙位分别由层间的十字表示

验的挑战——原位 XRD 分析结果表明锂离子的嵌入并未导致 1T 相的形成，而是出现了 MoS₂ 宿主的无定形化[53]。另一方面，第一性原理计算预测 1T 相 MoS₂ 嵌入态构型中会出现费米面所驱动的电荷密度波（CDW），它使得 Mo 离子团聚，并出现了周期性的晶格扭曲[54, 55]。在单层和重新堆垛的 MoS₂ 中还出现了 zigzag 链状的周期性 Mo 平面扭曲[56, 57]。陈晓波等[50]最近的计算工作表明，1T 相 MoS₂ 嵌入态构型中 CDW 的形成与其化学硬度的最大化一致。然而，2H-1T 相变和 CDW 稳定化的机理还不清楚。特别是 2H 相 MoS₂ 嵌入态构型是否会经历类似 1T 相中的 CDW 转变还不确定。

一般认为 MoS₂ 的 2H-1T 相转变发生在放电曲线的 1.1V 电压平台处[58]。在相变过程中，Li 离子和 Mo 离子的数量比例可在（0，1）连续改变。根据这些已知数据，建立计算模型，对锂离子嵌入过程中相对能量的改变进行计算。图 7-17 所示为不同锂离子含量（0，0.11，0.22，0.33，0.44，0.56，0.67，0.78，1）下，1T 相相对于 2H 相的能量改变 $E_{1T}–E_{2H}$。随着锂离子嵌入量的增加，$1T-Li_xMoS_2$ 的总能 E_{1T} 逐步降低，表明锂离子在 1T 相中的嵌入更加容易。当锂离子嵌入量超过 56% 时，1T 相比 2H 相更加稳定，表明 2H 相极有可能发生向 1T 相的转变。这一结果与 Py 等[58]的实验发现一致。

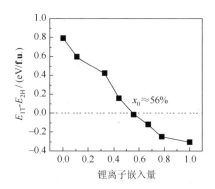

图 7-17　1T 相相对于 2H 相的能量改变 $E_{1T}-E_{2H}$ 随锂离子嵌入量的变化关系[51]

2H 相的总能设为零。当锂离子嵌入量超过 56% 时，1T 相的能量低于 2H 相

　　锂离子在 vdW 间隙层中的随机分布有可能导致 MoS_2 宿主结构的无序，并轻微改变费米面处的电子态。然而，一个总的趋势不会改变，即锂离子的嵌入会导致电子持续注入 MoS_2 的反键态，进而削弱 Mo-S p-d 共价交互。这导致了两个效应。第一，Mo-S 的平均键长从 $2H\text{-}MoS_2$ 的 2.416Å 拉长到 $2H\text{-}Li_xMoS_2$（$x=0.56$）的 2.450Å，使得晶体场劈裂减弱，晶体变得不稳定。第二，由于 p-d 交互与中心反演对称性不兼容，削弱 p-d 交互会打破对称性的限制，使得晶体更易向 1T 相转变。

　　锂离子嵌入的 $1T\text{-}MoS_2$ 中存在由 Fermi Surface Nesting（FSN）所导致的 Peierls 不稳定性[59]。然而，通过对 $2H\text{-}LiMoS_2$ 的计算和模拟验证发现，Peierls 不稳定性不仅存在于 1T 相的嵌入态结构中，还存在于 2H 相的嵌入态结构中，使得 2H 相中出现较弱的电荷密度波；锂离子的嵌入将会导致一个较弱的周期性晶格扭曲，形成 $2H\text{-}LiMoS_2$ 的 CDW 相（记为 $C2H\text{-}LiMoS_2$）。

　　可见，锂离子在 $2H\text{-}MoS_2$ 中的嵌入将导致两个竞争效应，即由 Mo-S p-d 交互和 D_{6h} 晶体场的削弱导致的 2H-1T 相转变和 2H 相嵌入态结构中的 Peierls 不稳定性导致的电荷密度波相变。MoS_2 嵌入态的两种相结构（1T 和 2H）中均存在 Peierls 不稳定性，但 1T 相中引起的周期性晶格扭曲更加强烈。MoS_2 嵌入态中电荷密度波的稳定化是由于 Mo-Mo d-d 交互导致的电子关联的增强，而这一增强的电子关联可被 Mo-S p-d 共价交互削弱。在 MoS_2 的 1T 相嵌入态中，较弱的 Mo-S p-d 共价交互导致了高效的电子注入，且 d 带杂化的各向异性导致了强烈的费米面 nesting 现象。

　　对弛豫后的 2H、1T 相 MoS_2 的能带结构，D_{6h} 和 D_{3d} 点群下 Mo-4d 和 S-3p 的 p-d 交互的分子轨道能级和布里渊区中 Mo-S 的 p-d 混合情况进行计算和分析，发现 Mo-S 的 p-d 交互对锂离子嵌入导致的电子注入和 CDW 相变具有重要影响。带边 d 态杂化的各向异性决定了费米面的形状，并影响锂离子嵌入态的 CDW 转变。d 子带的杂化与 p-d 共价交互共同导致了占据态能量的降低，稳定了 2H 相。由此表明：d 带杂化的各向异性和与反演对称性相关的 Mo-S p-d 共价交互是影响锂离子嵌入诱导相转变的关键电子结构因素。

由于 MoS$_2$ 技术上的重要性首先来源于其准二维的电子结构，以上物理见解可指导利用能带工程手段调节过渡金属硫化物的电化学性能，对高能量密度锂离子电池的发展具有重要的启示。

7.5　新型析氢纳米材料的计算设计

基于第一性原理嵌入模型建立的 Marcus 反应势能面曲线理论，不仅可应用于锂离子电池材料的研究，还可以进行推广，应用于其他电化学反应过程。储氢材料的工作机理与锂离子嵌入材料类似，同样涉及电子与质子两类电荷的转移和离子的捕获与释放过程。因此，基于锂离子电池材料研究建立的一般理论思想和数据库技术可以应用于储氢材料，如催化剂的设计与研究。

高效催化剂材料应该具有低的过电位，高密度的有效活性位（EASs）和良好的电子导电性[60-62]。催化反应的过电位与反应的自由能（ΔG）有关，它遵循火山型的规则[63-65]，而有效活性位一般为表面不饱和的原子[60, 62]。基于理论和实验的先进原子尺度材料设计在降低各类催化反应的过电位、增加有效活性位和增强导电性等方面展现出了重要的作用[61, 66-70]。发展新的方法和模型用于材料设计可以加速新型、高效催化剂的开发[61]。

析氢反应（HER，$H^+ + e^- \rightarrow 1/2H_2$）是利用水分解制氢的关键化学反应[71-75]。Pt 族的贵金属是最有效的 HER 催化剂[61]。由于氢是高效清洁的未来能源载体，HER 催化吸引了越来越多的关注[75, 76]。设计和开发低成本、高效的 HER 催化剂以取代 Pt 族的贵金属成为当前重要的研究课题[61, 77]。一个强有力的工具是高通量的设计方法[61]，它用来设计表面合金催化剂，如 Pt-Bi 合金和 Cu-W 合金[66, 68]。另一个设计方法来源于仿生学的灵感，并且导致了 Mo-S 催化剂的发现[77]。实验中也开展了大量相关的工作，设计了 MoS$_2$ 的各种活性结构，力求通过增加有效活性位的数量并增强导电性以最终提高催化效率[69, 78-85]。在上述所有原子尺度的研究中，ΔG 起到催化活性描述符的作用。ΔG 的最优值应趋近于零，以便于质子的吸附和氢气的退吸附[64, 77]。然而，目前还没有办法能直接调控决定 ΔG 的关键电子性质，迄今为止还很难找到一个满足上述所有要求的新型催化剂。

在所有 HER 异相催化剂中，三角形的 Mo-S 纳米颗粒是研究电子结构对催化活性影响的重要原型材料[86]。然而，Mo-S 纳米颗粒的 HER 催化活性仅限于少量的边沿位[77]，而其基平面位是催化惰性的[87]。尽管其分子结构的类似体具有高密度的不饱和 S 原子[70, 88, 89]，但其过电位高达数百兆电子伏特，且这些分子催化剂的稳定性较差[78, 89, 90]。最近研究发现，当 MoS$_2$ 与金属衬底耦合在一起时，H 原子在其基平面位的吸附得到了显著增强[91]。为了充分实现其 HER 催化潜力，必须设计具有低过电位和高密度有效活性位的 Mo-S 纳米结构类似体。

在本节中，通过拓展第一性原理嵌入模型，类似于亲电能、亲锂能概念，基于纳米结构的模型计算表明电子和质子亲和势可用来直接调控含氢催化反应催化剂的电子性质。以 HER 催化剂 Mo-S 纳米颗粒作为例子，计算预测了一个新型的 Nb-S-Se 纳米结构催化剂，并优化了其元素组成[92]。与 Mo-S 纳米催化剂相比，Nb-S-Se 纳米催化剂具有显著增加的边沿有效活性位（过电位＜0.1V），可将析氢反应速率提升至少两个数量级。此外，对于边沿长度大于 2.5nm 的 Nb-S-Se 纳米颗粒，其基平面也表现出显著的催化活性。其显著增强的电子导电性有助于催化效率的进一步提升。研究表明，Nb-S-Se 纳米颗粒比 Mo-S 纳米颗粒更加稳定，表明其可能较容易合成。这些发现对于提升析氢反应的催化效率和对未来设计其他高效的含氢化学反应催化剂具有重要的意义。

7.5.1　电解析氢过程的微观电化学模型

HER 可以采用 Volmer-Heyrovsky 机制或 Volmer-Tafel 机制来描述[71, 80]。对于 Mo-S 纳米催化剂，Volmer-Heyrovsky 机制起作用[80]。图 7-18（a）是 Volmer 反应（H$^+$+e$^-$+*→H*，*为催化剂的表面吸附位）的示意图。电子由外电路注入催化剂后与质子在催化剂与电解液的界面处复合，形成吸附于催化剂表面的 H。这个过程也包含了电子向质子吸附位的转移。这一电子的注入、转移和最终形成吸附态 H 的热力学过程可由图 7-18（b）中的势能面 I、II 和 III 示意描述。这三个势能面分别对应于催化剂的中性态、带电态和 H 吸附态。A、C 和 E 点为各个势能面的能量最低点。E_{ea} 和 E_{pa} 分别是体系的垂直电子亲和势和垂直质子亲和势。ε_{ea} 和 ε_{pa} 分别是电子注入和质子吸附过程中的重组能。（$E_{ea}+\varepsilon_{ea}$）和（$E_{pa}+\varepsilon_{pa}$）分别是体系的绝热电子亲和势和绝热质子亲和势。分析发现，二者之和 $E_{A\rightarrow E}=-（E_{ea}+\varepsilon_{ea}+E_{pa}+\varepsilon_{pa}）$ 与文献中计算氢吸附能的惯用表达式（7-23）严格相等，即

$$\Delta E_H = \frac{1}{n}\big(E(\text{host}+n\text{H}) - E(\text{host}) - nE(\text{H})\big) \qquad (7\text{-}23)$$

(a) 析氢反应的示意流程图

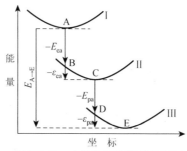

(b) 图7-18 (a) 中体系在不同阶段的势能面

图 7-18　析氢反应的示意流程图及其在不同阶段的势能面

不同势能面之间能量的改变按照路径 A→B→C→D→E 进行[92]

这里 E（host+nH）、E（host）和 E（H）分别为吸附 n 个 H 原子的宿主催化剂、纯的宿主催化剂和一个孤立 H 原子的总体能量。通过将标准氢电极电位设置为参考电位[63]，式（7-23）变为

$$\Delta E'_H = \frac{1}{n}\left(E(\text{host} + n\text{H}) - E(\text{host}) - \frac{n}{2}E(\text{H}_2) \right) \qquad (7\text{-}24)$$

式中，E（H$_2$）是一个氢气分子的总体能量。$\Delta E'_H$ 和 ΔE_H 之差（$\Delta E_{cp} = \Delta E'_H - \Delta E_H$）反映了 H 的自由原子态和分子态之间的化学势之差。体系的反应自由能[64] $\Delta G = \Delta E'_H + \Delta E_{ZPE} - T\Delta S_H$ 可重写为

$$\Delta G = -(E'_{ea} + E'_{pa}) + \Delta E_{ZPE} - T\Delta S_H + \Delta E_{cp} \qquad (7\text{-}25)$$

式中，$E'_{ea} = E_{ea} + \varepsilon_{ea}$ 和 $E'_{pa} = E_{pa} + \varepsilon_{pa}$ 分别为体系的绝热电子亲和势和绝热质子亲和势。在 DFT-PBE 水平上计算得到的 ΔE_{cp} 和 $T\Delta S_H$ 分别为 3.380eV 和 –0.205eV。由于 ΔE_{ZPE} 对材料和氢覆盖度的依赖较弱，不同材料的 ΔG 主要由它们不同的 E'_{ea} 和 E'_{pa} 决定。E_{ea}（E_{pa}）的计算依据 $E_{ea} = [E（n）-E（n+m）]/m（[E（N）-E（N+m）]/m))$，表示同时加入 m 个电子（质子）时的平均值。在本节中 $m=3$。

　　将式（7-25）中的氢吸附能分解为电子和质子亲和势，对 Volmer 反应中的电子和质子过程分别给出了定量的描述。这一模型将衡量过电位的反应自由能 ΔG 与催化剂本身的电子属性关联起来。一般来说，E'_{ea} 由过渡金属离子的 d 轨道性质决定，而 E'_{pa} 由配体阴离子的电子密度（依赖于电负性）决定[93, 94]。E'_{ea} 和 E'_{pa} 均可采用计算或实验的方法获得。因此，E'_{ea} 和 E'_{pa} 可用做 HER 活性的电子描述符，用来优化催化剂的元素组成，并合理地设计、筛选和优化催化活性。基于这套描述符，可以设计 Mo-S 纳米颗粒的新类似体，以满足上述高效 HER 催化的所有特征。

7.5.2　MoS₂纳米结构与双替换设计原理

单层的三角形 Mo-S 纳米颗粒有两种类型的边沿，一个是（1010）S 边，一个是（1010）Mo 边[95, 96]。本节主要关注 S 边 Mo-S 纳米颗粒，因为 S 边是 2nm 以下 Mo-S 纳米颗粒的主要边沿类型[96]。设计这一纳米颗粒的类似体，关键在于选取 Mo 和 S 的合适替代元素。为了削弱 H 在边沿位的吸附，边沿的 S 离子可由电负性较弱的 Se 替代。而为了容纳更多的电子以吸引更多的质子，Mo 离子应被电子亲和势较大的过渡金属取代。根据电子亲和势的数据库可知，Nb 在所有非贵金属中具有最大的 E'_{ea}，如表 7-4 所示。因此，将所有的 Mo 离子取代为 Nb 是一个理想方案，这一替换导致了 Nb-S-Se 纳米颗粒的形成，其结构示意图如图 7-19（a）所示。由于 MoS₂ 和 NbS₂ 体材料具有相同的 D_{6h} 对称性，且二者可以相互合金化[97]，所以上述离子替换方式是合理的。与 MoS₂ 类似，NbS₂ 的 Nb 边和 S 边也具有不同的稳定性[98]，因此极有可能合成类似于 Mo-S 纳米颗粒的 Nb-S-Se 纳米催化剂。

表 7-4　过渡金属的电子亲和势[99]

Ti	V	Cr	Mn	Fe	Co	Ni	Cu
8	51	65	*	15	64	112	119
Zr	Nb	Mo	Tc	Ru	Rh	Pd	Ag
41	86	72	*	101	110	54	126
Hf	Ta	W	Re	Os	Ir	Pt	Au
	31	79	*	104	150	205	223

*表示电子亲和势接近于零

具有四个边沿金属离子（N4）的 Mo-S 和 Nb-S-Se 纳米颗粒的弛豫构型如图 7-19（a）所示。对于 Mo-S 纳米颗粒，顶角处的 S 离子重构形成了 S 二聚体，它相对于基平面的法线倾斜了 30°。与顶角 S 二聚体相邻的基平面的 S 离子也重构形成了 S 二聚体，它导致了基平面的突起。边沿上的其他 S 离子与内部块体中的 S 保持相同的构型。这些结构特征在更大的 Mo-S 纳米颗粒中依然存在。计算发现，对于 Nb-S-Se 纳米颗粒，边沿金属离子数量为奇数（N5，N7，…）和偶数（N4，N6，…）时，边沿构型是不同的。对于奇数的情形，边沿构型与 Mo-S 纳米颗粒类似。对于偶数的情形，顶角处 Se 二聚体与基平面法线方向平行。这一奇偶的差别一直保持到 N7 尺寸，更大的 Nb-S-Se 纳米颗粒具有与 Mo-S 纳米颗粒相同的边沿构型。对于所有的 Nb-S-Se 纳米颗粒，边沿处 Se 二聚体交替地出现。

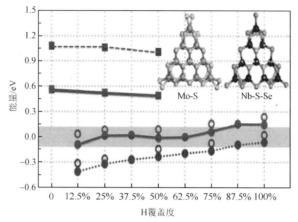

(a) N4 Mo-S(虚线) 和Nb-S-Se(实)纳米颗粒
的ΔG_{ed}(实心圆圈) 和ΔG_{bp}(实心方块)
随边沿位H覆盖度的改变

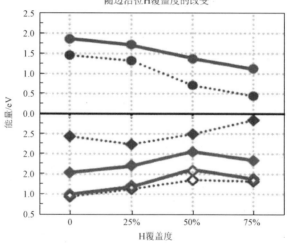

(b) N4 Mo-S和Nb-S-Se纳米颗粒的E'_{ea}(实心圆圈)、E_{pa-ed}
(实心菱形，H在边沿位的吸附) 和E'_{pa-bp}(空心菱形，
H在基平面位的吸附) 随边沿位H覆盖度的改变

图 7-19　N4 Mo-S 和 Nb-S-Se 的ΔG_{ed}、$\Delta G_{bp}E'_{ea}$、E'_{pa-ed} 和 E'_{pa-bp} 随边沿位 H 覆盖度的改变

实心符号是PBE结果,空心符号是RPBE结果。阴影区域为过电位小于0.1V的区域。插图所示为N4 Mo-S 和 Nb-S-Se
纳米颗粒的结构示意图；所有数据均由 PBE 泛函计算得到[92]

　　计算发现,H 原子由基平面的顶位向边沿的 S 原子吸附是最稳定的吸附方式。S-H 键与基平面的夹角为～57°。而在基平面位, S 离子的顶位是 H 原子的最稳定吸附位。图 7-19（a）所示为 H 原子在 Mo-S 和 Nb-S-Se 纳米颗粒的边沿（ΔG_{ed}）和基平面的 S 离子位（ΔG_{bp}）吸附的反应自由能ΔG随 H 覆盖度的变化。

　　对于 N4 Mo-S 纳米颗粒, H 原子在边沿 S 位的初始吸附很强, 表明退吸附过

程是速率限制步骤。这一点与 Hinnemann 等[77]采用纳米带模型的预测结果吻合，并且与最近实验报道的各种 Mo-S 纳米结构较大的初始过电位一致[80, 85]。当 H 覆盖度增加，ΔG_{ed} 线性下降并逐渐趋近于零时，表明在较高的 H 覆盖度下 H 原子的退吸附变得越来越容易。只有当 H 覆盖度超过 80%时，HER 才能以小于 0.1V 的过电位进行，表明有效活性位的比例非常少。为了验证计算结果的可靠性，采用了对于 H 吸附计算更加准确的 RPBE 泛函对上述ΔG_{ed}结果进行交叉检验[100]。如图 7-19（a）中空心圈所示，RPBE 泛函复制了 PBE 结果的变化趋势，但却比 PBE 值高～0.08eV。基于这一计算结果，可以预测有效活性位的比例仍小于 30%。与 H 原子在边沿位的放热吸附过程相反，H 在基平面的吸附是吸热过程（$\Delta G_{bp}>0$）且需要超过 1V 的过电位，这就解释了基平面位为催化惰性这一实验现象[87]。

　　尽管结构与 Mo-S 纳米颗粒类似，Nb-S-Se 纳米颗粒的催化活性却得到了非常显著的提升。如图 7-19（a）所示，ΔG_{ed} 从初始的–0.09eV 增加到零，随后在 0～62.5%的 H 覆盖度范围内几乎保持不变。类似的现象也出现在 N5 Nb-S-Se 纳米颗粒中，如图 7-20 所示。为了验证这一结果，RPBE 泛函再一次用来进行对比。与 Mo-S 的情形类似，RPBE 泛函复制了 PBE 的趋势，但却比 PBE 值高～0.08eV。尽管如此，在 0～62.5%的 H 覆盖度范围内 RPBE-ΔG_{ed}仍然低于 0.01eV，且在整个 H 覆盖度范围内低于 0.25eV。与 N4 Mo-S 纳米颗粒相比，Nb-S-Se 纳米颗粒的有效活性位（$|\Delta G_{ed}|<0.1eV$）从～30%显著增加到 62.5%以上。这一大的过电位的降低也导致了交换电流的显著增加，而交换电流是催化效率的直接体现。以 25%H 覆盖度的情形为例，与 Mo-S 纳米颗粒相比，采用 Nørskov 等[64]提出的计算模型得到的 Nb-S-Se 纳米颗粒的交换电流增加了至少两个数量级。

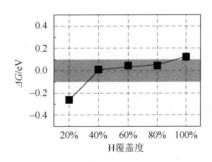

图 7-20　N5 Nb-S-Se 纳米颗粒的ΔG_{ed}随 H 覆盖度的变化[92]

阴影区域为过电位小于 0.1V 的区域

　　Mo-S 纳米颗粒与 Nb-S-Se 类似体在有效活性位数量上的差别，是由于它们具有完全不同的电子属性，这一点可由它们不同的 E'_{ea} 和 E'_{pa} 体现。如图 7-19（b）所示，对于 N4 Mo-S 纳米颗粒，当 H 覆盖度由 0 增加到 75%时，尽管边沿 S 位

的 E'_{pa}（E'_{pa-ed}）增加了 0.4eV，但 E'_{ea} 的下降幅度超过 1eV，导致了 ΔG_{ed} 的整体降低。与 Mo-S 纳米颗粒原型相比，Nb-S-Se 纳米类似体具有更大的 E'_{ea}（大 0.4eV）和更小的 E'_{pa-ed}（小 0.9eV）。前者是由于 Nb 的 E'_{ea} 大于 Mo，后者是由于 Se 的电负性弱于 S。总的效应是，Nb-S-Se 纳米颗粒的 ΔG_{ed} 更接近于零。在小于 75% 的 H 覆盖度范围内，Nb-S-Se 纳米颗粒的平的 ΔG_{ed} 曲线是因为 E'_{ea} 和 E'_{pa-ed} 随 H 覆盖度的改变相互抵消。

有趣的是，Nb-S-Se 纳米颗粒的 ΔG_{ed} 随着尺寸的增加而下降。图 7-21（a）所示为 50% 的边沿位被 H 覆盖的 Nb-S-Se 纳米颗粒的 PBE-ΔG_{ed} 随尺寸的变化。可以看到，当尺寸从 N4 增加到 N7 时，下降了 PBE-ΔG_{ed} eV。当尺寸进一步增加时，ΔG_{ed} 不再进一步下降。可以期待这一依赖于尺寸的 ΔG_{ed} 的降低依然会被 RPBE 泛函复制，并且存在于不同 H 覆盖度的 Nb-S-Se 纳米颗粒中。这表明在较大的颗粒尺寸下，具有 $|\Delta G_{ed}| < 0.1\text{eV}$ 的有效活性位的数量会进一步增加。这一 ΔG_{ed} 的下降也是因为 E'_{ea} 和 E'_{pa-ed} 随 H 覆盖度的改变相反且相互抵消，即随着纳米颗粒尺寸增加，E'_{ea} 增加而 E'_{pa-ed} 下降，如图 7-21（b）中的 Nb-S-Se 纳米颗粒所示。由于 E'_{ea} 的增加幅度 E'_{pa-ed} 的下降幅度，ΔG_{ed} 逐渐下降。

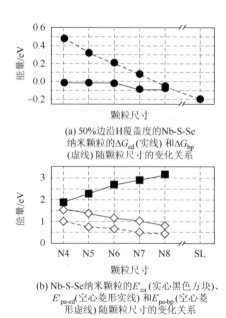

(a) 50%边沿H覆盖度的Nb-S-Se
纳米颗粒的ΔG_{ed} (实线) 和ΔG_{bp}
(虚线) 随颗粒尺寸的变化关系

(b) Nb-S-Se纳米颗粒的E'_{ea} (实心黑色方块)、
E'_{pa-ed}(空心菱形实线) 和E'_{pa-bp}(空心菱
形虚线) 随颗粒尺寸的变化关系

图 7-21　50% 边沿 H 覆盖度的 Nb-S-Se 的 ΔG_{ed} 和 ΔG_{bp}、Nb-S-Se 的 E'_{ea}、E'_{pa-ed} 和 E'_{pa-bp} 随颗粒尺寸的变化关系[92]

SL 表示二维单层 NbS$_2$ 薄膜的无限情形，其基平面的 H 覆盖度为 2%。所有数据均采用 PBE 泛函计算

Nb-S-Se 纳米颗粒不仅具有显著增加的边沿有效活性位，其基平面位的 H 吸附

能力也得到了显著的增强,如图 7-19 (a) 所示。对于 N4 Nb-S-Se 纳米颗粒,尽管其基平面位的 H 原子吸附仍为吸热过程,其产生 HER 催化的过电位已降低至～0.5V,可与 Mo-S 分子催化剂和垂直多层的 MoS$_2$ 结构的过电位相媲美[70, 85, 89]。如图 7-21 (a) 所示,当纳米颗粒尺寸增加时,ΔG_{bp} 快速下降。当尺寸大于 N7 (边沿长度为 2.5nm) 时,ΔG_{bp} 变为负值。这表明基平面的活性随尺寸的增加得到了显著的增强。当颗粒尺寸逐渐增大到无限情形(单层的 NbS$_2$)时,ΔG_{bp} 收敛到–0.2eV (H 覆盖度为 2%)。与 ΔG_{ed} 的情形类似,ΔG_{bp} 随尺寸的逐渐降低是由于 E'_{ea} 和 E'_{pa-ed} 的相反而不对称的改变导致的,如图 7-21 (b) 所示。这使得 Nb-S-Se 纳米颗粒表面的有效活性位数量进一步增加。尽管 H 原子在 Mo-S 纳米颗粒基平面位的吸附会由于金属衬底的耦合而增强 0.4eV[91],其 HER 催化的开启过电位仍高达数百meV。而本章中提出的 Nb-S-Se 纳米颗粒则表现出显著不同的电子结构,它导致了过电位的降低和有效活性位数量的增加,从而使得催化效率得到显著提升。

为了进一步阐述 Nb-S-Se 纳米颗粒基平面产生催化活性的机制,图 7-22 (a) 和图 7-22 (b) 中绘制了 Mo-S 和 Nb-S-Se 纳米颗粒的最低未占据分子轨道(LUMO)的电荷密度图,它反映了催化剂的化学活性部位。对于 N4 Mo-S 纳米颗粒,LUMO 电荷主要局域在纳米颗粒的边沿 S 离子位,解释了其只有边沿位有活性的事实。对于 Nb-S-Se 纳米颗粒,LUMO 轨道除了在边沿 Se 位上有分布,还在其内部的 Nb 平面上具有显著的分布,解释了 Nb-S-Se 纳米颗粒的基平面活性得到增强的原因。图 7-22 (c) 和图 7-22 (d) 所示为 N4 Mo-S 和 Nb-S-Se 纳米颗粒的分波态密度图。对于 N4 Mo-S 纳米颗粒,费米能级附近的前线电子态主要由边沿位的不饱和 S 离子贡献,而 Mo 离子仅仅贡献了总态密度的 12.5%。对于 Nb-S-Se 纳米颗粒,尽管边沿的 Se 离子贡献了费米面处前线电子态的主要成分,Nb 离子的贡献增加到 18.4%,表明 Nb-S-Se 纳米颗粒中 d 态的活性显著增强。这一效应随着纳米颗粒尺寸的增加变得越来越显著,它解释了 H 原子在 Nb-S-Se 纳米颗粒基平面位的吸附得到增强的原因。

块体 MoS$_2$ 是绝缘体,这是由于其 d^2 电子构型导致了最低 d 子带的充分占据[101,102]。对于 N4 Mo-S 纳米颗粒,尽管存在边沿态[103],但由于被充分占据,N4 Mo-S 纳米颗粒表现出绝缘的性质,如图 7-22 (c) 所示。事实上,由于其费米面处的边沿态局域在 0.2eV 的能量范围内,它对电子电导的贡献很小。因此,Mo-S 纳米颗粒经常加载在石墨烯或金属衬底上以增强其导电性。与此相反,N4 Nb-S-Se 纳米颗粒表现出较好的金属性,这是由于其 d 子带更加扩展(带宽 0.45eV),且穿越费米能级。特别是,阴离子 p 态和阳离子 d 态在费米面均具有较高的态密度(图 7-22 (d)),表明其电子导电性更强,可以促进催化效率的进一步提升。其金属性不仅来源于其边沿态,还来源于其 d^1 电子构型所导致的最低 d 子带的半占据[104]。

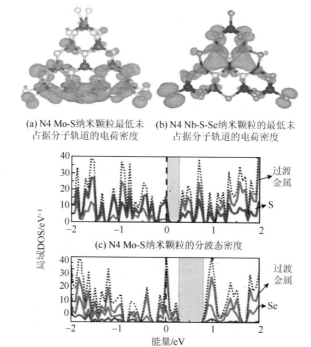

(a) N4 Mo-S纳米颗粒最低未　　　(b) N4 Nb-S-Se纳米颗粒的最低未
　　占据分子轨道的电荷密度　　　　　占据分子轨道的电荷密度

(c) N4 Mo-S纳米颗粒的分波态密度

(d) N4 Nb-S-Se纳米颗粒的分波态密度

图 7-22　N4 Mo-S 纳米颗粒和 N4 Nb-S-Se 纳米颗粒的最低未占据分子轨道的电荷密度图以及
N4 Mo-S 纳米颗粒和 N4 Nb-S-Se 纳米颗粒的分波态密度图[92]

费米能级由虚线表示。黑色点线表示总态密度。灰色阴影区域为占据态和未占据态之间的带隙。电荷密度的等值
设为 3×10^{-4}

参 考 文 献

[1]　黎军，张贤惠. 锂离子电池技术中的计算设计方法进展[J]. 科研信息化与应用，2012，3（1）：5-14.

[2]　张跃，谷景华，尚家香，等. 计算材料学基础[M]. 北京：北京航空航天大学出版社，2007.

[3]　郭炳坤，徐徽，王先友，等. 锂离子电池[M]. 长沙：中南大学出版社，2002.

[4]　Goodenough J B，Paek K-S. The li-ion rechargeable battery: a perspective[J]. J. Am. Chem. Soc，2013，135（4）：1167-1176.

[5]　施思齐. 锂离子电池正极材料的第一性原理研究[D]. 北京：中国科学院物理研究所，2004.

[6]　郭炳坤，李新海，杨松青. 化学电源-电池原理及制造技术[M]. 长沙：中南大学出版社，2003.

[7]　Thackeray M M，Wolverton C，Isaacs E D. Electrical energy storage for transportation-approaching the limits of，and going beyond，lithium-ion batteries[J]. Energy & Environmental Science，2012，5（7）：7854-7863.

[8]　王鼎盛，黎军. 高性能计算与固体物性研究[J]. 计算机世界，1996，16：109.

[9]　陈立泉. 锂离子电池中的物理问题[J]. 物理，1998，27（6）：354-357.

[10]　Meunier V，Kephart J，Rolang C，et al. Ab initio investigations of lithium diffusion in carbon nanotube systems [J]. Phys. Rev. Lett.，2002，88（7）：075506.

[11]　Koudriachova M V，Harrison N M，De leeuw S W. Effect of diffusion on lithium intercalation in titanium dioxide [J]. Phys. Rev. Lett.，2001：86（7）：1275-1278.

[12]　Wolverton C，Zunger A. First-principles prediction of vacancy order-disorder and intercalation battery voltages in Li_xCoO_2 [J]. Phys. Rev. Lett.，1998：81（3）：606-609.

[13]　Wang Z，Wu C，Liu L，et al. Electrochemical evaluation and structural characterization of commercial $LiCoO_2$ surfaces modified with MgO for lithium-ion batteries[J]. J. Electrochem. Soc.，2002，149（4）：A466-A471.

[14]　Yoon W S，Kim K B，Kim M K，et al. Oxygen contribution on Li-ion intercalation-deintercalation in $LiAl_yCo_{1-y}O_2$ investigated by O K-edge and Co L-edge X-ray absorption spectroscopy[J]. J. Electrochem. Soc.，2002，149（4）：A1305-A1309.

[15]　王海舟. 材料组成特性的统计表征——原位统计分布分析[J]. 理化检验-化学分册，2006，42（1）：1-5.

[16]　王海舟，李美玲，陈吉文，等. 连铸钢坯质量的原位统计分布分析研究[J]. 中国工程科学，2003，5（10）：34-42.

[17]　Balke N，Jesse S，Morozovska A N，et al. Nanoscale mapping of ion diffusion in a lithium-ion battery cathode[J]. Nature Nanotechnology，2010，5：749-754.

[18]　Bechstein R，Gonzalez C，Schütte J，et al. 'All-inclusive' imaging of the rutile TiO_2（110）surface using NC-AFM [J]. Iopscience，2009，505703：1-7.

[19]　Aydinol M K，Kohan A F，Ceder G，et al. Ab initio study of lithium intercalation in metal oxides and metal dichalcogenides [J]. Physical Review B，1997，56（3）：1354.

[20]　Kang K，Carlier D，Reed J，et al. Synthesis and electrochemical properties of layered $Li_{0.9}Ni_{0.45}Ti_{0.55}O_2$ [J]. Chemistry of Materials，2003，15（23）：4503-4507.

[21]　Zhou F，Cococcioni M，Marianetti C A，et al. First-principles prediction of redox potentials in transition-metal compounds with LDA+U [J]. Physical Review B，2004，70（23）：235121.

[22]　Chevrier V L，Ong S P，Armiento R，et al. Hybrid density functional calculations of redox potentials and formation energies of transition metal compounds [J]. Physical Review B，2010，82（7）：075122.

[23]　Kulik H J，Cococcioni M，Scherlis D A，et al. Density functional theory in transition-metal chemistry：a self-consistent hubbard u approach [J]. Physical Review Letters，2006，97（10）：103001.

[24]　Reed J，Ceder G. Charge，potential，and phase stability of layered Li（$Ni_{0.5}Mn_{0.5}$）O_2[J]. Electrochemical and Solid-State Letters，2002，5（7）：A145-A148.

[25]　Sanchez J M，Ducastelle F，Gratias D. Generalized cluster description of multicomponent systems[J]. Physica A：Statistical Mechanics and its Applications，1984，128（1-2）：334-350.

[26]　Luo T，Zhang C，Zhang Z，et al. Rational designs of crystal solid-solution materials for lithium-ion batteries[J]. Physica Status Solidi（b），2011，248（9）：2027-2031.

[27]　Connolly J W D，Williams A R. Density-functional theory applied to phase transformations in transition-metal alloys[J]. Physical Review B，1983，27（8）：5169-5162.

[28]　Reed J，Ceder G，Van der Ven A. Layered-to-spinel phase transition in Li_xMnO_2[J]. Electrochemical and Solid-State Letters，2001，4（6）：A78-A81.

[29]　Chen Z，Li J，Zhang Z. First principles investigation of electronic structure change and 1 energy transfer by redox in inverse spinel cathodes $LiNiVO_4$ and $LiCoVO_4$ [J]. J. Mater. Chem.，2012，22（36）：18968-18974.

[30]　Van der Ven A，Aydinol M K，Ceder G，et al. First-principles investigation of phase stability in Li_xCoO_2 [J]. Physical Review B，1998，58（6）：2975.

[31] Malik R，Zhou F，Ceder G. Kinetics of non-equilibrium lithium incorporation in LiFePO₄ [J]. Nat Mater，2011，10（8）：587-590.

[32] Kojima A，Kojima T，SAKAI T. Structural analysis during charge-discharge process of Li₂FeSiO₄ synthesized by molten carbonate flux method [J]. Journal of The Electrochemical Society，2012，159（5）：A525-A531.

[33] Ohzuku T，Ueda A. Solid-state redox reactions of LiCoO₂（R3m）for 4 volt secondary lithium cells[J]. Journal of The Electrochemical Society，1994，141（11）：2972-2977.

[34] Van der Ven A，Ceder G，Asta M，et al. First-principles theory of ionic diffusion with nondilute carriers [J]. Physical Review B，2001，64（18）：184307.

[35] Morgan D，Van der Ven A，Ceder G. Li conductivity in Li_xMPO_4（M=Mn，Fe，Co，Ni）olivine materials[J]. Electrochemical and Solid-State Letters，2004，7（2）：A30-A32.

[36] Chen Z，Zhang C，Zhang Z，et al. Correlation of intercalation potential with d-electron configurations for cathode compounds of lithium-ion batteries[J]. Phys. Chem. Chem. Phys.，2014，16：13255-13261.

[37] Li J，He J，Chen Z，et al. A new solid solution composite $LiMVO_4$-$LiNi_{1-x-y}Co_xMn_yO_2$ material for rechargeable lithium-ion batteries：China，PCT/CN2012/079486.

[38] 张贤惠. 锂离子电池电极材料的合成与研究[D]. 宁波：宁波大学，2014.

[39] Nyten A，Abouimrane A，Armand M，et al. Electrochemical performance of Li₂FeSiO₄ as a new Li-battery cathode material [J]. Electrochemistry Communications，2005，7（2）：156-160.

[40] Zhang C，Chen Z，Li J. Ordering determination of Li₂CoSiO₄ polymorphs by first-principles calculations [J]. Chemical Physics Letters，2013，580：115-119.

[41] Rangappa D，Murukanahally K D，Tomai T，et al. Ultrathin nanosheets of Li₂MSiO₄（M=Fe，Mn）as high-capacity Li-Ion battery electrode[J]. Nano Letters，2012，12（3）：1146-1151.

[42] Lyness C，Delobel B，Armstrong A R，et al. The lithium intercalation compound Li₂CoSiO₄ and its behaviour as a positive electrode for lithium batteries[J]. Chemical Communications，2007（46）：4890.

[43] Zhang C，Chen Z，Zeng Y，et al. Insights into changes of lattice and electronic structure associated with electrochemistry of Li₂CoSiO₄ polymorphs[J]. The Journal of Physical Chemistry C，2014，118（14）：7351-7356.

[44] Chen R，Heinzmann R，Mangold S，et al. Structural evolution of Li₂Fe₁₋ᵧMnᵧSiO₄（y=0，0.2，0.5，1）cathode materials for Li-Ion batteries upon electrochemical cycling[J]. The Journal of Physical Chemistry C，2013，117（2）：884-893.

[45] Longo R C，Xiong K，Cho K. Multicomponent silicate cathode materials for rechargeable Li-Ion batteries：an ab initio study[J]. Journal of The Electrochemical Society，2013，160（1）：A60-A65.

[46] Haering R R，Stiles J A R，Brandt K. Lithium molybdenum disulphide battery cathode：US，4224390 [P]. 1980.

[47] Yoo E J，Kim J，Hososno E，et al. Large reversible Li storage of graphene nanosheet families for use in rechargeable lithium ion batteries[J]. Nano Lett.，2008，8（8）：2277-2282.

[48] Hwang H，Kim H，Cho J. MoS₂ nanoplates consisting of disordered graphene-like layers for high rate lithium battery anode materials [J]. Nano Lett.，2011，11（11）：4826-4830.

[49] Julien C，Pereira-ramos J P，Momchilov A. Physical chemistry of lithium intercalation compounds，new trends in intercalation compounds for energy storage[J]. Springer Netherlands，2002：209-233.

[50] Chen X，He J，Srivastava D，et al. Electrochemical cycling reversibility of LiMoS₂ using first-principles calculations [J]. Applied Physics Letters，2012，100（26）：263901.

[51]　Chen X, Chen Z, Li J. Critical electronic structures controlling phase transitions induced by lithium ion intercalation in molybdenum disulphide [J]. Chinese Science Bulletin, 2013, 58 (14): 1632-1641.

[52]　Wypych F, Schollhorn R. 1T-MoS$_2$, a new metallic modification of molybdenum disulfide [J]. Chem. Soc. Chem. Commun., 1992 (19): 1386-1388.

[53]　Fang X, Hua C, Guo X, et al. Lithium storage in commercial MoS$_2$ in different potential ranges [J]. Electrochimica Acta, 2012. 81 (0): 155-160.

[54]　Petkov V, Billinge S J L, Larson P, et al. Structure of nanocrystalline materials using atomic pair distribution function analysis: Study of LiMoS$_2$ [J]. Phys. Rev. B, 2002. 65 (9): 092105.

[55]　Dunget K E, Curtis M D, Penner-hahn J E. structural characterization and thermal stability of MoS$_2$ intercalation compounds[J]. Chem. Mater., 1998. 10 (8): 2152-2161.

[56]　Gordon R A, Yang D, Crozier E D, et al. Structures of exfoliated single layers of WS$_2$, MoS$_2$, and MoSe$_2$ in aqueous suspension[J]. Phys. Rev. B, 2002. 65 (12): 125407.

[57]　Heising J, Kanatzidis M G. Structure of restacked MoS$_2$ and WS$_2$ elucidated by electron crystallography[J]. J. Am. Chem. Soc., 1999, 121 (4): 638-643.

[58]　Py M A, Haering R R. Structural destabilization induced by lithium intercalation in MoS$_2$ and related compounds[J]. Can. J. Phys., 1983, 61 (1): 76-84.

[59]　Rocquefelte X., Boucher F, Gressier P, et al. Mo cluster formation in the intercalation compound LiMoS$_2$ [J]. Phys. Rev. B, 2000, 62 (4): 2397-2400.

[60]　Somorjai G A. Introduction to Surface Chemistry and Catalysis [M]. New York: John Wiley & Sons, 1993.

[61]　Norskov J K, Bligaard T, Rossmeisl J, et al. Towards the computational design of solid catalysts [J]. Nat Chem, 2009, 1 (1): 37-46.

[62]　Bligaard T, Nørskov J K, Lundqvist B I. Chapter 8 Understanding Heterogeneous Catalysis from the Fundamentals [M]. HASSELBRINK E, LUNDQVIST B I. Handbook of Surface Science. North-Holland. 2008: 269-340.

[63]　Nørskov J K, Rossmeisl J, Logadottir A, et al. Origin of the overpotential for oxygen reduction at a fuel-cell cathode [J]. J Phys Chem B, 2004, 108 (46): 17886-17892.

[64]　Nørskov J K, Bligaard T, Logadottir A, et al. Trends in the exchange current for hydrogen evolution [J]. J Electrochem Soc, 2005, 152 (3): J23-J26.

[65]　Logadottir A, Rod T H, Nørskov J K, et al. The brønsted–evans–polanyi relation and the volcano plot for ammonia synthesis over transition metal catalysts [J]. J Catal, 2001, 197 (2): 229-231.

[66]　Bjorketun M E, Bondarenko A S, Abrams B L, et al. Screening of electrocatalytic materials for hydrogen evolution [J]. Phys Chem Chem Phys, 2010, 12 (35): 10536-10541.

[67]　Suntivich J, Gasteiger H A, Yabuuchi N, et al. Design principles for oxygen-reduction activity on perovskite oxide catalysts for fuel cells and metal–air batteries [J]. Nat Chem, 2011, 3 (7): 546-550.

[68]　Greeley J, Jaramillo T F, Bonde J, et al. Computational high-throughput screening of electrocatalytic materials for hydrogen evolution [J]. Nat Mater, 2006, 5 (11): 909-913.

[69]　Kibsgaard J, Chen Z, Reinecke B N, et al. Engineering the surface structure of MoS$_2$ to preferentially expose active edge sites for electrocatalysis [J]. Nat Mater, 2012, 11 (11): 963-969.

[70]　Karunadasa H I, Montalvo E, Sun Y, et al. A molecular MoS$_2$ edge site mimic for catalytic hydrogen generation[J]. Science, 2012, 335 (6069): 698-702.

[71]　Conway B E, Tilak B V. Interfacial processes involving electrocatalytic evolution and oxidation of H$_2$, and the role

of chemisorbed H [J]. Electrochim Acta，2002，47（22–23）：3571-3594.

[72] Kudo A，Miseki Y. Heterogeneous photocatalyst materials for water splitting [J]. Chem Soc Rev，2009，38（1）：253-378.

[73] Gratzel M. Photoelectrochemical cells [J]. Nature，2001，414（6861）：338-344.

[74] Merki D，Hu X. Recent developments of molybdenum and tungsten sulfides as hydrogen evolution catalysts [J]. Energy Environ Sci，2011，4（10）：3878-3888.

[75] Walter M G，Warren E L，Mckone J R，et al. Solar water splitting Cells [J]. Chem Rev，2010，110（11）：6446-6473.

[76] Tran P D，Barber J. Proton reduction to hydrogen in biological and chemical systems [J]. Phys Chem Chem Phys，2012，14（40）：13772-13784.

[77] Hinnemann B，Moses P G，Bonde J，et al. Biomimetic hydrogen evolution： MoS$_2$ nanoparticles as catalyst for hydrogen evolution [J]. J Am Chem Soc，2005，127（15）：5308-5309.

[78] Laursen A B，Kegnaes S，Dahl S，et al. Molybdenum sulfides-efficient and viable materials for electro-and photoelectrocatalytic hydrogen evolution [J]. Energy Environ Sci，2012，5（2）：5577-5591.

[79] Kibsgaard J，Lauritsen J V，Lgsgaard E，et al. Cluster–support interactions and morphology of MoS$_2$ nanoclusters in a graphite-supported hydrotreating model catalyst [J]. J Am Chem Soc，2006，128（42）：13950-13958.

[80] Li Y，Wang H，Xie L，et al. MoS2 nanoparticles grown on graphene：an advanced catalyst for the hydrogen evolution reaction [J]. J Am Chem Soc，2011，133（19）：7296-7299.

[81] Xiang Q，Yu J，Jaroniec M. Synergetic effect of MoS$_2$ and graphene as cocatalysts for enhanced photocatalytic H$_2$ production activity of TiO$_2$ nanoparticles [J]. J Am Chem Soc，2012，134（15）：6575-6578.

[82] Vrubel H，Merki D，Hu X. Hydrogen evolution catalyzed by MoS$_3$ and MoS$_2$ particles [J]. Energy Environ Sci，2012，5（3）：6136-6144.

[83] Firmiano E G S，Cordeiro M A L，Rabelo A C，et al. Graphene oxide as a highly selective substrate to synthesize a layered MoS$_2$ hybrid electrocatalyst [J]. Chem Commun，2012，48（62）：7687-7689.

[84] Ge P，Scanlon M D，Peljo P，et al. Hydrogen evolution across nano-Schottky junctions at carbon supported MoS$_2$ catalysts in biphasic liquid systems [J]. Chem Commun，2012，48（52）：6484-6486.

[85] Kong D，Wang H，Cha J J，et al. Synthesis of MoS$_2$ and MoSe$_2$ films with vertically aligned layers [J]. Nano Lett，2013，13（3）：1341-1347.

[86] Bollinger M V，Jacobsen K W，Nørskov J K. Atomic and electronic structure of MoS$_2$ nanoparticles [J]. Phys Rev B，2003，67（8）：085410.

[87] Jaramillo T F，J rgensen K P，Bonde J，et al. Identification of active edge sites for electrochemical H$_2$ evolution from MoS$_2$ nanocatalysts [J]. Science，2007，317（5834）：100-102.

[88] Hou Y，Abrams B L，Vesborg P C K，et al. Bioinspired molecular co-catalysts bonded to a silicon photocathode for solar hydrogen evolution [J]. Nat Mater，2011，10（6）：434-438.

[89] Jaramillo T F，Bonde J，Zhang J，et al. Hydrogen evolution on supported incomplete cubane-type [Mo$_3$S$_4$]$^{4+}$electrocatalysts [J]. J Phys Chem C，2008，112（45）：17492-17498.

[90] Kristensen J，Zhang J，Chorkendorff I，et al. Assembled monolayers of Mo$_3$S$_4$$^{4+}$clusters on well-defined surfaces [J]. Dalton Trans，2006，0（33）：3985-3990.

[91] Chen W，Santos E J G，Zhu W，et al. Tuning the electronic and chemical properties of monolayer MoS$_2$ adsorbed on transition metal substrates [J]. Nano Lett，2013，13（2）：509–514.

[92] 陈晓波. MoS$_2$的锂离子嵌入机制和水分解催化机理研究[D]. 浙江：中国科学院宁波材料技术与工程研究所，

2013.

[93]　Dekock R L，Barbachyn M R. Proton affinity，ionization energy，and the nature of frontier orbital electron density [J]. J Am Chem Soc，1979，101（22）：6516-6519.

[94]　Reed J L. Electronegativity：proton affinity [J]. J Phys Chem，1994，98（41）：10477-10483.

[95]　Helveg S，Lauritsen J V，L gsgaard E，et al. Atomic-scale structure of single-layer MoS_2 nanoclusters [J]. Phys Rev Lett，2000，84（5）：951-954.

[96]　Lauritsen J V，Kibsgaard J，Helveg S，et al. Size-dependent structure of MoS_2 nanocrystals [J]. Nature nanotech，2007，2（1）：53-58.

[97]　Ivanovskaya V V，Zobelli A，Gloter A，et al. Ab initio study of bilateral doping within the MoS_2-NbS_2 system [J]. Phys Rev B，2008，78（13）：134104.

[98]　Kim C，Kelty S P. Near-edge electronic structure in NbS_2 [J]. J Chem Phys，2005，123（24）：244705-244706.

[99]　WIKIPEDIA[EB/OL]. Electron affinity. http：//en.wikipedia.org/wiki/Electron_affinity. [2014-7-1].

[100]　Hammer B，Hansen L B，Nørskov J K. Improved adsorption energetics within density-functional theory using revised Perdew-Burke-Ernzerhof functionals [J]. Phys Rev B，1999，59（11）：7413-7421.

[101]　Chen X，Chen Z，Li J. Critical electronic structures controlling phase transitions induced by lithium ion intercalation in molybdenum disulphide [J]. Chin Sci Bull，2013，58（14）：1632-1641.

[102]　Mattheiss L F. Band structures of transition-metal-dichalcogenide layer compounds [J]. Phys Rev B，1973，8（8）：3719-3740.

[103]　Bollinger M，Lauritsen J，Jacobsen K，et al. One-dimensional metallic edge states in MoS_2 [J]. Phys Rev Lett，2001，87（19）：196803.

[104]　Friend R H，Yoffe A D. Electronic properties of intercalation complexes of the transition metal dichalcogenides [J]. Adv Phys，1987，36（1）：1-94.